普通高等学校工程管理专业规划教材
高等学校工程管理专业指导委员会审订

工程地质与地基基础

（第5版）

主　编　陈洪江　王瑞芳

武汉理工大学出版社
·武　汉·

内 容 提 要

本书是根据全国高等学校土建学科教学指导委员会(工程管理专业委员会)编制的本科教育培养目标和培养方案及主干课程教学基本要求,并结合编者多年的教学实践编写而成的。

本书为工程管理专业学生提供了必需的工程地质和地基基础知识,系统地阐述了土木工程中的地质问题和工程建设项目的主要基础类型。除绪论外全书共分为6篇13章,第1篇为工程地质基础知识,主要介绍建筑工程所涉及的地质问题;第2篇为土力学,包括地基土的物理性质和工程分类、地基应力和沉降、土的抗剪强度和地基承载力、土压力与土坡稳定;第3篇为岩土工程勘察;第4篇为基础工程设计,包括浅基础的常规设计、桩基础与深基础、基坑工程、地震区的地基基础;第5篇为地基处理,包括软弱土地基处理、特殊土地基和山区地基;第6篇为岩土工程概预算与招投标。

本书内容丰富、文字简明、重点突出,每章编排有“本章提要”和“学习要求”,并附有复习思考题和习题便于学生自学。本书还注重中英双语教学,在常用专业名词后附有英文注释,并配有多媒体课件和重点习题的解题参考。

本书突出了案例教学、思政教学,每章均配有相关的工程案例和思政内容。岩土工程课程具有很强的理论性、工程性和实践性。因此,本书在编写时重视实践环节和试验过程,在工程案例教学中延伸思政内涵,注重职业道德的培养,以工匠精神提升学生的职业素养,用典型模范激励学生。

本书既可作为高等学校工程管理专业的本科教材,也可作为土木工程专业本科教材,亦可供参加注册岩土工程师的考试人员参考使用。

图书在版编目(CIP)数据

工程地质与地基基础/陈洪江,王瑞芳主编. —5版. —武汉:武汉理工大学出版社,2024.5(2025.1重印)

ISBN 978-7-5629-7060-6

Ⅰ.①工… Ⅱ.①陈… ②王… Ⅲ.①工程地质-高等学校-教材 ②地基-基础(工程)-高等学校-教材 Ⅳ.①P642 ②TU47

中国国家版本馆CIP数据核字(2024)第107942号

项目负责人:戴皓华　　责任编辑:戴皓华
责任校对:张莉娟　　排版设计:芳华时代
出版发行:武汉理工大学出版社
社　　址:武汉市洪山区珞狮路122号
邮　　编:430070
网　　址:http://www.wutp.com.cn
经　　销:各地新华书店
印　　刷:武汉市洪林印务有限公司
开　　本:787×1092　1/16
印　　张:19.5
字　　数:550千字(含二维码)
版　　次:2024年5月第5版
印　　次:2025年1月第2次印刷
印　　数:3001—6000册
定　　价:48.00元
凡购本书,如有缺页、倒页、脱页等印装质量问题,请向出版社发行部调换。
本社购书热线电话:027-87391631　87664138　87523148

前　言
（第 5 版）

“工程地质与地基基础”课程是工程管理专业（工程项目管理方向）四年制本科生选修的一门专业核心基础课，它是由五门相对独立而相互交叉的学科综合而成的。该课程讲授了工程地质及地基基础的有关知识，目的是通过教学使学生了解工程地质勘察的基本内容和工作方法，熟悉工程地质基础知识和理论；具备正确提出工程地质勘察任务及要求并运用勘察资料进行工程设计与施工的基本能力，具备依据工程地质勘察成果进行一般的工程地质问题分析并制定合理处理措施的基本能力；了解土力学的基本知识；熟悉工程建设项目的主要基础类型和特点；掌握常用基础类型的计算分析方法，掌握工程建设项目施工过程中软弱土地基处理的方法；具备进行工程建设项目浅基础设计、桩基础设计、基坑设计的基本能力。

目前，全国许多高校都设立了工程管理专业，但其课程的教学都是借用土木工程专业的教材，工程地质与地基基础是分作两三门课来完成的，不适合工程管理专业难度浅而知识面宽的要求。本书正是为适应工程管理专业的教学需要而编写的。

本书是按照全国高等学校土建学科教学指导委员会（工程管理专业委员会）编制的本科教育培养目标和培养方案及主干课程教学基本要求编写的。在编写过程中力求理论联系实际，在内容上反映岩土工程学科的新理论、新成果，反映相关学科的新规范和新规定。本书主要参考了《岩土工程勘察规范》（GB 50021—2001）（2009 年版），《建筑地基基础设计规范》（GB 50007—2011），《建筑桩基技术规范》（JGJ 94—2008），《建筑地基处理技术规范》（JGJ 79—2012），《建筑基坑支护技术规程》（JGJ 120—2012），《膨胀土地区建筑技术规范》（GB 50112—2013）等相关最新规范。本次再版，依据《岩土工程勘察术语标准》（JGJ/T 84—2015），《岩溶地区建筑地基基础技术标准》（GB/T 51238—2018）等修订了相关内容。

本次修订将工程案例、思政教学贯穿于专业课知识，以工程案例、课程思政视域下土木工程专业教育教学的改革为路径，更新教育理念、改革教材编写方法，注重案例教学和模范引领，提升工程管理专业的育人实效，使学生在学好专业知识的同时，在思想政治教育的价值引领下，提升政治素养和职业素养。

本书在常用专业名词后都附有英文注释。每章编排有“本章提要”和“学习要求”，并附有复习思考题和习题，重点习题有解题参考，便于学生自学，达到学习效果。

本书由华中科技大学陈洪江编写绪论、第 1 章、第 6 章、第 9 章、第 10 章，华中科技大学张光永编写第 2 章至第 5 章，武汉科技大学王瑞芳编写第 7 章、第 8 章、第 11 章、第 12 章，华中科技大学葛莉编写第 13 章。全书由陈洪江、王瑞芳担任主编并统稿。

由于编者水平有限，书中缺点与不当之处在所难免，诚恳地欢迎读者批评和指正。对于书中所引用文献和研究成果的众多作者也表示诚挚的谢意。

本书配套有多媒体课件和重点习题的解题参考，请与武汉理工大学出版社联系索取，联系方式：13469981083（微信同号）。

编　者

2023 年 9 月

目　　录

第 3 篇　岩土工程勘察

第 4 篇　基础工程设计

第5篇 地基处理

第6篇　岩土工程概预算与招投标

0 绪　　论

本章提要

工程地质学是研究与工程建设有关的地质问题的一门学科。地基基础是研究地基及包含基础在内的地下结构设计和施工的一门学科。它们从不同角度研究作为建筑物地基的岩土体的问题，都属于岩土工程范畴。地基与基础是建筑物的根基，它的勘察、设计和施工质量直接关系到建筑物的安全。进行地基基础设计的主要理论依据是土力学。岩土问题与工程建设的关系十分密切，往往是影响投资和制约工期的主要因素。

思政：基础工程的重要性

0.1　本课程的研究内容

工程地质与地基基础是工程管理专业（工程项目管理方向）的一门专业课程，其任务是为保证各类工程建设项目既安全、经济又能正常使用，不发生岩土工程事故，因此，需要学生学习并掌握工程地质的基本知识和地基基础设计原理及处理方法。

工程地质与地基基础是由工程地质、基础工程、深基坑工程、岩土工程概预算与招投标等多门独立又相互交叉的学科综合而成的，它们都是工程实用学科，都是研究作为建筑物地基的岩土体的形成、分布及其工程性状，都应用于地基基础的设计与施工的岩土工程领域，但两者的学科内涵不同，研究方法也不同。

工程地质学（Engineering Geology）是研究与工程建设有关的地质问题的一门学科，其任务是研究岩土地层和不良地质现象的形成、发展变化的规律并提出相应的工程措施，为工程提供建筑场地的基础资料。工程地质研究是通过岩土工程勘察来实现的，具体来说，就是通过地质调查测绘、勘探、试验、观测、理论分析等手段，查明建筑场地的工程地质条件，论证可能存在的工程地质问题，选择最佳的建筑场地，对不良的地质条件采取有效的工程措施，预测工程修建后对地质环境的影响，提出保证建筑工程安全、经济和正常使用的合理方案和建议。

地基基础（Foundation）是研究地基及包含基础在内的地下结构设计和施工的一门学科。地基是承受建筑物荷载作用的岩土层，基础是设置于建筑物底部、将上部结构物荷载传递给地基的下部结构（图 0.1）。地基和基础的设计往往不能截然划分，正确的基础设计必须建立在合理的地基评价基础上。“地基”和“基础”在英语中用同一名词 Foundation 表示，这反映了两者的不可分割性。地基基础和上部结构组成了建筑物的整体。为确保建筑物的安全和正常使用，在地基与基础设计中必须同时满足以下两个基本条件：

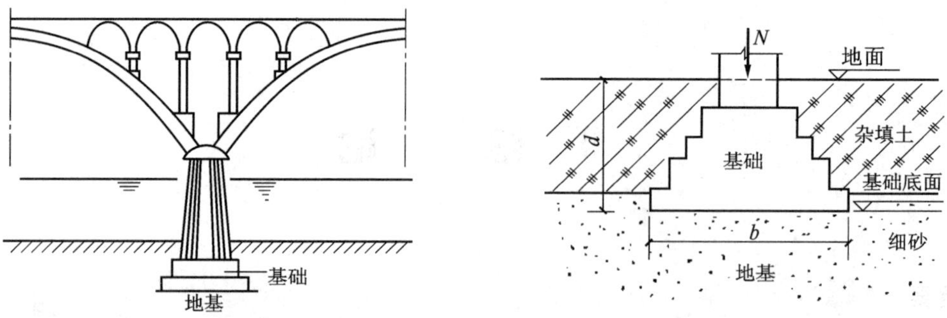

图 0.1　地基与基础

(1)地基的变形(Deformation)条件

要求建筑物地基的沉降量、沉降差、倾斜和局部倾斜都不能大于地基变形允许值。

(2)地基的强度(Strength)条件

要求建筑物地基保持稳定性,不发生滑动破坏,必须有一定的地基强度安全系数。

进行地基基础设计的主要理论依据是土力学(Soil Mechanics)。它是研究土体在工程建筑作用下的应力、变形和强度、渗透规律的一门学科,是力学的一个分支。由于土是自然地质作用形成的产物,种类繁多,性质复杂多变,所以土力学的研究方法也和其他学科有所不同,主要采用勘探与试验、理论分析和工程实践相结合的办法。

当天然地基不能满足工程建设要求时,就必须采取一定的措施使地基满足使用要求。常用的措施有:重新考虑基础设计方案,选择合适的基础类型,对地基进行处理形成人工地基。地基处理(Ground Treatment)的方法有很多,具体做法可以因地制宜,即根据土质条件、地下水情况、结构类型、荷载大小、施工期限、设备以及造价等因素综合考虑确定。

以土力学、岩石力学、工程地质学和地基基础工程学为理论基础,以解决和处理在工程建设中出现的所有与岩土体有关的工程技术问题的一门地质和工程紧密结合的新专业学科,称为岩土工程(Geotechnical Engineering)。它是在西方工业化国家首先发展起来的,在我国只有 30 多年的历史。岩土工程包括地基与基础、边坡和地下工程等,其工作内容包括岩土工程的勘察、设计、治理、测试、监测和监理,贯穿于各类土木工程的全过程。岩土问题与工程建设的关系十分密切,往往是影响投资和制约工期的主要因素。在本书第 6 篇,谈到岩土工程概预算(Budgetary Estimate)和招投标(Bidding)等问题,这是专为工程项目管理方向学生而编写的内容。

0.2　工程地质与地基基础的重要性

工程案例:跨海大桥桥墩的建造

各种土木工程,如房屋、公路、桥梁、隧道等工程,都修建在地表或地下,建筑场地工程地质条件的优劣直接影响到工程的设计方案类型、施工工期的长短和工程投资的大小。国家规定:任何工程建设必须在进行相应的地质勘察工作并提出必要的地质资料的基础上,才能进行工程设计和施工。在进行工程建设时,首先应了解建筑场地的地形地貌特征;其次应了解地基岩土层的种类、性质、分布和地质构造,以及影响建筑环境的不良地质现象,如滑坡、地震、岩溶土洞等，必须做好建筑场地的地质勘察工作。

地基与基础是建筑物的根基，又属于地下隐蔽工程，它的勘察、设计和施工质量直接关系到建筑物的安危。由于基础工程在地下或水下进行，施工难度大，造价、工期和劳动消耗量在整个工程中占的比重均较大，根据建筑物复杂程度和设计施工合理性的不同，基础工程费用在建筑物总造价中所占的比重变幅很大，在软土地区，可达10%甚至超过20%，其工期可占总工期的1/4以上。如果采用人工基础或深基础，工期和造价所占比重将会更大。随着城市的发展，高层建筑越来越多，基础的埋置深度越来越大，因此，基础工程及基坑支护费用占建筑物总造价的比例越来越高，所以地基与基础在建筑工程中的重要性是显而易见的。任何一个成功的岩土工程都是工程地质学、土力学、地下结构计算知识的运用和工程实践经验的完美结合，在某些情况下，施工可能是决定基础工程的关键。

据统计，世界各国建筑工程事故中，地基基础事故占比居首位。而且，一旦发生地基基础事故，因位于建筑物下方，补救非常困难。工程实践中地基基础事故屡见不鲜，以下实例可见一斑。

0.2.1 地基基础工程失败案例

(1)地基土强度不够造成的破坏

始建于1911年的加拿大特朗斯康谷仓，主体结构由65个圆柱状筒仓组成，高31m、宽23m、长60m，其下为筏板基础。由于事前不了解基础下埋藏有厚达16m的软黏土层，建成后初次贮存谷物时，基底压力超过了地基承载力，致使谷仓一侧突然陷入土中7.32m深，另一侧则抬高1.5m，仓身倾斜达27°，如图0.2所示。这是地基发生整体滑动、建筑物失稳的典型例子。由于该谷仓整体性较强，谷仓完好无损，事后在主体结构下面做了70多个支承于基岩上的混凝土墩，用388个500kN的千斤顶才将仓体扶正，但其标高比原来降低了4.00m。

2009年6月27日，在建的上海莲花景苑某幢13层楼房轰然整体倒塌，如图0.3所示。调查原因是该楼房一侧地下车库基坑开挖，开挖深度达4.6m，而另一侧堆土过高，最高处达10.0m，导致大楼两侧形成巨大的压力差，使土体产生水平位移，过大的水平力超过了桩基的抗侧倾能力，最终导致楼房整体倾覆。

图0.2 加拿大特朗斯康谷仓因地基强度不足而倾斜

图0.3 上海莲花景苑某幢整体倒塌

(2)地基土变形不均匀造成的破坏

著名的意大利比萨斜塔则是因地基不均匀沉降过大而导致塔身严重倾斜的典型实例。比萨斜始建于1173年，塔高55m，建造至一半时因塔身南倾而停工，以后时建时停，直至1370年才竣工。此后，塔身不断南倾，南侧下沉近3m，北侧下沉1m多，南北两端沉降差达1.8m，塔顶中心点偏离垂直中心线5.27m，倾斜度达5.5°，如图0.4所示。为拯救这一举世闻名的精美建筑，意大利政府多次组建拯救机构，对斜塔进行纠偏和地基加固。

由地基沉降造成建筑物开裂的实例还有很多，如据2009年5月13日的报道，武汉某小区墙底出现裂缝，折断了下水管道，如图0.5所示。

图0.4　意大利比萨斜塔

图0.5　武汉某小区地基沉降造成墙底裂缝

(3)土体渗透破坏

美国提堂(Teton)坝位于爱达荷州，是一座集防洪、发电、灌溉、旅游等功能于一体的大型水利工程。该坝高90m、长1000m，于1972年2月动工兴建，1975年建成。水库于1975年11月开始蓄水，1976年6月5日上午10时30分左右，下游坝面有水渗出并带出泥土；随后洞口不断扩大并向坝顶靠近，12时坝坡坍塌，泥水狂泻而下，洪水扫过下游谷底，附近所有设施被彻底摧毁，如图0.6所示。该工程造成的直接损失达8000万美元，起诉事件5500起，死亡14人，受灾2.5万人，60万亩土地被淹，32km铁路受损。溃坝原因就是土体渗透破坏。

1998年我国长江流域发生特大洪水，万里长江堤防经受了严峻的考验，出现多处险情。据对堤身隐患、堤基渗漏及河岸崩塌三大险情统计，土体渗透破坏问题占85%以上。1998年汛期长江中下游堤防的7处溃口，因堤基管涌引起的就有5处。1998年8月7日九江大堤顶部被豁然冲开一个大口子，过了20min，防水墙后的土堤突然塌陷，形成1个洞，5m宽的堤顶随即全部塌陷，并很快形成一宽约62m的溃口，如图0.7所示。九江市区及下辖所有县、市都遭受了严重的水灾，无数房屋被淹没，大量百姓离家失所。

归纳起来，与岩土有关的工程问题主要有强度破坏问题(包括地基、边坡、挡土墙、基坑的稳定性等)、变形破坏问题(包括地基的沉降和不均匀沉降)、渗透破坏问题(包括流砂、管涌、冻胀、溶蚀等)。

图 0.6　美国提堂(Teton)坝渗透破坏——水力劈裂

图 0.7　九江大堤顶部发生溃口

0.2.2　地基基础工程成功实例

赵州桥位于河北赵县，由隋代工匠李春修建，净跨 37.02m，造型美观。该基础建于黏性土地基上，桥台置于密实粗砂层，地基土承载力达 500～600kPa。1400 多年以来，该桥基础沉降仅几厘米。按现行规范验算，地基承载力和桥台后侧被动土压力均能满足要求，且经无数次洪水和地震的考验，都安然无恙，如图 0.8 所示。

国家大剧院位于人民大会堂西侧，外形呈半椭球状，东西方向长轴长度为 212.20m，南北方向短轴长度为 143.64m，建筑物高度为 46.285m，总建筑面积约 $165000m^2$。如图 0.9 所示，该工程基坑超深，基础平均埋深 26m，局部深达 32.6m。基坑支护由护坡桩、地下连续墙、截水帷幕联合使用，其中地下连续墙周长 610m，厚达 800mm。基础采用变刚度调平思想设计 CFG 桩复合地基，采用短桩 CFG 桩方案优化交流中心地基基础，减小地基差异沉降，节省工程造价。最终设计结果表明，总沉降量和差异沉降均满足规范要求。

图 0.8　赵州桥

图 0.9　国家大剧院基坑

上海中心大厦总高度为 632m，是一座巨型高层地标式摩天大楼，它建造在土质松软且含有大量黏土的河流三角洲上，建造之前打了 980 个地基桩，深度约达 86m，然后用约

60881m^3 的混凝土进行加固。上海中心大厦主楼深基坑是全球少见的超深、超大、无横梁支撑的单体建筑基坑。基础大底板是一块直径 121m、厚 6m 的圆形钢筋混凝土平台,它和 955 个主楼桩一起承载 112 层楼的负载,被形象地称为“定海神针”,如图 0.10 所示,开创了世界民用建筑领域的先河。

工程案例:上海中心大厦的建造

深圳平安金融中心位于深圳市福田中心区,塔楼层数为 118 层,主体结构高度 558.45m,塔尖高度为 660m,总建筑面积 459187m^2。地下 5 层,地上为塔楼和裙楼。其基础和基坑(图 0.11)突破了三项关键技术:

图 0.10　上海中心大厦基础底板施工

图 0.11　深圳平安金融中心基坑和基础

①超大、超深基坑施工技术。深圳平安金融中心基坑深度为 33.3m,是目前国内超高层建筑中最深的大型基坑。项目地处深圳市中央商务区,其基坑周边环境复杂,周边商业楼、办公楼高度集中,基坑距离最近的地铁 1 号线仅 20m。基坑支护形式采用钻孔灌注桩+5 道钢筋混凝土内支撑+2 道锚索,结合钻孔灌注桩外的高压摆喷墙以及两道袖阀管注浆组合止水帷幕。支撑体系采用双圆环的布置形式,支撑立柱采用钻孔灌注桩内插钢管。

②超大直径人工挖孔桩施工技术。其桩径超大,最大桩径达 8m,乃国内外罕见。巨型桩的开挖成孔难度大,深度最大为 30m,从地面算起开挖深度超 60m。

③底板大体积混凝土施工技术。深圳平安金融中心工程主塔楼底板厚度为 4.5m,呈正八边形,其底板之大、之厚,均为国内超高层建筑之最。底板混凝土强度设计为 C40,抗渗等级为 P12,总方量约为 28285m^3,中建一局通过精心组织、技术引领、细致管理,顺利完成了底板大体积混凝土一次性浇筑,总浇筑时间约为 90h。

工程案例:BIM 技术在“中国尊”的应用

0.3　土力学及基础工程的发展概况

基础工程既是一项古老的工程技术,又是一门年轻的应用科学。追本溯源,世界文明古国的先民,在建筑活动中就已经创造了自己的基础工艺。两千多年来世界各地建造的宫殿楼宇、高塔亭台、长城运河、古道石桥、码头、堤岸等工程,凝结着人类的智慧结晶。

18—19 世纪,人们在大规模的建设中遇到了许多与岩土工程相关的问题,促进了岩土力学的发展。如法国科学家库仑在1773年提出了砂土抗剪强度公式和挡土墙土压力的滑楔理论;英国学者朗肯从另一途径建立了土压力理论;法国工程师达西在1856年提出了描述层流运动状态的达西定律等。1925年,美国太沙基在归纳已有成就的基础上,出版了第一本《土力学》专著,较系统地论述了土力学与基础工程的基本理论和方法,促进了该学科的发展。1936年,国际土力学与基础工程学会成立,并举行了第一届国际学术会议,从此土力学与地基基础作为一门独立的学科而不断发展。

中华人民共和国成立后,社会主义经济取得了举世瞩目的成就,开展了大规模的基础设施建设,如房屋建筑、地铁、桥梁、隧道等,促进了我国基础工程学科的迅速发展。在基础工程应用技术方面,数百米高的超高层建筑物基础、几十米深的地下结构、大型钢厂的深基础、海洋石油平台基础、海上风力发电的深基础、条件复杂的高速公路路基、跨海大桥的桥梁基础等的成功实践,使基础工程技术不断革新并取得大量成果。自人工挖孔桩问世以来,灌注桩基础得到了极大的发展,出现了很多新桩型。如苏通大桥北主塔基础采用高承台桩基,以及桩径为2.5～2.8m、桩长为近120m的大直径灌注桩;上海金茂大厦的桩基础入土深度达80m以上。钢管桩、大型钢桩、预应力混凝土管桩、劲性水泥土搅拌桩等新老桩型也在大量采用,桩基础的设计理论也得到较大的发展。在高层和超高层建筑地下室的修建、地铁车站的建造及城市地下空间的开发利用等过程中,工程人员提出了与深基础相关的深、大基坑的开挖和支护问题。基坑支护体系的种类、设计计算方法、施工技术、监测手段和方法均取得了很大的进步。

0.4 本课程特点和学习方法

0.4.1 本课程的特点

(1)本课程内容广泛、综合性强。包括工程地质基础知识、土力学理论、岩土工程勘察、基础工程设计、地基处理、岩土工程概预算与招投标六大部分,涉及建筑力学、建筑结构、施工技术和工程造价管理等学科领域。

(2)本课程理论性、实践性均较强。由于地基土形成的自然历史条件不同,它的工程特性是复杂多样的。目前,解决地基与基础问题主要是靠现场勘察和室内土工试验,辅以理论计算给出大量经验公式、图表和近似计算方法。

(3)基础工程的设计和施工既需要丰富的理论知识,又需要较多的实践经验,并通过勘探和测试取得可靠的有关土层物理力学性质的资料。

0.4.2 本课程的学习方法

(1)学习时既要注意各学科的联系,又要突出重点,兼顾全面。重视工程地质的基本知识,培养阅读和使用岩土工程勘察资料的能力;掌握土的应力、变形、强度和地基计算等土力学基本原理,并能够应用这些基本原理,结合有关建筑结构理论和施工知识,分析和解决地基与基础问题。

(2)学习时应注重理论联系实际,在应用土力学、地基基础理论时,不能盲目照搬硬套。由于地基土的复杂易变性,基础课的一些学习方法和思维方式不能完全适应本课程,如一些设计型的习题,其解答往往可以有多种,有的答案从理论上讲并没有错误,但从工程实际考虑却可能是不合理的，学习时要适应这种方法。

(3)学习时应重视地区性工程经验。我国地域辽阔，地基土种类较多，土的性质还具有明显的区域性，如果对这些土类的特性认识不充分，则会出现问题，引起工程事故。学习时，可针对不同地区的土类特性，对本课程的教学内容有所侧重。

(4)学习时应注意各行业、各地区岩土工程概预算标准的不同。我国各地岩土条件和施工技术水平差异较大，且岩土工程涉及的部门行业多，而各个行业系统大多都有自己的施工技术规范、(概)预算定额和取费标准，除岩土工程勘察外，其他岩土工程项目目前尚无全国统一的定额和取费标准；又由于国家推行工程招标投标制，打破了行业垄断，因此，一个岩土工程施工单位有可能承揽不同系统、不同地区的岩土工程项目，作为工程项目管理人员和造价工程师，必须尽量收集、仔细阅读不同行业、不同省市的相关定额和取费标准的文件，使岩土工程(概)预算更具针对性、准确性。

学习要求

通过绪论的学习，应了解工程地质和地基基础研究的主要内容及任务；正确认识工程地质和地基基础的重要性；了解本课程特点和基本要求。

复习思考题

0.1　工程地质学的研究内容和任务是什么？

0.2　何谓地基？何谓基础？进行地基与基础设计时必须满足哪两个条件？

0.3　土力学是一门怎样的学科？它对地基与基础设计起到什么样的作用？

0.4　什么是岩土工程？包含哪些内容？

0.5　简述土力学基础工程的发展概况。

0.6　本课程学习时要注意哪些问题？

第1篇　工程地质基础知识

1　工程地质概论

本章提要

本章是工程地质学主要内容的概述。工程地质工作是各类土木工程设计和施工的基础，是岩土工程的重要组成部分。

思政：中国地质事业的拓荒者——李四光

1.1　地质作用

地球是人类生活和从事工程活动的场所。地球自形成以来，一直处于不断地运动和变化之中，因而引起地壳构造和地表形态不断地发生演变。在地质历史的发展过程中，由自然动力引起地球和地壳物质组成、内部结构及地表形态不断变化发展的作用，称为地质作用(Geological Process)。土木工程建筑场地的地形地貌和组成物质(土与岩石)的成分、分布、厚度与工程特性，都取决于地质作用。

地质作用按其动力来源可分为内力地质作用和外力地质作用。内力地质作用是由地球内部的能量所引起的，包括地壳运动、岩浆作用、变质作用、地震作用。外力地质作用是由地球外部的能量引起的，主要来自太阳的辐射热能，它引起大气圈、水圈、生物圈的物质循环运动，形成了河流、地下水、海洋、湖泊、冰川、风等地质营力，各种地质营力在运动的过程中不断地改造着地表。外力作用的方式，一般按风化→剥蚀→搬运→沉积→硬结成岩的顺序进行，未经成岩作用所生成的沉积物就是通常所说的“土”。

内力地质作用与外力地质作用紧密关联、互相影响。内力地质作用决定了地表的基本形态和内部构造，外力地质作用破坏和重塑地表形态。对地壳的发展而言，内力地质作用一般占主导地位。地壳上升时，遭受剥蚀；地壳下降时，接受沉积。

地壳在内力和外力地质作用下，形成了各种类型的地形，称为地貌。地表形态可按不同的成因划分为各种相应的地貌单元。在山区，基岩常露出地表；而在平原地区，各种成因的土层覆盖在基岩之上，土层往往很厚。

1.2　矿物和岩石

矿物(Mineral)是组成岩石的基本物质。由一种或多种矿物以一定的规律组成的自然集合体，称为岩石(Rock)。岩石构成了地球的表层——地壳。

1.2.1 矿物

矿物是指地壳中具有一定化学成分和物理性质的单质和化合物。地壳上已被发现的矿物有 3000 多种，但最主要的造岩矿物只有 30 多种。矿物按生成条件可分为原生矿物和次生矿物两大类。原生矿物一般由岩浆冷凝而成，如石英、长石、辉石、角闪石、云母等；次生矿物一般由原生矿物经风化作用直接生成，如由长石风化而成的高岭石、由辉石或角闪石风化而成的绿泥石等，或在水溶液中析出生成，如水溶液中析出的方解石($CaCO_3$)和石膏($CaSO_4 \cdot 2H_2O$)等。表 1.1 列出了几种最主要造岩矿物的特征。

表 1.1 几种最主要造岩矿物的特征

编号	矿物名称	形状	颜色	光泽	硬度	解理	相对密度	其他特征
1	石英	块状、六方柱状	无色、乳白色	玻璃、油脂	7	无	2.6～2.7	晶面有平行条纹，贝壳状断口
2	正长石	柱状、板状	玫瑰色、肉红色	玻璃	6	完全	2.3～2.6	两组晶面正交
3	斜长石	柱状、板状	灰白色	玻璃	6	完全	2.6～2.8	两组晶面斜交，晶面上有条纹
4	辉石	短柱状	深褐色、黑色	玻璃	5～6	完全	2.9～3.6	
5	角闪石	针状、长柱状	深绿色、黑色	玻璃	5.5～6	完全	2.8～3.6	
6	方解石	菱形六面体	乳白色	玻璃	3	三组完全	2.6～2.8	滴稀盐酸会起泡
7	云母	薄片状	银白色、黑色	珍珠、玻璃	2～3	极完全	2.7～3.2	透明至半透明，薄片具有弹性
8	绿泥石	鳞片状	草绿色	珍珠、玻璃	2～2.5	完全	2.6～2.9	半透明，鳞片无弹性
9	高岭石	鳞片状	白色、淡黄色	暗淡	1	无	2.5～2.6	土状断口，吸水膨胀、滑黏
10	石膏	纤维状、板状	白色	玻璃、丝绢	2	完全	2.2～2.4	易溶解于水，产生大量 SO_4^{2-}

注：① 硬度是指其抵抗外力刻划的能力，硬度等级越高，硬度越大。
② 解理是指矿物受外力作用后沿一定方向裂开成光滑平面的性质，无解理即称为断口。

1.2.2 岩石

1.2.2.1 *岩石的成因分类*

自然界中岩石种类繁多，按其成因可分为岩浆岩、沉积岩和变质岩三大类。岩石的主要特征包括矿物成分、结构和构造三个方面。岩石的结构是指岩石中矿物颗粒的结晶程度、大小和形状，以及其彼此间的组合方式等特征。岩石的构造则是由岩石中矿物排列方式及填充方式决定的。各类岩石的矿物成分、结构和构造不同，因此具有不同的工程性质。

(1)岩浆岩

岩浆岩(Magmatic Rock)，又称火成岩(Igneous Rock)，它是由地壳深处的岩浆沿地壳构造薄弱带上升侵入地壳或喷出地面，冷却凝固后形成的岩石。

岩浆岩的主要矿物成分是硅酸盐矿物，如石英、长石、云母、角闪石、辉石等。侵入岩主要是结晶结构，块状构造；喷出岩可以是隐晶质或玻璃质结构，流纹状或气孔状构造，主要取决于岩浆冷凝时的物理环境。常见的岩浆岩有花岗岩、正长岩、闪长岩、安山岩、辉长岩和玄武岩等。岩浆岩分类见表1.2。

表1.2 岩浆岩分类

<table>
<tr><td colspan="3">颜色</td><td colspan="5">浅色(浅灰、浅红、肉红色)至深色(深灰、深绿、黑色)</td></tr>
<tr><td colspan="3">化学成分(SiO_2 含量)</td><td>酸性
(>65%)</td><td colspan="2">中性
(53%~65%)</td><td>基性
(40%~52%)</td><td>超基性
(<40%)</td></tr>
<tr><td rowspan="2">成因</td><td rowspan="2">结构</td><td rowspan="2">构造</td><td colspan="2">含正长石</td><td colspan="2">含斜长石</td><td>不含长石</td></tr>
<tr><td>石英
云母
角闪石</td><td>角闪石
黑云母
辉石</td><td>角闪石
辉石
黑云母</td><td>辉石
角闪石
橄榄石</td><td>辉石
橄榄石</td></tr>
<tr><td rowspan="2">侵入岩</td><td>等粒</td><td>块状</td><td>花岗岩</td><td>正长岩</td><td>闪长岩</td><td>辉长岩</td><td>橄榄岩、辉岩</td></tr>
<tr><td>斑粒</td><td>块状</td><td>花岗斑岩</td><td>正长斑岩</td><td>玢岩</td><td>辉绿岩</td><td></td></tr>
<tr><td>喷出岩</td><td>斑状、隐晶质或玻璃质</td><td>流纹状、气孔状或杏仁状</td><td>流纹岩</td><td>粗面岩</td><td>安山岩</td><td>玄武岩</td><td></td></tr>
</table>

(2)沉积岩

沉积岩(Sedimentary Rock)，又称水成岩(Hydrogenic Rock)，它是在地壳表层常温常压条件下，由原岩(即岩浆岩、变质岩和早期形成的沉积岩)经风化剥蚀而形成岩石碎屑、溶液析出物或有机质等，经流水、风、冰川等地质营力搬运到陆地低洼处或海洋中沉积，再经成岩作用而形成的层状岩石。沉积岩广泛分布于地表，占陆地面积的75%，因此，许多工程都在沉积岩地区建设。沉积岩也是被应用得最广的一种建筑材料。

沉积岩的物质成分主要有碎屑矿物、黏土矿物、化学沉积矿物和有机质，以及生物残骸，此外，还有把碎屑颗粒胶结起来的胶结物。胶结物的性质对沉积岩的力学强度、抗水性及抗风化能力都有很大影响，常见的胶结物有硅质(SiO_2)、铁质(FeO 或 Fe_2O_3)、钙质($CaCO_3$)和泥质。硅质(石英、石髓及蛋白石)胶结的岩石致密坚硬、强度高；铁质(赤铁矿、褐铁矿等)胶结的岩石常为红色或紫红色，强度也较高；钙质(方解石、白云石及菱铁矿等)胶结的岩石遇冷稀盐酸起泡，强度中等且可溶；黏土(泥质)胶结的岩石质地松软、强度低，易湿软、易风化。沉积岩的结构与其沉积物质有关，最主要的构造是层理、层面构造和含有化石。常见的沉积岩有砾岩、砂岩、泥岩、页岩、石灰岩、白云岩等。沉积岩分类见表1.3。

表 1.3　沉积岩分类

分类名称		物质来源	沉积作用	结构特征	构造特征
碎屑岩	砾岩、角砾岩、砂岩	物理风化作用形成的碎屑	以机械沉积作用为主	碎屑结构	层理构造、多孔构造
	火山角砾岩、凝灰岩	火山喷发形成的碎屑			
黏土岩	泥岩、页岩	化学风化作用形成的黏土矿物	机械沉积作用和胶体沉积作用	泥质结构	层理构造
化学岩和生物化学岩	石灰岩、泥灰岩	母岩经化学分解生成的溶液和胶体溶液；生物化学作用形成的矿物和生物遗体	化学沉积、胶体沉积和生物沉积作用	化学结构和生物结构	层理构造、致密构造

(3)变质岩

变质岩(Metamorphic Rock)是由组成地壳的岩石因地壳运动和岩浆活动而在固态下发生矿物成分、结构构造改变所形成的新岩石。引起岩石变质的因素主要有温度、压力及化学活动性流体。例如石灰岩在岩浆的高温烘烤下，矿物重新结晶成为大理岩；富含铝的泥质岩石，在地壳运动和温度作用下，变成矿物定向排列的板岩、千枚岩，这些新的岩石均称为变质岩。常见的变质岩还有片岩、片麻岩、大理岩、石英岩等。变质岩分类见表 1.4。

表 1.4　变质岩分类

名称	鉴定特征				
	主要矿物	颜色	结构	构造	其他
片麻岩	长石、石英、云母	深、浅色相间	斑粒变晶	片麻状	
云母片岩	云母(有少量石英)	白、银灰色	鳞片变晶	片状	有显著的丝绢光泽，质软易剥开
绿泥石片岩	绿泥石	绿色	鳞片变晶	鳞片状	
大理岩	方解岩	白色、灰白色	等粒变晶	块状	滴稀盐酸会起泡
石英岩	石英	白色、灰白色、淡红色	等粒变晶	块状	小刀刻划不动

建筑工程中最常见的岩石如图 1.1 至图 1.3 所示。

图 1.1　花岗岩

图 1.2　石灰岩

图 1.3　大理岩

不同类型的岩石，由于它们生成的地质环境和条件不同，就产生了各种不同的结构和构造。鉴别岩石的方法有很多，但最基本的是根据岩石的外观特征，用肉眼和简单工具（如小刀、放大镜等）进行鉴别。

1.2.2.2　岩石的工程性质及分类

(1)岩石的工程性质

岩石作为建筑物的地基，其工程性质对建筑物的安全、稳定起着重要的作用。岩石的工程性质常用一些指标来表示，包括物理性质、水理性质和力学性质。常见岩石的物理性质和水理性质指标见表1.5，常见岩石的抗压、抗剪及抗拉强度见表1.6。

表1.5　常见岩石的物理性质和水理性质指标

岩石名称	相对密度	天然密度（g/cm^3）	裂隙率（%）	吸水率（%）	软化系数
花岗岩	2.50～2.84	2.30～2.80	0.04～2.80	0.10～0.70	0.75～0.97
闪长岩	2.60～3.10	2.52～2.96	0.25左右	0.30～0.38	0.60～0.84
辉长岩	2.70～3.20	2.55～2.98	0.29～1.13	—	0.44～0.90
辉绿岩	2.60～3.10	2.53～2.97	0.29～1.13	0.80～5.00	0.44～0.90
玄武岩	2.60～3.30	2.54～3.10	1.28	0.30	0.71～0.92
砂　岩	2.50～2.75	2.20～2.70	1.60～28.30	0.20～7.00	0.44～0.97
页　岩	2.57～2.77	2.30～2.62	0.40～10.00	0.51～1.44	0.24～0.55
泥灰岩	2.70～2.75	2.45～2.65	1.00～10.00	1.00～3.00	0.44～0.54
石灰岩	2.48～2.76	2.30～2.70	0.53～27.00	0.10～4.45	0.58～0.94
片麻岩	2.63～3.01	2.60～3.00	0.30～2.40	0.10～3.20	0.91～0.97
片　岩	2.75～3.02	2.69～2.92	0.02～1.85	0.10～0.20	0.49～0.80
板　岩	2.84～2.86	2.70～2.87	0.45	0.10～0.30	0.52～0.82
大理岩	2.70～2.87	2.63～2.75	0.10～6.00	0.10～0.80	—
石英岩	2.63～2.84	2.60～2.80	0.00～8.70	0.10～1.45	0.96

注：① 裂隙率是指岩石中裂隙的体积与岩石总体积的比值，常用百分数表示。

② 吸水率是指岩石在常压条件下所吸水分质量与干燥岩石质量的比值。

③ 软化系数是指岩石在饱水状态下抗压强度与干燥状态下抗压强度的比值，其值不大于0.75，是软化岩石。

表1.6　常见岩石的抗压、抗剪及抗拉强度（MPa）

岩石名称	抗压强度	抗剪强度	抗拉强度	岩石名称	抗压强度	抗剪强度	抗拉强度
花岗岩	100～250	14～50	7～25	石灰岩	30～250	10～50	5～25
闪长岩	150～300		15～30	白云岩	30～250		15～25
辉长岩	150～300		15～30	片麻岩	50～200		5～20
玄武岩	150～300	20～60	10～30	板　岩	100～200	15～30	7～20
砂　岩	20～170	8～40	4～25	大理岩	100～250		7～20
页　岩	5～100	3～30	2～10	石英岩	150～300	20～60	10～30

(2)岩石的工程分类

《岩土工程勘察规范》(GB 50021—2001)和《建筑地基基础设计规范》(GB 50007—2011)中对作为建筑地基的岩石，应鉴定岩石的地质名称和风化程度，并进行岩石坚硬程度、岩体完整程度和岩体基本质量等级的划分。

①岩石坚硬程度分类

岩石的坚硬程度根据岩块的饱和单轴抗压强度标准值 f_{rk} 划分，见表 1.7。当缺乏饱和单轴抗压强度资料或不能进行该项试验时，可在现场通过观察来定性划分，划分标准可按《建筑地基基础设计规范》(GB 50007—2011)附录 A.0.1 条执行。岩石的坚硬程度直接与地基的承载力和变形性质有关。

表 1.7 岩石坚硬程度的划分

坚硬程度类别	坚硬岩	较硬岩	较软岩	软岩	极软岩
饱和单轴抗压强度标准值 f_{rk}(MPa)	$f_{rk}>60$	$60\geqslant f_{rk}>30$	$30\geqslant f_{rk}>15$	$15\geqslant f_{rk}>5$	$f_{rk}\leqslant 5$

②岩体完整程度分类

岩体是指在一定工程范围内，由包含软弱结构面的各类岩石所组成的具有不连续性、非均质性和各向异性的地质体。岩体的完整程度反映了其裂隙性，根据完整性指数划分，见表 1.8。当缺乏试验数据时可按《建筑地基基础设计规范》(GB 50007—2011)附录 A.0.2 条确定。

表 1.8 岩体完整程度分类

完整程度	完整	较完整	较破碎	破碎	极破碎
完整性指数	>0.75	0.75～0.55	0.55～0.35	0.35～0.15	<0.15

注：完整性指数为岩体压缩波速度与岩块压缩波速度之比的平方。

1.3 土的成因类型

土的形成与外力地质作用密切相关。地壳表层的岩石在大气中经受长期的风化、剥蚀等外力作用，破碎成形状不同、大小不一的岩石碎块或矿物颗粒，这些岩石碎屑受各种自然力(如重力、流水、冰川和风尘等)的夹带搬运，在各种不同的自然环境下沉积下来，就形成通常所说的土。沉积下来的土，在漫长的地质年代中发生复杂的物理和化学变化，逐渐压密、固结，最终又形成沉积岩。因此，在自然界中，岩石不断风化破碎形成土，而土又不断压密、岩化而变成岩石，形成一个永无休止的循环过程。

按成因类型，土可分为残积土 Q^{el}、坡积土 Q^{dl}、洪积土 Q^{pl}、冲积土 Q^{al}、湖积土 Q^{l}、海积土 Q^{m}、风积土 Q^{eol} 及冰积土 Q^{gl}。① 在我国《岩土工程勘察规范》(GB 50021—2001)中，湖积土和海积土合称为淤积土。

(1)残积土 Q^{el}

残积土(Eluvium)是岩石风化作用的产物，如图 1.4(a)所示。风化作用是地壳表层的岩

① 右上角代号字母表示相应的土层成因类型。

石，在太阳辐射、大气、水和生物等风化营力的作用下，发生物理和化学变化，使岩石崩解破碎以至于逐渐分解的作用。风化作用在地表最显著，随着土层深度的增加，其影响就逐渐减弱直至消失，因此在风化剖面的不同深度上，岩石的物理力学性质也会有明显的差异。残积土是原岩风化剥蚀后残留在原地未被搬运的那一部分物质，而另一部分则被水溶解淋滤所带走。它处于岩石风化壳的上部，向下则逐渐为全风化、强风化、中等风化、微风化的半坚硬岩石，与新鲜岩石之间没有明显的界线，是渐变的过渡关系。残积土的分布主要受地形的控制，在宽广的分水岭上，由雨水产生的地表径流速度很小，风化产物易于保留，残积层就比较厚，在平缓的山坡上也常有残积土覆盖[图 1.4(b)]。

(a)

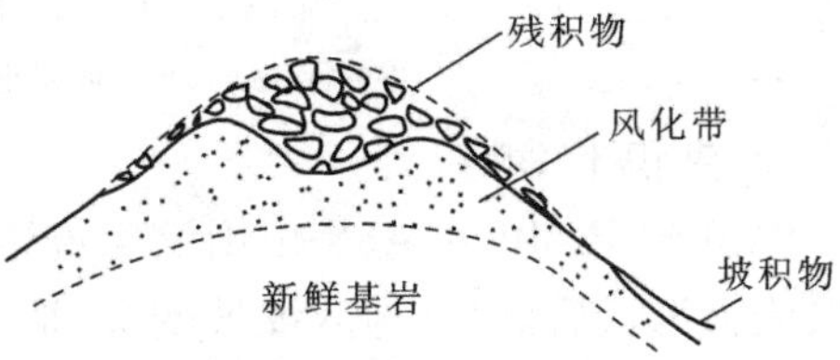

(b)

图 1.4　残积土

(a) 残积土实物图；(b) 残积层剖面图

残积土中碎屑的矿物成分很大程度上与下卧基岩相一致，这是鉴定残积土的主要根据。例如砂岩风化剥蚀后生成的残积物多为砂岩碎块。由于残积土未经搬运，碎屑颗粒不可能被磨圆或分选，颗粒大小混杂，没有层理构造，均质性差，作为建筑物的地基可能产生不均匀沉陷，作为路堑边坡时可能出现坍塌和冲刷等问题。

但由于残积土具有一定的结构强度，使得原位测试值远远大于室内测试值。工程上应充分利用这种地基的特性。例如，在我国深圳地区花岗岩分布范围很广，约占该地区面积的60%，花岗岩残积土的厚度为 15～40m，是该地区城市建筑物的主要持力层。某地拟建 12 层商业大厦，上部采用框架结构，设有地下室。若按室内试验指标设计，需采用桩基础支承在下部风化花岗岩上，而现场原位试验值远远大于室内测试值。于是工程设计人员决定采用天然地基浅基础方案，并在施工和结构设计上采取减轻沉降的措施，保证工程设计既安全又经济。

(2)坡积土 Q^{dl}

坡积土(Diluvium)是雨雪水流的地质作用将高处岩石风化产物缓慢地洗刷剥蚀、顺着斜坡向下逐渐移动、沉积在较平缓的山坡上而形成的沉积物，如图 1.5 所示。它一般分布在坡腰上或坡脚下，其上部与残积物相接。坡积物底部的倾斜度取决于基岩的倾斜程度，而表面倾斜度则与生成的时间有关，时间越长，搬运、沉积在山坡下部的物质就越厚，表面倾斜度就越小。坡积物随斜坡自上而下呈现由粗而细的分选现象，其矿物成分与下卧基岩没有直接关系，这是它与残积物明显的区别。

由于坡积物形成于山坡，常常发生沿下卧基岩倾斜面滑动的现象；还由于组成物质粗细颗粒混杂，土质不均匀，且其厚度变化很大(上部有时不足 1 米，下部可达几十米)，尤其是新近堆积的坡积物，土质疏松，压缩性较高。在坡积土上进行工程建设时，要考虑坡积土本身的稳定性和施工开挖后边坡的稳定性。

(a)

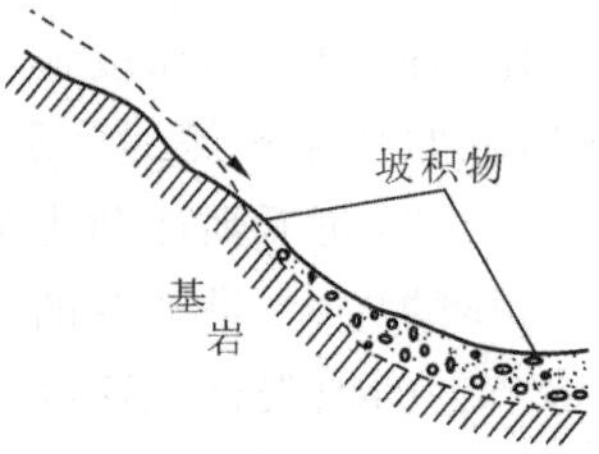

(b)

图 1.5 坡积土

(a) 坡积土实物图;(b) 坡积层剖面图

(3)洪积土 Q^{pl}

洪积土(Proluvium)是由山洪急流搬运的碎屑物质组成的。当山洪急流夹带大量的泥沙石块流出沟口后,由于沟床纵坡变缓,地形开阔,水流分散,流速降低,搬运能力骤然减小,所夹带的石块、岩屑、砂砾等粗大碎屑先在沟口堆积下来,较细的泥沙继续随水搬运,多堆积在沟口外围一带。由于山洪急流的长期作用,在沟口一带就形成了扇形分布的堆积体,在地貌上称为洪积扇[图 1.6(a)]。洪积扇的规模逐年增大,有时与相邻沟谷的洪积扇互相连接起来,形成规模更大的洪积裙或洪积冲积平原。

规模很大的洪积层一般可划分为三个工程地质条件不同的地段:靠近山坡沟口的粗碎屑沉积地段,孔隙大、透水性强,地下水埋藏深,压缩性小,承载力比较高,是良好的天然地基;洪积层外围的细碎屑沉积地段,如果在沉积过程中受到周期性的干燥影响,黏土颗粒发生凝聚并析出可溶盐分时,则洪积层的结构颇为结实,承载力也是比较高的。在上述两地段之间的过渡带,因为常有地下水溢出,水文地质条件不良,对工程建筑不利[图 1.6(b)]。

(a)

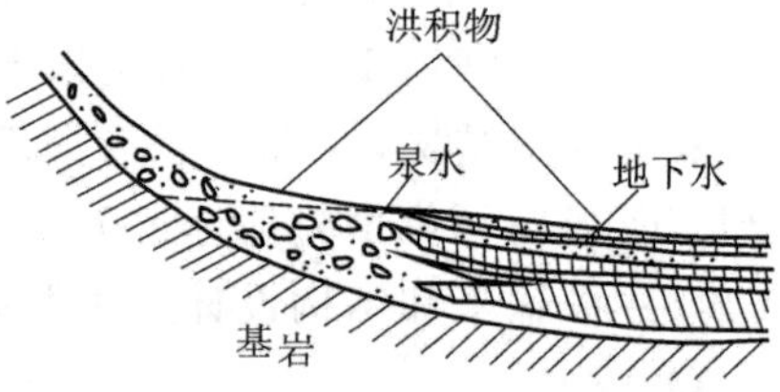

(b)

图 1.6 洪积土

(a) 山前洪积扇实物图;(b) 洪积层剖面图

(4)冲积土 Q^{al}

冲积土(Alluvium)是河流流水的地质作用将两岸基岩及其上部覆盖的坡积物、洪积物剥蚀后搬运、沉积在河流坡降平缓地带形成的沉积物,其特点是呈现明显的层理构造。由于搬运作用显著,碎屑物质由带棱角的颗粒(块石、碎石及角砾)经滚磨、碰撞逐渐形成亚圆形或圆形颗粒(漂石、卵石、圆砾),其搬运距离越长,则沉积的物质越细。冲积物按其沉积环境的不同,可分为河床相、河漫滩相、牛轭湖相与河口三角洲相。

①河床相冲积物　其主要沉积在河流上游山区河床中，多由砂砾、卵石组成[图 1.7(a)]。

②河漫滩相冲积物　河漫滩是河床以外在洪水期间被淹没的平坦地带。平原河谷大多有河漫滩及阶地等地貌单元。河漫滩沉积土其下层为砂砾、卵石等粗粒物质，上层则为河水泛滥时沉积的细粒物质，局部夹有淤泥和泥炭层[图 1.7(b)、图 1.7(c)]。

③牛轭湖相冲积物　牛轭湖为河流裁弯取直后淤塞的古河道，沉积物主要为静水沉积，一般多由富含有机质的淤泥和泥炭组成，天然含水率很大，抗压、抗剪强度小，容易发生压缩变形[图 1.7(d)]。

④河口三角洲相冲积物　三角洲冲积土是在河流入海(湖)口范围内形成的沉积物。三角洲的分布范围较广，其中水系密布且地下水位较高，沉积物厚度也较大。三角洲冲积土的颗粒很细，含水率大且呈饱和状态。在三角洲冲积土的上层，由于经过长期的干燥和压实，已形成一层所谓的“硬壳层”，在工程建设中应加以利用[图 1.7(e)]。

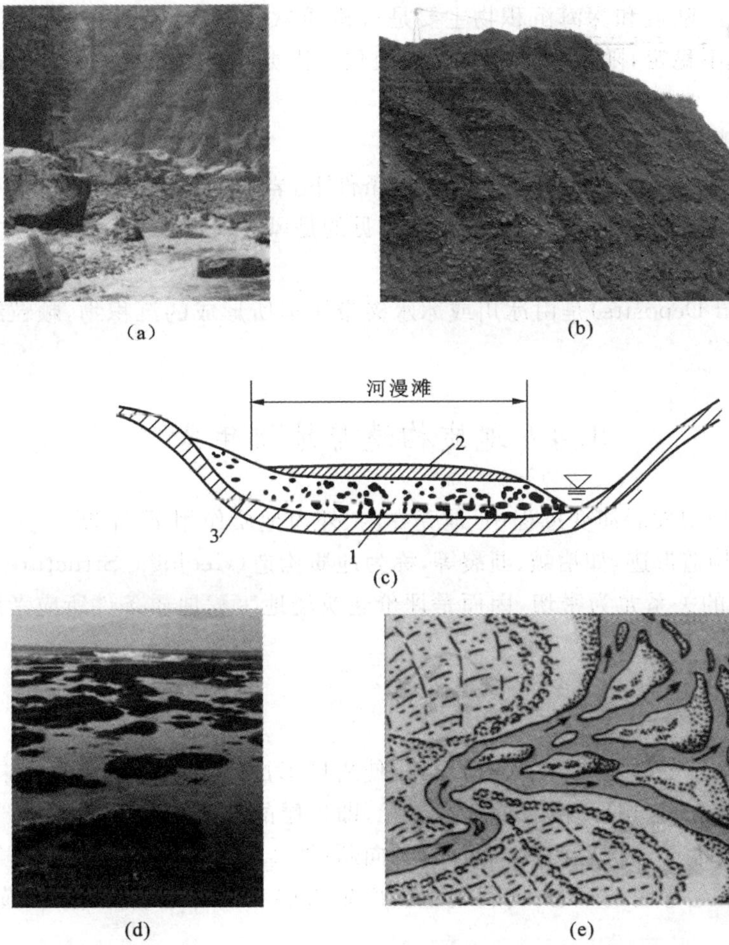

图 1.7　冲积土

(a) 河床相冲积物；(b) 河漫滩相冲积物；(c) 河漫滩相冲积物剖面图；(d) 牛轭湖相冲积物；(e) 河口三角洲相冲积物

1—河床沉积物；2—河漫滩沉积物；3—坡积物

(5)湖积土 Q^l

湖积土(Lake Deposits)可分为湖边沉积物和湖心沉积物。湖边沉积物是湖浪冲蚀湖岸形成的碎屑物质在湖边沉积而形成的，近岸带沉积的多是粗颗粒的卵石、圆砾和砂土，远岸带沉积的则是细颗粒的砂土和黏性土。湖边沉积物具有明显的斜层理构造，近岸带土的承载力高，远岸带的则差些。湖心沉积物是由河流和湖流夹带的细小悬浮颗粒到达湖心后沉积形成的，主要是黏土和淤泥，常夹有细砂、粉砂薄层，土的压缩性高，强度很低。

若湖泊逐渐淤塞，则可演变为沼泽，沼泽沉积土称为沼泽土，主要由半腐烂的植物残体——泥炭组成，泥炭的含水率极高，承载力极低，一般不宜作为天然地基。

(6)海积土 Q^m

按海水深度及海底地形，海洋可分为滨海带、浅海区、陆坡区和深海区，相应的四种海相沉积物性质也各不相同。滨海沉积物(Marine Deposits)主要由卵石、圆砾和砂土等组成，具有基本水平或缓倾的层理构造，其承载力较高，但透水性较大。浅海沉积物主要由细粒砂土、黏性土、淤泥和生物化学沉积物(硅质和石灰质)组成，有层理构造，较滨海沉积物疏松，含水率高、压缩性大且强度低。陆坡和深海沉积物主要是有机质软泥，成分均一。海洋沉积物在海底表层沉积的砂砾层很不稳定，随着海浪不断移动变化。因此，选择海洋平台等构造物地基时，应慎重对待这一土层。

(7)风积土 Q^{eol}

风积土(Eolian Deposits)是指在干旱的气候条件下，岩石的风化碎屑物被风吹扬，搬运一段距离后，在有利的条件下堆积起来的一类土，最常见的是风成沙及风成黄土，黄土具有湿陷性。

(8)冰积土 Q^{gl}

冰积土(Glacial Deposits)是由冰川或冰水夹带搬运所形成的沉积物，颗粒细，粒径变化较大，土质也不均匀。

1.4 地质构造与地质年代

在漫长的地质历史发展演变过程中，地壳在内、外力地质作用下，不断运动、发展和变化，所造成的各种不同的构造形迹，如褶皱、断裂等，称为地质构造(Geologic Structure)。它与场地稳定性及地震评价等的关系尤为密切，因而是评价建筑场地工程地质条件所应考虑的基本因素。

1.4.1 地质构造

(1)褶皱构造

组成地壳的岩层，受构造应力的强烈作用，使岩层形成一系列波状弯曲而未丧失其连续性的构造，称为褶皱构造(Fold)。褶皱的基本单元，即岩层的一个弯曲称为褶曲。褶曲虽然有各式各样的形式，但基本形式只有两种，即背斜和向斜(图 1.8)。背斜由核部老岩层和翼部新岩层组成，横剖面呈凸起弯曲的形态；向斜则由核部新岩层和翼部老岩层组成，横剖面呈向下凹曲的形态。

必须指出，在山区见到的褶曲，一般来说，其形成的年代久远，由于长期暴露在地表，使得部分岩层，尤其是软质或裂隙发育的岩石受到风化和剥蚀作用的严重破坏而丧失了完整的褶曲形态(图 1.9)。

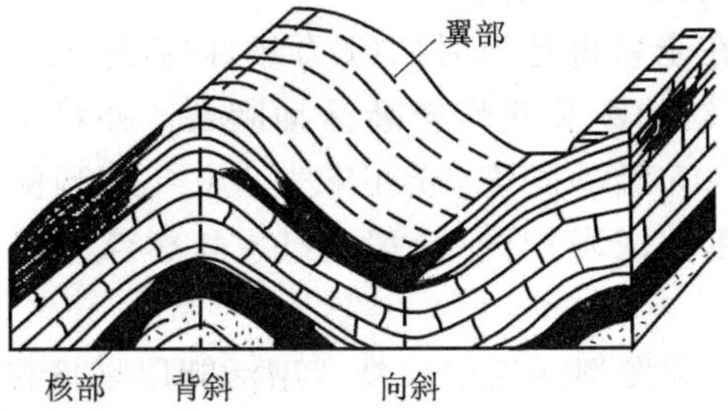

图 1.8　背斜与向斜示意图

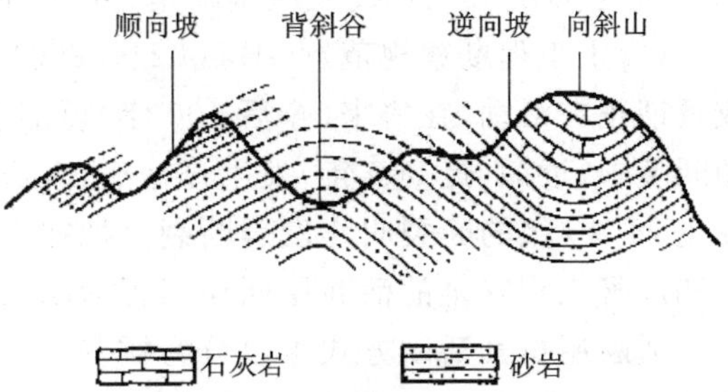

图 1.9　剥蚀后的褶曲地形剖面示意图

在褶曲山区，岩层遭受的构造变动常常较大，故节理发育，地形起伏不平，坡度也大。因此，在褶曲山区的斜坡或坡脚做建筑物时，必须注意边坡的稳定问题。坡面与岩层倾斜方向相反的山坡称为逆向坡，其边坡稳定性较好；坡面与岩层倾斜方向一致的山坡称为顺向坡，其稳定性与岩石性质、倾角大小和有无软弱结构面等因素有关。当岩层倾角小于边坡坡脚时，其稳定性一般较差，存在滑坡的危险。岩层倾角大于边坡坡脚时，在自然条件下边坡一般是稳定的。但如果施工开挖切去斜坡坡脚，则上部岩体就有可能沿层面发生滑动，尤其是夹有薄层泥页岩或软弱夹层的边坡，更易发生滑动。

(2)断裂构造

岩体受力断裂，使原有的连续完整性遭受破坏而形成断裂构造，沿断裂面两侧的岩层未发生位移或仅有微小错动的断裂构造，称为节理(Joint)；反之，若发生了相对的位移，则称为断层(Fault)。断裂构造在地壳中广泛分布，它往往是工程岩体稳定性的控制性因素。

分居于断层面两侧相互错动的两个断块，其中位于断层面之上的称为上盘，位于断层面之下的称为下盘。若按断块之间相对错动的方向来划分，上盘下降、下盘上升的断层称正断层；反之，上盘上升、下盘下降的断层称逆断层。如两断块水平互错，则称为平移断层(图 1.10)。

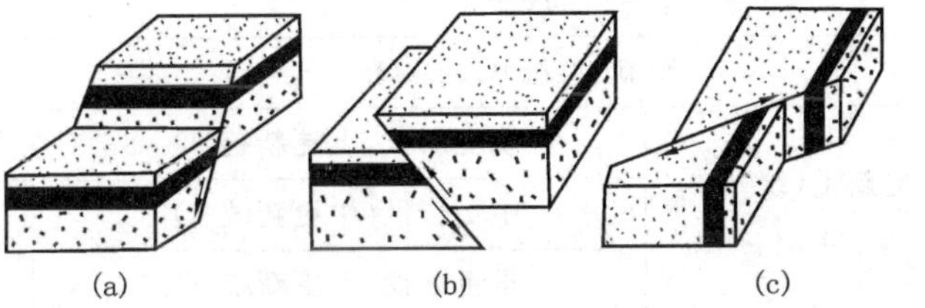

图 1.10　断层类型示意图

(a)正断层；(b)逆断层；(c)平移断层

工程案例：断裂构造

断层面往往不是一个简单的平面，而是有一定宽度的断层带。断层规模越大，这个带就越宽，破坏程度也越严重。如北美洲沿太平洋东岸的圣安德烈斯大断层，长约 1000km，该大断层经过美国加利福尼亚州。1906 年，美国发生了 7.9 级地震，多栋建筑物恰巧建在此断层上，受到强震而倒塌破坏。自 1948 年至 1969 年，断层每年错动 1cm 多，总计超过 25cm。

断层形成的年代越新，则断层的活动可能性越大。对于活动性的断层带，常潜伏着发生地震的可能性，例如我国营口—郯城—庐江大断裂带，长度超过 2000km，历史上此断裂带发生了多次大地震，例如 1668 年山东郯城 8.5 级强烈地震、1969 年渤海 7.4 级大地震、1975 年海城 7.3 级大地震和 1976 年唐山 7.8 级大地震，都与该断裂带的活动密切相关。2008 年 5 月

12日发生的汶川8.0级大地震则是龙门山断裂带的活动造成的。

《岩土工程勘察规范》(GB 50021—2001)中将在全新世地质时期(1万年)内有过地震活动或近期正在活动,在将来(今后100年)可能继续活动的断裂叫作全新活动断裂。并将全新活动断裂中,近期(近500年)发生过地震,且震级 $M \geqslant 5$ 级的断裂,或在未来100年内预测可能发生 $M \geqslant 5$ 级的断裂叫作发震断裂。把在工程使用期或寿期内(一般为50—100年),可能影响和危害工程安全的活断层叫作工程活断层。

活断层按其活动方式可以分为蠕变型活断层和突发型活断层。蠕变型活断层是只有长期缓慢的相对位移变形,不发生地震或只有少数微弱地震的活断层;突发型活断层的错动位移是突然发生的,并同时伴发较强烈的地震。活断层常具有沿已有的老断层发生新错动位移的继承性和重复活动的周期性。

因此,工程设计原则上应避免将建筑物跨放在断层带上,尤其要注意避开近期活动的断层带。调查活动断层的位置、活动特点和强烈程度对于工程建设有着重要的实际意义。

1.4.2 地质年代

地质年代是指地壳发展历史与地壳运动、沉积环境及生物演化相应的时代段落。在地质学中,根据地层对比和古生物学方法把地质年代划分为五大代(太古代、元古代、古生代、中生代和新生代),每代又分为若干纪,每纪又细分为若干世和期。在每一个地质年代中,都划分有相应的地层,对应于地质年代单位,地层单位分别是界、系、统、阶。

在新生代中最新近的一个纪称为第四纪,而由原岩风化产物——碎屑物质,经各种外力地质作用(剥蚀、搬运、沉积)形成尚未胶结硬化的沉积物(层),通称为“第四纪沉积物(层)”或“土”。它沉积在地表,覆盖在基岩之上,各种建筑物往往就建造在它上面,因此,对第四纪沉积物(层)的工程性质要进行仔细研究。第四纪地质年代中“世”的划分见表1.9。

表1.9 第四纪地质年代中“世”的划分

纪(系)	世(统)		距今时间(百万年)
第四纪(系)Q	全新世(统)Q_h 或 Q_4		0.025
	更新世(统)Q_p	晚更新世(上更新统)Q_3	0.150
		中更新世(中更新统)Q_2	0.500
		早更新世(下更新统)Q_1	1.000

1.5 不良地质条件

建筑工程中常见的不良地质条件有山坡滑动、河床冲淤、地震、岩溶等,这些不良地质条件可能导致建筑物地基基础事故。对此,应查明其范围、活动性、影响因素、发生机理,评价其对工程的影响,制定相应的防治措施。

1.5.1 山坡滑动(Landslide)

一般天然山坡经历漫长的地质年代,已趋稳定。但由于人类活动因素和自然环境因素,会使原来稳定的山坡失稳而滑动。人类活动因素包括:在山麓建房,为利用土地削去坡脚;在坡上建房，增加坡面荷载；生产与生活用水大量渗入坡积物，降低土的抗剪强度，导致山坡滑动。自然环境因素包括：坡脚被河流冲刷，使山坡失稳；当地连降暴雨，大量雨水渗入，降低土的内摩擦角，引起滑动；地震、风化作用等可能引发的滑坡。

如长江三峡库区，1982 年 7 月中下旬，万县地区降雨量达 600～700mm，结果在云阳县和忠县发生滑坡 2 万多处。又如 1973 年 2 月的四川炉霍地震，1974 年 5 月的云南昭通地震，1976 年 5 月的云南龙陵地震，1976 年 7 月的河北唐山地震，1976 年 8 月的四川松潘—平武地震。尽管区域地质构造和地貌条件不同，凡地震烈度在 7 度以上的地区，都有不同类型的滑坡产生。

滑坡产生的内因是组成斜坡的岩土性质、结构构造和斜坡的外形。由软质岩层（如页岩、泥岩、片岩等）及覆盖土所组成的斜坡，在雨季或浸水后，因抗剪强度显著降低而极易产生滑动；当岩层的倾向与斜坡坡面的倾向一致时，极易产生滑坡。

工程案例：
山体崩塌

在工程建设中，对滑坡必须采取预防为主的原则，场址要选择在相对稳定的地段，避免大挖大填。目前，整治滑坡常采用排水、支挡、减重与反压护坡等措施，也可采用化学加固等方法来改善岩土的性质。

此外，在山区还常发生崩塌和泥石流等不良地质现象。

1.5.2 河床冲淤

平原河道往往有弯曲，凹岸受水流的冲刷产生坍岸，危及岸上建筑物的安全；凸岸水流的流速慢，产生淤积，使当地的抽水站无水可抽（图 1.11）。河岸的冲淤在多沙河上尤为严重，例如，在潼关上游黄河北干流，河床冲淤频繁，黄河主干流游荡，当地有“三十年河东，三十年河西”的民谣。渭河下游华县、华阴与潼关一段河床冲淤现象也十分严重。

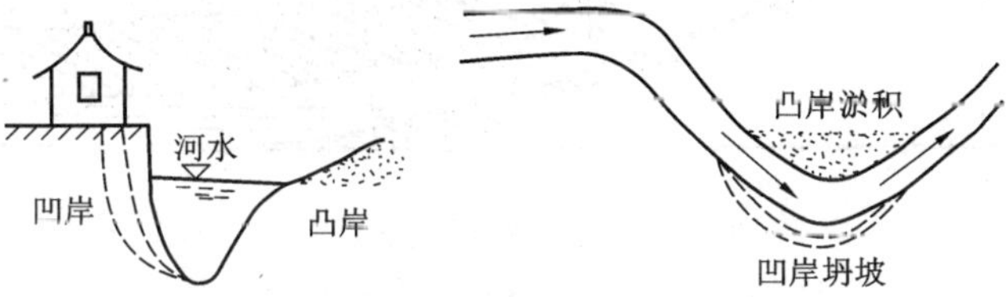

图 1.11　河床冲淤示意图

另外，地震和岩溶造成的工程地质问题分别见第 10 章和第 12 章。

1.6 地　下　水

埋藏和运移在地表以下岩土层空隙中的水称为地下水（Ground Water）。地下水与工程建设的关系非常密切，它能降低岩土的承载力，造成基坑突涌、产生滑坡、地面塌陷等不良地质现象，还会对工程建筑材料（如混凝土等）产生腐蚀作用。

1.6.1 地下水的埋藏类型

通常把透水的岩土层称透水层；相对不透水的岩土层称隔水层；当透水层被水充满时称含水层（Aquifer）。地下水按埋藏条件可分为上层滞水、潜水和承压水三类。

(1)上层滞水

积聚在局部隔水层上的水称为上层滞水(Perch Ground Water)(图 1.12)。这种水靠雨水补给,有季节性。上层滞水范围不大,存在于雨季,旱季可能干涸。上层滞水接近地表,可使地基土强度减弱。在寒冷的北方地区,则易引起道路的冻胀和翻浆。此外,由于其水位变化幅度较大,故常给工程的设计、施工带来困难。

(2)潜水

自地表向下第一个连续稳定隔水层之上的含水层中,具有自由水面的重力水称为潜水(Phreatic Water)(图 1.12)。潜水一般存在于第四纪松散堆积物的孔隙中(孔隙潜水)及出露地表的基岩裂隙和溶洞中(裂隙潜水和岩溶潜水)。

潜水的自由水面称为潜水面,潜水面的标高称为潜水位,潜水面至地面的垂直距离称为潜水埋藏深度,由潜水面往下到隔水层顶板之间充满重力水的部分称为含水层厚度。

潜水直接由大气降水和地表水渗入补给,同时也由于蒸发或流入河流而排泄,它的分布区与补给区是一致的,因此潜水位的变化直接受气候条件变化的影响。

(3)承压水

充满两个隔水层间的含水层中承受水压力的地下水称为承压水(Pressure Water)(图 1.12)。在地面打井至承压含水层时,水便会在井中上升,甚至喷出地表形成自流井。由于上覆隔水层的作用,它的分布区与补给区不一致,因此,承压水的动态比较稳定,受气候影响较小。

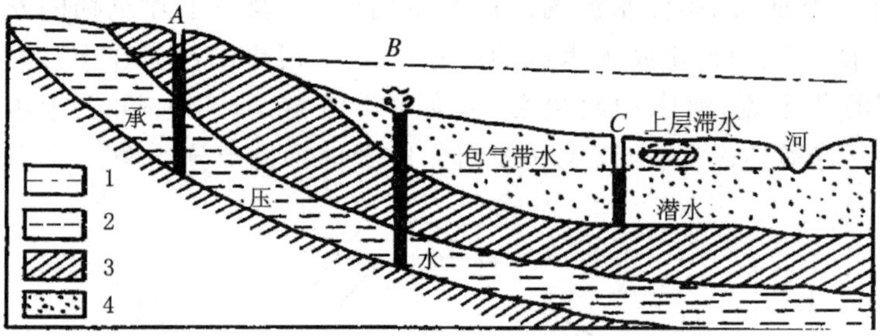

图 1.12 地下水埋藏示意图

1—承压水位;2—潜水位;3—隔水层;4—含水层

A—承压水井;B—自流水井;C—潜水井

1.6.2 地下水的运动规律

地下水在岩土体空隙中的运动称为渗流(Seepage)。岩土体可被水透过的性质称为岩土的渗透性(Permeability),这是岩土的一个重要性质。

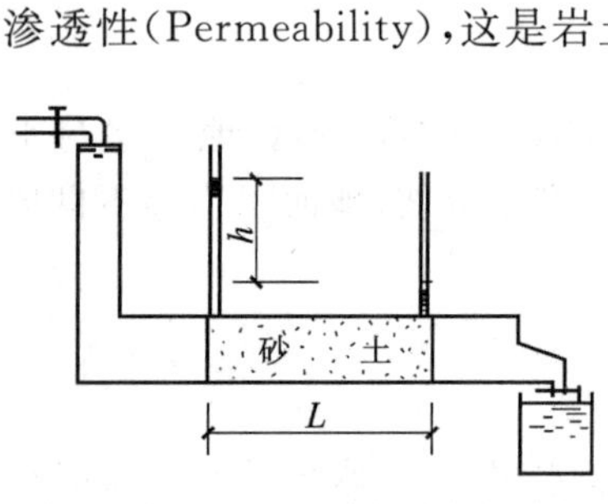

图 1.13 达西渗透试验装置

工程设计中计算地基沉降速率时,或在地下水位以下施工前计算地下水的涌水量、选择排水方法等时都需要应用岩土的渗透性指标。

地下水运动的基本规律是法国水利学家达西(Henri Darcy)于 1856 年通过砂土的渗透试验而得出的。其试验装置如图 1.13 所示。

试验筒中部装满砂土,砂土试样长为 L,截面面积为

A_w，试验筒左端顶部注水，使水位保持固定，砂土试样两端各装一支测压管，测得前后两支测压管水头差为 h，试验筒右端底部留一个排水口，下接一个盛水容器。

试验开始：经历时间 t(s)，水通过砂土试样的渗流量——盛水容器 t(s)所接水量为 Q，则每秒钟的渗流量为 q。

达西通过试验发现下列规律：水在单位时间内通过容器中砂土的流量 Q，与渗透长度 L 成反比，而与容器的横断面面积 A_w、左右两测压管的水头差 h 以及砂土的渗透系数 k 成正比，即

$$Q = kA_w \frac{h}{L} = kA_w I \tag{1.1}$$

或

$$v = \frac{Q}{A_w} = kI \tag{1.2}$$

式中 I——水力坡度，代表渗透流程中单位长度的水头损失，$I = \frac{h}{L}$；

v——渗透速度，m/s，它不是地下水在孔隙中流动的实际速度，而是在某过水断面上的平均流速。

达西定律适用于砂土(层流)。当地下水在粗砂、砾石、卵石的孔隙中运动时，由于流速大，则服从于紊流运动定律，即水的渗透速度与水力坡度呈指数函数关系，即

$$v = kI^{\frac{1}{m}} \tag{1.3}$$

式中，m 值的变化范围为 1～2。

在黏土中，渗流需较大的起始水力坡度 I_0 才能开始渗流，即

$$v = k(I - I_0) \tag{1.4}$$

图 1.14 中绘出了砂土与黏土的渗流规律。直线 a 表示砂土的 v -I 关系，它是通过原点的一条直线。黏土的 v -I 关系是曲线 b(图 1.14 中虚线所示)，一般常用直线 c 来代替曲线 b，即用 e 点来代替 d 点表示黏土的起始水力坡度，当土中水力坡度超过此值后水才开始渗流。

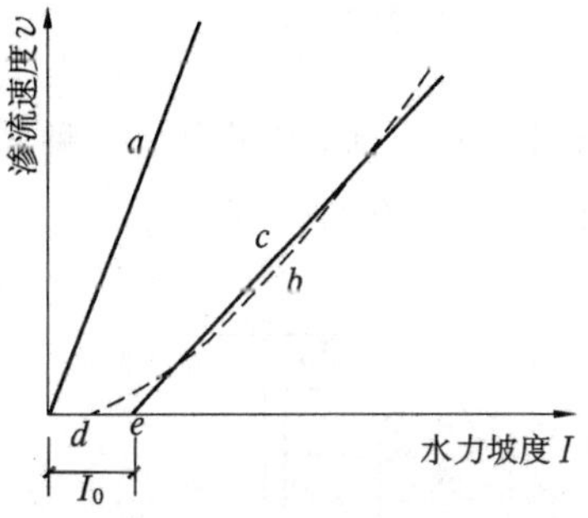

图 1.14 砂土和黏土的渗流规律

土的渗透系数是单位水力坡度(即 $I=1$)时的渗流速度。它是表示土的渗透性强弱的指标，另外，还和水的温度有关。渗透系数可由室内或现场试验测定。

各种常见土的渗透系数参考值如表 1.10 所示。

表 1.10 各种常见土的渗透系数参考值

土的类别	渗透系数 k		土的类别	渗透系数 k	
	cm/s	m/d		cm/s	m/d
黏土	$<6\times10^{-6}$	<0.005	细砂	$1\times10^{-3}\sim6\times10^{-3}$	1.0～5.0
壤土、亚黏土	$6\times10^{-6}\sim1\times10^{-4}$	0.005～0.1	中砂	$6\times10^{-3}\sim2\times10^{-2}$	5.0～20.0
砂壤土、轻亚黏土	$1\times10^{-4}\sim6\times10^{-4}$	0.1～0.5	粗砂	$2\times10^{-2}\sim6\times10^{-2}$	20.0～50.0
黄土	$3\times10^{-4}\sim6\times10^{-4}$	0.25～0.5	圆砾	$6\times10^{-2}\sim1\times10^{-1}$	50.0～100.0
粉砂	$6\times10^{-4}\sim1\times10^{-3}$	0.5～1.0	卵石	$1\times10^{-1}\sim6\times10^{-1}$	100.0～500.0

1.6.3 渗透破坏

渗流引起的渗透破坏问题主要有两大类：一是由于渗流力的作用，使土体颗粒流失或局部土体产生移动，导致土体变形甚至失稳；二是由于渗流作用，使水压力或浮力发生变化，导致土体或结构物失稳。前者主要表现为流砂和管涌，后者则表现为岸坡滑动或挡土墙等构筑物整体失稳。这里主要分析流砂和管涌现象。

(1)渗流力

地下水在土体中流动时，由于受到土粒的阻力而引起水头损失，从作用力与反作用力定律可知，水流经过时必定对土颗粒施加一种渗流作用力。为研究方便，单位体积土颗粒所受到的渗流作用力称为渗流力(Seepage Force)或动水力。

在图1.15所示的渗透破坏试验中，对土样假想将土骨架和水分开来取隔离体，则对假想水柱隔离体来说，作用在其上的力有：

①水柱重力 G_w 为土中水重力和土粒浮力的反力(等于土粒同体积的水重力)之和，即

$$G_w = V_v\gamma_w + V_s\gamma_w = V\gamma_w = LA_w\gamma_w$$

②水柱上下两端面的边界水压力，$\gamma_w h_w$ 和 $\gamma_w h_1$；

③土柱内土粒对水流的阻力，其大小应与渗流力相等，方向相反。设单位土体内的渗流力和土粒对水流阻力分别为 J 和 J'，则总阻力为 $J'LA_w$，方向竖直向下。

现考虑假想水柱隔离体[图1.15(b)]的平衡条件，可得：

$$\gamma_w h_w A_w + G_w + J'LA_w = \gamma_w h_1 A_w$$

$$J' = \frac{\gamma_w(h_1 - h_w - L)}{L} = \frac{\gamma_w \Delta h}{L} = \gamma_w I$$

$$J = J' = \gamma_w I \tag{1.5}$$

从式(1.5)可知，渗流力是一种体积力，量纲与 γ_w 相同。渗流力的大小和水力坡度成正比，其方向与渗流方向一致。

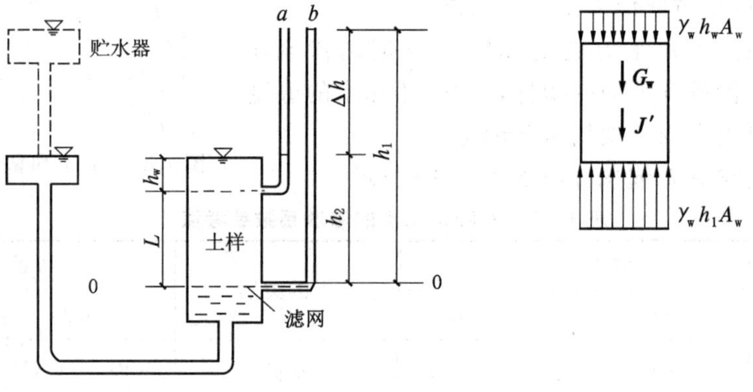

图1.15 饱和土体的渗流力计算

(a)渗透破坏试验示意；(b)假想水柱隔离体

(2)流砂和管涌

在图 1.15(a)所示的试验装置中,若贮水器不断上提,则 Δh 逐渐增大,从而作用在土体中的渗流力也逐渐增大。当 Δh 增大到某一数值,向上的渗流力克服了向下的重力时,土体就要发生浮起或受到破坏。将这种在向上的渗流力作用下,粒间有效应力为零时,颗粒群发生悬浮、移动的现象称为流砂(Flowing Sand)现象,或流土现象。

工程案例:
什么是管涌

这种现象多发生在颗粒级配均匀的饱和细(粉)砂和粉土层中。在地下水位以下开挖基坑时,如从基坑中直接抽水,将导致地下水从下向上流动,可能产生流砂现象。

使土开始发生流砂现象时的水力坡度称为临界水力坡度(Critical Hydraulic Gradient),显然,渗流力等于土的浮重度时,土处于产生流砂的临界状态,因此,临界水力坡度 i_{cr} 为

$$i_{cr}=\frac{\gamma'}{\gamma_w}=\frac{\gamma_{sat}-\gamma_w}{\gamma_w} \tag{1.6}$$

当地下水流动的水力坡度很大时,水流由层流变为紊流,此时渗流力可把土体粗粒孔隙中充填的细粒土冲走,最终导致土体内形成贯通的渗流管道,这种现象称为管涌(Piping)或潜蚀(Internal Corrade)。它的发生一般需要一段时间,是一种渐进性质的破坏。在地基土层内如具有地下水的潜蚀作用时,将会破坏地基土的强度,形成空洞,产生地表塌陷,影响建筑工程的稳定。

1.6.4 地下水对工程的影响

地下水与土木工程的建设有着密切的关系,主要影响如下:

(1)基础埋深

通常设计基础的埋置深度 d 应小于地下水位深度 h。当寒冷地区基础底面的持力层为粉砂或黏性土,若地下水位埋藏深度低于冻深线 1.5～2.0m,则冬季可能因毛细水上升而使地基冻胀,顶起基础,导致墙体开裂。

工程案例:
神奇的地下水

(2)地下室防水

建筑物的地下室可用作文化娱乐、购物、人防等活动场所。当地下室常年或雨季处在地下水位以下,则必须做好防水层。某大学一幢教职工五层住宅楼的地下室,因防水层质量差,夏季雨水下渗,邻近河水倒灌,造成地下室积水达 30cm 深,无法使用,翻修以后仍然漏水,十分潮湿。

(3)空心结构物浮起

当建筑物基础底面位于地下水位以下时,地下水对基础底面产生静水压力,即产生浮力。地面下的水池与油罐等空心结构物,位于地下水位埋藏浅的场地,在竣工使用前,因地下水的浮力,可能将空心结构物浮起,需要进行计算并采取适当的措施来解决。

(4)地下水位升降变化

在含水层中进行地下洞室、地铁或深基础施工时,往往需要采用抽水的办法人工降低地下水位。当抽水时,在抽水井周围形成降水漏斗,在降水漏斗范围内的土层将发生附加沉降,使邻近建筑物发生变形。除此之外,如果抽水井滤网和过滤层的设计不合理或施工质量差,抽水时会将土层中的黏粒、粉粒甚至细砂等细小土颗粒随同地下水一起带出地面,使周围地面土层很快产生不均匀沉降,造成地面建筑物和地下管线不同程度的损坏。例如某大学第六教学大

楼，因附近两深井大量抽取地下水，引起大楼严重下沉和开裂的工程事故。

而地下水位上升，可引起浅基础地基承载力降低，水浸湿和软化岩土，从而使地基土的强度降低、压缩性增大，建筑物会产生过大沉降，导致严重变形；对结构不稳定的土（如湿陷性黄土、膨胀土等），变形更为严重。

（5）地下水对混凝土的侵蚀

当地下水中含有有害的化学物质，如硫酸根离子、侵蚀性二氧化碳过多时，则对建筑基础具有侵蚀性，需采取必要的措施。地下水对混凝土的侵蚀有以下几种类型：

①溶出侵蚀：硅酸盐水泥遇水硬化，生成氢氧化钙[$Ca(OH)_2$]、水化硅酸钙（$2CaO \cdot SiO_2 \cdot 12H_2O$）、水化铝酸钙（$2CaO \cdot Al_2O_3 \cdot 6H_2O$）等。地下水在流动过程中将上述生成物中的 $Ca(OH)_2$ 及 CaO 成分不断溶解带走，结果使混凝土强度下降。

②碳酸侵蚀：地下水中侵蚀性 CO_2 使混凝土中 $CaCO_3$ 被溶解。

③硫酸盐侵蚀：水中 SO_4^{2-} 含量超过一定数值时，就可能与混凝土中的 $Ca(OH)_2$ 作用生成石膏，体积膨胀到原来的 1.5 倍。石膏还可以与混凝土中的水化铝酸钙作用，生成水化硫铝酸钙结晶，使混凝土严重溃裂。现场将其称之为“水泥细菌”。

④一般酸性侵蚀：地下水的 pH 值较小时，酸性较强，这种水与混凝土中 $Ca(OH)_2$ 作用生成 $CaCl_2$、$CaSO_4$、$Ca(NO_3)_2$ 等各种钙盐，若生成物易溶于水，则混凝土被侵蚀。

⑤镁盐侵蚀：地下水中的镁盐（如 $MgCl_2$、$MgSO_4$ 等）与混凝土中的 $Ca(OH)_2$ 作用生成易溶于水的 $CaCl_2$ 及易产生硫酸侵蚀的 $CaSO_4$，使 $Ca(OH)_2$ 含量降低，引起混凝土中其他水化物的分解破坏。

学习要求

通过本章的学习，了解工程地质基本内容，熟悉常见岩石的分类和工程性质，了解风化带划分标准，熟悉土的成因类型及特征，了解地质构造和不良地质条件对建筑工程的影响，掌握地下水的概念、类型、运动规律，会分析流砂、管涌等渗透变形，正确认识地下水与工程建筑的关系。

复习思考题

1.1 工程地质包括哪些主要内容？工程地质与土木建筑工程有何关系？

1.2 岩石按成因分为哪几类？试举出各类岩石中的三种常见岩石。花岗岩、闪长岩、砂岩、石灰岩、石英岩和板岩分别属于哪类岩石？

1.3 岩石和岩体按《岩土工程勘察规范》（GB 50021—2001）有哪几种分类方法？如何进行分类？

1.4 一个完整的岩层风化剖面自下而上可划分为哪几个风化带？各带的风化程度有何区别？实际工作中如何判断岩石的风化程度？

1.5 土是怎样形成的？什么是残积土、坡积土、洪积土、冲积土？其工程性质各有什么特征？

1.6 什么是断层？什么是工程活断层？它们对建筑工程各有什么危害？

1.7 什么是不良地质条件？为什么不良地质条件会导致建筑工程事故？

1.8 在山麓或山坡上建造建筑物时，应注意什么问题？试举实例加以说明。

1.9 靠近河岸修建筑物，可能会发生什么工程事故？如何才能避免事故发生？

1.10　地下水对建筑工程的影响包括哪些方面？怎样消除地下水的不良影响？

1.11　地下水运动有何规律？达西定律的物理概念是什么？

1.12　试阐述渗流力、流砂和管涌的物理概念和对建筑工程的影响。

习　题

1.1　某建筑工程基槽排水，引起地下水由下往上流动。水头差为70cm，水流途径为60cm，砂土的饱和重度$\gamma_{sat}=20.2kN/m^3$。问：是否会产生流砂？

（答案：会产生流砂。）

第 2 篇　土力学

2　地基土的物理性质和工程分类

思政：弘扬青藏铁路精神，凝聚奋斗力量

本章提要

本章主要阐述土的组成及结构构造、土的基本物理性质指标及状态指标，以及土（岩）的工程分类。这是土力学研究的基础，也是地基与基础设计的先导。

在土木工程中，天然土层常被广泛用作建筑物地基（Foundation），如在土层上修造房屋、桥梁等（图 2.1）；或利用土作为建筑材料（Construct Material），如修筑路堤、土坝等（图 2.2）；还可利用土作为构筑物周围的介质环境（Environment），如在土层中修筑地下洞室、隧道等（图 2.3）。因此，工程建设必须先研究土的工程性质，并为工程设计、施工提供必需的试验指标。

图 2.1　土层用作建筑物地基

图 2.2　土用作路基材料

图 2.3　土用作洞室的建筑环境

如前所述，土（Soil）是地质作用的产物，土的性质与成因、沉积年代和自然地理环境有关，土的分布极其复杂易变。在天然状态下，土是由多种矿物颗粒松散地集合在一起，颗粒孔隙间充填有水和气体，构成固、液、气三相体系。土中固体颗粒之间的联结强度，远小于颗粒本身的强度。所以，土具有碎散性、多孔性、自然变异性，由此可得出其三个显著的工程特性：压缩性高、强度低、透水性大。

要研究土的各项工程性质，首先需从最基本的土的三相组成开始。

2.1 土的组成及其结构构造

2.1.1 土的固体颗粒

土的固体颗粒(土粒)构成土的骨架。土粒大小与其颗粒形状、矿物成分、结构构造存在一定的关系。土的三相组成中,土的固体颗粒是决定土的工程性质的主要因素。

(1)土的矿物成分

①原生矿物　由岩石经物理风化而成,其成分与母岩相同。它包括:

单矿物颗粒——常见的有石英、长石、云母、角闪石与辉石等,砂土为单矿物颗粒。

多矿物颗粒——母岩碎屑,如漂石、卵石与砾石等颗粒为多矿物颗粒。

②次生矿物　岩屑经化学风化而成,其成分与母岩不同,主要区别是黏土矿物,其粒径很小,$d<0.005$mm,肉眼看不清,经电子显微镜观察为鳞片状。

黏土矿物通常有蒙脱石、伊利石(水云母)和高岭石三种,由于结晶格架的不同,蒙脱石亲水性大,膨胀性剧烈;伊利石亲水性低于蒙脱石;高岭石亲水性最小。

次生矿物还有次生二氧化硅、难溶盐等。

③腐殖质　由生物风化而形成,在土中产生有机质成分。土中腐殖质含量多,使土的压缩性增大。对有机质含量大于5%的土,应加以注明,不宜作为填筑材料。

(2)土的粒度成分与形状

自然界中土颗粒的大小相差悬殊,例如,土的大颗粒漂石,粒径 $d>200$mm;土的细颗粒黏粒,粒径 $d<0.005$mm,两者粒径相差几万倍。颗粒大小不同的土,其工程性质也各异。为便于研究,《土的工程分类标准》(GB/T 50145—2007)把土的粒径按性质相近原则划分为六个粒组,如表2.1所示。

表2.1　土粒粒组的划分

粒组统称	粒组名称		粒径范围(mm)	一般特征
巨粒	漂石或块石颗粒		>200	透水性很大,无黏性,无毛细水
	卵石或碎石颗粒		200~60	
粗粒	圆砾或角砾颗粒	粗	60~20	透水性大,无黏性,毛细水上升高度不超过粒径大小
		中	20~5	
		细	5~2	
	砂粒	粗	2~0.5	易透水,当混入云母等杂质时透水性减小,而压缩性增加;无黏性,遇水不膨胀,干燥时松散;毛细水上升高度不大,随粒径变小而增大
		中	0.5~0.25	
		细	0.25~0.075	
细粒	粉粒		0.075~0.005	透水性小,湿时稍有黏性,遇水膨胀小,干燥时稍有收缩;毛细水上升高度较大、较快,极易出现冻胀现象
	黏粒		<0.005	透水性很小,湿时有黏性、可塑性,遇水膨胀大,干燥时收缩显著;毛细水上升高度大,但速度较慢

注:① 漂石、卵石和圆砾颗粒均呈一定的磨圆状(圆形或亚圆形),块石、碎石和角砾颗粒均呈棱角状。

② 粉粒或称粉土粒,粉粒的粒径上限为0.075mm,相当于200号筛的孔径。

③ 黏粒或称黏土粒,黏粒的粒径上限也有采用0.002mm为标准的。

每个粒组之内,土的工程性质相似。定性来说,通常粗粒土压缩性低、强度高、渗透性大。这与日常生活概念有所不同。

至于颗粒形状,棱角状的表面粗糙,不易滑动,因而强度比表面圆滑的大。

(3)土的粒径级配

自然界里的天然土往往由几种粒组混合而成,颗粒有粗有细。通常用土中各粒组的相对含量占总重的百分数来表示,称为土的粒径级配(Gradation)。这是决定无黏性土的工程性质的主要因素,以此作为土分类定名的标准。

试验操作:
土的筛分试验

工程中常用两种粒径分析方法,配合使用。

①筛分法　用一套标准筛,将粗粒土进行筛分,适用于粒径 $d>0.075$mm 的土。

②比重计法　根据土粒直径大小不同,在水中沉降的速度也不同的特性,用特制的比重计进行测定分析,适用于粒径 $d<0.075$mm 的细粒土。

将试验结果绘制成土的粒径级配曲线,见图 2.4。纵坐标表示小于某粒径土占总重的百分数;横坐标为土的粒径,用对数尺度。

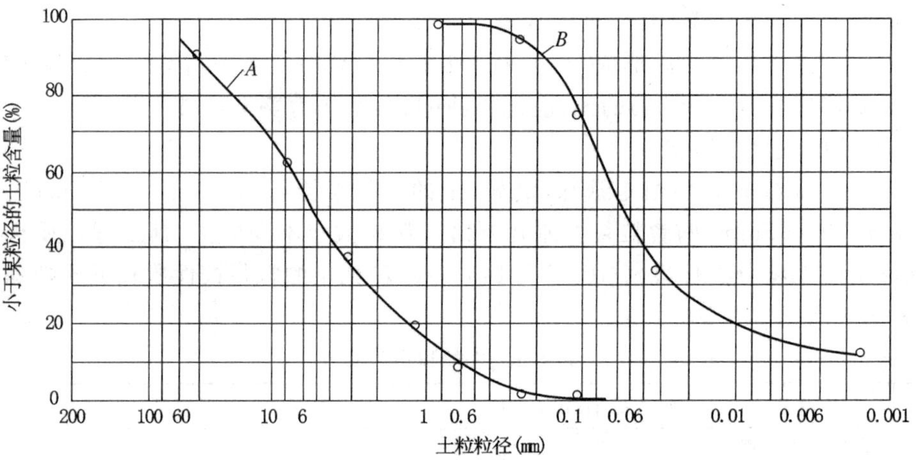

图 2.4　土颗粒粒径级配曲线

曲线上纵坐标为 10%所对应的粒径 d_{10} 称为有效粒径;纵坐标为 60%所对应的粒径 d_{60} 称为限定粒径。d_{60} 与 d_{10} 的比值,称为不均匀系数(Coefficient of Uniformity),即

$$C_u=\frac{d_{60}}{d_{10}} \tag{2.1}$$

当 C_u 很小时,曲线很陡,表示土均匀,级配不良;当 C_u 很大时,曲线平缓,级配良好。

实际上,单独只用一个指标 C_u 确定土的级配是不够的,要同时考虑颗粒级配曲线的整体形状,所以需参考曲率系数 C_c 值:

$$C_c=\frac{d_{30}^2}{d_{10}d_{60}} \tag{2.2}$$

式中,d_{30} 为小于某粒径的土粒质量累计百分数为 30%的粒径。

曲率系数 C_c(Coefficient of Curvature)描写的是粒径级配曲线分布的整体形态,表示某粒组是否缺失的情况。

一般认为，砾类土或砂类土同时满足 $C_u \geqslant 5$ 和 $1 \leqslant C_c \leqslant 3$ 两个条件时，则定名为良好级配砾或良好级配砂。

土的粒径级配主要影响到土的压实性、渗透性和强度。级配良好的土，较粗颗粒间的孔隙被较细颗粒所填充，因而密实度较好，此时地基土的强度和稳定性较好，透水性和压缩性也较小；而作为填方工程的建筑材料，则比较容易获得较大的密实度，是堤坝或其他土建工程良好的填方用土。在工程中要根据不同目的选择土料。

2.1.2 土中水

如上所述，土的孔隙中有水，水可以处于液态、固态或气态。土中水与土粒有着复杂的相互作用，根据主要作用力的不同，土中水可分为以下几类：

(1)结合水(Bound Water)

水分子 H_2O 为极性分子，由带正电荷的氢原子 H^+ 和带负电荷的氧原子 O^{2-} 组成。土粒表面带负电荷，在其周围形成电场，吸引水分子带正电荷的氢原子一端，使其定向排列，形成结合水膜。

按吸引力的强弱，结合水又可分为：

①强结合水(吸着水)　紧靠土粒表面，只有几个水分子厚，小于 0.003μm。强结合水性质接近固体，不传递静水压力，100℃不蒸发，密度为 $(1.2 \sim 2.4) \times 10^3 kg/m^3$，具有很大的黏滞性、弹性和抗剪强度。黏土只含强结合水时，呈固体坚硬状态；砂土只含强结合水时，呈散粒状态。

②弱结合水(薄膜水)　在强结合水外侧，厚度小于 0.5μm，密度为 $(1.0 \sim 1.7) \times 10^3 kg/m^3$，不传递静水压力，呈黏滞体状态。此部分水对黏性土影响最大。

(2)自由水(Free Water)

离土粒较远，在电场作用以外的水分子自由排列，为自由水。按作用力不同，又可分为：

①重力水　位于地下水位以下的透水土层中的地下水，受重力作用而运动，对土粒有浮力作用。重力水对土中的应力状态和开挖基坑以及修筑地下构筑物有重要的影响。

②毛细水　位于地下水位以上，受毛细作用而上升，粉土毛细水上升高。在寒冷地区要注意基础因毛细水上升而产生的冻胀，地下室要采取防潮措施。

2.1.3 土中气体

土的孔隙中没有被水占据的部分都是气体，可分为：

(1)自由气体

自由气体是指土孔隙中的气体和大气连通的气体，通常在土层受力压缩时逸出，对工程无影响。

(2)封闭气泡

封闭气泡与大气隔绝，存在于黏性土中。当土层受荷载作用时，封闭气泡缩小。土中封闭气泡多时增加了土的压缩性，减小了土的渗透性。

2.1.4 土的结构和构造

(1)土的结构

土颗粒之间的相互排列和连接形式，称为土的结构，有下列三种：

①单粒结构　粗颗粒土(如卵石、砂等)在沉积过程中,每一个颗粒在自重作用下单独下沉,达到稳定状态,如图 2.5(a)所示。

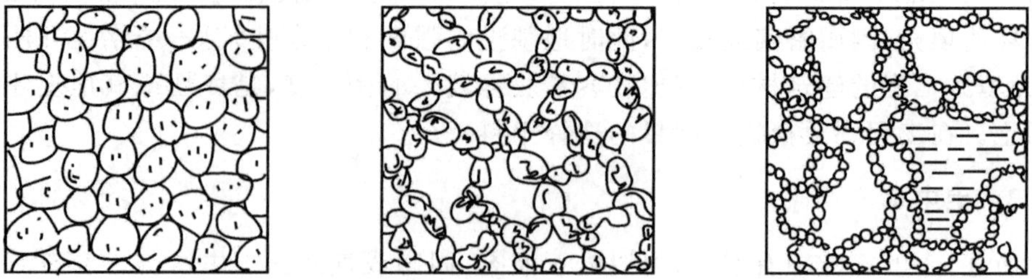

(a)　　(b)　　(c)

图 2.5　土的结构

(a)土的单粒结构;(b)土的蜂窝结构;(c)土的絮状结构

②蜂窝结构　当土颗粒较细(粒径为 0.002～0.02mm)时,在水中单个下沉,碰到已沉积的土粒,由于土粒之间的分子引力大于颗粒自重,则下沉土粒被吸引而不再下沉,形成很大孔隙的蜂窝状结构,如图 2.5(b)所示。

③絮状结构(二级蜂窝结构)　粒径小于 0.005mm 的黏土颗粒,在水中长期悬浮并在水中运动时,形成小链环状的土集粒而下沉。这种小链环碰到另一小链环时被吸引,不断扩大形成大链环状的絮状结构。此种结构在海积黏土中常见,如图 2.5(c)所示。

上述三种结构中,以密实的单粒结构土的工程性质最好,蜂窝结构其次,絮状结构最差。后两种结构土,如因扰动破坏天然结构,则强度低、压缩性高,不可用作天然地基。

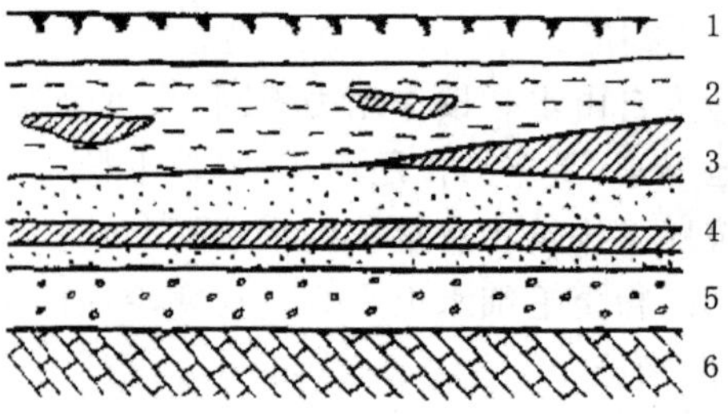

图 2.6　土的层理构造

1—表土层;2—淤泥夹黏土透镜体;3—黏土尖灭层;4—砂土夹黏土层;5—砾石层;6—石灰岩层

(2)土的构造

土的构造是指土层的相互组合关系。最主要的构造特征就是成层性,即层理构造。它是在土的形成过程中,由于不同阶段沉积的物质成分、颗粒大小或颜色不同而呈现的成层现象,常见的有水平层理构造和交错层理构造(图 2.6)。土的构造的另一特征是土的裂隙性,如黄土的垂直裂隙。裂隙的存在大大降低了土体的强度和稳定性,增大了透水性,对工程不利。此外,也应注意到土中有无包裹物(如腐殖质、贝壳、结核体等)及天然或人为的孔洞存在。这些构造特征都造成土的不均匀性。

2.2　土的物理性质指标

2.1 节介绍了土的组成,特别是土的粒度成分和矿物成分,是从本质方面了解土的性质的依据。但是为了对土的基本物理性质有所了解,还需要对土的三相组成情况进行数量上的研究。

土的三相比例不同,其状态和工程性质也随之而异,例如:若孔隙全部为气体所充满时,称为干土(Dry Soil)。此时黏土呈坚硬状态,砂土呈松散状态;若土中孔隙全部为水所充满时,称为饱和土(Saturated Soil),此时粉细砂或粉土遇强烈地震,可能产生液化,使工程遭受破坏;黏土地基受建筑荷载作用发生沉降，需几十年才能稳定。

土的三相组成部分的质量和体积之间的比例关系，随着各种条件的变化而改变。例如，地下水位的升高或降低，都将改变土中水的含量；经过压实的土，其孔隙体积将减小。这些变化都可以通过相应指标的具体数字反映出来。

表示土的三相组成比例关系的指标，称为土的物理性质指标。这些指标在一定程度上影响着土的力学性质。

为了获得清晰的定量概念，并便于计算，在土力学中通常用三相示意图来表示土的三相组成，如图2.7所示。三相图的右侧符号表示三相组成的体积；三相图的左侧符号表示三相组成的质量。气体质量很小，近似为零。

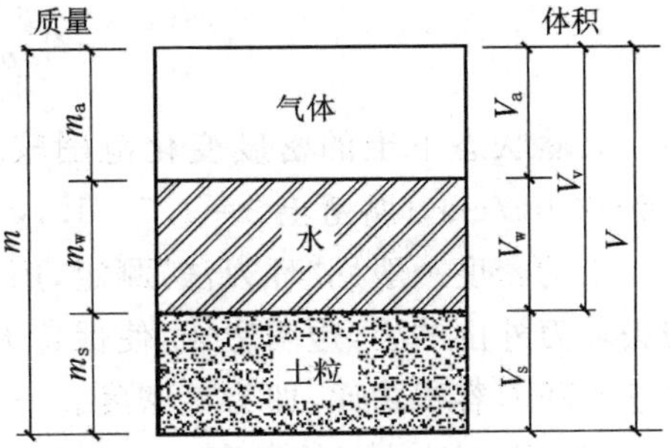

图 2.7　土的三相示意图

2.2.1　指标的定义

(1) 三项基本物理指标

三项基本物理指标是指土粒相对密度、土的含水率和土的密度，一般由实验室直接测定其值。

①土粒相对密度 G_s(Specific Gravity)

土粒密度(单位体积土粒的质量)与4℃时纯水密度之比，称为土粒相对密度，用 G_s 表示，为无量纲量，即

$$G_s = \frac{m_s/V_s}{m_{w1}/V_s} = \frac{\rho_s}{\rho_{w1}} \tag{2.3}$$

式中　ρ_{w1}——4℃时纯水的密度，$\rho_{w1}=1\text{g/cm}^3$；

ρ_s——土粒的密度，即单位体积土粒的质量。

土粒相对密度可在实验室内用比重瓶法测定。由于土粒相对密度变化不大，通常可按经验数值选用，一般参考值见表2.2。

表 2.2　土粒相对密度参考值

土的名称	砂土	粉土	黏性土	
			粉质黏土	黏土
土粒相对密度	2.65～2.69	2.70～2.71	2.72～2.73	2.74～2.76

②土的含水率 w(Water Content)

土的含水率定义为土中水的质量与土粒质量之比，用 w 表示，以百分数计，即

$$w = \frac{m_w}{m_s} \times 100\% \tag{2.4}$$

含水率 w 是标志土的湿度的一个重要物理指标。天然土层的含水率变化范围很大，它与土的种类、埋藏条件及其所处的自然地理环境等有关。一般来说，对同一类土，当其含水率增大时，其强度就降低。

土的含水率一般用“烘干法”测定。先称小块原状土样的湿土质量 m，然后置于烘箱内维

持 100～105℃烘至恒重，再称干土质量 m_s，湿、干土质量之差 $m-m_s$ 与干土质量 m_s 之比，就是土的含水率。

③土的密度 ρ(Bulk Density)

土的密度定义为单位体积土的质量，用 ρ 表示，以 g/cm^3 单位计：

$$\rho=\frac{m}{V}=\frac{m_s+m_w}{V_s+V_v} \tag{2.5}$$

天然状态下土的密度变化范围较大。一般黏性土和粉土 $\rho=1.8\sim2.0g/cm^3$；砂土 $\rho=1.6\sim2.0g/cm^3$；腐殖土 $\rho=1.5\sim1.7g/cm^3$。

土的密度一般用"环刀法"测定，用一个圆环刀(刀刃向下)放在削平的原状土样面上，徐徐削去环刀外围的土，边削边压，使保持天然状态的土样压满环刀内，称量环刀内土样的质量，求得它与环刀容积之比，即为其密度。

(2) 特殊条件下的密度

①土的干密度 ρ_d(Dry Density)

土的干密度定义为单位土体积中土粒的质量，即

$$\rho_d=\frac{m_s}{V} \tag{2.6}$$

工程上常把干密度作为评定土体紧密程度的标准，尤以控制填土工程的施工质量最为常见。

②饱和密度 ρ_{sat}(Saturated Density)

土的饱和密度定义为土中孔隙被水充满时土的密度，即

$$\rho_{sat}=\frac{m_s+V_v\rho_w}{V} \tag{2.7}$$

③土的浮密度 ρ'(Submerged Density)

在地下水位以下，单位土体积中土粒的质量与同体积水的质量之差，称为土的浮密度或有效密度，即

$$\rho'=\frac{m_s-V_s\rho_w}{V} \tag{2.8}$$

土的三相比例指标中的质量密度指标共有四个：土的密度、干密度、饱和密度和有效密度。与之相对应，土的重力密度(简称重度)指标也有四个，土的天然重度 γ、干重度 γ_d、饱和重度 γ_{sat} 和浮重度或有效重度 γ'。其定义不言自明，可分别按下列公式计算：$\gamma=\rho g$、$\gamma_d=\rho_d g$、$\gamma_{sat}=\rho_{sat}g$、$\gamma'=\rho' g$，式中重力加速度 $g=9.807m/s^2$。在国际单位体系中，质量密度的单位是 kg/m^3，重力密度的单位是 N/m^3。但在国内的工程实践中，分别取 g/cm^3 和 kN/m^3。

各密度或重度指标，在数值上有如下关系：$\rho_{sat}\geqslant\rho\geqslant\rho_d\geqslant\rho'$ 或 $\gamma_{sat}\geqslant\gamma\geqslant\gamma_d\geqslant\gamma'$。

(3)描述土的孔隙体积相对含量的指标

①土的孔隙比 e(Void Ratio)

孔隙比 e 定义为土中孔隙体积与土粒体积之比，即

$$e=\frac{V_v}{V_s} \tag{2.9}$$

孔隙比 e 用小数表示，它是一个重要的物理性能指标，可用来评价天然土层的密实程度。

一般来说，$e<0.6$ 的土是密实的低压缩性土，$e>1.0$ 的土是疏松的高压缩性土。

②土的孔隙率 n(Void Porosity)

孔隙率 n 定义为土中孔隙体积与土总体积之比，以百分数计，即

$$n=\frac{V_v}{V}\times 100\% \tag{2.10}$$

③土的饱和度 S_r(Degree of Saturation)

土的饱和度 S_r 定义为土中被水充满的孔隙体积与孔隙总体积之比，即

$$S_r=\frac{V_w}{V_v}\times 100\% \tag{2.11}$$

饱和土 S_r 与含水率 w 均为描述土中含水程度的三相比例指标，砂土根据指标值分为稍湿、很湿和饱和三种湿度状态，其划分标准见表 2.3。显然，干土的饱和度 $S_r=0$，而完全饱和土的饱和度 $S_r=100\%$。

表 2.3　砂土湿度状态的划分

砂土湿度状态	稍湿	很湿	饱和
饱和度 S_r(%)	$S_r\leqslant 50$	$50<S_r\leqslant 80$	$S_r>80$

2.2.2　指标的换算

如前所述，土的三相比例指标中，土粒相对密度、含水率和密度是通过试验测定的。在测定这三个基本指标后，可以换算出其余各个指标。

常采用图 2.8 所示的三相图进行各指标关系的推导，设 $\rho_{w1}=\rho_w$，并令 $V_s=1$，则 $V_v=e$，$V=1+e$，$m_s=V_sG_s\rho_w$，$m_w=wm_s=wG_s\rho_w$，$m=G_s(1+w)\rho_w$。

推导：　$$\rho=\frac{m}{V}=\frac{G_s(1+w)\rho_w}{1+e}$$

$$\rho_d=\frac{m_s}{V}=\frac{G_s\rho_w}{1+e}=\frac{\rho}{1+w}$$

由上式可得：

$$e=\frac{G_s\rho_w}{\rho_d}-1=\frac{G_s(1+w)\rho_w}{\rho}-1$$

$$\rho_{sat}=\frac{m_s+V_v\rho_w}{V}=\frac{(G_s+e)\rho_w}{1+e}$$

$$\rho'=\frac{m_s-V_s\rho_w}{V}=\frac{m_s+V_v\rho_w-V\rho_w}{V}$$

$$=\rho_{sat}-\rho_w=\frac{(G_s-1)\rho_w}{1+e}$$

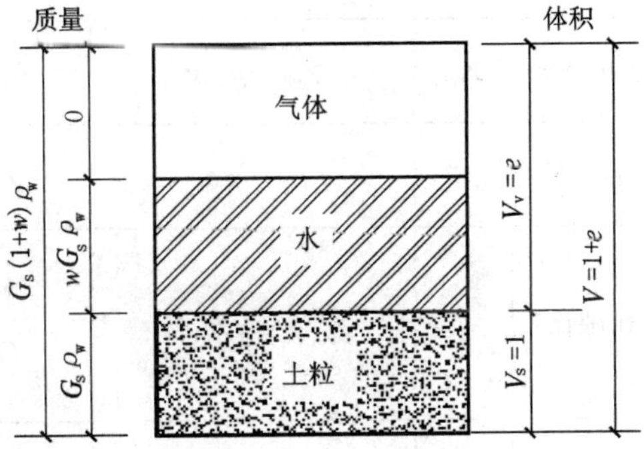

图 2.8　土的三相指标换算图

$$n=\frac{V_v}{V}=\frac{e}{1+e}$$

$$S_r=\frac{V_w}{V_v}=\frac{m_w}{V_v\rho_w}=\frac{wG_s}{e}$$

常见土的三相比例指标换算公式列于表 2.4。

表 2.4 常见土的三相比例指标换算公式

名称	符号	三相比例表达式	常用换算公式	单位	常见的数值范围
土粒相对密度	G_s	$G_s=\dfrac{m_s}{V_s\rho_{w1}}$	$G_s=\dfrac{S_r e}{w}$		黏性土:2.72～2.75 粉土:2.70～2.71 砂土:2.65～2.69
含水率	w	$w=\dfrac{m_w}{m_s}\times100\%$	$w=\dfrac{S_r e}{G_s}$ $w=\dfrac{\rho}{\rho_d}-1$		20%～60%
密度	ρ	$\rho=\dfrac{m}{V}=\dfrac{m_s+m_w}{V_s+V_v}$	$\rho=\rho_d(1+w)$ $\rho=\dfrac{G_s(1+w)}{1+e}\rho_w$	g/cm^3	1.2～1.6
干密度	ρ_d	$\rho_d=\dfrac{m_s}{V}$	$\rho_d=\dfrac{\rho}{1+w}$ $\rho_d=\dfrac{G_s}{1+e}\rho_w$	g/cm^3	1.3～1.8
饱和密度	ρ_{sat}	$\rho_{sat}=\dfrac{m_s+V_v\rho_w}{V}$	$\rho_{sat}=\dfrac{G_s+e}{1+e}\rho_w$	g/cm^3	1.8～2.3
浮密度	ρ'	$\rho'=\dfrac{m_s-V_s\rho_w}{V}$	$\rho'=\rho_{sat}-\rho_w$ $\rho'=\dfrac{G_s-1}{1+e}\rho_w$	g/cm^3	0.8～1.3
重度	γ	$\gamma=\rho g$	$\gamma=\dfrac{G_s(1+w)}{1+e}\gamma_w$	kN/m^3	16～20
干重度	γ_d	$\gamma_d=\rho_d g$	$\gamma=\dfrac{G_s}{1+e}\gamma_w$	kN/m^3	13～18
饱和重度	γ_{sat}	$\gamma_{sat}=\rho_{sat}g$	$\gamma_{sat}=\dfrac{G_s+e}{1+e}\gamma_w$	kN/m^3	18～23
浮重度	γ'	$\gamma'=\rho' g$	$\gamma'=\dfrac{G_s-1}{1+e}\gamma_w$	kN/m^3	8～13
孔隙比	e	$e=\dfrac{V_v}{V_s}$	$e=\dfrac{G_s\rho_w}{\rho_d}-1$ $e=\dfrac{G_s(1+w)\rho_w}{\rho}-1$		黏性土和粉土:0.40～1.20 砂土:0.30～0.90
孔隙率	n	$n=\dfrac{V_v}{V}$	$n=\dfrac{e}{1+e}$ $n=1-\dfrac{\rho_d}{G_s\rho_w}$		黏性土和粉土:30%～60% 砂土:25%～45%
饱和度	S_r	$S_r=\dfrac{V_w}{V_v}\times100\%$	$S_r=\dfrac{wG_s}{e}$ $S_r=\dfrac{w\rho_d}{n\rho_w}$		$0\leqslant S_r\leqslant50$,稍湿 $50<S_r\leqslant80$,很湿 $S_r>80$,饱和

【例题 2.1】 某原状土样,经试验测得天然密度 $\rho=1.91\text{g/cm}^3$,含水率 $w=9.5\%$,土粒相对密度 $G_s=2.70$。试计算:(1)土的孔隙比 e、饱和度 S_r;(2)当土中孔隙充满水时土的饱和

密度 ρ_{sat} 和含水率 w。

【解】 绘三相草图，见图 2.9。设土的体积 $V=1.0\text{cm}^3$。

(1)根据密度定义，得：

$$m=\rho V=1.91\times1.0=1.91\text{g}$$

根据含水率定义，得：

$$m_w=wm_s=0.095m_s$$

从三相草图有：

$$m_w+m_s=m$$

因此，有：

$$0.095m_s+m_s=1.91\text{g}$$

$$m_s=1.744\text{g}$$

$$m_w=0.166\text{g}$$

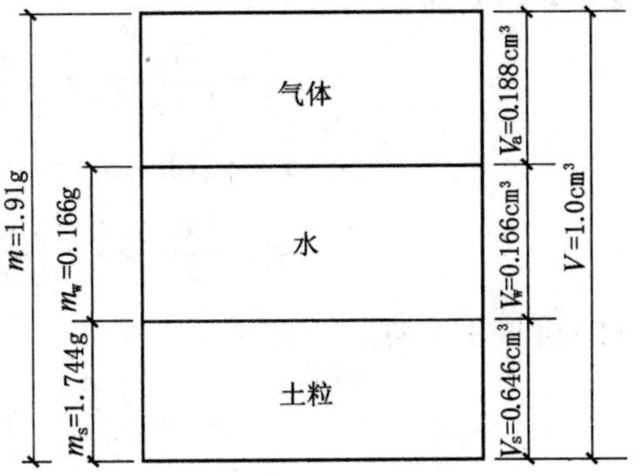

图 2.9　三相草图

根据土粒相对密度定义，得：

土粒密度

$$\rho_s=G_s\rho_{w1}=2.70\times1.0=2.70\text{g/cm}^3$$

土粒体积

$$V_s=\frac{m_s}{\rho_s}=\frac{1.744}{2.70}=0.646\text{cm}^3$$

水的体积

$$V_w=\frac{m_w}{\rho_w}=\frac{0.166}{1.0}=0.166\text{cm}^3$$

气体体积

$$V_a=V-V_s-V_w=1.0-0.646-0.166=0.188\text{cm}^3$$

因此，孔隙体积

$$V_v=V_w+V_a=0.166+0.188=0.354\text{cm}^3$$

至此，三相草图中，三相组成的量，无论是质量或体积均已算出，将计算结果填入三相草图中。根据孔隙比定义，得：

$$e=\frac{V_v}{V_s}=\frac{0.354}{0.646}=0.548$$

根据饱和度定义，得：

$$S_r=\frac{V_w}{V_v}\times100\%=\frac{0.166}{0.354}\times100\%=46.9\%$$

(2)当土中孔隙充满水时，由饱和密度定义，有：

$$\rho_{sat}=\frac{m_s+V_v\rho_w}{V}=\frac{1.744+0.354\times1.0}{1.0}=2.10\text{g/cm}^3$$

由含水率定义，有：

$$w=\frac{V_v\rho_w}{m_s}\times100\%=\frac{0.354\times1.0}{1.744}\times100\%=20.3\%$$

【例题 2.2】 某基坑体积 2000m^3，土料相对密度 G_s 为 2.7，含水率 w 为 15%，孔隙比 e

为0.6。要求填土含水率 w 为17%，干容重 γ_d 为 $17.6kN/m^3$。问：(1)取土场土料的密度、干密度和饱和度分别是多少？(2)取多少方土？(3)碾压时应洒多少水？填土的孔隙比是多少？

【解】(1)由土料可得：

$$\gamma_d=\frac{G_s\cdot}{1+e_1}\gamma_w=\frac{2.7}{1+0.6}\times 10=16.88kN/m^3$$

$$\gamma=\gamma_d(1+w)=16.88\times(1+0.15)=19.4kN/m^3$$

$$S_r=\frac{wG_s}{e_1}=\frac{0.15\times 2.7}{0.6}=67.5\%$$

(2)由填土可得：

$$e_2=\frac{G_s\gamma_w}{\gamma_d}-1=\frac{2.7\times 10}{17.6}-1=0.53$$

因为 $V_{s1}=V_{s2}$，有 $\frac{V_1}{1+e_1}=\frac{V_2}{1+e_2}$，得：

$$V_2=\frac{1+e_2}{1+e_1}V_1=\frac{1+0.53}{1+0.6}\times 2000=1912.5m^3$$

(3)由

$$\begin{cases}W=W_w+W_s=\gamma V_1=19.4\times 2000=38800kN\\ w=\dfrac{W_w}{W_s}=15\%\end{cases}$$

联立求解，得：

填土料　　$W_w=5060.87kN, W_s=33739.1kN$

设加水 x(kN)，则由填土

$$w=\frac{W_w+x}{W_s}=\frac{5060.87+x}{33739.1}=0.17$$

得

$$x=674.8kN$$

2.3 土的物理状态指标

2.3.1 无黏性土的密实度

砂土、碎石土统称无黏性土(Cohesionless Soil)。无黏性土的密实度(Degree of Compactness)对其工程性质有重要的影响。如果土粒排列得越紧密，它们在外荷载作用下，其变形越小、强度越大、工程性质越好。反映这类土工程性质的主要指标是密实度。砂土的密实状态可以分别用孔隙比 e、相对密实度 D_r 和标准贯入锤击数 N 进行评价。

采用天然孔隙比 e 的大小来判别砂土的密实度，是一种较简洁的方法。但不足之处是它不能反映砂土的级配和颗粒形状的影响。实践表明，有时较疏松的级配良好的砂土孔隙比，比之较密实的颗粒均匀的砂土孔隙比还要小。

工程上为了更好地表明砂土所处的密实状态，采用将现场土的孔隙比 e 与该种土所能达到最密实时的孔隙比 e_{min} 和最松散时的孔隙比 e_{max} 相比较的办法，来表示孔隙比 e 时土的密实度。这种度量密实度的指标称为相对密实度 D_r(Relative Density)：

$$D_r=\frac{e_{max}-e}{e_{max}-e_{min}} \tag{2.12}$$

土的最大孔隙比 e_{max} 的测定方法是将松散的风干土样，通过长颈漏斗轻轻地倒入容器，求得土的最小干密度后再经换算确定；土的最小孔隙比 e_{min} 的测定方法是将松散的风干土样分批装入金属容器内，按规定的方法进行振动或锤击夯实，直至密实度不再提高，求得最大干密度后再经换算确定。

当砂土的天然孔隙比 e 接近最小孔隙比 e_{min} 时，则其相对密实度 D_r 较大，砂土处于较密实状态。当 e 接近最大孔隙比 e_{max} 时，则其 D_r 较小，砂土处于较疏松状态。用相对密实度 D_r 判定砂土的密实度标准为

$0\leqslant D_r\leqslant 1/3$　　松散

$1/3<D_r\leqslant 2/3$　　中密

$2/3<D_r\leqslant 1$　　密实

应指出，要在实验室测得各种土理论上的 e_{max} 和 e_{min} 是十分困难的。在静水中缓慢沉积形成的土，其孔隙比有时可能比实验室测得的 e_{max} 还大；同样，在漫长地质年代中堆积形成的土，其孔隙比有时可能比实验室测得的 e_{min} 还小。此外，在地下深处，特别是地下水位以下的粗粒土的天然孔隙比 e 很难准确测定。相对密实度 D_r 这一指标虽然从理论上讲能更合理地用以确定土的密实状态，但由于上述原因，通常用于填方土的质量控制中，对于天然土尚难以应用。

由于砂土的原状试样取土困难，其 e、e_{max} 和 e_{min} 都难以确定，天然砂土的密实度可在现场进行标准贯入试验，根据标准贯入试验锤击数 N 值的大小，按表 2.5 的标准间接判定。

表 2.5　天然砂土的密实度

砂土密实度	松散	稍密	中密	密实
标准贯入锤击数 N	$N\leqslant 10$	$10<N\leqslant 15$	$15<N\leqslant 30$	$N>30$

注：N 为未经修正的实测锤击数值。

碎石土的密实度可根据圆锥动力触探锤击数 $N_{63.5}$ 按表 2.6 确定。

表 2.6　碎石土的密实度

碎石土密实度	松散	稍密	中密	密实
$N_{63.5}$	$N_{63.5}\leqslant 5$	$5<N_{63.5}\leqslant 10$	$10<N_{63.5}\leqslant 20$	$N_{63.5}>20$

注：① 本表适用于平均粒径小于或等于 50 mm 且最大粒径不超过 100 mm 的卵石、碎石、圆砾、角砾。对于平均粒径大于 50 mm 或最大粒径大于 100 mm 的碎石土，可按《建筑地基基础设计规范》(GB 50007—2011)附录 B 鉴别其密实度。

② 表内 $N_{63.5}$ 为经综合修正后的平均值。

2.3.2　黏性土的物理特征

(1)黏性土的稠度

黏性土最主要的物理特征是它的稠度。所谓稠度，是指黏性土在某一含水率下对外力引起的变形或破坏的抵抗能力。黏性土在含水率发生变化时，它的稠度也随之而变，通常用坚硬、硬塑、可塑、软塑和流塑等术语来描述。

刚沉积的黏性土具有液体泥浆那样的稠度。随着黏性土中水分的蒸发或上覆沉积层厚度

的增加，它的含水率将逐渐减小，体积收缩，从而丧失其流动能力，进入可塑状态。这时土在外力作用下可改变其形状，而不显著改变其体积，并在外力卸除后仍能保持其已获得的形状，黏性土的这种性质称为可塑性。若含水率继续减小，黏性土将丧失其可塑性，在外力作用下易于破裂，这时它已进入半固体状态。最后，即使黏性土进一步减少含水率，它的体积已不再收缩，这时，由于空气进入土体，土的颜色变淡，黏性土就进入了固体状态。

黏性土从一种状态转变为另一种状态，可用某一界限含水率来区分。这种界限含水率称为稠度界限或 Atterberg 界限。工程上常用的稠度界限有液限 w_L、塑限 w_p 和缩限 w_s。

液限(Liquid Limit)是流动状态与可塑状态的界限含水率，也就是可塑状态的上限含水率。塑限(Plastic Limit)是可塑状态与半固体状态的界限含水率，也就是可塑状态的下限含水率。缩限(Shrinkage Limit)是半固体状态与固体状态的界限含水率，也就是黏性土随着含水率的减小，体积不再发生变化时的含水率。黏性土的界限含水率和土粒组成、矿物成分、土粒表面吸附阳离子等性质有关，可以说界限含水率的大小反映了这些因素的综合影响，因而对黏性土的分类和工程性质的评价有着重要意义。

黏性土的液限 w_L 常用液限仪测定。欧美国家采用碟式液限仪，我国采用锥式液限仪，如图 2.10 所示，圆锥的质量为 76g，锥角为 30°。将用于测定液限的土样调成均匀的浓糊状，装满于盛土杯内，刮平杯口表面，再将盛土杯置于圆锥仪底座上，将圆锥体轻放在试样表面的中心，使其在自重作用下徐徐沉入土样。若经 5～15s 恰好沉入 10mm 深度，则称这时土样的含水率为土的液限 w_L。

黏性土的塑限 w_p 采用"搓条法"测定。该法是把调制均匀的湿土样在玻璃板上搓滚成直径 3mm 的土条，若这时土条恰好出现裂缝并开始断裂，就把土条的含水率定为土的塑限 w_p 值。

试验操作：液限、塑限的测定

此外，我国还有液、塑限联合测定法，即采用锥式液限仪以电磁放锥法对黏性土试样以不同的含水率进行若干次试验(一般为 3 组)，并按测定结果在双对数坐标纸上作出 76g 圆锥体的入土深度与含水率的关系曲线(图 2.11)。根据大量试验资料可知，它接近于一根直线。如同时采用圆锥仪法及搓条法分别做液限、塑限试验并进行比较，则对应于圆锥体入土深度为 10mm 和 2mm 时土样的含水率分别为该土的液限和塑限。

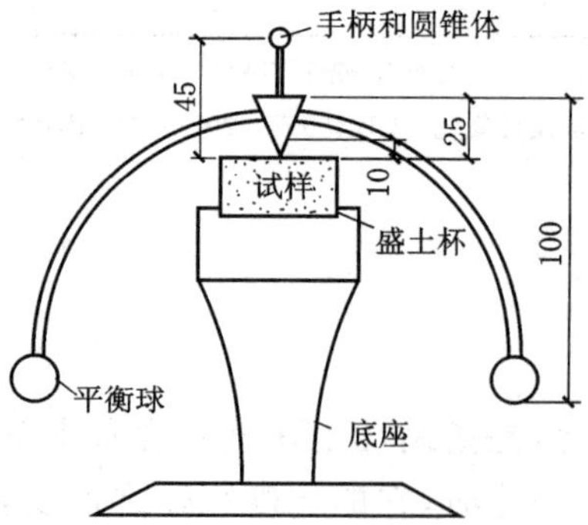

图 2.10　锥式圆锥液限仪(mm)

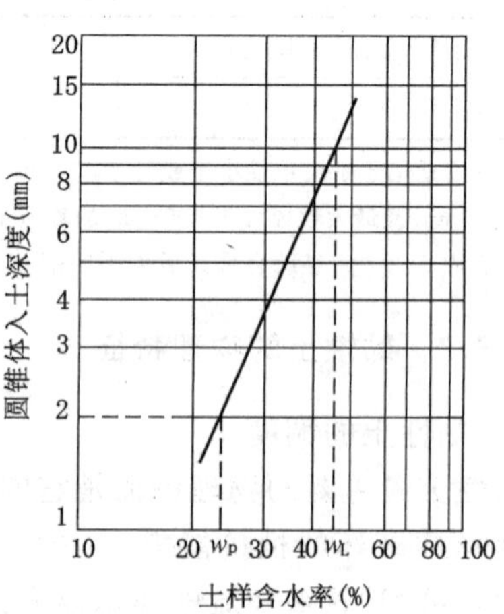

图 2.11　圆锥体入土深度与含水率的关系曲线

(2)黏性土的塑性指数和液性指数

塑性指数(Plasticity Index)是指液限 w_L 与塑限 w_p 的差值(省去百分符号),用符号 I_p 表示,即

$$I_p = w_L - w_p \tag{2.13}$$

I_p 表示土处于可塑状态的含水率变化的范围,是衡量土的可塑性大小的重要指标。

塑性指数 I_p 的大小与土中可能的结合水含量有关,也与土的颗粒组成、土粒的矿物成分及土中水的离子成分和浓度等因素有关。土粒越细,其比表面积和可能的结合水含量愈高,因而 I_p 也越大。工程上用塑性指数作为黏性土与粉土定名的标准。

液性指数(Liquidity Index)是指黏性土的天然含水率 w 与塑限含水率 w_p 的差值与塑性指数 I_p 之比,表征土的天然含水率与界限含水率之间的相对关系,用符号 I_L 表示,即

$$I_L = \frac{w - w_p}{I_p} = \frac{w - w_p}{w_L - w_p} \tag{2.14}$$

显然,当 $I_L=0$ 时 $w=w_p$,土从半固态进入可塑状态;当 $I_L=1$ 时 $w=w_L$,土从可塑状态进入流动状态。因此,根据 I_L 值可以直接判定土的稠度(软硬)状态。工程上按液性指数 I_L 的大小,把黏性土分成五种稠度(软硬)状态,如表 2.7 所示。

表 2.7 黏性土稠度(软硬)状态的划分

状态	坚硬	硬塑	可塑	软塑	流塑
液性指数 I_L	$I_L \leqslant 0$	$0 < I_L \leqslant 0.25$	$0.25 < I_L \leqslant 0.75$	$0.75 < I_L \leqslant 1.0$	$I_L > 1.0$

【例题 2.3】 某土样的液限为 38.6%,塑限为 23.2%,天然含水率为 25.5%,问:该土样处于何种状态?

【解】 已知 $w_L=38.6\%$,$w_p=23.2\%$,$w=25.5\%$,则有:

$$I_p = w_L - w_p = 38.6 - 23.2 = 15.4$$

$$I_L = \frac{w - w_p}{I_p} = \frac{25.5 - 23.2}{15.4} = 0.15$$

所以,该土样处于硬塑状态。

2.4 土的工程分类

自然界中土的种类很多,工程性质各异。为了便于研究,需要按其主要特征进行分类。根据分类名称,可以大致判断土的工程特性,评价地基承载力。

土的分类方法很多,各地区、各部门都制定了结合本行业特点的分类体系。在建筑工程中,土作为地基来承受建筑物的荷载,故以原状土为基本对象,主要根据土的工程性质和地质成因来进行分类。

本节介绍了我国《岩土工程勘察规范》(GB 50021—2001)和《建筑地基基础设计规范》(GB 50007—2011)的地基土分类法。该分类体系考虑到土的天然结构连接的性质和强度,首先按沉积年代和地质成因进行划分,并将区域性特殊土与一般性土区别开来,按颗粒级配或塑性指数将土分为碎石土、砂土、粉土和黏性土四大类。其划分原则与标准分述如下:

(1)土按堆积年代可划分为以下两类：

①老沉积土：第四纪晚更新世 Q_3 及其以前沉积的土，一般呈超固结状态，具有较高的结构强度。

②新近沉积土：第四纪晚更新世中近期沉积的土，一般处于欠压密状态，结构强度较低。

(2)根据地质成因可将土分为残积土、坡积土、洪积土、冲积土、淤积土、冰积土和风积土等，参见第1章。

(3)按颗粒级配和塑性指数可将土分为碎石土、砂土、粉土和黏性土四大类。

①碎石土：粒径大于2mm的颗粒含量超过全重50%的土。根据颗粒级配和颗粒形状，按表2.8分为漂石、块石、卵石、碎石、圆砾和角砾。

表2.8 碎石土分类

土的名称	颗粒形状	颗粒级配
漂石	以圆形及亚圆形为主	粒径大于200mm的颗粒超过土全重的50%
块石	以棱角形为主	
卵石	以圆形及亚圆形为主	粒径大于20mm的颗粒超过土全重的50%
碎石	以棱角形为主	
圆砾	以圆形及亚圆形为主	粒径大于2mm的颗粒超过土全重的50%
角砾	以棱角形为主	

注：定名时，应根据颗粒级配由大到小，以最先符合者确定。

②砂土：粒径大于2mm的颗粒含量不超过全重的50%，且粒径大于0.075mm的颗粒含量超过土的总质量的50%的土。根据颗粒级配，按表2.9划分为砾砂、粗砂、中砂、细砂和粉砂。

表2.9 砂土分类

土的名称	颗粒级配
砾砂	粒径大于2mm的颗粒占全重的25%～50%
粗砂	粒径大于0.5mm的颗粒超过全重的50%
中砂	粒径大于0.25mm的颗粒超过全重的50%
细砂	粒径大于0.075mm的颗粒超过全重的85%
粉砂	粒径大于0.075mm的颗粒超过全重的50%

注：定名时，应根据颗粒级配由大到小，以最先符合者确定。

③粉土：粒径大于0.075mm的颗粒含量不超过全重的50%，且塑性指数 $I_p \leqslant 10$ 的土。

根据地区规范(如上海、天津、深圳等)，粉土又可细分为砂质粉土和黏质粉土，见表2.10。粉土的工程性质介于砂土和黏性土，它既不具有砂土透水性大、容易排水固结、抗剪强度较高的优点，又不具有黏性土防水性能好、不易被水冲蚀流失、有较大黏聚力的优点。

表2.10 粉土分类

土的名称	颗粒级配
砂质粉土	粒径小于0.005mm的颗粒含量小于或等于全重的10%
黏质粉土	粒径小于0.005mm的颗粒含量超过全重的10%

粉土密实度和湿度分别根据孔隙比和含水率划分列于表 2.11 和表 2.12。

表 2.11　粉土密实度的分类

密实度	较密	中密	稍密
孔隙比 e	$e<0.75$	$0.75\leqslant e\leqslant 0.90$	$e>0.90$

表 2.12　粉土湿度的分类

湿度	稍湿	湿	很湿
含水率 w(%)	$w<20$	$20\leqslant w\leqslant 30$	$w>30$

表 2.13　黏性土分类

土的名称	塑性指数 I_p
黏土	$I_p>17$
粉质黏土	$10<I_p\leqslant 17$

注：塑性指数由相应于 76 g 圆锥体沉入土样中深度为 10 mm 时测定的液限计算而得。

④黏性土：若土的塑性指数 $I_p>10$，则该土属黏性土。黏性土根据塑性指数 I_p 按表 2.13 细分。

(4)具有一定分布区域或工程意义，具有特殊成分、状态和结构特征的土称为特殊土，它分为湿陷性土、红黏土、软土、冻土、膨胀岩土、盐渍岩土、风化岩与残积土、污染土、混合土、填土，详见第 12 章。

(5)人工填土根据其组成和成因，可分为素填土、压实填土、杂填土、冲填土。素填土为由碎石土、砂土、粉土、黏性土等组成的填土。经过压实或夯实的素填土为压实填土。杂填土为含有建筑垃圾、工业废料、生活垃圾等杂物的填土。冲填土为由水力冲填泥砂形成的填土。

【例题 2.4】 已知 A、B 土的颗粒级配曲线如图 2.4 所示，其中 B 土的液限为 46%，塑限为 25%，试进行土的分类。

【解】 (1)对 A 土进行分类

①粒径大于 2mm 的颗粒含量为 71.5%，大于 50%，故该土属碎石土类；

②粒径大于 200mm 的土粒含量为零，故该土不属于漂石(块石)；

③粒径大于 20mm 的土粒含量为 11%，小于 50%，故该土不属于卵石(碎石)。

故该土属圆(角)砾土。

(2)对 B 土进行分类

①粒径大于 0.075mm 的土粒含量为 40%，小于 50%，塑性指数 $I_p=w_L-w_p=46-25=21>10$，故该土属于黏性土；

②塑性指数 $I_p=21>17$，故该土属于黏土。

学　习　要　求

通过本章的学习，了解土的组成、结构和构造，熟练并掌握土的物理性质指标的定义及换算方法，掌握无黏性土密实度的定义及其判别方法、黏性土的物理特性及其物理状态的评价方法，熟练使用地基土的工程分类方法。

复习思考题

2.1　什么是土的颗粒级配？如何利用颗粒级配曲线和指标评价土的工程性质？

2.2　土的物理性质指标有哪些？其中哪些指标是直接测定的？其余指标如何导出？

2.3　黏性土最主要的物理状态指标是什么？判断砂土松密程度有哪些方法？相对密实度是否会出现 $D_r>1.0$ 或 $D_r<0$ 的情况？

2.4　黏性土最主要的物理状态指标是什么？如何测定？

2.5　塑性指数的定义和物理意义是什么？与哪些因素有关？工程上有何应用？

2.6　液性指数的定义和物理意义是什么？是否会出现 $I_L>1.0$ 或 $I_L<0$ 的情况？

2.7　地基土分为几大类？各类土的划分依据是什么？

习　题

2.1　甲、乙两土样的颗粒分析结果列于表 2.14，试绘制颗粒级配曲线，并确定不均匀系数以及评价级配均匀情况。

（答案：甲土的 $C_u=23$。）

表 2.14　习题 2.1 表

粒径(mm)		2～0.5	0.5～0.25	0.25～0.1	0.1～0.075	0.075～0.02	0.02～0.01	0.01～0.005	0.005～0.002	<0.002
相对含量(%)	甲土	24.3	14.2	20.2	14.8	10.5	6.0	4.1	2.9	3.0
	乙土			5.0	5.0	17.1	32.9	18.6	12.4	9.0

2.2　在某土层中，用体积为 $72cm^3$ 的环刀取样。经测定，土样质量为 129.1g，烘干质量 121.5g，土粒相对密度为 2.70。问：该土样的含水率、湿重度、饱和重度、浮重度、干重度各是多少？按上述计算结果，试比较该土样在各种情况下的重度值有何区别？

（答案：6.3%；$17.6kN/m^3$；$20.2kN/m^3$；$10.4kN/m^3$；$16.6kN/m^3$。）

2.3　某饱和土，干重度为 $16.2kN/m^3$，含水率为 20%，试求土粒相对密度、孔隙比和饱和重度？

（答案：2.46；0.49；$19.44kN/m^3$。）

2.4　试用定义证明如下各式：(1) $S_r=\dfrac{wG_s}{e}$；(2) $\gamma'=\dfrac{G_s-1}{1+e}\gamma_w$。

2.5　已知土粒相对密度 G_s 为 2.72，饱和度 S_r 为 37%，孔隙比 e 为 0.95。问：当 S_r 提高到 90%时，每立方米的土应加多少水？

（答案：2.58kg。）

2.6　某料场 30 万 m^3 土料，初始孔隙比 $e_1=1.2$。问：可填筑 $e_2=0.7$ 的土堤多少立方米？

（答案：23.18 万 m^3。）

2.7　某砂土土样的天然密度为 $1.77g/cm^3$，天然含水率为 9.8%，土粒相对密度为 2.67，烘干后测定最小孔隙比为 0.461，最大孔隙比为 0.943，试求天然孔隙比 e 和相对密实度 D_r，并评定该砂土的密实度。

（答案：0.656；0.595；中密。）

2.8　某黏性土的含水率 $w=36.4\%$，液限 $w_L=48\%$，塑限 $w_p=24.5\%$。要求：计算该土的塑性指数 I_p；根据塑性指数确定该土的名称；计算该土的液性指数 I_L；按液性指数确定土的状态。

（答案：23.5；黏土；0.506；可塑态。）

2.9　某无黏性土样的颗粒分析结果列于表 2.15，试定出该土的名称。

表 2.15　习题 2.9 表

粒径(mm)	10～2	2～0.5	0.5～0.25	0.25～0.075	<0.075
相对含量(%)	4.5	12.4	35.5	33.5	14.1

（答案：中砂。）

3 地基应力和沉降

本章提要

本章介绍地基土中应力和由此产生的沉降。不少建筑工程事故，包括建筑物倾斜、下沉、墙体开裂、基础断裂等都是地基中的应力变化而引起的。地基沉降问题是地基与基础设计中必须考虑的问题之一。

思政：刘祖德教授与地基应力解除法

地基中的应力按其产生的原因，可分为由土本身有效自重在地基内部引起的自重应力和由外荷（包括建筑物荷载、交通荷载）在地基内部引起的附加应力。一般而言，土体在自重作用下已在漫长的地质历史中压缩稳定。因此，土的自重应力不再引起土的变形。但是，新沉积土或近期人工冲填土属于例外。附加应力是使地基产生变形和失去稳定的主要原因。附加应力的大小，除了与计算点的位置有关外，还取决于基底压力的大小和分布状况。

本章将首先介绍自重应力的计算，在讨论基底压力的分布规律及其计算方法后，介绍在各种荷载作用下附加应力的计算；然后介绍土的压缩性和地基最终沉降量计算。

3.1 土中自重应力

3.1.1 均质土中自重应力

土中自重应力（Self-weight Stress）是指未修建筑物之前，由土体本身有效自重引起的应力。计算时，假设地基为均质连续的半无限空间体，土体在自重作用下只产生竖向变形，而无侧向位移和剪切变形。如果地面下土质均匀，天然重度为 γ（$\mathrm{kN/m^3}$），则在天然地面下任意深度 z（m）处水平面上的竖向自重应力 σ_{cz}（kPa），可取作用于该深度水平面上任一单位面积的土柱体自重 $\gamma z\times 1$ 计算，即

$$\sigma_{cz}=\gamma z \tag{3.1}$$

σ_{cz} 沿水平面均匀分布，且与 z 成正比，即随深度按直线规律分布[图 3.1(a)]。

3.1.2 成层土中自重应力

地基土往往是成层的，因而各层土具有不同的重度。计算自重应力时，当地下水位位于同一土层中，地下水位面也应作为分层的界面。如图 3.2 所示，天然地面下深度范围内各层土的厚度自上而下分别为 h_1、h_2、…、h_n，计算出高度为 z 的土柱体中各层土重的总和，则成层土自重应力的计算公式为

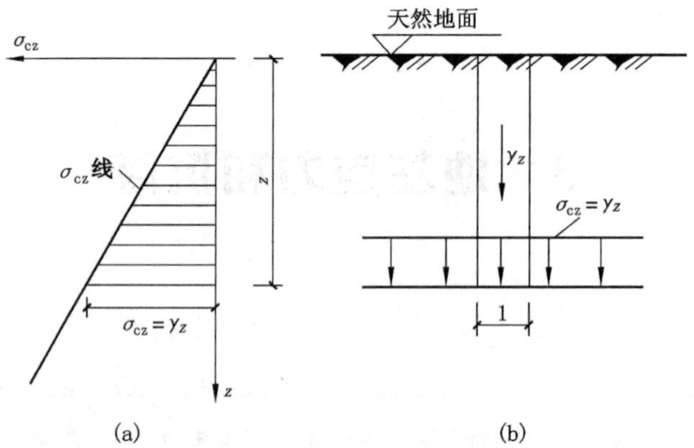

图 3.1　均质土中的竖向自重应力

(a)沿深度的分布；(b)任意水平面上的分布

$$\sigma_{cz} = \sum_{i=1}^{n} \gamma_i h_i \tag{3.2}$$

式中　σ_{cz}——天然地面下任意深度 z 处的竖向自重应力(kPa)；

n——深度 z 范围内的土层总数；

h_i——第 i 层土的厚度(m)；

γ_i——第 i 层土的天然重度(kN/m^3)，对地下水位以下的土层一般取浮重度 γ_i'。

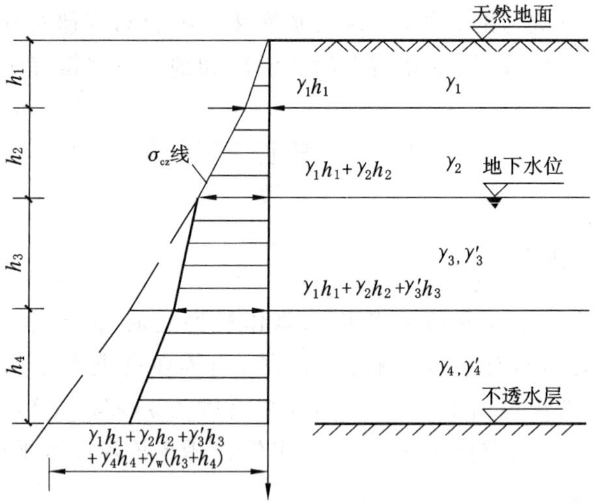

图 3.2　成层土中竖向自重应力沿深度的分布

3.1.3　地下水位对土中自重应力的影响

若计算点在地下水位以下，则自重应力应视土的透水性质考虑有无水的浮力而采用不同的重度计算。显然，对砂土层必须以浮重度 γ' 计算，对黏性土层按液性指数 I_L 大小来判断土是否受水的浮力。一般认为，$I_L \geqslant 1.0$ 时，土处于流动状态，受水的浮力，应用 γ'；$I_L \leqslant 0$ 时，土处于坚硬状态，不受水的浮力，应用 γ 或 γ_{sat}；$0 < I_L < 1.0$ 时，土处于塑态，难以肯定土粒是否

受水的浮力，可近似用 γ' 计算。

在地下水位以下，如埋藏有不透水层（例如岩层或只含结合水的坚硬黏土层），在此界面上，除要承受土的自重，还要承受水的重量。而在下部不透水层中，不存在水的浮力，所以不透水层层面及层面以下的自重应力应按上覆土层的水土总重计算，如图 3.3 中虚线下端所示。

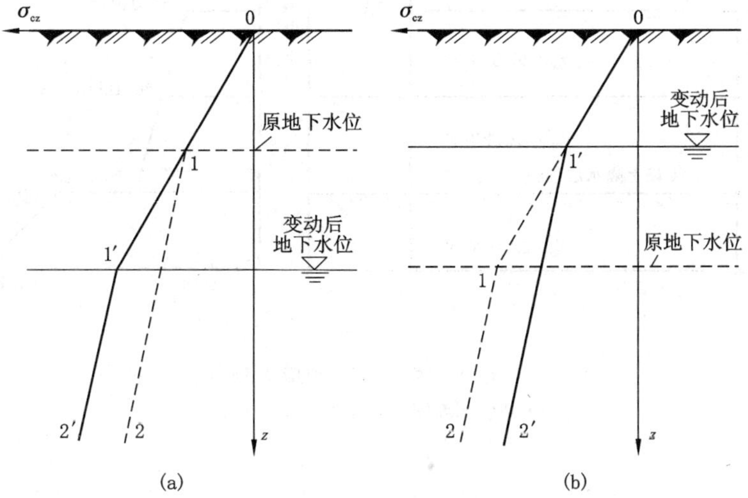

图 3.3　地下水位升降对土中自重应力的影响

(a)水位下降时；(b)水位上升时

0—1—2 线为原来自重应力的分布；

0—1′—2′线为地下水位变动后自重应力的分布

此外，地下水位的升降会引起土中自重应力的变化。例如在软土地区，常因大量抽取地下水，以致地下水位长期大幅度下降，使地基中原水位以下的有效自重应力增加，从而造成地表大面积下沉。在人工抬高蓄水水位地区（如筑坝蓄水）或工业用水大量渗入地下的地区，地下水位长时期上升，如果该地区土层具有遇水后发生湿陷的性质，必须引起注意。

【例题 3.1】　某建筑场地的地质剖面图和土的有关指标列于图 3.4(a)中。试计算地面下的自重应力，并绘制自重应力分布图。

【解】　自重应力的计算见表 3.1，分布图见图 3.4(b)。

表 3.1　自重应力的计算

深度(m)	土层	土的物理指标(kN/m³) γ	γ_{sat}	自重应力增量(kPa)	总自重应力(kPa)	水压力(kPa)
0	黏土	19.0		0	0	0
3.0				19.0×3.0=57.0	57.0	0.0
5.2			20.5	(20.5−10)×2.2=23.1	80.1	2.2×10.0=22.0
7.7	砂土		19.2	(19.2−10)×2.5=23.0	103.1	2.5×10.0=25.0
9.7	硬黏土		22.0	22.0×2=44.0	顶面 150.1 底面 194.1	

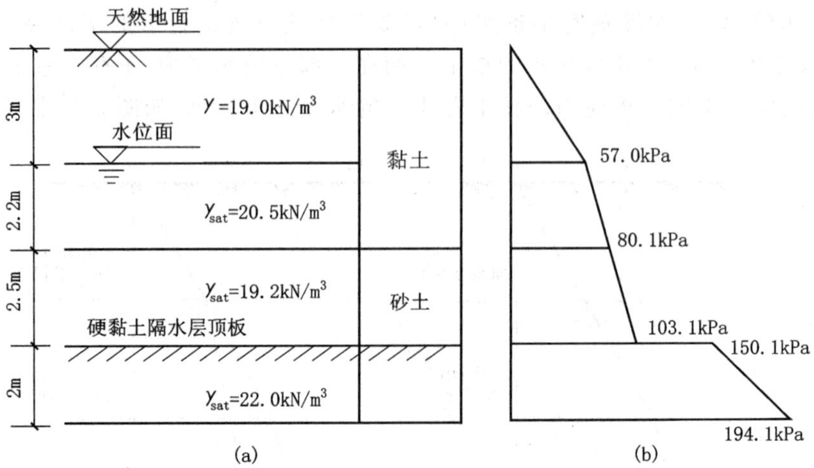

图 3.4 地质剖面图及自重应力分布图

(a) 地质剖面图；(b) 自重应力分布图

3.2 基 底 压 力

建筑物荷载通过基础传递给地基，在基础底面与地基之间产生了接触应力。它既是基础作用于地基的基底压力，同时又是地基反作用于基础的基底反力。因此，在计算地基中的附加应力以及对基础的结构进行计算时，都是十分重要的荷载条件。

基底压力(Foundation Pressure)的分布规律主要取决于上部结构、基础的刚度和地基的变形条件，是三者共同工作的结果。基底压力分布与基础的大小和刚度、作用于基础上荷载的大小和分布、地基土的力学性质以及基础的埋深等因素有关。对于刚性很小或柔性基础，由于它能适应地基土的变形，故基底压力的大小和分布与作用在基础上荷载的大小和分布相同。如图 3.5 所示，上部荷载为均匀分布，基底压力也为均匀分布。当基础具有一定刚度或绝对刚性时，基础底面保持平面，即基础各点的沉降相同。为了使基础与地基的变形保持一致，基底压力分布表现为边缘大而中间小，与作用在基础的荷载分布形式不一致，见图 3.6(a)。当上部荷载加大，基础边缘地基土中产生塑性变形区，即局部剪裂后，边缘应力不再增大，应力向基础中心转移，基底压力分布图变为抛物线形，如图 3.6(b)所示。当上部荷载很大，接近地基的极限荷载时，应力图形又变成钟形，如图 3.6(c)所示。

根据弹性理论中的圣维南原理，在总荷载保持定值的前提下，地表下一定深度处基底压力分布对土中应力分布的影响并不显著，仅决定荷载合力的大小和作用点位置。因此，除了在基础设计中，对于面积较大的筏形基础、箱形基础等需要考虑基底压力的分布形状的影响外，对于具有一定刚度及尺寸较小的柱下单独基础和墙下条形基础等，其基底压力可近似地按直线分布的图形计算，即可以采用材料力学计算方法进行简化计算。

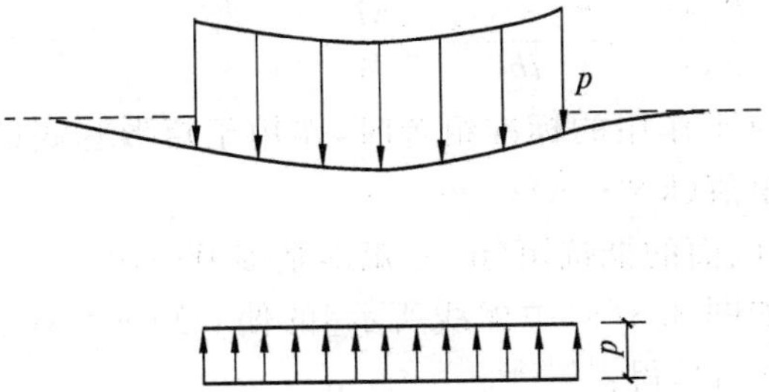

图 3.5　柔性基础下土的变形与基底压力分布

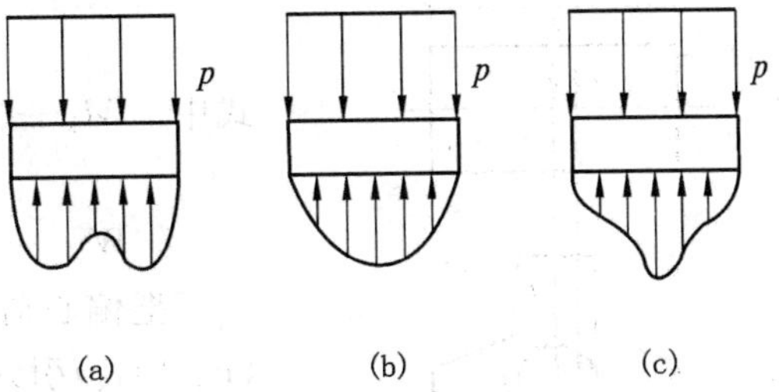

图 3.6　刚性基础下土的变形与基底压力分布

3.2.1　基底压力的简化计算

3.2.1.1　中心荷载下的基底压力

中心荷载下的基础，其所受荷载的合力通过基底形心。基底压力假定为均匀分布(图 3.7)，此时，相应于作用的标准组合时，基底平均压力值 p_k(kPa)按下式计算：

$$p_k = \frac{F_k + G_k}{A} \tag{3.3}$$

式中　F_k——相应于作用在标准组合时，上部结构传到基础顶角的竖向力标准值(kN)；

G_k——基础自重和基础上的土重标准值(kN)，$G_k = \gamma_G A d$，其中 γ_G 为基础及回填土的平均重度，一般取 $20kN/m^3$，但在地下水位以下部分应扣去浮力，即取 $10kN/m^3$，d 为基础埋深(m)，必须从设计地面或室内外平均设计地面算起；

A——基底面积(m^2)，对矩形基础，$A = lb$，其中 l 和 b 分别为矩形基底的长度和宽度(m)。

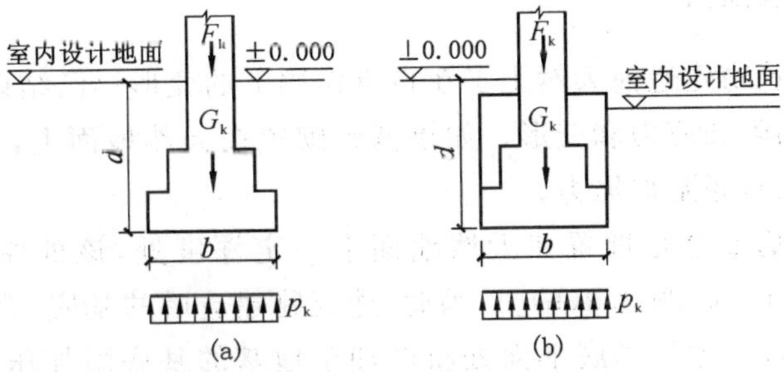

图 3.7　中心荷载下的基底压力分布

(a)内墙或内柱基础；(b)外墙或外柱基础

对于荷载沿长度方向均匀分布的条形基础(长宽比 $l/b \geqslant 10$)，则沿长度方向截取一单位长度的截条进行基底平均压力值 p_k(kPa)的计算，此时式(3.3)中 A 改为 b(m)，而 F_k 及 G_k 则为基础每延米长度的相应值(kN/m)。

3.2.1.2　偏心荷载下的基底压力

对于单向偏心荷载下的矩形基础，如图 3.8 所示。设计时，通常取基底长边方向与偏心方向一致，此时，相应于作用的标准组合时，两短边边缘最大压力值 $p_{k\max}$ 与最小压力值 $p_{k\min}$(kPa)按材料力学短柱偏心受压公式计算：

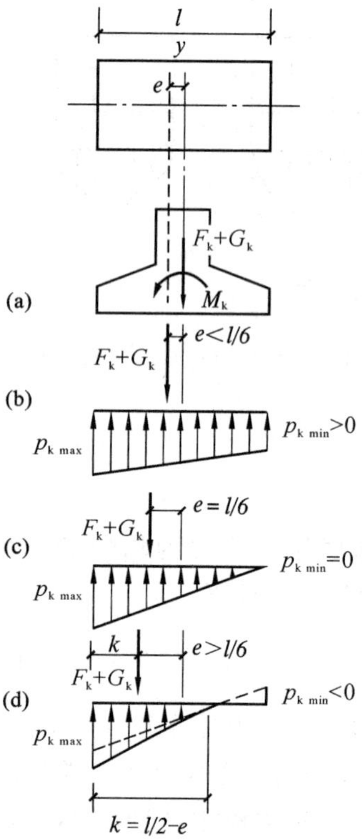

图 3.8 单向偏心荷载下的矩形基底压力分布

$$p_{k\,max \atop k\,min}=\frac{F_k+G_k}{lb}\pm\frac{M_k}{W} \tag{3.4}$$

式中 M_k——相应于作用的标准组合时，作用于矩形基底的力矩值(kN·m)；

W——基础底面的抵抗矩(m^3)，矩形基础 $W=bl^2/6$。

把偏心荷载[如图 3.8(a)中虚线所示]的偏心距 $e=M_k/(F_k+G_k)$引入式(3.4)，得：

$$p_{k\,max \atop k\,min}=\frac{F_k+G_k}{lb}\left(1\pm\frac{6e}{l}\right) \tag{3.5}$$

由式(3.5)可知，当 $e<l/6$ 时，基底压力分布图呈梯形[图 3.8(b)]；当 $e=l/6$ 时，则呈三角形[图 3.8(c)]；当 $e>l/6$ 时，按式(3.5)计算结果，距偏心荷载较远的基底边缘反力为负值，即 $p_{k\,min}<0$ [如图 3.8(d)中虚线所示]。由于基底与地基之间不能承受拉力，此时基底与地基局部脱开，而使基底压力重新分布。因此，根据偏心荷载应与基底反力相平衡的条件，荷载合力 F_k+G_k 应通过三角形反力分布图的形心[见图 3.8(d)中实线所示分布图形]，由此可得基底边缘的最大压力 $p_{k\,max}$ 为

$$p_{k\,max}=\frac{2(F_k+G_k)}{3bk} \tag{3.6}$$

式中 k——单向偏心荷载作用点至具有最大压力的基底边缘的距离(m)。

3.2.2 基底附加压力

一般情况下，建筑物建造前天然土层在自重作用下的变形早已结束。因此，只有基底附加压力才能引起地基的附加应力和变形。如果基础砌置在天然地面上，那么全部基底压力就是新增加于地基表面的基底附加压力。

实际上，一般浅基础总是埋置在天然地面下一定深度处，该处原有的自重应力[图 3.9(a)]由于开挖基坑而卸除[图 3.9(b)]。因此，建筑物建造后的基底压力中应扣除基底标高处原有的土中自重应力后，才是基底平面处新增加于地基的基底附加压力[图 3.9(c)]，基底平均附加压力值 p_0(kPa)按下式计算：

$$p_0=p_k-\sigma_{cz}=p_k-\gamma_0 d \tag{3.7}$$

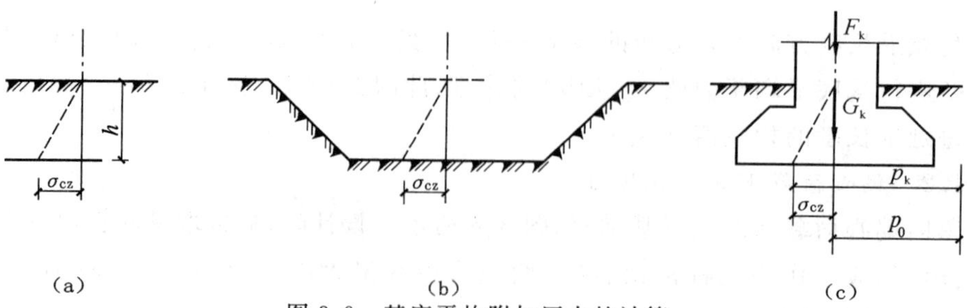

图 3.9 基底平均附加压力的计算

式中　p_k——基底平均压力标准值(kPa)；

σ_{cz}——土中自重应力值(kPa)，基底处 $\sigma_{cz}=\gamma_0 d$；

γ_0——基础底面标高以上天然土层的加权平均重度(kN/m^3)，$\gamma_0=\sum\gamma_i h_i/\sum h_i$，其中地下水位下土层的重度取有效重度；

d——基础埋深(m)，必须从天然地面算起，对于新填土场地则应从天然地面起算，$d=\sum h_i$。

有了基底附加压力，即可把它作为作用在弹性半空间表面上的局部荷载，由此根据弹性力学知识解答求算地基中的附加应力。

3.3　地基附加应力

地基附加应力(Additional Stress on Ground)的计算方法，一般假定地基土是连续、均质、各向同性的半无限空间弹性体，在深度和水平方向上都是无限延伸的。把基底压力看成是柔性荷载，不考虑基础刚度的影响，可以直接采用弹性力学中关于弹性半空间的理论解答求算地基中的附加应力。

地基附加应力计算分为空间问题和平面问题两类。本节先介绍属于空间问题的集中力、矩形荷载作用下的解答，然后介绍属于平面问题的线荷载和条形荷载作用下的解答。

3.3.1　集中力下的地基附加应力

法国J. 布辛奈斯克(Boussinesq，1885)运用弹性理论推导出了在弹性半空间表面上作用一个竖向集中力时，半空间内任意点 $M(x,y,z)$ 处所引起的应力和位移的弹性力学解答，其中对沉降计算意义最大的是竖向应力 σ_z：

$$\sigma_z=\frac{3P}{2\pi}\cdot\frac{z^3}{R^5}=\frac{3P}{2\pi R^2}\cos^3\theta \tag{3.8}$$

式中　P——作用于坐标原点 O 的竖向集中力；

R——M 点至坐标原点 O 的距离，$R=\sqrt{x^2+y^2+z^2}=\sqrt{r^2+z^2}=z/\cos\theta$；

θ——R 线与 Z 坐标轴的夹角；

r——M 点与集中力作用点的水平距离。

利用图3.10中的几何关系 $R^2=r^2+z^2$，代入式(3.8)，则有：

$$\sigma_z=\frac{3P}{2\pi}\cdot\frac{z^3}{R^5}=\frac{3}{2\pi}\cdot\frac{1}{\left[1+\left(\frac{r}{z}\right)^2\right]^{5/2}}\cdot\frac{P}{z^2}=K\frac{P}{z^2} \tag{3.9}$$

式中　K——集中力作用下的竖向附加应力系数，是 r/z 的函数。

通过对式(3.9)的计算和分析，得到 σ_z 的分布特征如下：

(1)在集中力 P 作用线上的 σ_z 分布

附加应力 σ_z 随深度 z 的增加而减少，值得注意的是，当 $z=0$ 时，$\sigma_z\to\infty$。出现这一结果是将集中力作用面积看作零所致的。它一方面说明该解不适用于集中力作用点处及其附近区域，因此在选择应力计算点时，不应过于接近集中力作用点；另一方面也说明在靠近 P 作用线

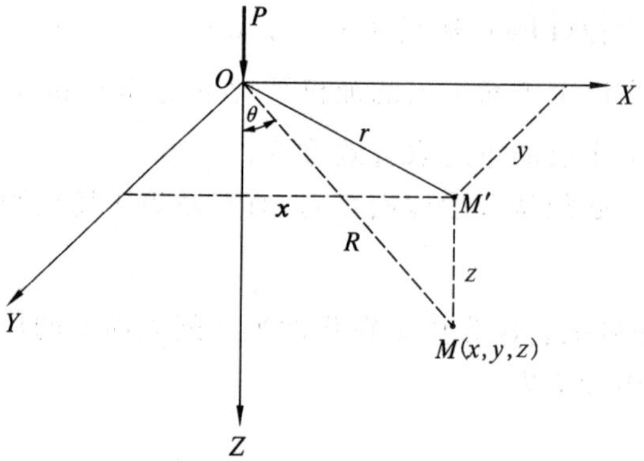

图 3.10　一个竖向集中力作用下半空间中任意点 $M(x,y,z)$ 处的应力

处应力 σ_z 很大。

(2)在 $r>0$ 的竖直线上的 σ_z 分布

当 $z=0$ 时 $\sigma_z=0$;随着 z 的增加,σ_z 从零逐渐增大,至一定深度后又随着 z 的增加逐渐变小,如图 3.11 所示。

(3)在 z 为常数的水平面上的 σ_z 分布

σ_z 值在集中力作用线上最大,并随着 r 的增加而逐渐减小。随着深度 z 增加,集中力作用线上的 σ_z 减小,而水平面上应力的分布趋于均匀,如图 3.11 所示。

若在空间将与 σ_z 相同的点连接成曲面,可以得到图 3.12 所示的 σ_z 等值线,其空间曲面的形状如泡状,所以也称为应力泡。由于集中力作用点附近的 σ_z 为无限大,所以该法不适用于过于靠近荷载面的计算点。通过上述对应力 σ_z 分布特征的讨论,应该建立起土中附加应力分布的正确概念:即集中力 P 在地基中引起的附加应力 σ_z 的分布是向下且向四周扩散的。

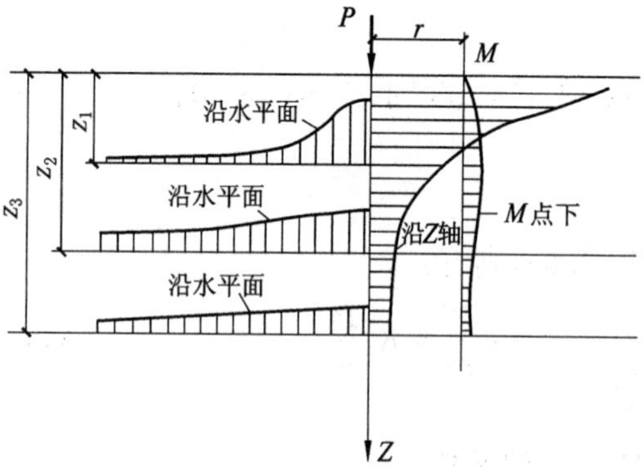

图 3.11　集中力作用下土中的应力 σ_z 分布

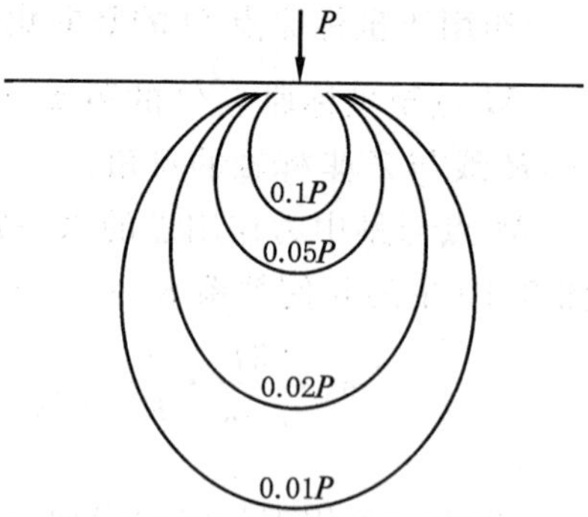

图 3.12　σ_z 的等值线

布氏公式[式(3.9)]适用于集中荷载,即只有当建筑物基础面积小而高度很大时才适用。若基础面积大且形状不规则,可将其分割成若干小块当作集中荷载计算,然后叠加或按面积积分求解。因此,布氏公式是地基附加应力计算的基本公式。

3.3.2 矩形面积荷载下的地基附加应力

3.3.2.1 均布的竖向荷载

矩形面积在建筑工程中是常见的，如房屋建筑采用框架结构，立柱下面的独立基础底面通常为矩形。在中心荷载作用下，基底压力按均布荷载计算。此时，可假设矩形荷载面的长度和宽度分别为 l 和 b，作用于地基上的竖向均布荷载（例如中心荷载下的基底附加压力）为 p_0（kPa）。现先以积分法求矩形荷载面角点下的地基附加应力，然后运用角点法求得矩形荷载下任意点的地基附加应力。以矩形荷载面角点为坐标原点（图3.13），在荷载面内坐标为（x，y）处取一微面积 $dxdy$，并将其上的分布荷载以集中力 p_0dxdy 来代替，则在角点 O 下任意深度 z 的 M 点处由该集中力引起的竖向附加应力可通过式（3.9）积分得到：

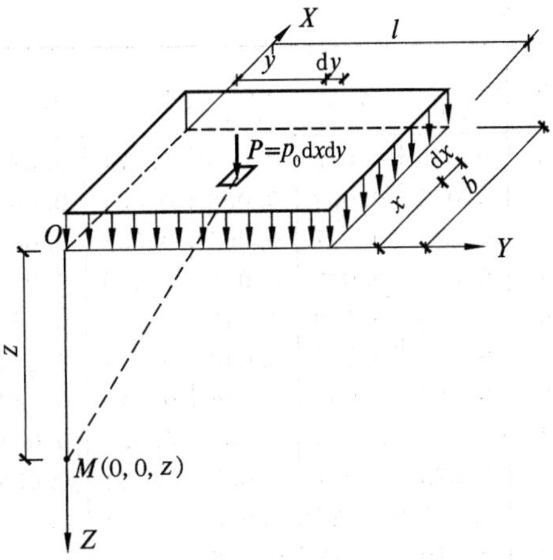

图 3.13 均布矩形荷载角点下的附加应力 σ_z

$$\sigma_z = \iint_A d\sigma_z = \int_0^l \int_0^b \frac{3p_0}{2\pi} \frac{z^3}{(x^2+y^2+z^2)^{5/2}} dx\,dy$$
$$= \frac{p_0}{2\pi}\left[\arctan\frac{m}{n\sqrt{1+m^2+n^2}} + \frac{mn}{\sqrt{1+m^2+n^2}}\left(\frac{1}{m^2+n^2}+\frac{1}{1+n^2}\right)\right]$$

式中，$m=l/b$，$n=z/b$。

为计算方便，可将上式简写成

$$\sigma_z = K_c p_0 \tag{3.10}$$

式中 K_c——均布矩形荷载角点下的竖向附加应力系数，简称角点应力系数，可按 m 及 n 值由表 3.2 查得。

表 3.2 均布矩形荷载角点下的竖向附加应力系数 K_c

z/b	l/b										
	1.0	1.2	1.4	1.6	1.8	2.0	3.0	4.0	5.0	6.0	10.0	条形
0.0	0.250	0.250	0.250	0.250	0.250	0.250	0.250	0.250	0.250	0.250	0.250	0.250
0.2	0.249	0.249	0.249	0.249	0.249	0.249	0.249	0.249	0.249	0.249	0.249	0.249
0.4	0.240	0.242	0.243	0.243	0.244	0.244	0.244	0.244	0.244	0.244	0.244	0.244
0.6	0.223	0.228	0.230	0.232	0.232	0.233	0.234	0.234	0.234	0.234	0.234	0.234
0.8	0.200	0.207	0.212	0.215	0.216	0.218	0.220	0.220	0.220	0.220	0.220	0.220
1.0	0.175	0.185	0.191	0.195	0.198	0.200	0.203	0.204	0.204	0.204	0.205	0.205
1.2	0.152	0.163	0.171	0.176	0.179	0.182	0.187	0.188	0.189	0.189	0.189	0.189
1.4	0.131	0.142	0.151	0.157	0.161	0.164	0.171	0.173	0.174	0.174	0.174	0.174
1.6	0.112	0.124	0.133	0.140	0.145	0.148	0.157	0.159	0.160	0.160	0.160	0.160
1.8	0.097	0.108	0.117	0.124	0.129	0.133	0.143	0.146	0.147	0.148	0.148	0.148
2.0	0.084	0.095	0.103	0.110	0.116	0.120	0.131	0.135	0.136	0.137	0.137	0.137
2.2	0.073	0.083	0.092	0.098	0.104	0.108	0.121	0.125	0.126	0.127	0.128	0.128
2.4	0.064	0.073	0.081	0.088	0.093	0.098	0.111	0.116	0.118	0.118	0.119	0.119
2.6	0.057	0.065	0.072	0.079	0.084	0.089	0.102	0.107	0.110	0.111	0.112	0.112

续表 3.2

z/b	l/b											
	1.0	1.2	1.4	1.6	1.8	2.0	3.0	4.0	5.0	6.0	10.0	条形
2.8	0.050	0.058	0.065	0.071	0.076	0.080	0.094	0.100	0.102	0.104	0.105	0.105
3.0	0.045	0.052	0.058	0.064	0.069	0.073	0.087	0.093	0.096	0.097	0.099	0.099
3.2	0.040	0.047	0.053	0.058	0.063	0.067	0.081	0.087	0.090	0.092	0.093	0.094
3.4	0.036	0.042	0.048	0.053	0.057	0.061	0.075	0.081	0.085	0.086	0.088	0.089
3.6	0.033	0.038	0.043	0.048	0.052	0.056	0.069	0.076	0.080	0.082	0.084	0.084
3.8	0.030	0.035	0.040	0.044	0.048	0.052	0.065	0.072	0.075	0.077	0.080	0.080
4.0	0.027	0.032	0.036	0.040	0.044	0.048	0.060	0.067	0.071	0.073	0.076	0.076
4.2	0.025	0.029	0.033	0.037	0.041	0.044	0.056	0.063	0.067	0.070	0.072	0.073
4.4	0.023	0.027	0.031	0.034	0.038	0.041	0.053	0.060	0.064	0.066	0.069	0.070
4.6	0.021	0.025	0.028	0.032	0.035	0.038	0.049	0.056	0.061	0.063	0.066	0.067
4.8	0.019	0.023	0.026	0.029	0.032	0.035	0.046	0.053	0.058	0.060	0.064	0.064
5.0	0.018	0.021	0.024	0.027	0.030	0.033	0.043	0.050	0.055	0.057	0.061	0.062
6.0	0.013	0.015	0.017	0.020	0.022	0.024	0.033	0.039	0.043	0.046	0.051	0.052
7.0	0.009	0.011	0.013	0.015	0.016	0.018	0.025	0.031	0.035	0.038	0.043	0.045
8.0	0.007	0.009	0.010	0.011	0.013	0.014	0.020	0.025	0.028	0.031	0.037	0.039
9.0	0.006	0.007	0.008	0.009	0.010	0.011	0.016	0.020	0.024	0.026	0.032	0.035
10.0	0.005	0.006	0.007	0.007	0.008	0.009	0.013	0.017	0.020	0.022	0.028	0.032
12.0	0.003	0.004	0.005	0.005	0.006	0.006	0.009	0.012	0.014	0.017	0.022	0.026
14.0	0.002	0.003	0.004	0.004	0.004	0.005	0.007	0.009	0.011	0.013	0.018	0.023
16.0	0.002	0.002	0.003	0.003	0.003	0.004	0.005	0.007	0.009	0.010	0.014	0.020
18.0	0.001	0.002	0.002	0.002	0.003	0.003	0.004	0.006	0.007	0.008	0.012	0.018
20.0	0.001	0.001	0.002	0.002	0.002	0.002	0.004	0.005	0.006	0.007	0.010	0.016
25.0	0.001	0.001	0.001	0.001	0.001	0.002	0.002	0.003	0.004	0.004	0.007	0.013
30.0	0.001	0.001	0.001	0.001	0.001	0.001	0.002	0.002	0.003	0.003	0.005	0.011
35.0	0.000	0.000	0.001	0.001	0.001	0.001	0.001	0.002	0.002	0.002	0.004	0.009
40.0	0.000	0.000	0.000	0.000	0.001	0.001	0.001	0.001	0.001	0.002	0.003	0.008

必须注意，在应用角点法计算 K_c 值时，b 恒为短边，l 恒为长边。

对于计算点不位于角点下的情况，可利用式(3.10)用角点法和叠加原理求得。图 3.14 中列出计算点不位于矩形荷载面角点下的四种情况(在图中 o 点以下任意深度 z 处)。计算时通过 o 点把荷载面分成若干个矩形，这样，o 点就必然是划分出的各个矩形的公共角点，然后再按式(3.10)计算每个矩形角点下同一深度 z 处的附加应力 σ_z，并求其代数和。四种情况的算式分别如下：

(1)o 点在荷载面边缘［图 3.14(a)］

$$\sigma_z=(K_{c\mathrm{I}}+K_{c\mathrm{II}})p_0$$

式中　$K_{c\mathrm{I}}$、$K_{c\mathrm{II}}$——相应于面积Ⅰ和面积Ⅱ的角点应力系数。

(2)o 点在荷载面内［图 3.14(b)］

$$\sigma_z=(K_{c\mathrm{I}}+K_{c\mathrm{II}}+K_{c\mathrm{III}}+K_{c\mathrm{IV}})p_0$$

如果 o 点位于荷载面中心，则有 $K_{c\mathrm{I}}=K_{c\mathrm{II}}=K_{c\mathrm{III}}=K_{c\mathrm{IV}}$，得 $\sigma_z=4K_{c\mathrm{I}}p_0$，此即利用角点法求均布矩形荷载面中心点下 σ_z 的解。

(3)o 点在荷载面边缘外侧［图 3.14(c)］

此时荷载面 $abcd$ 可看成是由Ⅰ($ofbe$)与Ⅱ($ofah$)之差和Ⅲ($oecg$)与Ⅳ($ogdh$)之差合成

的，所以，有：

$$\sigma_z=(K_{c\,\text{I}}-K_{c\,\text{II}}+K_{c\,\text{III}}-K_{c\,\text{IV}})p_0$$

(4)o 点在荷载面角点外侧[图 3.14(d)]

把荷载面看成是由Ⅰ($ohcg$)面积中扣除Ⅱ($ohbf$)和Ⅲ($ogdi$)再加上Ⅳ($oiaf$)而成的，所以，有：

$$\sigma_z=(K_{c\,\text{I}}-K_{c\,\text{II}}-K_{c\,\text{III}}+K_{c\,\text{IV}})p_0$$

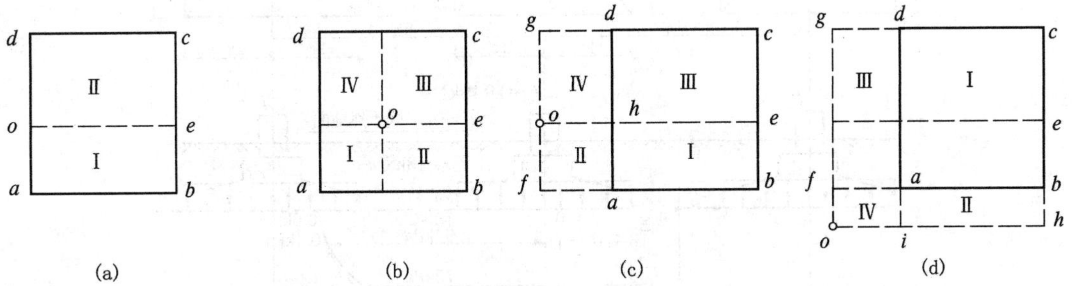

图 3.14 以角点法计算均布矩形荷载下的地基附加应力

计算点 o 在：(a)荷载面边缘；(b)荷载面内；(c)荷载面边缘外侧；(d)荷载面角点外侧

【例题 3.2】 以角点法计算图 3.15 所示矩形基础甲的基底中心点垂线下不同深度处的地基附加应力 z 的分布，并考虑两相邻基础乙的影响(两相邻柱距为 6m，荷载同基础甲)。

【解】 (1)计算基础甲的基底平均附加压力标准值如下：

基础及其上回填土的总重 $G=\gamma_G Ad=20\times5\times4\times1.5=600\text{kN}$

基底平均压力设计值 $p_k=\dfrac{F_k+G_k}{A}=\dfrac{1940+600}{5\times4}=127\text{kPa}$

基底处的上中自重压力标准值 $\sigma_{cz}=\gamma_0 d=18\times1.5=27\text{kPa}$

基底平均附加压力设计值 $p_0=p_k-\sigma_{cz}=127-27=100\text{kPa}$

(2)计算基础甲中心点 o 下由本基础荷载引起的 σ_z。基底中心点 o 可看成是四个相等小矩形荷载Ⅰ($oabc$)的公共角点，其长宽比 $l/b=2.5/2=1.25$，分别取深度 $z=0$、1、2、3、4、5、6、7、8、10(m)各计算点，相应的 $z/b=0.0$、0.5、1.0、1.5、2.0、2.5、3.0、3.5、4.0、5.0，利用表 3.2 即可查得地基附加应力系数及 $K_{c\text{I}}$，σ_z 的计算列于表 3.3(a)，根据计算资料绘出 σ_z 分布图，见图 3.15。

表 3.3(a) 基础甲中心点 o 下由本基础荷载引起的 σ_z

计算点	l/b	z(m)	z/b	$K_{c\text{I}}$	$\sigma_z=4K_{c\text{I}}p_0$(kPa)
0	1.25	0	0.0	0.250	4×0.250×100=100
1	1.25	1	0.5	0.235	4×0.235×100=94
2	1.25	2	1.0	0.187	4×0.187×100=75
3	1.25	3	1.5	0.135	4×0.135×100=54
4	1.25	4	2.0	0.097	4×0.097×100=39
5	1.25	5	2.5	0.071	4×0.071×100=28
6	1.25	6	3.0	0.054	4×0.054×100=22
7	1.25	7	3.5	0.042	4×0.042×100=17
8	1.25	8	4.0	0.032	4×0.032×100=13
9	1.25	10	5.0	0.022	4×0.022×100=9

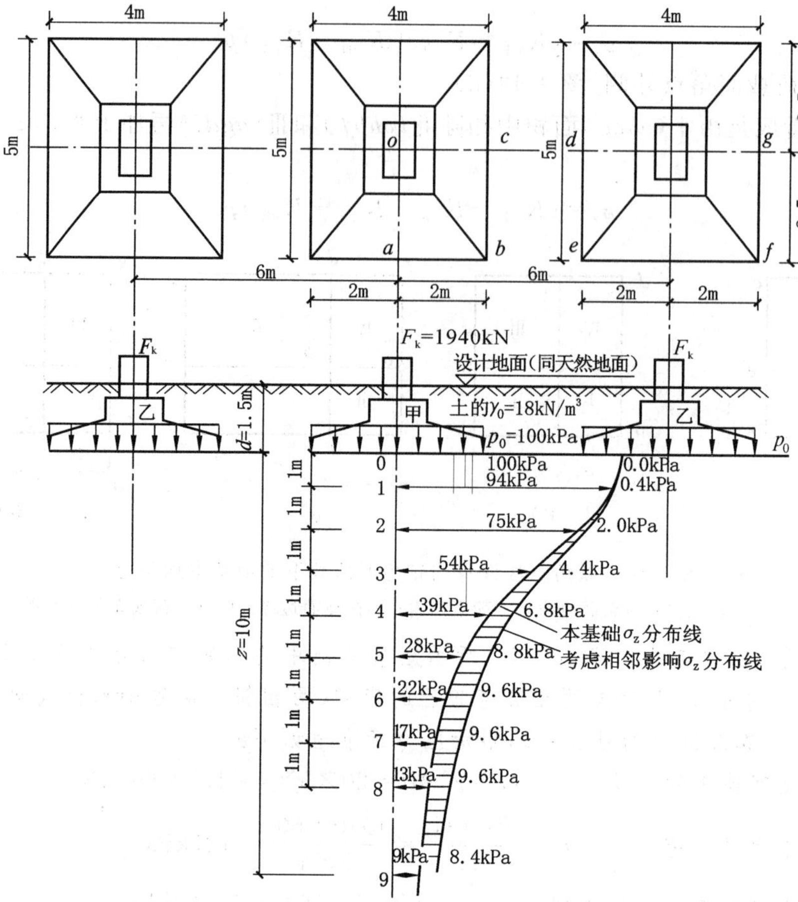

图 3.15 地基附加应力 σ_z 分布图

(3)计算基础甲中心点 o 下由两相邻基础乙的荷载引起的 σ_z。此时中心点 o 可看成是四个与Ⅰ($oafg$)相同的矩形和另外四个与Ⅱ($oaed$)相同的矩形的公共角点，其长宽比 l/b 分别为 8/2.5=3.2 和 4/2.5=1.6。同样，利用表 3.2 可查得 $K_{c\mathrm{I}}$ 和 $K_{c\mathrm{II}}$，σ_z 的计算结果和分布图见表 3.3(b)和图 3.15。

表 3.3(b) 基础甲中心点 o 下由两相邻基础乙的荷载引起的 σ_z

计算点	l/b		z (m)	z/b	K_c		$\sigma_z=4(K_{c\mathrm{I}}-K_{c\mathrm{II}})p_0$(kPa)
	Ⅰ($oafg$)	Ⅱ($oaed$)			$K_{c\mathrm{I}}$	$K_{c\mathrm{II}}$	
0	8/2.5=3.2	4/2.5=1.6	0	0.0	0.250	0.250	4×(0.250−0.250)×100=0.0
1			1	0.4	0.244	0.243	4×(0.244−0.243)×100=0.4
2			2	0.8	0.220	0.215	4×(0.220−0.215)×100=2.0
3			3	1.2	0.187	0.176	4×(0.187−0.176)×100=4.4
4			4	1.6	0.157	0.140	4×(0.157−0.140)×100=6.8
5			5	2.0	0.132	0.110	4×(0.132−0.110)×100=8.8
6			6	2.4	0.112	0.088	4×(0.112−0.088)×100=9.6
7			7	2.8	0.095	0.071	4×(0.095−0.071)×100=9.6
8			8	3.2	0.082	0.058	4×(0.082−0.058)×100=9.6
9			10	4.0	0.061	0.040	4×(0.061−0.040)×100=8.4

3.3.2.2 三角形分布的竖向荷载

当基础受竖向偏心荷载作用时，基础底面接触压力呈梯形(或三角形)分布。设竖向荷载沿矩形面一边 b 方向上呈三角形分布(沿另一边 l 的荷载分布不变)，荷载的最大值为 p_0(kPa)，取荷载零值边的角点1为坐标原点(图3.16)，则可将荷载面内某点(x,y)处所取微面积 $\mathrm{d}x\mathrm{d}y$ 上的分布荷载以集中力 $\frac{x}{b}p_0\mathrm{d}x\mathrm{d}y$ 代替。用积分法求得角点1下深度 z 处的 M 点的附加应力 σ_z 为

$$\sigma_z=\int_0^b\int_0^l \frac{3}{2\pi}\frac{p_0xz^3}{b(x^2+y^2+z^2)^{5/2}}\mathrm{d}x\mathrm{d}y=K_{t1}p_0 \tag{3.11}$$

同理，还可求得荷载最大值边的角点2下任意深度 z 处的竖向附加应力 σ_z 为

$$\sigma_z=K_{t2}p_0=(K_c-K_{t1})p_0 \tag{3.12}$$

这里，K_{t1} 和 K_{t2} 均为 $m=l/b$ 和 $n=z/b$ 的函数，可由表3.4查得。必须注意，b 是沿三角形分布荷载方向的边长。

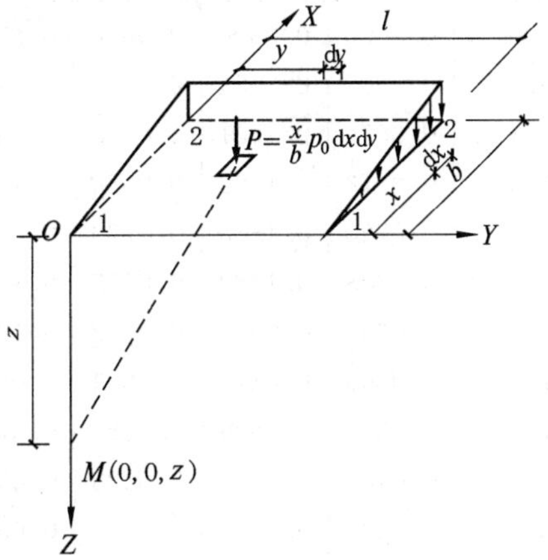

图3.16 三角形分布矩形荷载角点下的 σ_z

表3.4 矩形面积三角形分布荷载角点下的竖向附加应力系数 K_{t1} 和 K_{t2}

$n=z/b$	$m=l/b$									
	0.2		0.4		0.6		0.8		1.0	
	角点1	角点2	角点1	角点2	角点1	角点2	角点1	角点2	角点1	角点2
0.0	0.0000	0.2500	0.0000	0.2500	0.0000	0.2500	0.0000	0.2500	0.0000	0.2500
0.2	0.0223	0.1821	0.0280	0.2115	0.0296	0.2165	0.0301	0.2178	0.0304	0.2182
0.4	0.0269	0.1094	0.0420	0.1604	0.0487	0.1781	0.0517	0.1844	0.0531	0.1870
0.6	0.0259	0.0700	0.0448	0.1165	0.0560	0.1405	0.0621	0.1520	0.0654	0.1575
0.8	0.0232	0.0480	0.0421	0.0853	0.0553	0.1093	0.0637	0.1232	0.0688	0.1311
1.0	0.0201	0.0346	0.0375	0.0638	0.0508	0.0852	0.0602	0.0996	0.0666	0.1086
1.2	0.0171	0.0260	0.0324	0.0491	0.0450	0.0673	0.0546	0.0807	0.0615	0.0901
1.4	0.0145	0.0202	0.0278	0.0386	0.0392	0.0540	0.0483	0.0661	0.0554	0.0751
1.6	0.0123	0.0160	0.0238	0.0310	0.0339	0.0440	0.0424	0.0547	0.0492	0.0628
1.8	0.0105	0.0130	0.0204	0.0254	0.0294	0.0363	0.0371	0.0457	0.0435	0.0534
2.0	0.0090	0.0108	0.0176	0.0211	0.0255	0.0304	0.0324	0.0387	0.0384	0.0456
2.5	0.0063	0.0072	0.0125	0.0140	0.0183	0.0205	0.0236	0.0265	0.0284	0.0313
3.0	0.0046	0.0051	0.0092	0.0100	0.0135	0.0148	0.0176	0.0192	0.0214	0.0233
5.0	0.0018	0.0019	0.0036	0.0038	0.0054	0.0056	0.0071	0.0074	0.0088	0.0091
7.0	0.0009	0.0010	0.0019	0.0019	0.0028	0.0029	0.0038	0.0038	0.0047	0.0047
10.0	0.0005	0.0004	0.0009	0.0010	0.0014	0.0014	0.0019	0.0019	0.0023	0.0024

续表 3.4

$n=z/b$	$m=l/b$									
	0.2		0.4		0.6		0.8		1.0	
	角点 1	角点 2	角点 1	角点 2	角点 1	角点 2	角点 1	角点 2	角点 1	角点 2
0.0	0.0000	0.2500	0.0000	0.2500	0.0000	0.2500	0.0000	0.2500	0.0000	0.2500
0.2	0.0305	0.2184	0.0305	0.2185	0.0306	0.2185	0.0306	0.2185	0.0306	0.2185
0.4	0.0539	0.1881	0.0543	0.1886	0.0545	0.1889	0.0546	0.1891	0.0547	0.1892
0.6	0.0673	0.1602	0.0684	0.1616	0.0690	0.1625	0.0694	0.1630	0.0696	0.1633
0.8	0.0720	0.1355	0.0739	0.1382	0.0751	0.1396	0.0759	0.1405	0.0764	0.1414
1.0	0.0708	0.1143	0.0735	0.1176	0.0753	0.1202	0.0766	0.1215	0.0774	0.1225
1.2	0.0664	0.0962	0.0698	0.1007	0.0721	0.1037	0.0738	0.1055	0.0749	0.1069
1.4	0.0606	0.0817	0.0644	0.0864	0.0672	0.0897	0.0692	0.0921	0.0707	0.0937
1.6	0.0545	0.0696	0.0586	0.0743	0.0616	0.0780	0.0639	0.0806	0.0656	0.0826
1.8	0.0487	0.0596	0.0528	0.0644	0.0560	0.0681	0.0585	0.0709	0.0604	0.0730
2.0	0.0434	0.0513	0.0474	0.0560	0.0507	0.0596	0.0533	0.0625	0.0563	0.0649
2.5	0.0326	0.0365	0.0362	0.0405	0.0393	0.0440	0.0419	0.0469	0.0440	0.0491
3.0	0.0249	0.0270	0.0280	0.0303	0.0307	0.0333	0.0331	0.0359	0.0352	0.0380
5.0	0.0104	0.0108	0.0120	0.0123	0.0135	0.0139	0.0148	0.0154	0.0161	0.0167
7.0	0.0056	0.0056	0.0064	0.0066	0.0073	0.0074	0.0081	0.0083	0.0089	0.0091
10.0	0.0028	0.0028	0.0033	0.0032	0.0037	0.0037	0.0041	0.0042	0.0046	0.0046

$n=z/b$	$m=l/b$									
	3.0		4.0		6.0		8.0		10.0	
	角点 1	角点 2	角点 1	角点 2	角点 1	角点 2	角点 1	角点 2	角点 1	角点 2
0.0	0.0000	0.2500	0.0000	0.2500	0.0000	0.2500	0.0000	0.2500	0.0000	0.2500
0.2	0.0306	0.2186	0.0306	0.2186	0.0306	0.2186	0.0306	0.2186	0.0306	0.2186
0.4	0.0548	0.1894	0.0549	0.1894	0.0549	0.1894	0.0549	0.1894	0.0549	0.1894
0.6	0.0701	0.1638	0.0702	0.1639	0.0702	0.1640	0.0702	0.1640	0.0702	0.1640
0.8	0.0773	0.1423	0.0776	0.1424	0.0776	0.1426	0.0776	0.1426	0.0776	0.1426
1.0	0.0790	0.1244	0.0794	0.1248	0.0795	0.1250	0.0796	0.1250	0.0796	0.1250
1.2	0.0774	0.1096	0.0779	0.1103	0.0782	0.1105	0.0783	0.1105	0.0783	0.1105
1.4	0.0739	0.0973	0.0748	0.0982	0.0752	0.0986	0.0752	0.0987	0.0753	0.0987
1.6	0.0697	0.0870	0.0708	0.0882	0.0714	0.0887	0.0715	0.0888	0.0715	0.0889
1.8	0.0652	0.0782	0.0666	0.0797	0.0673	0.0805	0.0675	0.0806	0.0675	0.0808
2.0	0.0607	0.0707	0.0624	0.0726	0.0634	0.0734	0.0636	0.0736	0.0636	0.0738
2.5	0.0504	0.0559	0.0529	0.0585	0.0543	0.0601	0.0547	0.0604	0.0548	0.0605
3.0	0.0419	0.0451	0.0449	0.0482	0.0469	0.0504	0.0474	0.0509	0.0476	0.0511
5.0	0.0214	0.0221	0.0248	0.0256	0.0283	0.0290	0.0296	0.0303	0.0301	0.0309
7.0	0.0124	0.0126	0.0152	0.0154	0.0186	0.0190	0.0204	0.0207	0.0212	0.0216
10.0	0.0066	0.0066	0.0084	0.0083	0.0111	0.0111	0.0128	0.0130	0.0139	0.0141

应用上述均布和三角形分布的矩形荷载角点下的竖向附加应力系数 K_c、K_{t1}、K_{t2}，即可用角点法和叠加原理计算梯形分布的矩形荷载时地基中任意点的竖向附加应力 σ_z 值，亦可求算条形荷载时(取 $m=10$)的地基附加应力。

3.3.3 条形面积荷载下的地基附加应力

在地基表面上作用无限长的条形荷载，荷载沿长度方向不变，则在每一个垂直于长度方向的截面上附加应力是相同的，此时地基中产生的应力状态属于平面问题，即在任一截面上应变为零(平面应变问题)。在建筑工程中，当然没有无限长的受荷面积，不过，当荷载面积的长宽比 $l/b>10$ 时，计算的地基附加应力值与按 $l/b\to\infty$ 时的解相比误差甚少。因此，对于条形基础，如墙基、挡土墙基础、路基、坝基等，常可按平面问题考虑。

为了求算条形荷载下的地基附加应力，下面先介绍线荷载作用下的附加应力解答。

3.3.3.1 线荷载作用下的地基附加应力

在半空间表面无限长直线上，作用一个竖向均布线荷载。如图 3.17 所示，求在地基中任意点 M 处引起的附加应力，解答首先由弗拉曼提出，故称弗拉曼解。设一个竖向线荷载 $\bar{p}$ (kN/m)作用在 Y 坐标轴上，则沿 Y 轴某微分段 $\mathrm{d}y$ 上的分布荷载以集中力 $p=\bar{p}\mathrm{d}y$ 代替，从而利用式(3.9)通过积分求得地基中任意点 M 处由 p 引起的附加应力 σ_z 为

$$\sigma_z=\int_{-\infty}^{+\infty}\mathrm{d}\sigma_z=\int_{-\infty}^{+\infty}\frac{3\bar{p}z^3}{2\pi(x^2+y^2+z^2)^{5/2}}\mathrm{d}y=\frac{2\bar{p}z^3}{\pi(x^2+z^2)^2} \tag{3.13}$$

以线荷载作用下的附加应力解答为基础，通过积分就可以推导出条形面积上作用各种分布荷载下，地基中的附加应力计算公式。

3.3.3.2 条形均布竖向荷载作用下的地基附加应力

当地基表面宽度为 b 的条形面积上作用着竖向均布荷载 p_0(kPa)(图 3.18)时，地基内任意点 M 的附加应力 σ_z 可利用式(3.13)和积分的方法求得。首先在条形荷载的宽度方向上取微分段 $\mathrm{d}\xi$，将其上作用的荷载 $\mathrm{d}\bar{p}=p_0\mathrm{d}\xi$ 视为线荷载，则 p_0 在 M 点引起的竖向附加应力 σ_z 按式(3.13)积分得：

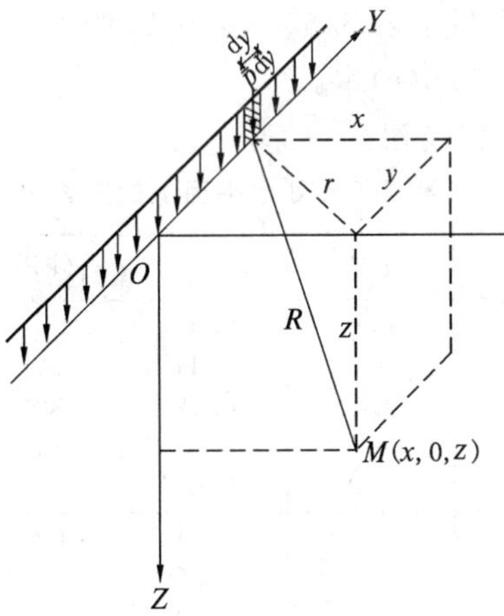

图 3.17 线荷载作用下的 σ_z

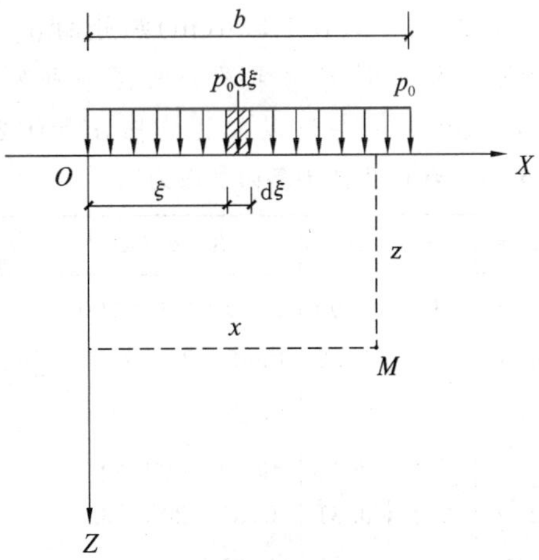

图 3.18 条形均布竖向荷载作用下的 σ_z

$$\sigma_z=\int_0^b \frac{2p_0 z^3 \mathrm{d}\xi}{\pi[(x-\xi)^2+z^2]^2}=K_{sz}p_0 \tag{3.14}$$

式中　K_{sz}——竖向附加应力系数，其值可按 $m=x/b$ 和 $n=z/b$ 的数值由表 3.5 查得。

表 3.5　条形面积均布竖向荷载作用下的附加应力系数 K_{sz}

z/b	x/b						
	0.00	0.25	0.50	0.75	1.00	1.50	2.00
0.00	1.000	1.000	0.500	0.000	0.000	0.000	0.000
0.25	0.960	0.905	0.496	0.088	0.019	0.002	0.001
0.35	0.907	0.832	0.492	0.148	0.039	0.006	0.003
0.50	0.820	0.735	0.481	0.218	0.082	0.017	0.005
0.75	0.668	0.610	0.450	0.263	0.146	0.040	0.017
1.00	0.552	0.513	0.410	0.288	0.185	0.071	0.029
1.50	0.396	0.379	0.332	0.273	0.211	0.114	0.055
2.00	0.306	0.292	0.275	0.242	0.205	0.134	0.083
2.50	0.245	0.239	0.231	0.215	0.188	0.139	0.098
3.00	0.208	0.206	0.198	0.185	0.171	0.136	0.103
4.00	0.160	0.158	0.153	0.147	0.140	0.122	0.102
5.00	0.126	0.125	0.124	0.121	0.117	0.107	0.095

【例题 3.3】 某条形基础底面宽度 $b=1.4$m，作用于基底的平均附加压力 $p_0=200$kPa，要求确定：

(1)均布条形荷载中点 O 下的地基附加应力 σ_z 分布；

(2)深度 $z=1.4$m 和 2.8m 处水平面上的 σ_z 分布；

(3)在均布条形荷载边缘以外 1.4m 处 O_1 点下的 σ_z 分布。

【解】 (1)计算 σ_z 时选用表 3.6 列出的 $z/b=0.5$、1.0、1.5、2.0、3.0、4.0 等反算出深度 $z=0.7$、1.4、2.1、2.8、4.2、5.6(m)等处的 σ_z 值，并绘出分布图列于表 3.6(a)及图 3.19 中。

(2)及(3)的 σ_z 计算结果及分布图分别列于表 3.6(b)及表 3.6(c)中。

此外，在图 3.19 中还以虚线绘出 $\sigma_z=0.2p_0=40$kPa 的等值线图。

表 3.6(a)　点 O 下的地基附加应力 σ_z

x/b	z/b	z(m)	K_{sz}	$\sigma_z=K_{sz}p_0$(kPa)
0	0.0	0	1.00	1.00×200=200
0	0.5	0.7	0.82	0.82×200=164
0	1.0	1.4	0.55	0.55×200=110
0	1.5	2.1	0.40	0.40×200=80
0	2.0	2.8	0.31	0.31×200=62
0	3.0	4.2	0.21	0.21×200=42
0	4.0	5.6	0.16	0.16×200=32

表 3.6(b)　$z=1.4$m 和 2.8m 处水平面上的应力 σ_z

z(m)	z/b	x/b	K_{sz}	σ_z(kPa)
1.4	1	0.0	0.55	110
1.4	1	0.5	0.41	82
1.4	1	1.0	0.19	38
1.4	1	1.5	0.07	14
1.4	1	2.0	0.03	6
2.8	2	0.0	0.31	62
2.8	2	0.5	0.28	56
2.8	2	1.0	0.20	40
2.8	2	1.5	0.13	26
2.8	2	2.0	0.08	16

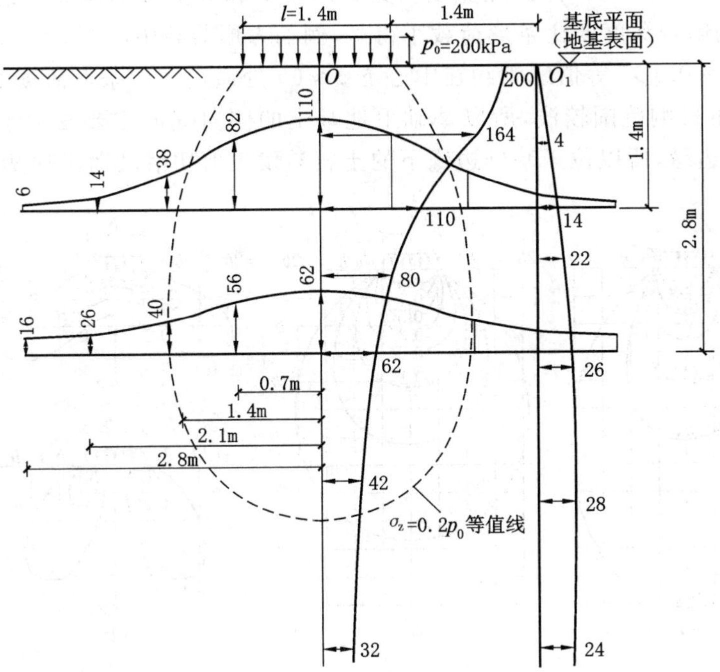

图 3.19　地基附加应力 σ_z 分布图

表 3.6(c)　O_1 点下的地基附加应力 σ_z

z(m)	z/b	x/b	K_{sz}	σ_z(kPa)	z(m)	z/b	x/b	K_{sz}	σ_z(kPa)
0	0	1.5	0	0	2.8	2.0	1.5	0.13	26
0.7	0.5	1.5	0.02	4	4.2	3.0	1.5	0.14	28
1.4	1.0	1.5	0.07	14	5.6	4.0	1.5	0.12	24
2.1	1.5	1.5	0.11	22					

从上例计算成果中，可见均布条形荷载下地基中附加应力 σ_z 的分布规律如下：

(1)σ_z 不仅发生在荷载面积之下，而且分布在荷载面积以外相当大的范围之下，这就是所谓的地基附加应力的扩散分布；

(2) 在离基础底面（地基表面）不同深度 z 处各个水平面上，以基底中心点下轴线处的 σ_z 为最大，距离中轴线愈远则愈小；

(3) 在荷载分布范围内任意点沿垂线的 σ_z 值，随深度愈向下愈小；地基附加应力的分布规律还可以用“等值线”的方式完整地表示出来。例如图 3.20 所示，附加应力等值线的绘制方法是在地基剖面中划分许多方形网格，使网格结点的坐标恰好是均布条形荷载半宽(0.5b)的整倍数，查表 3.5 可得各结点的附加应力 σ_z(σ_x 和 τ_{xz} 可用同样的方法求得)，然后以插入法绘成均布条形荷载下三种附加应力的等值线图[图 3.20(a)、图 3.20(c)、图 3.20(d)]。此外，还附有均布方形荷载下 σ_z 等值线图[图 3.20(b)]以资比较。

由图 3.20(a)、图 3.20(b)可见，在宽度均为 b 的条形和方形竖向均布荷载 p_0 作用下，方形荷载所引起 σ_z 的影响深度要比条形荷载小得多，例如方形荷载中心下 $z=2b$ 处 $\sigma_z\approx0.1p_0$，而在条形荷载下 $\sigma_z=0.1p_0$ 等值线则约在中心下 $z\approx6b$ 处通过。由条形荷载下的 σ_x 和 τ_{xz} 的等值线图可见，σ_x 的影响范围较浅，所以基础下地基土的侧向变形主要发生于浅层；而 τ_{xz} 的最大值出现于荷载边缘，所以位于基础边缘下的土容易发生剪切滑动而出现塑性变形区。

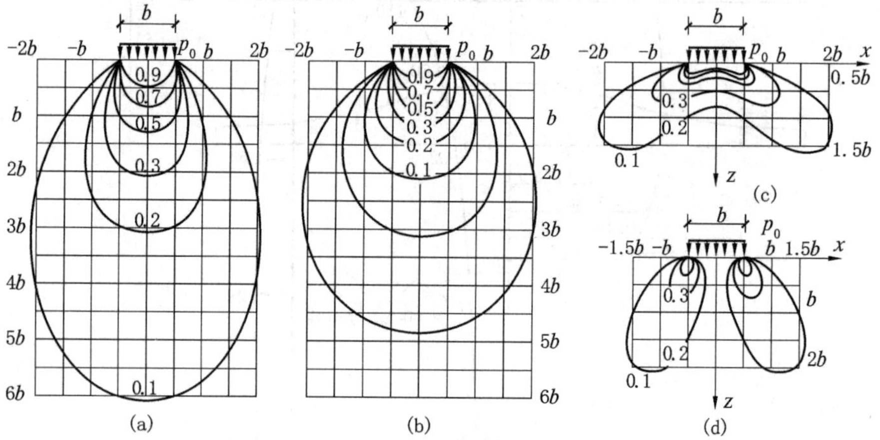

图 3.20　地基附加应力等值线

(a)σ_z 等值线(条形荷载)；(b)σ_z 等值线(方形荷载)；(c)σ_x 等值线(条形荷载)；(d)τ_{xz} 等值线(条形荷载)

至此，对建筑工程常用的基础底面形式与荷载情况都作了阐述。不难看出，各种情况的地基附加应力计算原理、计算公式和计算方法均类似。需要注意，所取坐标原点 O 的位置，欲计算的地基中 M 点的位置，以及 x 坐标是否有正负之分。为了便于学习和应用，把上述几种地基中附加应力计算方法进行小结，见表 3.7。

表 3.7　地基中附加应力计算小结

基础	荷载性质	附加应力计算式	备注
	竖向集中力	$\sigma_z=\frac{3P}{2\pi}\cdot\frac{z^3}{R^5}=K\frac{P}{z^2}$	
矩形(角点下)	竖向均布荷载	$\sigma_z=K_c p_0$	K_c 据 l/b、z/b 查表 3.2，b 为短边
	竖向三角形荷载	$\sigma_z=K_{t1} p_0$	K_{t1} 据 l/b、z/b 查表 3.4，b 为荷载变化的一边
条形(任意点)	竖向线荷载	$\sigma_z=\frac{2\bar{p}z^3}{\pi(x^2+z^2)^2}$	
	竖向均布荷载	$\sigma_z=K_{sz} p_0$	K_{sz} 据 x/b、z/b 查表 3.5。坐标原点在基础角点，x 可正可负

3.4　土的压缩性

土层在受到竖向附加应力作用后，会产生压缩变形，引起基础沉降。

土体在压力作用下体积减小的特性为土的压缩性(Compressibility)。试验研究表明，在一般的压力(土常受到的压力为100～600kPa)作用下，土粒和水的压缩与土的总压缩量之比是很微小的，可以忽略不计，因此可把土的压缩视为土中水及气体从孔隙中被排出后孔隙体积减小的结果，与此同时，土粒重新排列，互相挤紧。

土的压缩变形速率与土的渗透性有关。透水性大的饱和无黏性土，其压缩过程短，建筑物施工完毕时，可认为其压缩变形已基本完成；而透水性小的饱和黏性土，其压缩过程所需时间长，需要几年甚至几十年时间才能完成。如意大利比萨斜塔，始建于1173年，至今地基土仍在继续变形，成为世界瞩目的地基问题。土体在外力作用下，压缩随时间增长的过程称为土的固结(Consolidation)。对于饱和黏性土来说，土的固结问题非常重要。

工程案例：地基固结理论照进现实

土具有压缩性是地基沉降的内因，土的压缩性指标是可以通过室内外试验得到的，这些指标是计算地基沉降量的重要参数。

3.4.1　室内压缩试验及指标

该试验是在压缩仪(或固结仪)上完成的。室内压缩试验的主要目的是了解土的孔隙比随压力变化的规律，并测定土的压缩指标，评定土的压缩性大小。

试验时，先用金属环刀切取原状土样，放入上下有透水石的压缩仪内(图3.21)，分级加载。在每组荷载作用下[一般按 p=50、100、200、300、400(kPa)加载]，压至变形稳定，测出土样的变形量，然后再施加下一级荷载。根据每级荷载下的稳定变形量算出相应压力下的孔隙比。在压缩过程中，土样的金属环内不会有侧向膨胀，只有竖向变形，这种方法称为侧限压缩试验(Confined Compression Test)。

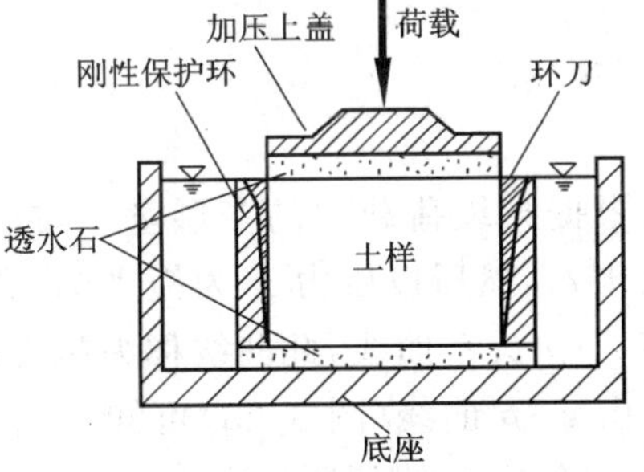

图3.21　压缩仪的压缩器简图

试验操作：土的侧限压缩试验

设土样原始高度为 h_0(图3.22)，土样的横截面面积为 A(即压缩仪容器的底面面积)，此时土样的原始孔隙比 e_0 和土颗粒体积 V_s 可用下式表示：

$$e_0=\frac{V_v}{V_s}=\frac{Ah_0-V_s}{V_s}$$

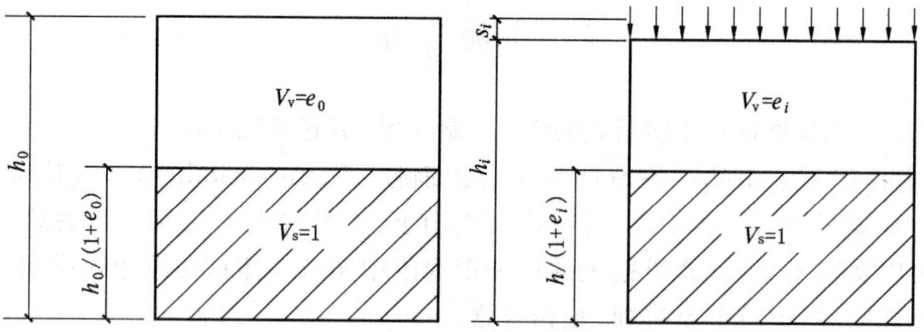

图 3.22 压缩试验中土样孔隙比的变化

$$V_s=\frac{Ah_0}{1+e_0}$$

当压力达到某级荷载 p_i 时，测出土样的稳定变形量为 s_i，此时土样高度为 h_0-s_i，对应的孔隙比为 e_i，则土颗粒体积为

$$V_{si}=\frac{A(h_0-s_i)}{1+e_i}$$

由于土样在压缩过程中受到完全侧限条件，土样横截面面积是不会变的，又因前面已假定土颗粒是不可压缩的，故 $V_s=V_{si}$，即

$$\frac{Ah_0}{1+e_0}=\frac{A(h_0-s_i)}{1+e_i}$$

$$s_i=\frac{e_0-e_i}{1+e_0}h_0$$

$$e_i=e_0-\frac{s_i}{h_i}(1+e_0) \tag{3.15}$$

式中 $e_0=\frac{d_s(1+w)\gamma_w}{\gamma}-1$，称为土的原始孔隙比；

d_s——土粒相对密度；

w——土的天然含水率；

γ_w——水的重度，一般取 $\gamma_w=10\text{kN/m}^3$；

γ——土的天然重度。

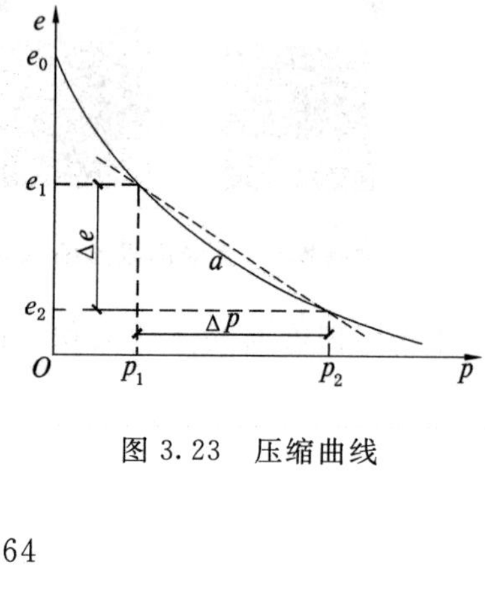

图 3.23 压缩曲线

根据某级荷载下的变形量 s_i，按式(3.15)求得相应的孔隙比 e_i，然后以压力 p 为横坐标、孔隙比 e 为纵坐标，可绘出 e-p 关系曲线，此曲线称为压缩曲线(图 3.23)。

由 e-p 曲线(图 3.23)可知，土在完全侧限条件下，孔隙比 e 随压力 p 的增加而减小，当压力由 p_1 至 p_2 的变化范围不大时，可将压缩曲线上相应的曲线段近似地用直线来代替。若 p_1 压力相应的孔隙比为 e_1，p_2 压力相应的孔隙比为 e_2，则该段的斜率可用下式表示：

$$a=-\frac{\Delta e}{\Delta p}=\frac{e_1-e_2}{p_2-p_1} \tag{3.16}$$

此式为土的力学性质的基本定律之一，称压密定律。它表明：在压力变化范围不大时，孔隙比的变化（减小值）与压力的变化（增加值）成正比。比例系数称为压缩系数（Coefficient of Compressibility），用符号 a 表示，单位为 MPa^{-1}。

压缩系数是表示土的压缩性大小的主要指标，广泛应用于土力学计算中。压缩系数愈大，表明在某压力变化范围内孔隙比减少得愈多，压缩性就愈高。但是，由图 3.23 可见，同一种土的压缩系数并不是常数，而是随所取压力变化范围的不同而改变的。因此，评价不同种类和状态土的压缩系数大小，必须以同一压力变化范围来比较。在工程实际中，常以 $p_1=0.1$MPa 至 $p_2=0.2$MPa 的压缩系数 a_{1-2} 作为判别土的压缩性高低的标准：

当 $a_{1-2}<0.1MPa^{-1}$ 时，为低压缩性土；

当 $0.1MPa^{-1}\leqslant a_{1-2}<0.5MPa^{-1}$ 时，为中等压缩性土；

当 $a_{1-2}\geqslant 0.5MPa^{-1}$ 时，为高压缩性土。

目前，国内外还常用压缩指数（Compression Index）进行压缩性评价和计算地基压缩变形量。压缩指数 C_c 是通过高压固结试验求得不同压力下的孔隙比，然后以孔隙比 e 为纵坐标，以压力的对数 $\lg p$ 为横坐标，绘制 e-$\lg p$ 曲线（图 3.24）。该曲线后半段在很大范围内是一条直线，将直线段的斜率定义为土的压缩指数 C_c，表达式为

$$C_c=-\frac{\Delta e}{\Delta \lg p}=\frac{e_1-e_2}{\lg p_2-\lg p_1} \tag{3.17}$$

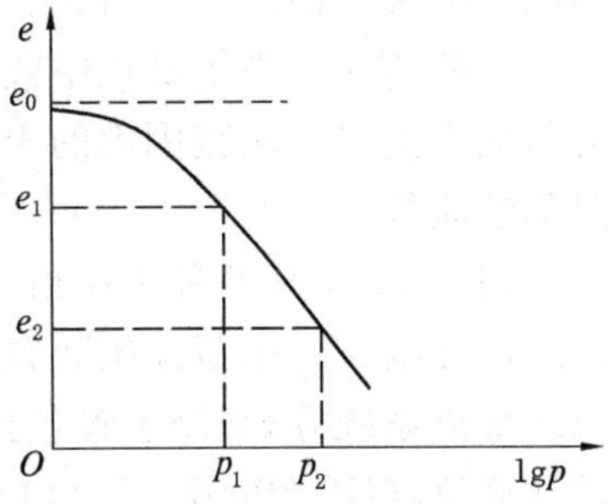

图 3.24　e-$\lg p$ 曲线

压缩指数在较大的荷重范围内是比较稳定的常数，一般黏性土 C_c 值多在 0.1～1.0 之间。C_c 值愈大，土的压缩性愈高。

通过压缩试验可求得土的压缩系数 a 和压缩指数 C_c 外，还可求得另一个常用的压缩性指标：压缩模量（Constrained Modulus of Compressibility）。压缩模量 E_s 是指土在有侧限条件下受压时，某压力段的压应力增量 $\Delta\sigma$ 与压应变增量 $\Delta\varepsilon$ 之比，其表达式为

$$E_s=\frac{\Delta\sigma}{\Delta\varepsilon} \tag{3.18}$$

土的压缩模量随所取的压力范围不同而变化。工程上常用从 0.1MPa 至 0.2MPa 压力范围内的压缩模量 E_{s1-2} 来判断土的压缩性。

土的压缩模量 E_{s1-2} 与压缩系数 a_{1-2} 的关系，可以通过下面推导的公式得到。

因为 $\Delta\sigma=p_2-p_1$，且有：

$$\varepsilon_2=\frac{\Delta h_2}{h_0}=\frac{e_0-e_2}{1+e_0}$$

$$\varepsilon_1=\frac{\Delta h_1}{h_0}=\frac{e_0-e_1}{1+e_0}$$

$$a_{1-2}=\frac{\Delta e}{\Delta p}=\frac{e_1-e_2}{p_2-p_1}$$

将以上各式代入式（3.18），得到：

$$E_{s1-2}=\frac{\Delta\sigma}{\Delta\varepsilon}=\frac{p_2-p_1}{\varepsilon_2-\varepsilon_1}=\frac{1+e_0}{a_{1-2}} \tag{3.19}$$

土的压缩模量也是表征土的压缩性高低的一个指标。由式(3.19)可知，E_s 与 a 成反比，即 a 越大，E_s 越小，土的压缩性越高。工程上常采用 E_{s1-2} 作为判别土的压缩性高低的标准：

当 $E_{s1-2}<4\text{MPa}$ 时，属高压缩性土；

当 $4\text{MPa}\leqslant E_{s1-2}\leqslant 15\text{MPa}$ 时，属中等压缩性土；

当 $E_{s1-2}>15\text{MPa}$ 时，属低压缩性土。

3.4.2 现场载荷试验及指标

土的压缩性指标，除通过室内试验测定外，还可以通过现场原位测试取得。特别是重要的建筑物和对沉降有严格要求的工程，都要求做现场载荷试验或旁压试验。现场试验更适合取样困难的粉细砂及软土。

载荷试验是通过承压板，对地基土分级施加压力 p 和测试承压板的沉降 s，便可得到压力和沉降的关系曲线，然后根据弹性力学公式反算土的变形模量。

试验前先在现场试坑中竖立载荷架，使施加的荷载通过承压板传到地层中，以便测试浅部地基应力主要影响范围内的土的力学性质，包括测定土的变形模量、地基承载力以及研究土的湿陷性质等。

图 3.25 所示两种千斤顶形式的载荷架，其构造一般由加荷稳压装置、反力装置及观测装置三部分组成。加荷稳压装置包括承压板、立柱、加荷千斤顶及稳压器；反力装置包括地锚系统或堆重系统等；观测装置包括百分表及固定支架等。为积累资料，国家标准《建筑地基基础设计规范》(GB 50007—2011)规定承压板的底面面积宜为 0.25～0.50m²，对软土及人工填土则不应小于 0.5m²(正方形边长 0.707m 或圆形直径 0.798m)。为模拟半空间地基表面的局部荷载，基坑宽度不应小于承压板宽度或直径的 3 倍。

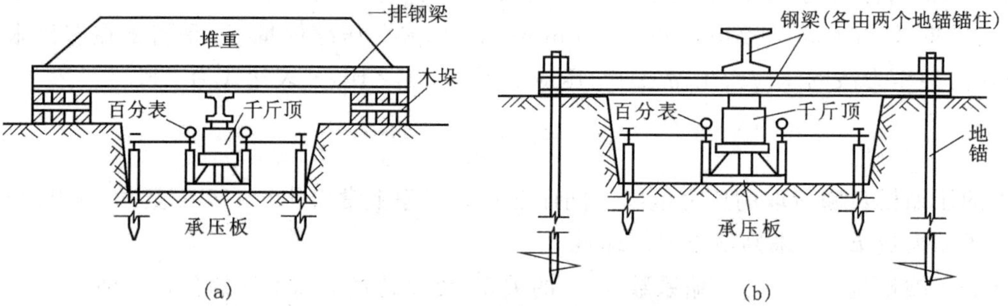

图 3.25 地基载荷试验载荷架示例

(a)堆重-千斤顶式；(b)地锚-千斤顶式

载荷试验测试点通常布置在取试样的技术钻孔附近，当地质构造简单时，距离不应超过 10m，在其他情况下则不应超过 5m，但也不宜小于 2m。必须注意保持试验土层的原状结构和天然湿度，宜在拟试压表面用不超过 20mm 厚的粗、中砂层找平。

载荷试验所施加的总荷载，应尽量接近预计地基极限荷载 p_u。第一级荷载(包括设备自重)宜接近开挖浅试坑所卸除的土重，与其相应的沉降量不计；其后每级荷载增量，对较松软的土可采用 10～25kPa，对软硬密的土则用 50～100kPa；加荷等级不应少于 8 级。最后一级荷载是判定承载力的关键，应细分二级加荷，以提高结果的精确度，最大加载量不应少于荷载设计值的两倍。

载荷试验的观测标准：

(1)每级加载后，按间隔 10、10、10、15、15(min)读取沉降量，以后为每隔 0.5h 读一次沉降量，当连续 2h 内每小时的沉降量小于 0.1mm 时，则认为已趋稳定，可加下一级荷载；

(2)当出现下列情况之一时，即可终止加载：①承压板周围的土有明显的侧向挤出(砂土)或发生裂纹(黏性土和粉土)；②沉降 s 急骤增大，荷载-沉降(p -s)曲线出现陡降段；③在某一级荷载下，24h 内沉降速率不能达到稳定标准；④$s/b \geqslant 0.06$(b 为承压板的宽度或直径)。

满足终止加载的前三种情况之一时，其对应的前一级荷载定为极限荷载。

根据各级荷载及其相应的相对稳定沉降的观测数值，即可采用适当的比例尺绘制荷载 p 与稳定沉降 s 的关系曲线，即 p -s 曲线，必要时还可绘制各级荷载下的沉降与时间的关系曲线，即 s -t 曲线。图 3.26 为一些代表性土类的 p -s 曲线。其中曲线的开始部分往往接近于直线，与直线段终点 1 对应的荷载 p_1 或 p_{cr} 称为地基的比例界限荷载(详见第 4 章)。一般地基容许承载力或地基承载力特征值取接近于此比例界限的荷载，所以地基的变形处于直线变形阶段，因而可以利用地基沉降的弹性力学公式来反求地基土的变形模量(Modulus of Deformation)，其计算公式如下：

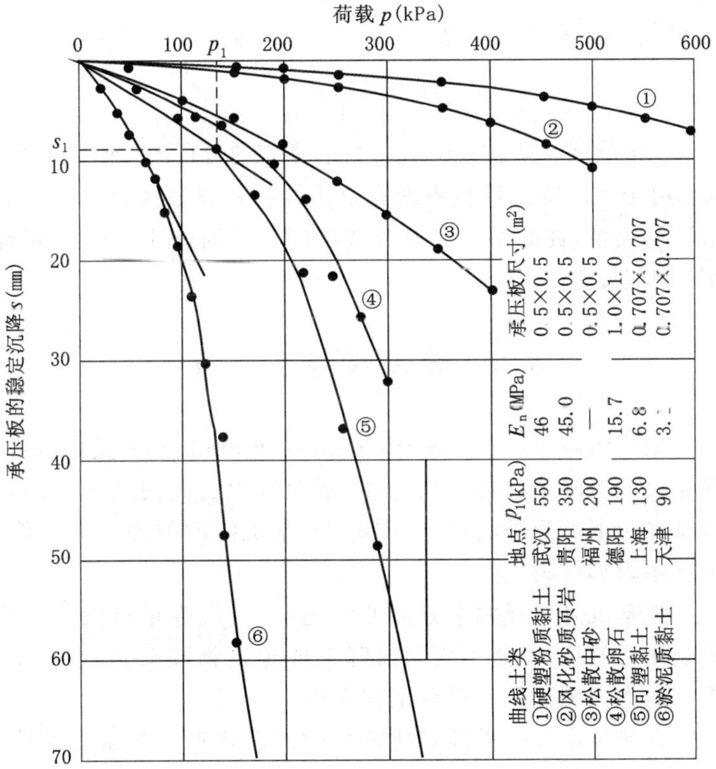

图 3.26 不同土的 p -s 曲线

$$E_0 = \omega(1-\mu^2)bp_1/s_1 \tag{3.20}$$

式中 E_0——土的变形模量，是指土体在侧向自由变形条件下竖向压应力与竖向总应变的比值；

ω——沉降影响系数，刚性方形承压板取 0.88，圆形承压板取 0.79；

b——承压板的边长或直径；

p_1——所取定的比例界限荷载；

μ——土的泊松比；

s_1——与所取定的比例界限荷载 p_1 相对应的沉降，有时 p-s 曲线不出现起始的直线段，可取 $s_1=(0.010\sim0.015)b$（低压缩性土取低值，高压缩性土则取高值）及其对应的荷载 p_1 代入式中。

载荷试验一般适合于在浅土层进行。其优点是压力的影响深度可达$(1.5\sim2)b$（b 为承压板边长），因而试验成果能反映较大一部分土体的压缩性，比钻孔取样在室内测试所受到的扰动要小得多；土中应力状态在承压板较大时与实际地基情况比较接近。其缺点是试验工作量大、费时久，所规定的沉降稳定标准也有较大的近似性，据有些地区的经验，它所反映的土的固结程度仅相当于实际建筑施工完毕时的早期沉降量。对于成层土，尚须进行深层土的载荷试验。

变形模量 E_0 与压缩模量 E_s 是两个不同的概念。E_0 是在现场无侧限条件下测得的；而 E_s 是在室内有侧限条件下测得的，压缩过程中具有相当部分的不可恢复的塑性变形，但理论上两者是完全可以换算的。换算公式如下：

$$E_0=\beta E_s \tag{3.21}$$

式中　β——与土的泊松比 μ 有关的系数。

$$\beta=1-\frac{2\mu^2}{1-\mu} \tag{3.22}$$

由于土的泊松比变化范围一般在 0～0.5 之间，所以 $\beta\leqslant1.0$。即由式(3.21)的理论关系，应有 $E_s\geqslant E_0$。然而，由于土的变形性质不能完全由线弹性常数来概括，因而由不同的试验方法所测得的 E_s 与 E_0 的关系，往往不一定符合式(3.21)。对硬土，其 E_0 可能较 βE_s 大数倍；而对软土，E_0 与 βE_s 则较接近。

3.5　地基最终沉降量

工程案例：虎丘塔为什么斜而不倒

最终沉降量(Final Settlement of Foundation)是地基在荷载作用下压缩稳定后的沉降量。通常认为，除新近沉积的欠固结土以外，一般地基土层在自重作用下的压缩已稳定，因此，地基沉降的外因主要是建筑物荷载在地基中产生附加应力。

地基沉降造成两个方面的问题：一是沉降量过大造成建筑物标高降低，影响正常使用；二是不均匀沉降造成建筑物倾斜、开裂甚至倒塌。如绪论中提到的意大利比萨斜塔等工程实例。

在建筑设计中需预知建筑物建成后将产生的最终沉降量、沉降差等，判断地基变形值是否超过允许的范围，以便在建筑物设计和施工时，采取相应的工程措施来保证建筑物的安全。

地基最终沉降量的计算方法有多种，本节仅介绍建筑工程中常用的分层总和法和《建筑地基基础设计规范》(GB 50007—2011)推荐的方法。

3.5.1 分层总和法

3.5.1.1 一维压缩问题

在厚度为 H 的均匀土层上面施加连续均匀荷载 p，见图 3.27(a)，这时土层只能在竖直方向发生压缩变形，而不可能有侧向变形，这同侧限压缩试验中的情况基本一样，属一维压缩问题。

施加外荷载 p 之前，土层中的自重应力为图 3.27(b)中 OBA；施加 p 之后，土层中引起的附加应力分布为 $OCDA$。对整个土层来说，施加外荷载前后存在于土层中的平均竖向应力分别为 $p_1=\gamma H/2$ 和 $p_2=p_1+p$。从土的压缩试验曲线[图 3.27(c)]可以看出，竖向应力从 p_1 增加到 p_2，将引起土的孔隙比从 e_1 减小为 e_2。因此，可求得一维条件下土层的压缩变形 s 与土的孔隙比 e 的变化之间存在如下关系：

$$s=\frac{e_1-e_2}{1+e_1}H \tag{3.23}$$

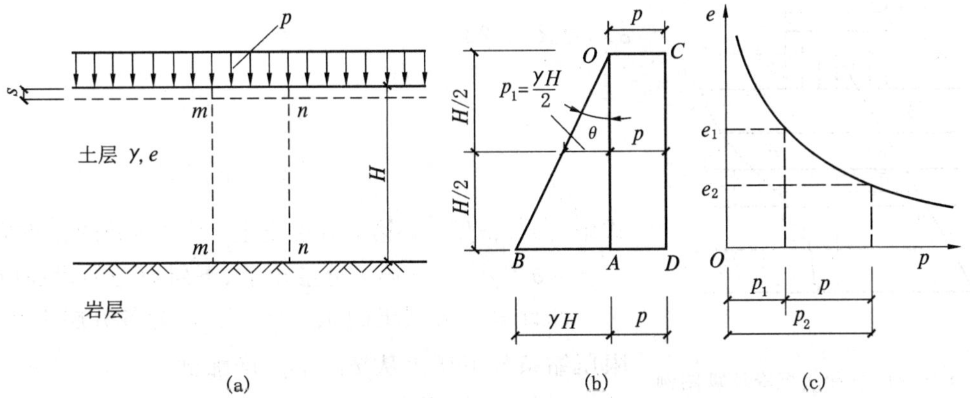

图 3.27 土层一维压缩

这就是土层一维压缩变形量的基本计算公式。式(3.23)也可改写成：

$$s=\frac{a}{1+e_1}(p_2-p_1)H=\frac{a}{1+e_1}pH \tag{3.24}$$

或

$$s=\frac{pH}{E_s} \tag{3.25}$$

式中 a——压缩系数；

E_s——压缩模量；

H——土层厚度。

3.5.1.2 分层总和法

(1)基本原理

分别计算基础中心点下地基各分层土的压缩变形量 s_i，认为基础的平均沉降量 s 等于 s_i 的总和，即

$$s=\sum_{i=1}^{n}s_i \tag{3.26}$$

式中 n——计算深度范围内土的分层数。

计算 s_i 时，假设土层只发生竖向压缩变形，没有侧向变形，因此可按式(3.23)至式(3.25)中的任何一个公式进行计算。

(2)计算步骤

①选择沉降计算剖面，在每一个剖面上选择若干计算点。在计算基底压力和地基中附加应力时，根据基础的尺寸及所受荷载的性质（中心受压、偏心或倾斜等），求出基底压力的大小和分布，再结合地基土层的性状，选择沉降计算点的位置。

②将地基分层。在分层时天然土层的交界面和地下水位面应为分层面，同时在同一类土层中分层的厚度不宜过大。一般取分层厚 $h_i \leqslant 0.4b$ 或 $h_i = 1 \sim 2\text{m}$，b 为基础宽度。

③求出计算点垂线上各分层层面处的竖向自重应力 σ_c（应从地面起算），并绘出它的分布曲线。

④求出计算点垂线上各分层层面处的竖向附加应力 σ_z，并绘出它的分布曲线，取 $\sigma_z = 0.2\sigma_{cz}$（中、低压缩性土）或 $0.1\sigma_{cz}$（高压缩性土）处的土层深度为沉降计算的土层深度。

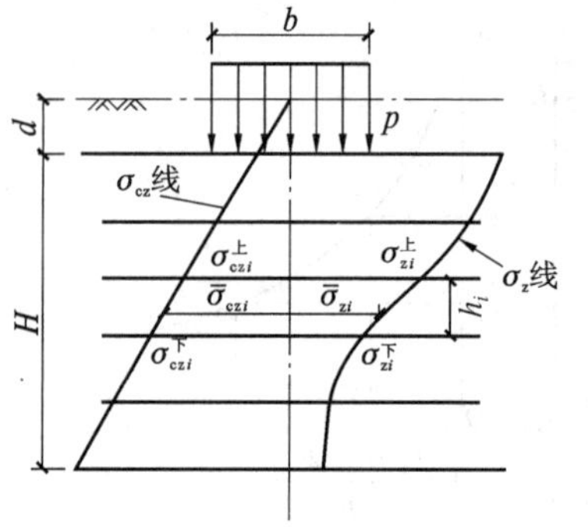

图 3.28　分层总和法沉降计算图例

⑤求出各分层的平均自重应力 $\bar{\sigma}_{czi}$ 和平均附加应力 $\bar{\sigma}_{zi}$，见图 3.28。

$$\bar{\sigma}_{czi} = \frac{1}{2}(\sigma_{czi}^{上} + \sigma_{czi}^{下})$$

$$\bar{\sigma}_{zi} = \frac{1}{2}(\sigma_{zi}^{上} + \sigma_{zi}^{下})$$

式中　$\sigma_{czi}^{上}$、$\sigma_{czi}^{下}$——第 i 分层土上、下层面处的自重应力；

$\sigma_{zi}^{上}$、$\sigma_{zi}^{下}$——第 i 分层土上、下层面处的附加应力。

⑥计算各分层土的压缩量 s_i。认为各分层土都是在侧限压缩条件下压力从 $p_1 = \bar{\sigma}_{czi}$ 增加到 $p_2 = \bar{\sigma}_{czi} + \bar{\sigma}_{zi}$ 所产生的变形量 s_i，可根据式(3.23)至式(3.25)中任一式计算。

⑦按式(3.26)计算基础各点的沉降量。基础中点沉降量可视为基础平均沉降量；根据基础角点沉降差，可推算出基础的倾斜。

【例题 3.4】　某柱基础，底面尺寸 $l \times b = 4\text{m} \times 2\text{m}$，埋深 $d = 1.5\text{m}$。传至基础顶面的竖向荷载 $F = 1192\text{kN}$，各土层计算指标见表 3.8(a)和表 3.8(b)。试计算柱基础最终沉降量。假定地下水位深 $d_w = 2\text{m}$。

表 3.8(a)　各土层计算指标

土层	γ (kN/m^3)	a (MPa^{-1})	E_s (MPa)
黏土	19.5	0.39	4.5
粉质黏土	19.8	0.33	5.1
粉砂	19.0	0.37	5.0
粉土	19.2	0.52	3.4

表 3.8(b)　各土层侧限压缩试验 e-p 曲线

土层	p(kPa)			
	0	50	100	200
黏土	0.820	0.780	0.760	0.740
粉质黏土	0.740	0.720	0.700	0.670
粉砂	0.890	0.860	0.840	0.810
粉土	0.850	0.810	0.780	0.740

【解】　基底平均压力 p_k：

$$p_k = \frac{F}{lb} + \gamma_G d = \frac{1192}{4 \times 2} + 20 \times 1.5 = 179\text{kPa}$$

基底附加压力 p_0：

$$p_0=p_k-\gamma d=179-19.5\times1.5=150\text{kPa}$$

取水的重度 $\gamma_w\approx10\text{kN/m}^3$，则有效重度 $\gamma'=\gamma-10$，基础中心线下的自重应力和附加应力计算结果见图 3.29。到粉砂层层底，$\sigma_z=14.4\text{kPa}<0.2\sigma_{cz}=0.2\times91.9=18.4\text{kPa}$，因此，沉降计算深度取为 $H=2.0+4.0+1.5=7.5\text{m}$，从基底起算的土层压缩层厚度为 $Z_n=7.5-1.5=6.0\text{m}$。

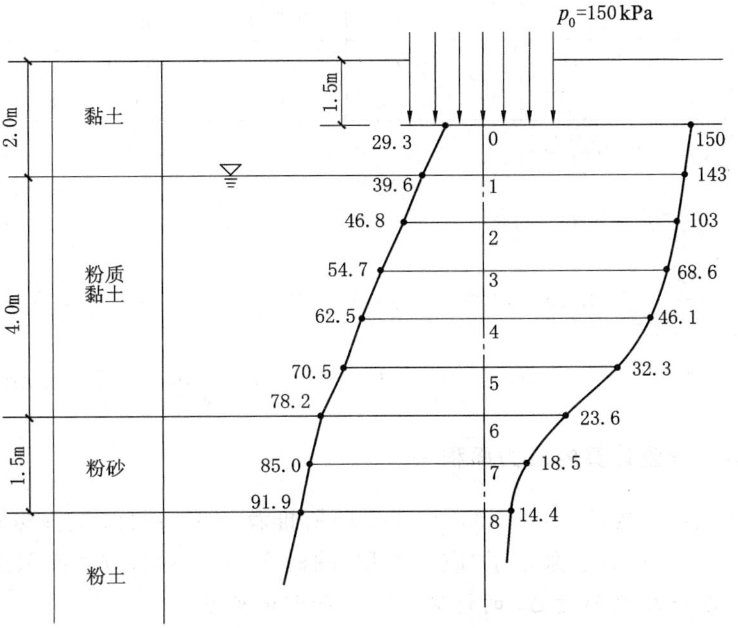

图 3.29　土层自重应力和附加应力分布(单位:kPa)

按 $h_i\leqslant0.4b=0.4\times2=0.8\text{m}$ 分层。$h_1=0.50\text{m}$，$h_2\sim h_6=0.80\text{m}$，$h_7\sim h_8=0.75\text{m}$。柱基础最终沉降量计算结果如下：

(1)按公式 $s_i=\left(\dfrac{e_1-e_2}{1+e_1}\right)h_i$ 计算[表 3.8(c)]。

表 3.8(c)　各分层土沉降量计算程序(一)

土层	分层	h_i(m)	p_{1i}(kPa)	e_{1i}	p_{2i}(kPa)	e_{2i}	s_i(mm)
黏土	0—1	0.50	34.2	0.7995	180.7	0.7439	15.45
粉质黏土	1—2	0.80	42.9	0.7228	165.9	0.6802	19.78
	2—3	0.80	50.8	0.7197	136.6	0.6890	14.28
	3—4	0.80	58.4	0.7166	115.8	0.6953	9.93
	4—5	0.80	66.2	0.7135	105.4	0.6984	7.05
	5—6	0.80	74.0	0.7104	102.0	0.6994	5.14
粉砂	6—7	0.75	81.6	0.8474	102.7	0.8392	3.33
	7—8	0.75	88.4	0.8446	104.9	0.8385	2.48

因此，$s=\sum s_i-77.44\text{mm}$。

(2)按公式 $s_i=\left(\dfrac{a}{1+e_1}\right)\bar{\sigma}_{zi}h_i$ 计算[表 3.8(d)]。

表 3.8(d) 各分层土沉降量计算程序(二)

土层	分层	h_i(m)	p_{1i}(kPa)	e_{1i}	$\bar{\sigma}_{zi}$(kPa)	a(MPa^{-1})	s_i(mm)
黏土	0—1	0.50	34.2	0.7995	146.5	0.39	15.88
粉质黏土	1—2	0.80	42.9	0.7228	123.0	0.33	18.85
	2—3	0.80	50.8	0.7197	85.8		13.17
	3—4	0.80	58.4	0.7166	57.4		8.83
	4—5	0.80	66.2	0.7135	39.2		6.04
	5—6	0.80	74.0	0.7104	28.0		4.32
粉砂	6—7	0.75	81.6	0.8474	21.1	0.37	3.17
	7—8	0.75	88.4	0.8446	16.5		2.48

因此 $s=\sum s_i=72.44\text{mm}$。

(3)按公式 $s_i=\dfrac{\bar{\sigma}_{zi}}{E_{si}}h_i$ 计算

$$s=\frac{146.5}{4.5}\times 0.50+(123.0+85.8+57.4+39.2+28.0)\times\frac{0.80}{5.1}$$

$$+(21.1+16.5)\times\frac{0.75}{5.0}=16.28+52.30+5.64=74.22\text{mm}$$

3.5.2 地基沉降量计算的应力面积法

《建筑地基基础设计规范》(GB 50007—2011)所推荐的地基最终沉降量计算方法是另一种形式的分层总和法。该方法采用了“应力面积”的概念,因而称为应力面积法。

3.5.2.1 *土层压缩变形量 Δs 的计算及应力面积的概念*

假设地基是均匀的,即土在有侧限条件下的压缩模量 E_s 不随深度而变,则从基底至地基任意深度 z 范围内的压缩量为(图 3.30)

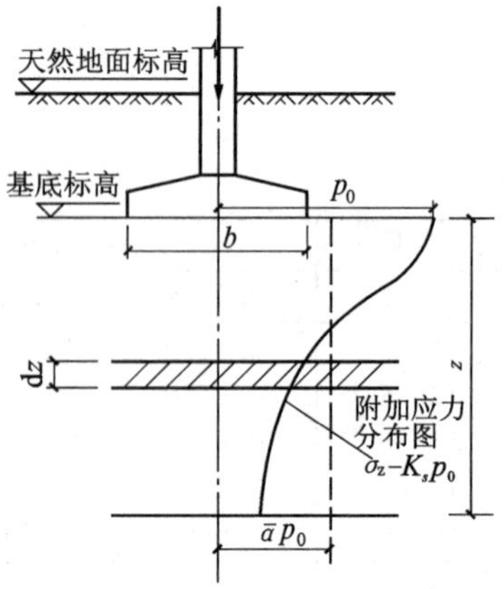

图 3.30 应力面积的概念

$$s=\int_0^z \varepsilon \mathrm{d}z=\frac{1}{E_s}\int_0^z \sigma_z \mathrm{d}z=\frac{A}{E_s} \tag{3.27}$$

式中 ε——土的侧限压缩应变,$\varepsilon=\sigma_z/E_s$;

A——深度 z 范围内的附加应力面积。

$$A=\int_0^z \sigma_z \mathrm{d}z$$

因为 $\sigma_z=K_s p_0$,K_s 为基底下任意深度 z 处的附加应力系数。因此,附加应力面积 A 为

$$A=\int_0^z \sigma_z \mathrm{d}z=p_0\int_0^z K_s \mathrm{d}z \tag{3.28}$$

为便于计算,引入一个竖向平均附加应力(面积)系数 $\bar{\alpha}=A/(p_0 z)$,则式(3.27)改写为:

$$s'=\frac{p_0\bar{\alpha}z}{E_s} \tag{3.29}$$

式(3.29)就是以附加应力面积的等代值引出一个平均附加应力系数表达的从基底至任意深度 z 范围内地基沉降量的计算公式。由此可得成层地基沉降量的计算公式(图 3.30):

$$s' = \sum_{i=1}^{n} \Delta s'_i = \sum_{i=1}^{n} \frac{A_i - A_{i-1}}{E_{si}} = \sum_{i=1}^{n} \frac{p_0}{E_{si}} (\bar{\alpha}_i z_i - \bar{\alpha}_{i-1} z_{i-1}) \tag{3.30}$$

式中　$p_0\bar{\alpha}_i z_i$、$p_0\bar{\alpha}_{i-1} z_{i-1}$——$z_i$ 和 z_{i-1} 深度范围内竖向附加应力面积 A_i 和 A_{i-1} 的等代值。

因此，用式(3.30)计算成层地基的沉降量，关键是确定竖向平均附加应力系数 $\bar{\alpha}$。矩形基础均布荷载和矩形基础三角形荷载角点下的平均竖向附加应力系数 $\bar{\alpha}$ 分别见表 3.9 及表 3.10。

为了提高计算准确度，地基沉降计算深度范围内的计算沉降量 s' 尚须乘以一个沉降计算经验系数 ψ_s。《建筑地基基础设计规范》(GB 50007—2011)规定 ψ_s 的确定方法为

$$\psi_s = s_\infty / s' \tag{3.31}$$

式中　s_∞——利用地基沉降观测资料推算的最终沉降量。

各地区宜按实测资料制定适合于本地区各类土的 ψ_s 值，而《建筑地基基础设计规范》提供了一个采用表值，见表 3.11。

综上所述，《建筑地基基础设计规范》(GB 50007—2011)推荐的地基最终沉降量 s 的计算公式如下：

$$s = \psi_s \sum_{i=1}^{n} p_0 (\bar{\alpha}_i z_i - \bar{\alpha}_{i-1} z_{i-1}) / E_{si} \tag{3.32}$$

式中　n——地基沉降计算深度范围内所划分的土层数。

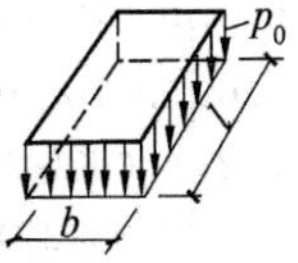

表 3.9　矩形基础均布荷载角点下的平均竖向附加应力系数 $\bar{\alpha}$

z/b	l/b												
	1.0	1.2	1.4	1.6	1.8	2.0	2.4	2.8	3.2	3.6	4.0	5.0	10.0
0.0	0.2500	0.2500	0.2500	0.2500	0.2500	0.2500	0.2500	0.2500	0.2500	0.2500	0.2500	0.2500	0.2500
0.2	0.2496	0.2497	0.2497	0.2498	0.2498	0.2498	0.2498	0.2498	0.2498	0.2498	0.2498	0.2498	0.2498
0.4	0.2474	0.2479	0.2481	0.2483	0.2483	0.2484	0.2485	0.2485	0.2485	0.2485	0.2485	0.2485	0.2485
0.6	0.2423	0.2437	0.2444	0.2448	0.2451	0.2452	0.2454	0.2455	0.2455	0.2455	0.2455	0.2455	0.2456
0.8	0.2346	0.2372	0.2387	0.2395	0.2400	0.2403	0.2407	0.2408	0.2409	0.2409	0.2410	0.2410	0.2410
1.0	0.2252	0.2291	0.2313	0.2326	0.2335	0.2340	0.2346	0.2349	0.2351	0.2352	0.2352	0.2353	0.2353
1.2	0.2149	0.2199	0.2229	0.2248	0.2260	0.2268	0.2278	0.2282	0.2285	0.2286	0.2287	0.2288	0.2289
1.4	0.2043	0.2102	0.2140	0.2164	0.2190	0.2191	0.2204	0.2211	0.2215	0.2217	0.2218	0.2220	0.2221
1.6	0.1939	0.2006	0.2049	0.2079	0.2099	0.2113	0.2130	0.2138	0.2143	0.2146	0.2148	0.2150	0.2152
1.8	0.1840	0.1912	0.1960	0.1994	0.2018	0.2034	0.2055	0.2066	0.2073	0.2077	0.2079	0.2082	0.2084
2.0	0.1746	0.1822	0.1875	0.1912	0.1938	0.1958	0.1982	0.1996	0.2004	0.2009	0.2012	0.2015	0.2018
2.2	0.1659	0.1737	0.1793	0.1833	0.1862	0.1883	0.1911	0.1927	0.1937	0.1943	0.1947	0.1952	0.1955
2.4	0.1578	0.1657	0.1715	0.1757	0.1789	0.1812	0.1843	0.1862	0.1873	0.1880	0.1885	0.1890	0.1895
2.6	0.1503	0.1583	0.1642	0.1686	0.1719	0.1745	0.1779	0.1799	0.1812	0.1820	0.1825	0.1832	0.1838
2.8	0.1433	0.1514	0.1574	0.1619	0.1654	0.1680	0.1717	0.1739	0.1753	0.1763	0.1769	0.1777	0.1784
3.0	0.1369	0.1449	0.1510	0.1556	0.1592	0.1619	0.1658	0.1682	0.1698	0.1708	0.1715	0.1725	0.1733
3.2	0.1310	0.1390	0.1450	0.1497	0.1533	0.1562	0.1602	0.1628	0.1645	0.1657	0.1664	0.1675	0.1685
3.4	0.1256	0.1334	0.1394	0.1441	0.1478	0.1508	0.1550	0.1577	0.1595	0.1607	0.1616	0.1628	0.1639
3.6	0.1205	0.1282	0.1342	0.1389	0.1427	0.1456	0.1500	0.1528	0.1548	0.1561	0.1570	0.1583	0.1595
3.8	0.1158	0.1234	0.1293	0.1340	0.1378	0.1408	0.1452	0.1482	0.1502	0.1516	0.1526	0.1541	0.1554

续表 3.9

z/b	l/b												
	1.0	1.2	1.4	1.6	1.8	2.0	2.4	2.8	3.2	3.6	4.0	5.0	10.0
4.0	0.1114	0.1189	0.1248	0.1294	0.1332	0.1362	0.1408	0.1438	0.1459	0.1474	0.1485	0.1500	0.1516
4.2	0.1073	0.1147	0.1205	0.1251	0.1289	0.1319	0.1365	0.1396	0.1418	0.1434	0.1445	0.1462	0.1479
4.4	0.1035	0.1107	0.1164	0.1210	0.1248	0.1279	0.1325	0.1357	0.1379	0.1396	0.1407	0.1425	0.1444
4.6	0.1000	0.1070	0.1127	0.1172	0.1209	0.1240	0.1287	0.1319	0.1342	0.1359	0.1371	0.1390	0.1410
4.8	0.0967	0.1036	0.1091	0.1136	0.1173	0.1204	0.1250	0.1283	0.1307	0.1324	0.1337	0.1357	0.1379
5.0	0.0935	0.1003	0.1057	0.1102	0.1139	0.1169	0.1216	0.1249	0.1273	0.1291	0.1304	0.1325	0.1348
5.2	0.0906	0.0972	0.1026	0.1070	0.1106	0.1136	0.1183	0.1217	0.1241	0.1259	0.1273	0.1295	0.1320
5.4	0.0878	0.0943	0.0996	0.1039	0.1075	0.1105	0.1152	0.1186	0.1211	0.1229	0.1243	0.1265	0.1292
5.6	0.0852	0.0916	0.0968	0.1010	0.1046	0.1076	0.1122	0.1156	0.1181	0.1200	0.1215	0.1238	0.1266
5.8	0.0828	0.0890	0.0941	0.0983	0.1018	0.1047	0.1094	0.1128	0.1153	0.1172	0.1187	0.1211	0.1240
6.0	0.0805	0.0866	0.0916	0.0957	0.0991	0.1021	0.1067	0.1101	0.1126	0.1146	0.1161	0.1185	0.1216
6.2	0.0783	0.0842	0.0891	0.0932	0.0966	0.0995	0.1041	0.1075	0.1101	0.1120	0.1136	0.1161	0.1193
6.4	0.0762	0.0820	0.0869	0.0909	0.0942	0.0971	0.1016	0.1050	0.1076	0.1096	0.1111	0.1137	0.1171
6.6	0.0742	0.0799	0.0847	0.0886	0.0919	0.0948	0.0993	0.1027	0.1053	0.1073	0.1088	0.1114	0.1149
6.8	0.0723	0.0779	0.0826	0.0865	0.0898	0.0926	0.0970	0.1004	0.1030	0.1050	0.1066	0.1092	0.1129
7.0	0.0705	0.0761	0.0806	0.0844	0.0877	0.0904	0.0949	0.0982	0.1008	0.1028	0.1044	0.1071	0.1109
7.2	0.0688	0.0742	0.0787	0.0825	0.0857	0.0884	0.0928	0.0962	0.0987	0.1008	0.1023	0.1051	0.1090
7.4	0.0672	0.0725	0.0769	0.0806	0.0838	0.0865	0.0908	0.0942	0.0967	0.0988	0.1004	0.1031	0.1071
7.6	0.0656	0.0709	0.0752	0.0789	0.0820	0.0846	0.0889	0.0922	0.0948	0.0968	0.0984	0.1012	0.1054
7.8	0.0642	0.0693	0.0736	0.0771	0.0802	0.0828	0.0871	0.0904	0.0929	0.0950	0.0966	0.0994	0.1036
8.0	0.0627	0.0678	0.0720	0.0755	0.0785	0.0811	0.0853	0.0886	0.0912	0.0932	0.0948	0.0976	0.1020
8.2	0.0614	0.0663	0.0705	0.0739	0.0769	0.0795	0.0837	0.0869	0.0894	0.0914	0.0931	0.0959	0.1004
8.4	0.0601	0.0649	0.0690	0.0724	0.0754	0.0779	0.0820	0.0852	0.0878	0.0989	0.0914	0.0943	0.0988
8.6	0.0588	0.0636	0.0676	0.0710	0.0739	0.0764	0.0805	0.0836	0.0862	0.0882	0.0898	0.0927	0.0973
8.8	0.0576	0.0623	0.0663	0.0696	0.0724	0.0749	0.0790	0.0821	0.0846	0.0866	0.0882	0.0912	0.0959
9.2	0.0554	0.0599	0.0637	0.0697	0.0721	0.0761	0.0792	0.0817	0.0837	0.0853	0.0882	0.0813	0.0931
9.6	0.0533	0.0577	0.0614	0.0672	0.0696	0.0734	0.0765	0.0789	0.0809	0.0825	0.0855	0.0738	0.0905
10.0	0.0514	0.0556	0.0592	0.0649	0.0672	0.0710	0.0739	0.0763	0.0783	0.0799	0.0829	0.0719	0.0880
10.4	0.0496	0.0537	0.0572	0.0627	0.0649	0.0686	0.0716	0.0739	0.0759	0.0775	0.0804	0.0682	0.0857
10.8	0.0479	0.0519	0.0553	0.0606	0.0628	0.0664	0.0693	0.0717	0.0736	0.0751	0.0781	0.0649	0.0834
11.2	0.0463	0.0502	0.0535	0.0563	0.0587	0.0609	0.0644	0.0672	0.0695	0.0714	0.0730	0.0759	0.0813
11.6	0.0448	0.0486	0.0518	0.0545	0.0569	0.0590	0.0625	0.0652	0.0675	0.0694	0.0709	0.0738	0.0793
12.0	0.0435	0.0471	0.0502	0.0529	0.0552	0.0573	0.0606	0.0634	0.0656	0.0674	0.0690	0.0719	0.0774
12.8	0.0409	0.0444	0.0474	0.0499	0.0521	0.0541	0.0573	0.0599	0.0621	0.0639	0.0654	0.0682	0.0739
13.6	0.0387	0.0420	0.0448	0.0472	0.0493	0.0512	0.0543	0.0568	0.0589	0.0607	0.0621	0.0649	0.0707
14.4	0.0367	0.0398	0.0425	0.0448	0.0468	0.0486	0.0516	0.0540	0.0561	0.0577	0.0592	0.0619	0.0677
15.2	0.0349	0.0379	0.0404	0.0426	0.0446	0.0463	0.0492	0.0515	0.0535	0.0551	0.0565	0.0592	0.0650
16.0	0.0332	0.0361	0.0385	0.0407	0.0425	0.0442	0.0469	0.0492	0.0511	0.0527	0.0540	0.0567	0.0625
18.0	0.0297	0.0323	0.0345	0.0364	0.0381	0.0396	0.0422	0.0442	0.0460	0.0475	0.0487	0.0512	0.0570
20.0	0.0269	0.0293	0.0312	0.0330	0.0345	0.0359	0.0383	0.0402	0.0418	0.0432	0.0444	0.0468	0.0524

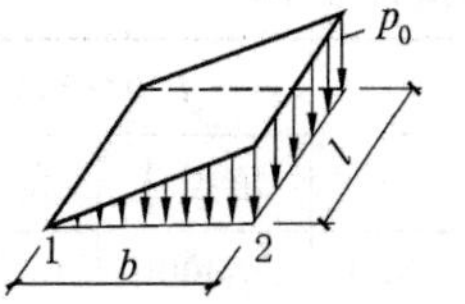

表 3.10　矩形基础三角形荷载角点下的平均竖向附加应力系数 $\bar{\alpha}$

z/b	l/b=0.2		l/b=0.4		l/b=0.6		l/b=0.8		l/b=1.0	
	角点 1	角点 2	角点 1	角点 2	角点 1	角点 2	角点 1	角点 2	角点 1	角点 2
0.0	0.0000	0.2500	0.0000	0.2500	0.0000	0.2500	0.0000	0.2500	0.0000	0.2500
0.2	0.0112	0.2161	0.0140	0.2308	0.0148	0.2333	0.0151	0.2339	0.0152	0.2341
0.4	0.0179	0.1810	0.0245	0.2084	0.0270	0.2153	0.0280	0.2175	0.0285	0.2184
0.6	0.0207	0.1505	0.0308	0.1851	0.0355	0.1966	0.0376	0.2011	0.0388	0.2030
0.8	0.0217	0.1277	0.0340	0.1640	0.0405	0.1787	0.0440	0.1852	0.0459	0.1883
1.0	0.0217	0.1104	0.0351	0.1461	0.0430	0.1624	0.0476	0.1704	0.0502	0.1746
1.2	0.0212	0.0970	0.0351	0.1312	0.0439	0.1480	0.0492	0.1571	0.0525	0.1621
1.4	0.0204	0.0865	0.0344	0.1187	0.0436	0.1356	0.0495	0.1451	0.0534	0.1507
1.6	0.0195	0.0779	0.0333	0.1082	0.0427	0.1247	0.0490	0.1345	0.0533	0.1405
1.8	0.0186	0.0709	0.0321	0.0993	0.0415	0.1153	0.0480	0.1252	0.0525	0.1313
2.0	0.0178	0.0650	0.0308	0.0917	0.0401	0.1071	0.0467	0.1169	0.0513	0.1232
2.5	0.0157	0.0538	0.0276	0.0769	0.0365	0.0908	0.0429	0.1000	0.0478	0.1063
3.0	0.0140	0.0458	0.0248	0.0661	0.0330	0.0786	0.0392	0.0871	0.0439	0.0931
5.0	0.0097	0.0289	0.0175	0.0424	0.0236	0.0476	0.0285	0.0576	0.0324	0.0624
7.0	0.0073	0.0211	0.0133	0.0311	0.0180	0.0352	0.0219	0.0427	0.0251	0.0465
10.0	0.0053	0.0150	0.0097	0.0222	0.0133	0.0253	0.0162	0.0308	0.0186	0.0336

z/b	l/b=1.2		l/b=1.4		l/b=1.6		l/b=1.8		l/b=2.0	
	角点 1	角点 2	角点 1	角点 2	角点 1	角点 2	角点 1	角点 2	角点 1	角点 2
0.0	0.0000	0.2500	0.0000	0.2500	0.0000	0.2500	0.0000	0.2500	0.0000	0.2500
0.2	0.0153	0.2342	0.0153	0.2343	0.0153	0.2343	0.0153	0.2343	0.0153	0.2343
0.4	0.0288	0.2187	0.0289	0.2189	0.0290	0.2190	0.0290	0.2190	0.0290	0.2191
0.6	0.0394	0.2039	0.0397	0.2043	0.0399	0.2046	0.0400	0.2047	0.0401	0.2048
0.8	0.0470	0.1899	0.0476	0.1907	0.0480	0.1912	0.0482	0.1915	0.0483	0.1917
1.0	0.0518	0.1769	0.0528	0.1781	0.0534	0.1789	0.0538	0.1794	0.0540	0.1797
1.2	0.0546	0.1649	0.0560	0.1666	0.0568	0.1678	0.0574	0.1684	0.0577	0.1689
1.4	0.0559	0.1541	0.0575	0.1562	0.0586	0.1576	0.0594	0.1585	0.0599	0.1591
1.6	0.0561	0.1443	0.0580	0.1467	0.0594	0.1484	0.0603	0.1494	0.0609	0.1502
1.8	0.0556	0.1354	0.0578	0.1381	0.0593	0.1400	0.0604	0.1413	0.0611	0.1422
2.0	0.0547	0.1274	0.0570	0.1303	0.0587	0.1324	0.0599	0.1338	0.0608	0.1348
2.5	0.0513	0.1107	0.0540	0.1139	0.0560	0.1163	0.0575	0.1180	0.0586	0.1193
3.0	0.0476	0.0976	0.0503	0.1008	0.0525	0.1033	0.0541	0.1052	0.0554	0.1067
5.0	0.0356	0.0661	0.0382	0.0690	0.0403	0.0714	0.0421	0.0734	0.0435	0.0749
7.0	0.0277	0.0496	0.0299	0.0520	0.0318	0.0541	0.0333	0.0558	0.0347	0.0572
10.0	0.0207	0.0359	0.0224	0.0379	0.0239	0.0395	0.0252	0.0409	0.0263	0.0403

续表 3.10

z/b	l/b=3.0		l/b=4.0		l/b=6.0		l/b=8.0		l/b=10.0	
	角点 1	角点 2	角点 1	角点 2	角点 1	角点 2	角点 1	角点 2	角点 1	角点 2
0.0	0.0000	0.2500	0.0000	0.2500	0.0000	0.2500	0.0000	0.2500	0.0000	0.2500
0.2	0.0153	0.2343	0.0153	0.2343	0.0153	0.2343	0.0153	0.2343	0.0153	0.2343
0.4	0.0290	0.2192	0.0291	0.2192	0.0291	0.2192	0.0291	0.2192	0.0291	0.2192
0.6	0.0402	0.2050	0.0402	0.2050	0.0402	0.2050	0.0402	0.2050	0.0402	0.2050
0.8	0.0436	0.1920	0.0487	0.1920	0.0487	0.1921	0.0487	0.1921	0.0487	0.1921
1.0	0.0545	0.1803	0.0546	0.1803	0.0546	0.1804	0.0546	0.1804	0.0546	0.1804
1.2	0.0584	0.1697	0.0586	0.1699	0.0587	0.1700	0.0587	0.1700	0.0587	0.1700
1.4	0.0609	0.1603	0.0612	0.1605	0.0613	0.1606	0.0613	0.1606	0.0613	0.1606
1.6	0.0623	0.1517	0.0626	0.1521	0.0628	0.1523	0.0628	0.1523	0.0628	0.1522
1.8	0.0628	0.1441	0.0633	0.1445	0.0635	0.1447	0.0635	0.1448	0.0635	0.1448
2.0	0.0629	0.1371	0.0634	0.1377	0.0637	0.1380	0.0638	0.1380	0.0638	0.1380
2.5	0.0614	0.1223	0.0623	0.1233	0.0627	0.1237	0.0628	0.1238	0.0628	0.1239
3.0	0.0589	0.1104	0.0600	0.1116	0.0607	0.1123	0.0609	0.1124	0.0609	0.1125
5.0	0.0480	0.0797	0.0500	0.0817	0.0515	0.0833	0.0519	0.0837	0.0521	0.0839
7.0	0.0391	0.0619	0.0414	0.0642	0.0435	0.0663	0.0442	0.0671	0.0445	0.0674
10.0	0.0302	0.0402	0.0325	0.0485	0.0349	0.0509	0.0359	0.0520	0.0364	0.0526

表 3.11 《建筑地基基础设计规范》(GB 50007 — 2011)沉降计算经验系数 ψ_s

基底附加压力	$\overline{E}_s$(MPa)				
	2.5	4.0	7.0	15.0	20.0
$p_0 \geqslant f_{ak}$	1.4	1.3	1.0	0.4	0.2
$p_0 \leqslant 0.75 f_{ak}$	1.1	1.0	0.7	0.4	0.2

注:① $\overline{E}_s$ 为沉降计算深度范围内压缩模量的当量值,应按下式计算:$\overline{E}_s = \sum A_i / [\sum (A_i / E_{si})]$,其中 A_i 为第 i 层土附加应力沿土层厚度的积分值,即 $A_i = p_0(\overline{\alpha}_i z_i - \overline{\alpha}_{i-1} z_{i-1})$。

② f_{ak} 为地基承载力特征值。

3.5.2.2 确定地基沉降计算深度

该方法中地基沉降计算深度 z_n 可通过试算确定,要求满足下式条件:

$$\Delta s'_n \leqslant 0.025 \sum_{i=1}^{n} \Delta s'_i \tag{3.33}$$

式中 $\Delta s'_i$——在计算深度 z_n 范围内第 i 层土的计算沉降量(mm);

$\Delta s'_n$——在计算深度 z_n 处向上取厚度为 Δz 土层的计算沉降量(mm),Δz 值按表 3.12 确定。

表 3.12 Δz 值表

基底宽度 b(m)	$b \leqslant 2$	$2 < b \leqslant 4$	$4 < b \leqslant 8$	$8 < b \leqslant 15$	$15 < b \leqslant 30$	$b > 30$
Δz(m)	0.3	0.6	0.8	1.0	1.2	1.5

按式(3.33)所确定的沉降计算深度下如有较软土层时,尚应向下继续计算,直至软弱土层

中所取规定厚度 Δz 的计算沉降量满足式(3.33)的要求为止。

当沉降计算深度范围内存在基岩(不可压缩层)时，z_n 可取至基岩表面为止。

当无相邻荷载影响，基础宽度在 1～30m 范围内，基础中点的地基沉降计算深度 z_n(m)也可按下式估算：

$$z_n = b(2.5 - 0.4\ln b) \tag{3.34}$$

式中 b——基础宽度(m)。

【例题 3.5】 已知条件同例题 3.4，地基承载力特征值 $f_{ak}=200$kPa。试用应力面积法计算地基最终沉降量。

【解】 由例题 3.4 可知，基底附加压力 $p_0=150$kPa，预取压缩层深度 $z=7.5$m，即取基底以下 $z_n=6.0$m，本例是矩形面积上的均布荷载，将矩形面积分成四个小块，计算边长 $l_1=2$m、宽度 $b_1=1$m，各分层沉降计算结果见表 3.13。

因此 $$s'=\sum s_i=74.11\text{mm}$$

因为 $b=2$m，根据表 3.12 应从 $z=6.0$m 上取 0.3m，计算 $z=5.7$～6.0m 土层的沉降量，以验算压缩层厚度是否满足要求。按 $l/b=2$、$z/b=5.7$ 查表 3.9 得 $\bar{\alpha}_{i-1}=0.1061$，有：

$$z_{i-1}\alpha_{i-1}=5.7\times0.1061=0.6048$$

$$\begin{aligned}\Delta s'_n &= 4p_0(z_i\bar{\alpha}_i - z_{i-1}\bar{\alpha}_{i-1})/E_{si}\\ &= 4\times150\times(0.6126-0.6048)/5.0=0.94\text{mm}\end{aligned}$$

$$\Delta s'_n/s'=0.94/74.11=0.013<0.025$$

因此，压缩层计算深度满足要求。

表 3.13 各分层沉降量计算过程

分层 i	深度 z(m)	$\frac{l_1}{b_1}$	$\frac{z}{b_1}$	$\bar{\alpha}$	$z_i\bar{\alpha}_i$	$4(z_i\bar{\alpha}_i - z_{i-1}\bar{\alpha}_{i-1})$	$4p_0(z_i\bar{\alpha}_i - z_{i-1}\bar{\alpha}_{i-1})$	E_s (MPa)	$s_i=4p_0(z_i\bar{\alpha}_i - z_{i-1}\bar{\alpha}_{i-1})/E_{si}$ (mm)
0	0	2	0	0	0				
1	0.5	2	0.5	0.2468	0.1234	0.4936	74.04	4.5	16.45
2	4.5	2	4.5	0.1260	0.5670	1.7744	266.16	5.1	52.19
3	6.0	2	6.0	0.1021	0.6126	0.1824	27.36	5.0	5.47

确定经验系数 ψ_s：

$$\sum A_i = 150\times4\times0.6126=367.56$$

$$\sum(A_i/E_{si})=74.04/4.5+266.16/5.1+27.36/5.0=74.11$$

$$\bar{E}_s=367.56/74.11=4.96\text{MPa}$$

$p_0=150\text{kPa}\leqslant0.75f_{ak}=0.75\times200=150$kPa，查表 3.11 得 $\psi_s=0.905$。

因此 $$s=\psi_s s'=0.905\times74.11=67.07\text{mm}$$

为便于学习，把上述两种地基沉降计算方法进行比较，列于表 3.14 中。

表 3.14 两种地基沉降计算方法比较

项目	分层总和法	《建筑地基基础设计规范》(GB 50007—2011)推荐法
计算原理	分层计算沉降，叠加 $s=\sum_{i=1}^{n} s_i$，物理概念明确	采用附加应力面积系数法
计算公式	$s=\sum_{i=1}^{n}\frac{\bar{\sigma}_{zi}}{E_{si}}h_i$； $s=\sum_{i=1}^{n}\left(\frac{a}{1+e_1}\right)\bar{\sigma}_{zi}h_i$	$s=\psi_s\sum_{i=1}^{n}\frac{p_0}{E_{si}}(z_i\bar{\alpha}_i-z_{i-1}\bar{\alpha}_{i-1})$
计算结果与实测值关系	中等地基 $s_{计}\approx s_{实}$ 软弱地基 $s_{计}<s_{实}$ 坚实地基 $s_{计}\gg s_{实}$	引入沉降计算经验系数 ψ_s，使 $s_{计}\approx s_{实}$
地基沉降计算深度 z_n	一般土 $\sigma_z=0.2\sigma_{cz}$，软 土 $\sigma_z=0.1\sigma_{cz}$ 的深度 z 即 z_n	①无相邻荷载影响 $z_n=b(2.5-0.4\ln b)$ ②存在相邻荷载影响 $\Delta s'_n\leqslant 0.025\sum_{i=1}^{n}\Delta s'_i$
计算工作量	①绘制土的自重应力曲线； ②绘制地基中的附加应力曲线； ③沉降计算每层厚度 $h_i\leqslant 0.4b$，计算工作量大	应用积分法，如为均质土，无论厚度多大，只计算一次，简便

学 习 要 求

通过本章的学习，掌握自重应力和基底压力的计算，熟悉矩形和条形均布荷载作用下附加应力的计算方法。熟悉计算地基最终沉降量的分层总和法及规范法。

复习思考题

3.1 土的自重应力计算在地下水位上、下有何不同？自重应力在什么情况下可能引起地基的沉降？

3.2 基底压力的计算有何实用意义？哪些因素影响基底压力分布？

3.3 基底附加压力和地基附加应力是否指的是同一应力？

3.4 两个基础，底面的作用荷载及基础重量相同、面积相同，但埋置深度不同，若压缩层内土的性质相同，试问哪一个基础的沉降大？若基础的面积不同，但埋置深度相同，哪一个基础的沉降大？为什么？

3.5 工程中常用的土的压缩性指标有哪几个？各采用什么方法确定？

3.6 分层总和法计算地基最终沉降量的原理是什么？

3.7 《建筑地基基础设计规范》(GB 50007—2011)推荐法沉降计算的要点是什么？与分层总和法的主要区别是什么？

习 题

3.1 某建筑场地的地层分布均匀，第一层杂填土厚 1.5m，$\gamma=17\text{kN/m}^3$；第二层粉质黏土厚 4m，$\gamma=$

19kN/m³，G_s=2.73，w=31%，地下水位在地面下2m处；第三层淤泥质黏土厚8m，γ=18.3kN/m³，G_s=2.74，w=41%；第四层粉土厚3m，γ=19.5kN/m³，G_s=2.72，w=27%；第五层砂岩。试计算各层交界面处的竖向自重应力 σ_{cz}，并绘出 σ_{cz} 沿深度分布图。

（答案：第四层底 σ_{cz}=306.9kPa。）

3.2 某构筑物基础如图3.31所示，在设计地面标高处作用有偏心荷载680kN，偏心距为1.31m，基础埋深为2m，底面尺寸为4m×2m。试求基底平均压力 p_k 和边缘最大压力 $p_{k\max}$，并绘出沿偏心方向的基底压力分布图。

（答案：$p_{k\max}$=301kPa。）

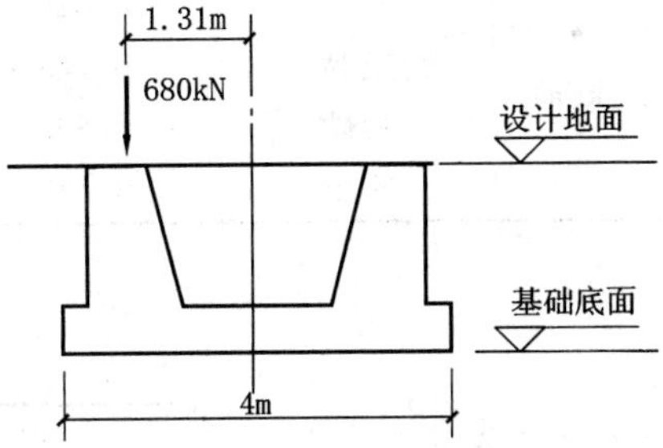

图3.31 习题3.2图

3.3 有甲、乙两幢整体基础的相邻建筑，如图3.32所示，相距15m，建筑物甲的基底压力为100kN/m²，建筑物乙的基底压力为150kN/m²。试求A点下20m处的竖向附加应力 σ_z。

（答案：26.8kN/m²。）

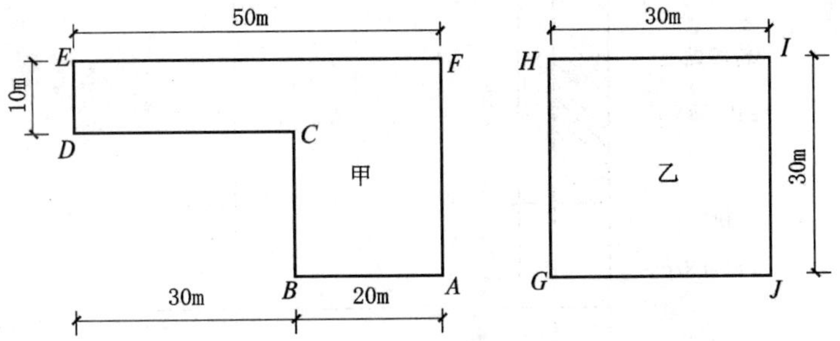

图3.32 习题3.3图

3.4 已知某工程为矩形基础，长度为 l，宽度为 b，$l>5b$。在中心荷载作用下，基础底面的附加应力为100kPa。采用一种最简便方法，计算此基础长边端部中点下，深度分别为0、0.25b、0.50b、1.0b、2.0b、3.0b 处地基中的附加应力。

（答案：分别为50kPa、48kPa、41kPa、27.6kPa、15.3kPa、10.4kPa。）

3.5 已知某条形基础，宽度为6.0m，承受集中荷载为2400kN/m，偏心距 e=0.25m。计算基础边缘外相距3.0m处，A点下深度9.0m处的附加应力。

（答案：81.3kPa。）

3.6 某饱和土样的原始高度为20mm，试样面积为3×10³mm²，在固结仪中做压缩试验。土样与环刀的总重为175.6×10⁻²N，环刀重58.6×10⁻²N。当压力由 p_1=100kPa增加到 p_2=200kPa时，土样变形稳定后的高度相应地由19.31mm减小到18.76mm。试验结束后烘干土样，称得干土重为94.8×10⁻²N。试计算及回答：

①与 p_1 及 p_2 相对应的孔隙比 e_1 及 e_2；

②该土的压缩系数；

③评价该土的压缩性大小。

（答案：e_1=0.532，e_2=0.489；a_{1-2}=0.43MPa⁻¹；中等压缩性。）

3.7 某工程采用箱形基础，基础底面尺寸为10.0m×10.0m，基础高度 $h=d$=6.0m。基础顶面与地面齐平。地下水位深2.0m。地基为粉土 γ_{sat}=20kN/m³，E_s=5MPa。基础顶面集中中心荷载 N=8000kN。基础自重 G=3600kN。估算此基础的沉降量。

（答案：0。）

3.8 某矩形基础尺寸为2.5m×4.0m，上部结构传到地面的荷载 p=1500kN，土层厚度、地下水位如图3.33所示。各土层的压缩试验数据如表3.15所示，试用分层总和法和规范法计算基础的最终沉降量。

表 3.15 习题 3.8 表

土层		各级荷载下的孔隙比 e				
		0	50	100	200	300
p(kPa)	黏土	0.810	0.780	0.760	0.725	0.690
	粉质黏土	0.745	0.720	0.690	0.660	0.630
	粉砂	0.892	0.870	0.840	0.805	0.775
	粉土	0.848	0.820	0.780	0.740	0.710

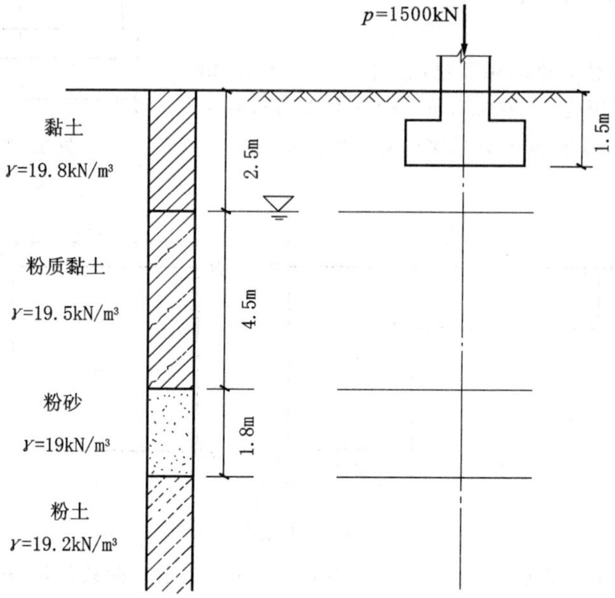

图 3.33 习题 3.8 图

3.9 已知甲、乙两条形基础，基础埋深 $d_1=d_2$，基础底宽 $b_2=2b_1$，承受上部荷载 $N_2=2N_1$。地基土表层为粉土，厚度 $h_1=d_1+b_1$，$\gamma_1=20\text{kN/m}^3$，$a_{1-2}=0.25\text{MPa}^{-1}$；第二层为黏土，厚度 $h_2=3b_2$，$\gamma_2=19\text{kN/m}^3$，$a_{1-2}=0.50\text{MPa}^{-1}$。问：两基础的沉降量是否相同？通过调整两基础的 d 和 b，能否使两基础的沉降量接近？有哪几种调整方案及评价？

3.10 已知传给基础的柱荷载标准值 $F=1350\text{kN}$，基础埋深 $d=2\text{m}$，基础底面尺寸为 4m×2m，地基土层如图 3.34 所示，沉降计算经验系数 $\psi_s=1.15$，在计算深度处向上取厚度 $\Delta z=0.3\text{m}$，验算计算深度，相关平均竖向附加应力系数见表 3.16，试用规范法求地基的最终沉降量(此题有答案)。

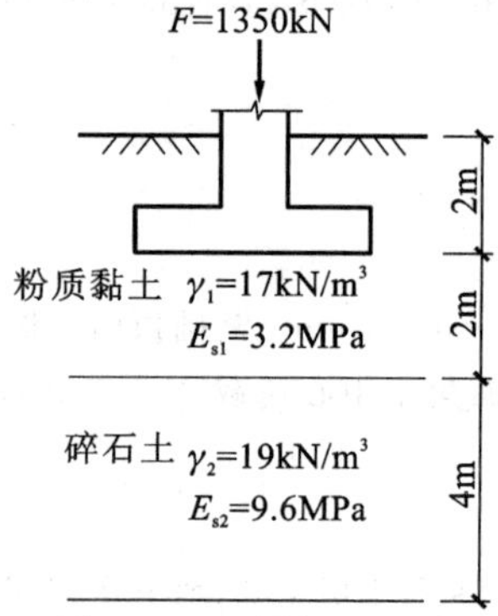

图 3.34 习题 3.10 图

表 3.16 均布矩形荷载角点下的平均竖向附加应力系数

$\frac{l}{b}$	$\frac{z}{b}$	$\bar{\alpha}_i$
2	0	0.2500
2	2	0.1958
2	4.2	0.1319
2	4.5	0.1260

4　土的抗剪强度和地基承载力

本章提要

本章主要介绍土的抗剪强度及试验方法、地基临塑荷载及极限承载力等。土的抗剪强度是土的重要力学性质之一。地基承载力受土的抗剪强度所控制，是地基基础设计中的重点问题。

思政：坚持底线思维

土的抗剪强度(Shear Strength)是指土体抵抗剪切破坏的极限能力，是土的重要力学性质之一。

土体受建筑物荷载作用时，除产生竖向附加应力外，还会产生剪应力，若土体中某点的剪应力达到抗剪强度，则此点的土将沿着剪应力作用方向产生相对滑动，称该点已发生强度破坏。随着荷载增加，土体中达到强度破坏的点越来越多，即剪切破坏的范围不断扩大，最终形成一个连续的滑动面，则土体丧失稳定性。

实际工程中的地基承载力、挡土墙的压力以及土坡稳定等(图 4.1)都受土的抗剪强度控制。绪论中加拿大特朗斯康谷仓倾斜、上海莲花景苑楼房倒塌，都是强度破坏的典型工程实例。因此，研究土的抗剪强度及其变化规律对于工程设计、施工、管理等都具有非常重要的意义。

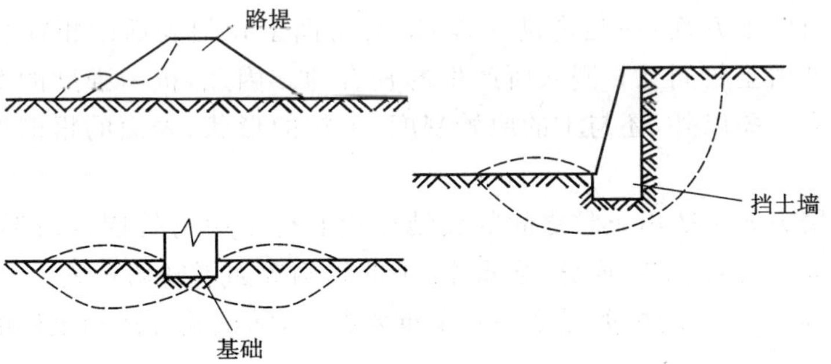

图 4.1　工程中的强度破坏问题

本章首先介绍土的抗剪强度理论、常用的室内和现场抗剪强度试验方法，然后介绍地基破坏模式和地基承载力的有关确定方法。

4.1 莫尔-库仑强度理论

4.1.1 库仑定律

1776 年，法国科学家库仑通过一系列砂土剪切试验，提出了砂土抗剪强度的表达式：

$$\tau_f = \sigma \tan\varphi \tag{4.1}$$

以后又通过试验进一步提出了黏性土的抗剪强度表达式：

$$\tau_f = c + \sigma \tan\varphi \tag{4.2}$$

式中 τ_f——土的抗剪强度(kPa)；

σ——剪切面上的法向应力(kPa)；

c——土的黏聚力(kPa)；

φ——土的内摩擦角(°)。

式(4.1)和式(4.2)即为著名的库仑抗剪强度定律，式中 c、φ 称为土的抗剪强度指标。该定律表明，土的抗剪强度是剪切面上的法向总应力 σ 的线性函数，如图 4.2 所示。同时由该定律可知：对于无黏性土，其抗剪强度仅由土粒间的摩擦力构成；而对于黏性土，其抗剪强度由黏聚力和摩擦力两部分构成。

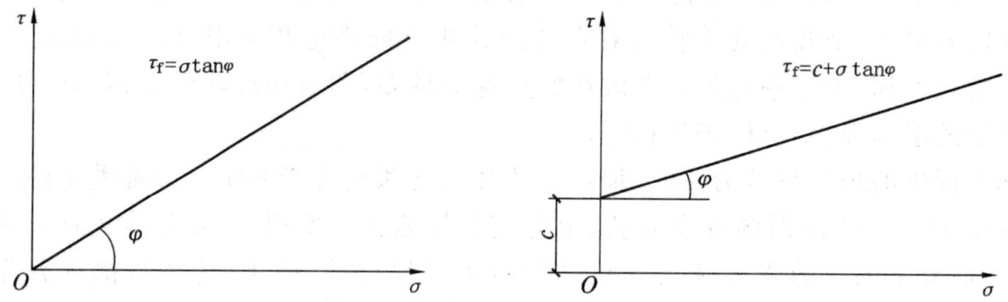

图 4.2 土的抗剪强度定律

摩擦力主要来自两个方面：一是滑动摩擦，即剪切面土粒间表面的粗糙所产生的摩擦作用；二是咬合摩擦，即由土粒间互相嵌入所产生的咬合力。因此，抗剪强度的摩擦力除了与剪切面上的法向总应力有关以外，还与土的原始密度、土粒的形状、表面的粗糙程度以及颗粒级配等因素有关。

抗剪强度的黏聚力 c 一般由土粒之间的胶结作用和分子引力等因素所形成。因此，黏聚力分量通常与土中黏粒含量、矿物成分、含水率、土的结构等因素密切相关。

应当指出，c、φ 是决定土的抗剪强度的两个重要指标，随试验方法和土样的排水条件等不同而有较大差异。

4.1.2 土的极限平衡条件

(1)土中某点的应力状态

当土中某点任一方向的剪应力 τ 达到土的抗剪强度 τ_f 时，称该点处于极限平衡状态。因此，若已知土体的抗剪强度 τ_f，则只要求得土中某点各个面上的剪应力 τ 和法向应力 σ，即可判断土体所处的状态。

现以平面问题为例。从土体中任取一单元体，如图 4.3(a)所示。设作用在该单元体上的大、小主应力分别为 σ_1 和 σ_3，在单元体内与大主应力 σ_1 作用面成任意角 α 的 mn 平面上有正应力 σ 和剪应力 τ。为建立 σ、τ 与 σ_1、σ_3 之间的关系，取楔形脱离体 abc[图 4.3(b)]。

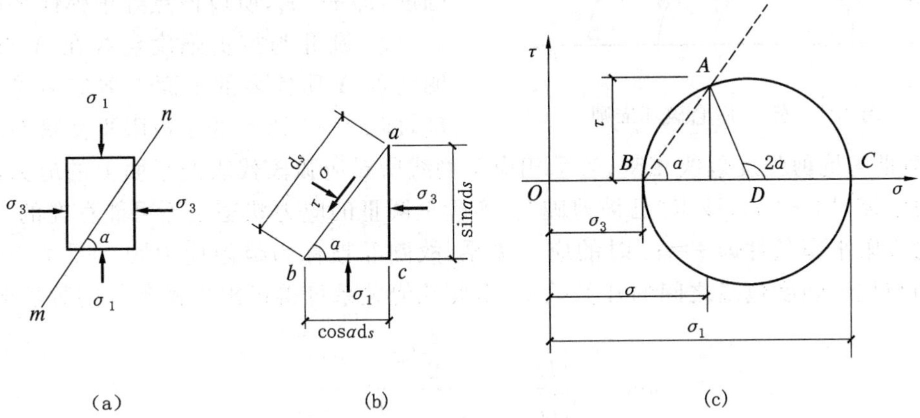

图 4.3 土体中任意点的应力

(a)微单元体上的应力；(b)隔离体 abc 上的应力；(c)莫尔应力圆

根据楔体静力平衡条件可得：

$$\sigma_3 \sin\alpha \mathrm{d}s - \sigma \sin\alpha \mathrm{d}s + \tau \cos\alpha \mathrm{d}s = 0$$

$$\sigma_1 \cos\alpha \mathrm{d}s - \sigma \cos\alpha \mathrm{d}s - \tau \sin\alpha \mathrm{d}s = 0$$

联立求解以上方程，得 mn 平面上的应力为

$$\left.\begin{aligned} \sigma &= \frac{1}{2}(\sigma_1 + \sigma_3) + \frac{1}{2}(\sigma_1 - \sigma_3)\cos 2\alpha \\ \tau &= \frac{1}{2}(\sigma_1 - \sigma_3)\sin 2\alpha \end{aligned}\right\} \tag{4.3}$$

按材料力学公式，微单元体上大、小主应力值与 σ_z、σ_x 和 τ_{xz} 间的相互转换关系为

$$\begin{matrix}\sigma_1 \\ \sigma_3\end{matrix} = \frac{\sigma_z + \sigma_x}{2} \pm \sqrt{\frac{(\sigma_z - \sigma_x)^2}{4} + \tau_{zx}^2} \tag{4.4}$$

由材料力学可知，土中某点应力状态既可由上述公式表示，也可用莫尔应力圆描述[图 4.3(c)]。即在 σ-τ 坐标系中，按一定比例沿 σ 轴截取 $OB=\sigma_3$，$OC=\sigma_1$，以 D 点$\left(\frac{\sigma_1+\sigma_3}{2},0\right)$为圆心、$\frac{\sigma_1-\sigma_3}{2}$为半径作圆，从 DC 开始逆时针方向旋转 2α 角，得 DA 与圆周交于 A 点。可以证明，A 点的横坐标即为斜面 mn 上的正应力 σ，纵坐标即为 mn 面上的剪应力 τ。也就是说，莫尔应力圆周上某点的坐标表示土中该点相应某个面上的正应力和剪应力。该面与大主应力作用面夹角，等于 $\overset{\frown}{CA}$ 所含的圆心角的一半。由图可见，最大剪应力 $\tau_{\max}=\frac{\sigma_1-\sigma_3}{2}$，作用面与大主应力 σ_1 作用面的夹角 $\alpha=45°$。

(2)土的极限平衡条件

为判别土体中某点的平衡状态，可将抗剪强度包线与描述土体中某点的莫尔应力圆绘于

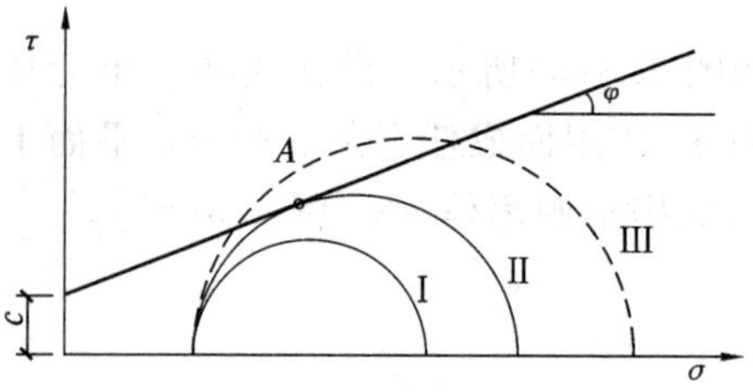

图 4.4　莫尔-库仑破坏准则

同一坐标系中，按其相对位置判断该点所处的状态（图 4.4），可以划分为以下三种状态：

① 圆Ⅰ位于抗剪强度包线的下方，表明通过该点的任何平面上的剪应力都小于抗剪强度，即 $\tau<\tau_f$，所以该点处于弹性平衡状态。

② 圆Ⅱ与抗剪强度包线在 A 点相切，表明切点 A 所代表的平面上剪应力等于抗剪强度，即 $\tau=\tau_f$，该点处于极限平衡状态。

③ 圆Ⅲ与抗剪强度包线相割，表示相应于割线所对应弧段代表的平面上的应力已"超过"土的抗剪强度，即 $\tau>\tau_f$，该点"已被剪破"。实际上圆Ⅲ的应力状态是不可能存在的。

土的极限平衡条件即 $\tau=\tau_f$ 时的应力关系，故圆Ⅱ被称为极限应力圆。图 4.5 表示了极限应力圆与抗剪强度包线之间的几何关系，由此几何关系可得极限平衡条件的数学形式如下：

$$\sin\varphi=\frac{\overline{AD}}{\overline{RD}}=\frac{\frac{1}{2}(\sigma_1-\sigma_3)}{c\cot\varphi+\frac{1}{2}(\sigma_1+\sigma_3)} \tag{4.5}$$

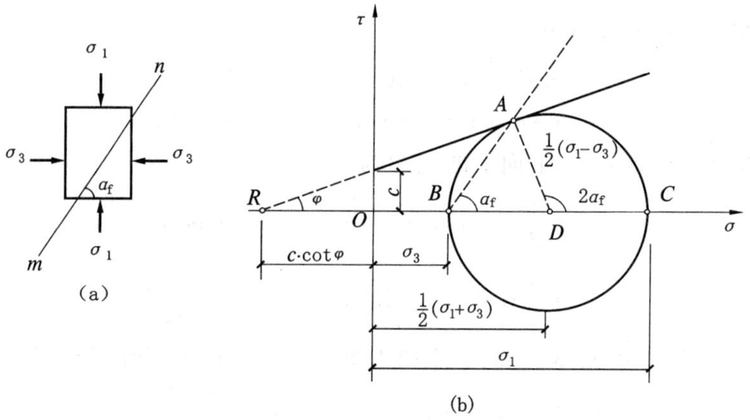

图 4.5　土体中某点达极限平衡状态时的莫尔应力圆

（a）微单元体；（b）极限平衡状态时的莫尔应力圆

利用三角函数关系转换后可得：

$$\sigma_1=\sigma_3\tan^2\left(45^\circ+\frac{\varphi}{2}\right)+2c\tan\left(45^\circ+\frac{\varphi}{2}\right) \tag{4.6}$$

或

$$\sigma_3=\sigma_1\tan^2\left(45^\circ-\frac{\varphi}{2}\right)-2c\tan\left(45^\circ-\frac{\varphi}{2}\right) \tag{4.7}$$

土处于极限平衡状态时破坏面与大主应力作用面间的夹角为 α_f，由图 4.4 中的几何关系可得：

$$\alpha_f=\frac{1}{2}(90^\circ+\varphi)=45^\circ+\frac{\varphi}{2} \tag{4.8}$$

式(4.6)和式(4.7)即为土的极限平衡条件(Limit Equilibrium Condition)。当为无黏性土时，可将 $c=0$ 代入式(4.6)、式(4.7)，由此得简化形式为

$$\sigma_1 = \sigma_3 \tan^2\left(45° + \frac{\varphi}{2}\right) \tag{4.9}$$

或

$$\sigma_3 = \sigma_1 \tan^2\left(45° - \frac{\varphi}{2}\right) \tag{4.10}$$

式(4.6)至式(4.10)统称为莫尔-库仑强度理论，由该理论所描述的土体极限平衡状态可知，土的剪切破坏并不是由最大剪应力所控制的，即剪破面并不产生于最大剪应力面，而与最大剪应力面成 $\varphi/2$ 的夹角。

【例题 4.1】 某土样 $\varphi=26°$，$c=20\text{kPa}$，承受 $\sigma_1=480\text{kPa}$，$\sigma_3=150\text{kPa}$ 的应力。试根据极限平衡条件判断该土样所处的状态。

【解】 根据极限平衡条件可知，由已知 σ_3 求 σ_{1f}，有：

$$\begin{aligned}\sigma_{1f} &= \sigma_3 \tan^2\left(45°+\frac{\varphi}{2}\right)+2c\tan\left(45°+\frac{\varphi}{2}\right)\\ &=150\times\tan^2(45°+26°/2)+2\times20\times\tan(45°+26°/2)\\ &=384.16+64.01=448.17\text{kPa}\end{aligned}$$

$$\sigma_1=480\text{kPa}>\sigma_{1f}=448.17\text{kPa}$$

因此，该土样已破坏。

若由已知 σ_1 求 σ_{3f}，有：

$$\begin{aligned}\sigma_{3f} &= \sigma_1 \tan^2\left(45°-\frac{\varphi}{2}\right)-2c\tan\left(45°-\frac{\varphi}{2}\right)\\ &=480\times\tan^2(45°-26°/2)-2\times20\times\tan(45°-26°/2)\\ &=187.42-24.99\\ &=162.43\text{kPa}\end{aligned}$$

$$\sigma_3=150\text{kPa}<\sigma_{3f}=162.43\text{kPa}$$

同样可判断该土样已破坏。

该题还可用作图的方法求解。

4.2 土的抗剪强度测定方法

土的抗剪强度指标可由多种方法测定，包括室内试验和原位测试。室内试验有直接剪切试验、三轴压缩试验以及无侧限抗压强度试验等，原位测试有十字板剪切试验等。

4.2.1 直接剪切试验

直接剪切试验简称直剪试验。直剪仪分为应变控制式和应力控制式两种。目前我国普遍采用的是应变控制式直剪仪(图 4.6)，该仪器主要部件由剪切盒(分上、下盒)、垂直加压设备、剪切传动装置、测力计等组成。

直剪试验的试样一般呈扁圆柱状，高度为 2cm，面积为 30cm^2。在应变式直剪试验中，首先由杠杆系统通过传压板和透水石(如试验中不允许排水，则用不透水垫块)对试件施加某

试验操作：
应变式直接剪切试验

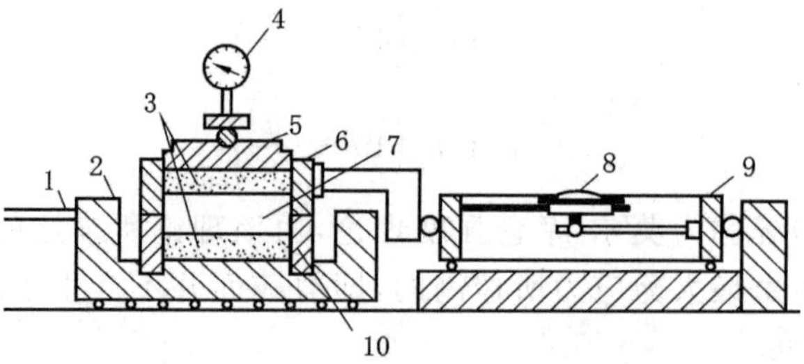

图 4.6　应变控制式直剪仪

1—推动座；2—底座；3—透水石；4,8—测微表；5—加压上盖；6—上盒；7—土样；9—量力环；10—下盒

一垂直压力，然后以规定的剪切速率等速转动手轮，对下盒施加水平推力，使试样在上、下盒的水平接触面上产生剪切变形，直至破坏，剪应力的大小可借助与上、下盒接触的量力环的变形值计算确定。在剪切过程中，随上、下盒相对剪切变形的发展，土中的抗剪强度逐渐发挥出来，直到剪应力等于土的抗剪强度时，土样剪切破坏，所以土的抗剪强度可用剪切破坏时的剪应力来量度。

同一种土的几个受不同垂直压力 σ 的试样（通常为四个），都可以得到相应的剪应力 τ-Δl 关系曲线，如图 4.7(a)所示，取峰值或稳定值（如剪切位移为 4mm）时对应的剪应力作为抗剪强度 τ_f，在 τ_f-σ 坐标系下，抗剪强度 τ_f 和法向应力 σ 关系基本上为线性关系，其直线方程为 $\tau_f = c + \sigma\tan\varphi$，即前述库仑定律，如图 4.7(b)所示。

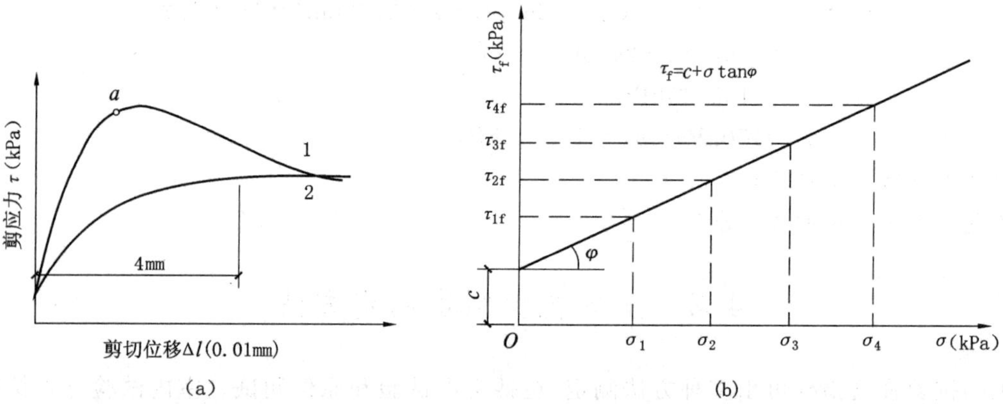

图 4.7　直剪试验曲线

(a)剪应力与剪切位移关系；(b)抗剪强度包线

根据试验时土样的排水条件，直剪试验可分为快剪、固结快剪和慢剪三种方法。快剪试验时，试样上、下面放上蜡纸或塑料薄膜，同时改用其他不透水垫块，在试样施加竖向应力 σ 后，立即快速施加水平剪应力，而且以很快的速率使土样在 3～5min 之内剪破，此时可近似认为土样没有排水固结，得到的抗剪强度指标用 c_q、φ_q 表示。固结快剪是试样在施加竖向荷载 σ 后充分排水固结，待固结稳定后，再快速施加水平剪应力并快速使土样剪切破坏，得到的抗剪强度指标用 c_{cq}、φ_{cq} 表示；慢剪是试样在施加竖向荷载 σ 后，让土样充分排水固结，固结后以慢速施加水平剪应力，试样缓慢剪切破坏，使试样在受剪过程中一直有时间充分排水固结和产生体积变形，得到的指标用 c_s、φ_s 表示（进行固结快剪和慢剪试验时，试样上、下面放滤纸和透水石）。

直接剪切试验的优点是仪器构造简单，操作方便。它的主要缺点是：(1)不能严格控制试验时试样的排水条件，前面所述的三种直剪试验，都是以试验速率来控制的，而这种控制是不严格的，同时，试验过程中也无法测定试样中孔隙水压力的变化情况；(2)剪切面是人为假定的，因此它不一定是试样最薄弱面；(3)剪切面上剪应力的分布不均匀，试样剪切破坏时先从边缘开始，在边缘发生应力集中现象；(4)在剪切过程中，试样剪切面逐渐减小，而在计算抗剪强度时却是按原截面面积计算的。

4.2.2 三轴压缩试验

三轴压缩仪由三个主要部分组成：压力系统(包括轴压、围压设备)、排水系统、量测系统(包括测孔隙水压力、测排水量、测变形)。如图 4.8 所示。

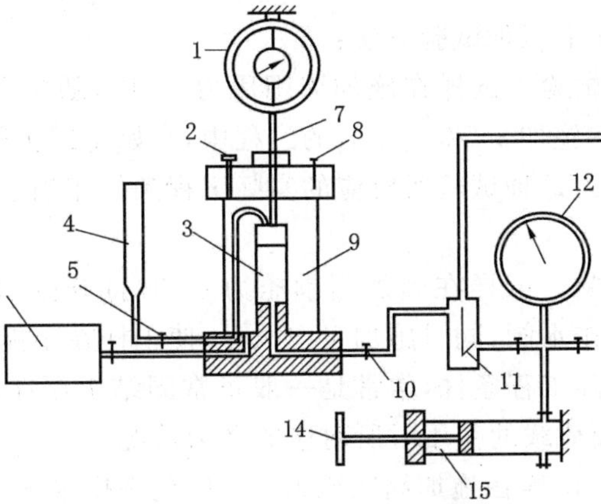

图 4.8 三轴压缩仪

1—量力环；2—注水孔；3—试样；4—排水管；5—排水阀；6—围压系统；7—传力杆；8—排气孔；9 压力室；10 孔隙压力阀；11—零位指示器；12—孔隙压力表；13—量管；14—手轮；15—调压筒

(1)三轴压缩试验方法、步骤及其原理

常规三轴压缩试验的主要方法和步骤如下：将切好的圆柱体试样套在橡胶薄膜内，并放入密闭的压力室中，向压力室内压入液体(水)，使试件受到周围压力 σ_3，保持 σ_3 在试验过程中不变，这时试件各向的三个主应力都相等，因此不发生剪应力[图 4.9(a)]。然后在压力室上端的传力杆上施加垂直压力，这样竖向主应力就大于水平向主应力，水平向主应力不变而竖向主应力逐渐增大时，试件不断受剪直至剪切破坏。

设剪切破坏时由传力杆施加在试样上的竖向压应力为 $\Delta\sigma_1$，则试样上的大主应力为 $\sigma_1=\sigma_3+\Delta\sigma_1$，而小主应力为 σ_3[图 4.9(b)]。由 σ_1 和 σ_3 可画出一个极限莫尔应力圆，如图 4.9(c)中圆 A，用同一种土的若干个试样(通常 3～4 个)按上述方法分别在不同的 σ_3 条件下进行试验，则可分别得到剪切破坏时的大主应力 σ_1，这些结果可绘成一组极限莫尔应力圆，如图 4.9(c)中的圆 A、B、C。根据土的极限平衡条件可知，通过这些极限莫尔应力圆的公切线就是土的抗剪强度包线，通常该线可近似取为一条直线，其与水平线的夹角即为土的内摩擦角 φ，在纵坐标上的截距即为土的黏聚力 c。

(2)三种三轴试验方法

对应于直接剪切试验的快剪、固结快剪和慢剪试验，根据三轴压缩试验剪切前的固结程度

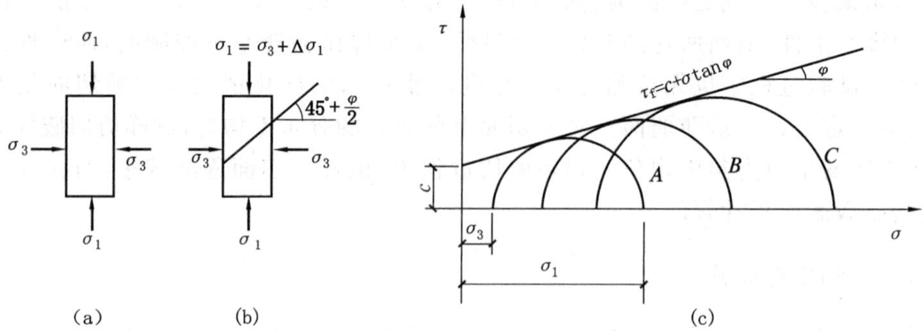

图 4.9　三轴压缩试验原理

(a)试件受周围压力;(b)破坏时试件上的主应力;(c)莫尔破坏应力圆包线

和剪切时的排水条件,可分为如下三种试验方法:

① 不固结不排水剪(UU)试验。试样在施加周围压力 σ_3 后,随后立即施加竖向压力(偏应力 $\sigma_1-\sigma_3$)直至剪切破坏。在施加 σ_3 和 $\sigma_1-\sigma_3$ 的过程中,自始至终关闭排水阀,使试样在整个试验过程中均不允许水排出。这种试验所对应的实际工程条件相当于饱和软土中快速加荷时的应力状况。

② 固结不排水剪(CU)试验。试样在施加周围压力 σ_3 时打开排水阀,让其充分排水固结,待确认固结稳定后,再关闭排水阀,同时施加竖向压力,使土样在不能向外排水的条件下受剪直至剪切破坏。它适用的实际工程条件,常常是一般正常固结土层在工程竣工时或以后受到大量、快速的活荷载或新增加荷载的作用时所对应的受力情况。

③ 固结排水剪(CD)试验。试样在施加周围压力 σ_3 时,允许排水固结,待固结稳定后再在排水条件下施加竖向压力直至试样剪切破坏,即试样在整个试验过程中是向土体外排水的,因此排水阀始终是开启的。

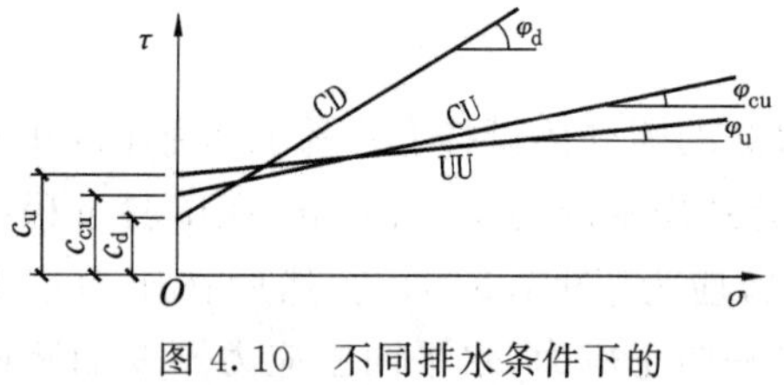

图 4.10　不同排水条件下的抗剪强度包线性状与强度指标

三种不同的三轴试验方法,它们相应的强度指标分别用下列符号表示、对于 UU 试验为 c_u、φ_u;对于 CU 试验为 c_{cu}、φ_{cu};对于 CD 试验为 c_d、φ_d。就同一种土而言,三种不同的三轴试验所得的抗剪强度包线性状及其相应的强度指标是不一样的,如图 4.10 所示。

与直接剪切试验相比,三轴压缩试验具有如下特点:①可以严格控制试验过程中试样的排水条件,并能量测试样中孔隙水压力的变化;②试样中应力状态明确;③破裂面并非人为假定,而是试样的最薄弱面;④试样的主应力 $\sigma_2=\sigma_3$,而实际土体的受力状态不完全属于这种轴对称情况;⑤三轴压缩仪的构造、操作均较复杂。

4.2.3　无侧限抗压强度试验

图 4.11(a)所示为无侧限抗压强度仪。试验时将圆柱状试样放入无侧限抗压强度仪中,在不施加任何侧向压力的情况下施加垂直压力,直至试件破坏为止,剪切破坏时试样所能承受的最大轴向压力 q_u 称为无侧限抗压强度。试样的无侧限抗压强度试验相当于三轴压缩试验中周围压力 $\sigma_3=0$ 时的不排水剪试验,适用于饱和黏性土。

根据三轴不固结不排水剪试验结果，对于饱和黏性土，其强度破坏包线近似于一条水平线，即 $\varphi_u=0°$。所以，无侧限抗压强度的莫尔破坏应力圆为 $\sigma_3=0$，$\sigma_1=q_u$。$\varphi_u=0°$的强度包线在纵坐标上的截距，即为土的黏聚力 c_u[图 4.11(c)]。c_u 的数值为

$$\tau_f=c_u=q_u/2 \tag{4.11}$$

式中 c_u——土的不排水抗剪强度(kPa)；

q_u——无侧限抗压强度(kPa)。

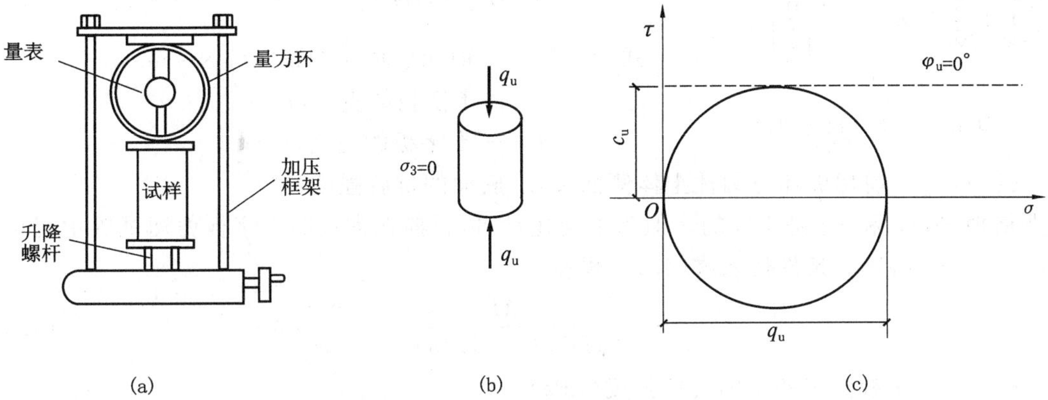

图 4.11 无侧限抗压强度试验

(a)试验装置；(b)试样受力；(c)试验成果

无侧限抗压强度还可以用来测定土的灵敏度。土的灵敏度为同一种土的原状试样与重塑试样无侧限抗压强度的比值，表示为

$$S_t=q_u/q'_u \tag{4.12}$$

式中 S_t——土的灵敏度；

q_u——土的原状试样无侧限抗压强度值(kPa)；

q'_u——土的重塑试样无侧限抗压强度值(kPa)。

工程上根据灵敏度将饱和黏性土分为低灵敏($1<S_t\leqslant 2$)、中灵敏($2<S_t\leqslant 4$)和高灵敏($S_t>4$)三类。土的灵敏度的大小反映了土的结构对强度的影响。灵敏度越大，土的结构对强度的影响也越大，受扰动后土的强度降低得就愈多。所以，在基础施工中应注意保护基坑或基槽，尽量减少对坑底土结构的扰动。

4.2.4 十字板剪切试验

十字板剪切试验是在工地现场直接测试地基土抗剪强度的一种原位测试方法。由于室内抗剪强度试验要求取得原状土样，这些原状土样特别是高灵敏度的软黏土样不可避免地在取样、运送及制备过程中受到扰动，含水率也难以保持，同时有些原状土样的获取也比较困难。因此采用原位测定土的抗剪强度试验具有重要的意义。由于十字板剪切仪(图 4.12)构造简单、操作方便，试验时对土的结构扰动小，因此，是目前国内广泛采用的一种抗剪强度原位测试方法。它适用于饱和软黏土。

试验时先将套管打入测定点以上 750mm，并清除管内的残留土。将十字板装在轴杆底端，插入套管并向下压至套管底端以下 750mm 或套管直径的 3～5 倍以下深度。然后由地面

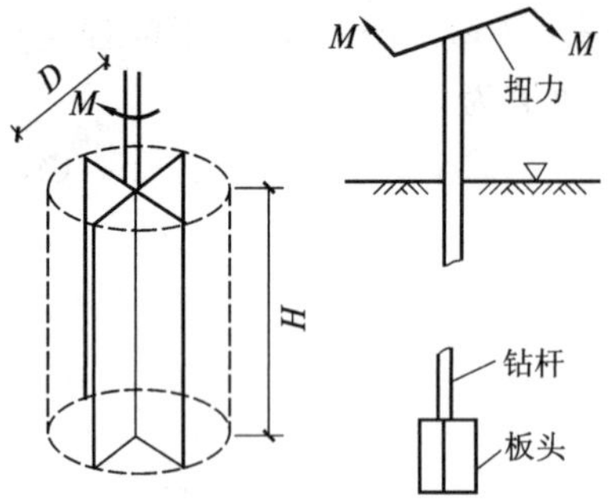

图 4.12　十字板剪切仪

上的扭力设备对钻杆施加扭矩，使埋在土中的十字板扭转，直到十字板旋转土体破坏为止。土体的破坏面为十字板旋转所形成的圆柱面(包括侧面和顶、底面)。剪切速率控制在 2min 内测得峰值强度。

设剪切破坏时所施加的扭矩为 M，则 M 应与破坏面上土的抗剪强度所产生的抵抗力矩相等，即

$$M = \pi DH \frac{D}{2}\tau_V + 2 \cdot \frac{\pi D^2}{4} \cdot \frac{D}{3}\tau_H \tag{4.13}$$

式中　M——剪切破坏时的扭矩(kN·m)；

D——十字板的直径(m)；

H——十字板的高度(m)；

τ_V、τ_H——剪切破坏时圆柱土体侧面和顶、底面的抗剪强度(kPa)。

严格地讲，τ_V 和 τ_H 是不同的。但为了简化计算，目前在常规的十字板剪切试验中仍可假设 $\tau_V = \tau_H = \tau_f$，将这一条件代入式(4.13)可得：

$$\tau_f = \frac{2M}{\pi D^2 (H + D/3)} \tag{4.14}$$

式中　τ_f——十字板测定的土的抗剪强度(kPa)。

十字板现场剪切试验为不排水剪切试验，因此，其试验结果与无侧限抗压强度试验结果比较接近，即

$$\tau_f \approx q_u / 2 \tag{4.15}$$

4.2.5　抗剪强度指标的选用

试验和工程实践都表明，土的抗剪强度随土体受力后的排水固结状况的不同而变化。不同性质的土层和加荷速率，引起的土体排水固结状态是不一样的，如软土地基上快速修建建筑物，由于加荷速率快，土的渗透性差，则这种情况下土的强度和稳定性问题分析是基于不排水条件进行的，再如地基为粉土和粉质黏土薄层，上下都存在透水层(如砂土层)，形成两面排水，在此条件下若施工周期较长，地基土能充分排水固结，则这种情况下的强度和稳定性问题分析是基于排水条件进行的。因此，在确定土的抗剪强度指标时，要求室内的试验条件能模拟实际工程中土体的排水固结状况。为了模拟土体在现场受剪时的排水固结条件，三轴压缩试验和直接剪切试验分别有三种不同的试验方法，而且在理论上它们是两两相对应的。如当黏土层较厚、渗透性能较差，施工速度较快的工程的施工期和竣工期可采用不固结不排水剪试验(或快剪试验)的强度指标；如当黏土层较薄，渗透性较大，施工速度较慢的工程的竣工期可采用固结不排水剪试验(固结快剪试验)的强度指标等。需要强调的是，直剪试验中的“快”与“慢”仅是“不排水”与“排水”的等义词，是为了通过不同的剪切速率来解决土样的排水条件问题，而并不是解决剪切速率对强度的影响。

由于前述直剪和三轴压缩试验的优缺点，在实际工程中，直剪试验通常应用于一般工程，而三轴压缩试验则大多在重要工程中应用。

4.3 地基承载力和地基破坏形式

地基承载力(Bearing Pressure on Foundation)是指地基单位面积上承受荷载的能力。地基承载力问题是土力学中的一个重要的研究课题,其目的是为了掌握地基的承载规律,发挥地基的承载能力,合理确定地基承载力,确保地基不致因荷载作用而发生剪切破坏,或变形过大而影响建筑物或土工建筑物的正常使用。为此,地基基础设计一般都限制基底压力最大不超过地基承载力特征值。

建筑物因地基承载力不足而引起的破坏,通常是基础下地基土剪切破坏所造成的。试验研究表明,地基在荷载作用下发生剪切破坏的形式可分为整体剪切破坏、局部剪切破坏和冲剪破坏三种。

(1)整体剪切破坏[图 4.13(a)]:其特征是在地基土中形成连续的滑动面,土从基础两侧挤出隆起,基础发生急剧下沉并侧倾而破坏。沉降与荷载的关系开始呈线性变化,当濒临破坏时出现明显的拐点,如图 4.13(a)中的 p-s 曲线。

(2)局部剪切破坏[图 4.13(b)]:介于整体剪切破坏和冲剪破坏两者的一种破坏形式,土中剪切破坏区域只发生在基础下的局部范围内,并不形成延伸到地面的连续滑动面,基础四周地面虽有隆起迹象,但不会出现明显的倾斜或倒塌。沉降与荷载的关系一开始就呈非线性变化且无明显的拐点,如图 4.13(b)中的 p-s 曲线。

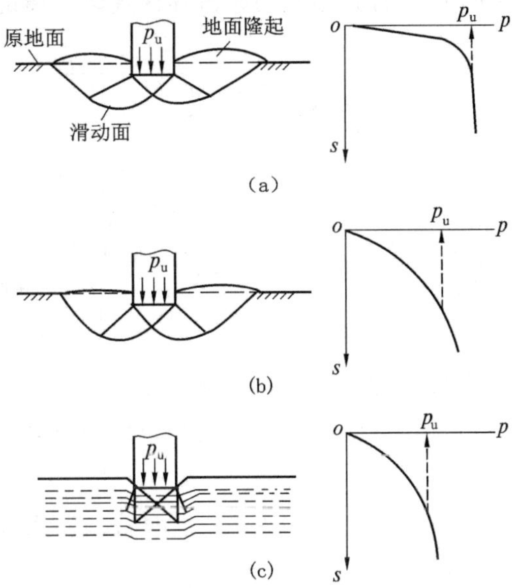

图 4.13　地基的破坏形式
(a)整体剪切破坏;(b)局部剪切破坏;(c)冲剪破坏

(3)冲剪破坏[图 4.13(c)]:又称刺入破坏,其特征是在地基土中不出现明显的连续滑动面,而在基础四周土体发生竖向剪切破坏,使基础连续刺入土中。荷载板下土体的剪切破坏也是从基础边缘开始的,且随着基底压力的增加,极限平衡区在相应扩大。但是当荷载进一步增大时,极限平衡区却限制在一定的范围内,不会形成延伸至地面的连续破裂面。荷载与沉降的关系呈非线性变化,也无明显的拐点,如图 4.13(c)中的 p-s 曲线。

地基剪切破坏的形式与土的性质、基础上施加荷载的情况及基础的埋置深度等多种因素有关。一般地,硬黏性土或紧密的砂土地基常发生整体剪切破坏;松软土地基常发生冲剪破坏;而中等密实的砂土地基常发生局部剪切破坏。通常使用的地基承载力公式都是在整体剪切破坏条件下得到的。对于局部剪切破坏或冲剪破坏的情况,目前尚无理论公式可循。有些学者建议将整体剪切破坏的计算公式加以适当修正,即可用于局部剪切破坏或冲剪破坏的计算。

由载荷试验得到的典型的 p-s 曲线,将地基变形的发展分为以下三个阶段(图 4.14):

线性变形阶段:相应于 p -s 曲线的 oa 部分。由于荷载较小,地基主要产生压密变形,荷载与沉降关系接近于直线。此时土体中各点的剪应力均小于抗剪强度,地基处于弹性平衡状态。

塑性变形阶段:相应于 p -s 曲线的 ab 部分。当荷载增加到超过 a 点压力时,荷载与沉降之间呈曲线关系。此时土中局部范围内产生剪切破坏,即出现塑性变形区。随着荷载增加,剪切破坏区逐渐扩大。

破坏阶段:相应于 p -s 曲线的 bc 阶段。在这个阶段塑性区已发展到形成一连续的滑动面,荷载略有增加或不增加,沉降均有急剧变化,地基丧失稳定。

对应于上述地基变形的三个阶段,在 p -s 曲线上有两个转折点 a 和 b[图 4.14(a)]。a 点所对应的荷载为临塑荷载,以 p_{cr} 表示,即地基从压密变形阶段转为塑性变形阶段的临界荷载。当基底压力等于该荷载时,基础边缘的土体开始出现剪切破坏,但塑性破坏区尚未发展。b 点所对应的荷载称为极限荷载,以 p_u 表示,是使地基发生整体剪切破坏的荷载。荷载从 p_{cr} 增加到 p_u 的过程是地基剪切破坏区逐渐发展的过程[图 4.14(b)]。

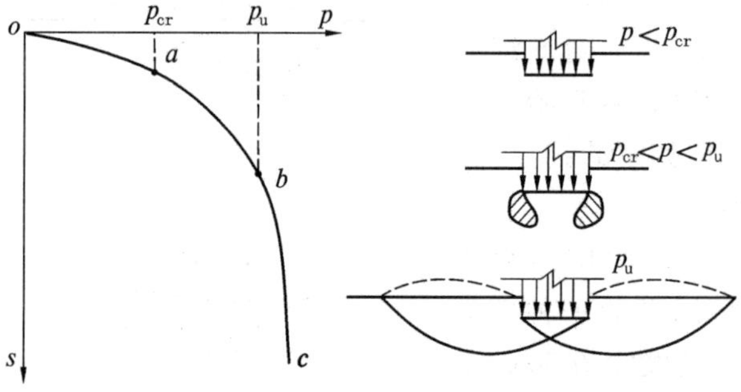

图 4.14 地基载荷试验的 p -s 曲线

4.4 地基临塑荷载和临界荷载

地基的临塑荷载和临界荷载是将地基土中塑性区开展深度限制在某一范围内时地基的承载力。因此,临塑荷载 p_{cr}和临界荷载 $p_{1/4}$ 及 $p_{1/3}$ 具有如下特性:

(1)地基即将产生或已产生局部破坏,但尚未发展成整体失稳,这时地基土的强度尚未充分发挥,距离丧失稳定尚有足够的安全系数。

(2)极限平衡区的范围不大,因此整个地基仍然可以近似地当成弹性半空间体,有可能近似用弹性理论计算地基中的应力。

基于这两个特点,p_{cr}、$p_{1/4}$ 或 $p_{1/3}$ 常用来作为设计的地基承载力。

按塑性区的开展深度确定地基承载力的方法是一个弹塑性混合问题,目前尚无精确的解答。本节将介绍条形基础在竖向均布荷载作用下 p_{cr}、$p_{1/4}$ 和 $p_{1/3}$ 的计算方法。

设条形基础的宽度为 b,埋置深度为 d,其底面作用着竖向均布荷载 p,基础底面上土的加权平均重度为 γ_0,如图 4.15 所示。基底附加应力 $p_0=p-\gamma_0 d$,根据弹性理论,地基中任意一点 M 由均布条形荷载引起的附加大、小主应力,可以用下列公式表示:

$$\begin{matrix}\Delta\sigma_1\\ \Delta\sigma_3\end{matrix}=\frac{p-\gamma_0 d}{\pi}(\beta_0\pm\sin\beta_0) \tag{4.16}$$

式中　$\Delta\sigma_1$、$\Delta\sigma_3$——附加大主应力、小主应力；

β_0——计算点 M 至均布条形荷载边缘的视角(以弧度表示)；

γ_0——基础底面以上地基土的加权平均重度，地下水位以下取有效重度。

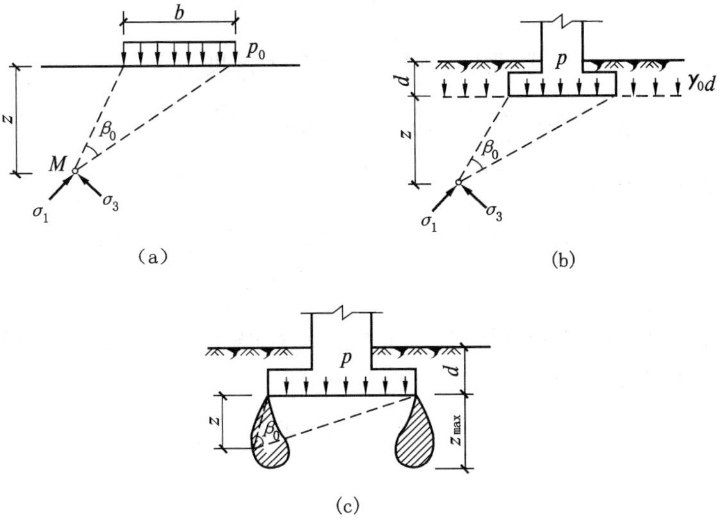

图 4.15　条形均布荷载下地基内任意点的主应力

(a)无埋置深度；(b)有埋置深度；(c)塑性区

实际上，地基中 M 点的应力除了由基底附加应力引起以外，还有地基土的自重应力 $\sigma_c=\gamma_0 d+\gamma z$。严格地讲，$M$ 点上土的自重应力在各方向上是不等的，因此上述两项在 M 点产生的应力在数值上是不能叠加的。为使问题简化，假定在极限平衡区土的静止侧压力系数 $K_0=1$，则土的自重应力在各方向相等。于是，由基底压力与土自重在 M 点引起的大、小主应力之和为

$$\begin{matrix}\sigma_1\\\sigma_3\end{matrix}=\frac{p-\gamma_0 d}{\pi}(\beta_0\pm\sin\beta_0)+\gamma_0 d+\gamma z \tag{4.17}$$

式中　γ——基础底面以下至 M 点地基土的加权平均重度，地下水位以下取有效重度 γ'；

z——M 点至基础底面的垂直距离。

根据式(4.6)，当 M 点达到极限平衡时，其大、小主应力应满足下列关系：

$$\sigma_1=\sigma_3\tan^2\left(45°+\frac{\varphi}{2}\right)+2c\tan\left(45°+\frac{\varphi}{2}\right)$$

将式(4.17)中的大、小主应力代入上式并经整理后，得到：

$$z=\frac{(p-\gamma_0 d)}{\gamma\pi}\left(\frac{\sin\beta_0}{\sin\varphi}-\beta_0\right)-\frac{c}{\gamma\tan\varphi}-\frac{\gamma_0}{\gamma}d \tag{4.18}$$

式(4.18)表示在某一压力 p 作用下地基中塑性区的边界(轮廓线)方程。当地基土的特性指标 γ、γ_0、φ、c，基底压力 p 以及埋置深度 d 为已知时，z 值随着 β 而变。假定不同的张角 β_0，利用式(4.18)即可得到相应的塑性区深度 z，把一系列这样的点(由 β_0 及相应 z 决定其位置)连起来，即为塑性区的轮廓线，如图 4.15(c)中阴影部分的外包轮廓线。在实际使用时，我们并不一定需要知道整个塑性区的边界，而只要了解在某一基底压力下塑性区开展的最大深度。为了求得塑性区开展的最大深度，将式(4.18)对 β 求导，并令其导数等于零，即

$$\frac{dz}{d\beta}=\frac{p-\gamma_0 d}{\gamma\pi}\left(\frac{\cos\beta_0}{\sin\varphi}-1\right)=0$$

于是

$$\cos\beta_0=\sin\varphi$$

所以

$$\beta_0=\frac{\pi}{2}-\varphi \tag{4.19}$$

将式(4.19)代入式(4.18),整理后求得塑性区最大深度为

$$z_{\max}=\frac{p-\gamma_0 d}{\gamma\pi}\left(\cot\varphi-\frac{\pi}{2}+\varphi\right)-\frac{c\cot\varphi}{\gamma}-\frac{\gamma_0}{\gamma}d \tag{4.20}$$

从式(4.20)求得基底压力 p 为

$$p=\frac{\pi}{\cot\varphi-\frac{\pi}{2}+\varphi}\gamma z_{\max}+\left(1+\frac{\pi}{\cot\varphi-\frac{\pi}{2}+\varphi}\right)\gamma_0 d+c\left(\frac{\pi\cot\varphi}{\cot\varphi-\frac{\pi}{2}+\varphi}\right) \tag{4.21}$$

若 $z_{\max}=0$,由式(4.21)得到的基底压力 p 就是地基土中将要出现而尚未出现塑性变形区时的荷载,也就是临塑荷载 p_{cr}:

$$p_{cr}=\gamma_0 dN_q+cN_c \tag{4.22}$$

其中,$N_c=\dfrac{\pi\cot\varphi}{\cot\varphi-\frac{\pi}{2}+\varphi}$,$N_q=1+N_c\tan\varphi$。

若令 $z_{\max}=b/4$,由式(4.21)得到的基底压力 p 相当于地基中塑性区最大深度为 $b/4$ 时的荷载,即临界荷载 $p_{1/4}$:

$$p_{1/4}=\gamma bN_{r1/4}+\gamma_0 dN_q+cN_c \tag{4.23}$$

其中

$$N_{r1/4}=\frac{\pi}{4\left(\cot\varphi-\frac{\pi}{2}+\varphi\right)}=\frac{1}{4}N_c\tan\varphi$$

同理,令 $z_{\max}=b/3$,由式(4.21)也就得到临界荷载 $p_{1/3}$:

$$p_{1/3}=\gamma bN_{r1/3}+\gamma_0 dN_q+cN_c \tag{4.24}$$

其中

$$N_{r1/3}=\frac{\pi}{3\left(\cot\varphi-\frac{\pi}{2}+\varphi\right)}=\frac{1}{3}N_c\tan\varphi$$

故式(4.22)、式(4.23)、式(4.24)可以写成如下统一的形式:

$$p=\gamma bN_r+\gamma_0 dN_q+cN_c \tag{4.25}$$

式中 γ_0——基底以上土的加权平均重度;

γ——基底以下主要持力层土的加权平均重度;

N_r、N_q、N_c——承载力系数,它们是土的内摩擦角的函数,可查表 4.1。

表 4.1 N_r、N_q、N_c 值与 φ 的关系

φ(°)	$N_{r1/4}$	$N_{r1/3}$	N_q	N_c	φ(°)	$N_{r1/4}$	$N_{r1/3}$	N_q	N_c
0	0.00	0.00	1.00	3.14	6	0.10	0.13	1.39	3.71
2	0.03	0.04	1.12	3.32	8	0.14	0.18	1.55	3.93
4	0.06	0.08	1.25	3.51	10	0.18	0.24	1.73	4.17

续表 4.1

φ(°)	$N_{r1/4}$	$N_{r1/3}$	N_q	N_c	φ(°)	$N_{r1/4}$	$N_{r1/3}$	N_q	N_c
12	0.23	0.31	1.94	4.42	28	0.98	1.31	4.93	7.40
14	0.29	0.39	2.17	4.69	30	1.15	1.53	5.59	7.94
16	0.36	0.48	2.43	4.99	32	1.33	1.78	6.34	8.55
18	0.43	0.58	2.73	5.31	34	1.55	2.07	7.22	9.27
20	0.51	0.69	3.06	5.66	36	1.81	2.41	8.24	9.96
22	0.61	0.81	3.44	6.04	38	2.11	2.81	9.43	10.80
24	0.72	0.96	3.87	6.45	40	2.46	3.28	10.84	11.73
26	0.84	1.12	4.37	6.90					

式(4.22)、式(4.23)和式(4.24)是在条形基础均布压力情况下得到的。对于建筑物竣工期的稳定校核，土的强度指标 c、φ 一般采用不排水强度或快剪试验指标。地基在设计时，承载力一般采用 $p_{1/4}$ 或 $p_{1/3}$，而不采用 p_{cr}，否则偏于保守。但对于 φ 值很小(如 $\varphi<5°$)的软黏土，采用 p_{cr} 或 $p_{1/4}$ 与 $p_{1/3}$ 相差甚小。应该指出，在验算竣工后的地基稳定时，由于施工期间地基土有一定的排水固结，相应的强度有所提高。所以，实际的塑性区最大开展深度不会达到基础宽度的 1/4 或 1/3，即按 $p_{1/4}$ 与 $p_{1/3}$ 验算的结果，尚有一定的安全储备。

应当指出，在以上公式的推导过程中，为了简化公式，作了一些不符合实际的假设：(1)假定基底反力是均匀分布的；(2) 假定 $K_0=1$；(3) 假定式(4.22)至式(4.24)是根据塑性条件(极限平衡条件)建立的，而土中的应力是按弹性理论公式计算的。

【例题 4.2】 有一条形基础，宽度 $B=3\text{m}$，埋置深度 $D=1\text{m}$，地基土的天然重度 $\gamma=19\text{kN/cm}^3$，饱和重度 $\gamma_{sat}=20\text{kN/cm}^3$，土的快剪强度指标 $c=10\text{kPa}$，$\varphi=10°$。

试求：(1)地基的承载力 $p_{1/4}$、$p_{1/3}$ 与 p_{cr}；

(2)若地下水位上升至基础底面，承载力有何变化？

【解】 (1)由 $\varphi=10°$ 查表 4.1 得承载力系数为 $N_{r1/4}=0.18$，$N_{r1/3}=0.24$，$N_r=0.00$，$N_q=1.73$，$N_c=4.17$。代入式(4.23)得到：

$$p_{1/4}=\gamma bN_{r1/4}+\gamma_0 dN_q+cN_c$$
$$=19\times3\times0.18+19\times1\times1.73+10\times4.17=84.8\text{kPa}$$

同理 $p_{1/3}=88.2\text{kPa}$；$p_{cr}=75\text{kPa}$

(2)当地下水位上升至基础底面时，若假定土的强度指标 c、φ 不变，因而承载力系数同上。地下水位以下土的重度采用有效重度 $\gamma'=\gamma_{sat}-\gamma_w=20-9.8=10.2\text{kN/m}^3$。将 γ' 及 $N_{r1/4}$、$N_{r1/3}$、N_c 代入式(4.23)中，即可得到地下水位上升时的承载力为

$$p_{1/4}=\gamma bN_{r1/4}+\gamma_0 dN_q+cN_c$$
$$=10.2\times3\times0.18+19\times1\times1.73+10\times4.17=80.1\text{kPa}$$

同理 $p_{1/3}=81.9\text{kPa}$；$p_{cr}=75\text{kPa}$

根据计算结果可知，当地下水位上升时，地基的承载力 $p_{1/4}$、$p_{1/3}$ 将降低，而 p_{cr} 没有变化，这是因为 p_{cr} 计算公式中 $N_r=0.00$。

4.5 地基极限承载力

地基的极限承载力(Ultimate Bearing Capacity)是地基内部整体达到极限平衡时外部施加的荷载,又称为地基极限荷载。目前,求解极限荷载的方法有两类:一类是根据静力平衡条件和极限平衡条件建立微分方程,根据边界条件求出地基整体达到极限平衡时各点的精确解。由于这一方法只采用一些简单的条件得到了解析解,其他情况则求解困难,故不常用。另一类求解极限承载力的方法为假定滑动面法,通过基础模型的试验,研究地基的滑动面形状,并简化为假定滑动面,然后以滑动面所包围的土体作为隔离体,根据静力平衡条件求解。这种方法概念明确、计算简单,因此得到广泛应用。下面介绍几个主要的公式。

4.5.1 太沙基公式

1943 年,太沙基(K. Terzaghi)在推导均质地基上的条形基础受中心荷载作用下的极限承载力时,把土作为有重力的介质,并作如下一些假设:

(1)基础底面完全粗糙,即它与土之间有摩擦力存在。

(2)地基土是有重力的($\gamma \neq 0$),但忽略地基土重度对滑移线形状的影响。因为,根据极限平衡理论,如果考虑土的重度,塑性区内的两组滑移线形状就不一定是直线。

(3)当基础埋置深度为 d 时,则基底以上两侧的土体用当量均布超载 $q=\gamma_0 d$ 来代替,不考虑两侧土体抗剪强度的影响。

根据以上假定,滑动面的形状如图 4.16 所示,可以分成以下三个区:

Ⅰ区——在基础底面下的土楔 $aa'b$,由于假定基底是粗糙的,具有很大的摩擦力,因此 aa' 面不会发生剪切位移,该区的土体处于弹性压密状态,它与基础底面一起移动,则该部分土体称为弹性楔体。太沙基假定完全粗糙基底时滑动面 ab(或 $a'b$)与水平面夹角 $\psi=\varphi$。

Ⅱ区——过渡区,滑动面呈对数螺旋曲线 bc、bc',同时忽略土的重力对滑移线形状的影响。

Ⅲ区——朗肯被动状态区,滑动面 dc 及 $d'c'$ 与水平面成$(45°-\varphi/2)$角。

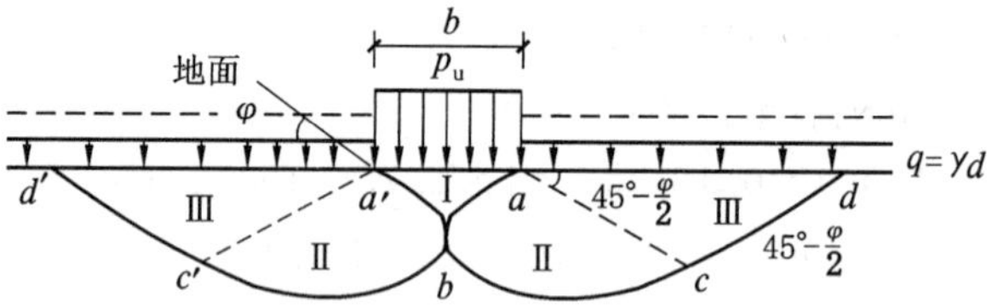

图 4.16 太沙基(K. Terzaghi)极限承载力问题

根据弹性楔体 $aa'b$ 的静力平衡条件,可求得地基的极限承载力 p_u 计算公式为

$$p_u=\frac{1}{2}\gamma b N_r+\gamma_0 d N_q+c N_c \tag{4.26}$$

式中 N_r、N_q、N_c——无量纲的承载力系数,它们是土的内摩擦角 φ 的函数。其中

$$
\left.\begin{aligned}
N_q &= \frac{\exp[(3\pi/2-\varphi)\tan\varphi]}{2\cos^2\left(45^\circ+\dfrac{\varphi}{2}\right)} \\
N_c &= (N_q-1)\cot\varphi
\end{aligned}\right\} \tag{4.27}
$$

但对 N_r，太沙基没有给出显式。各系数与 φ 的关系可查表 4.2。

表 4.2　太沙基极限承载力系数 N_r、N_q、N_c

φ(°)	N_r	N_q	N_c	φ(°)	N_r	N_q	N_c
0	0.00	1.00	5.71	25	11.0	12.7	25.1
5	0.51	1.64	7.32	30	21.8	22.5	37.2
10	1.20	2.69	9.58	35	45.4	41.4	57.7
15	1.80	4.45	12.9	40	125	81.3	95.7
20	4.00	7.42	17.6	45	326	173.3	172.2

上述太沙基极限承载力公式都是在地基发生整体剪切破坏的条件下得到的，适用于压缩性较小的土。对于松散的或压缩性较大的土，可能会发生局部剪切破坏，其极限承载力较小。针对这种情况，太沙基建议先把土的强度指标按下列方法进行折减，即

$$c'=\frac{2}{3}c$$

$$\tan\varphi'=\frac{2}{3}\tan\varphi$$

按修正后的 c'、φ' 查表 4.2 已折减，再用式(4.26)计算地基发生局部剪切破坏时的极限承载力。

式(4.26)仅适用于条形基础。对置于密实或坚硬土地基中的方形基础或圆形基础，太沙基建议按下列修正公式计算地基极限承载力：

圆形基础　$$p_u=0.6\gamma bN_r+\gamma_0 dN_q+1.2cN_c \tag{4.28}$$

方形基础　$$p_u=0.4\gamma bN_r+\gamma_0 dN_q+1.2cN_c \tag{4.29}$$

4.5.2　汉森极限承载力公式——考虑数项因素修正的地基极限承载力

自太沙基提出假设之后，不少学者对极限承载力理论进行了进一步的研究，汉森考虑了基础形状、埋置深度及偏心和倾斜荷载的效应，提出了下列地基极限承载力修正公式：

$$p_u=\frac{1}{2}\gamma bN_rS_rd_ri_rg_rb_r+\gamma_0 dN_qS_qd_qi_qg_qb_q+cN_cS_cd_ci_cg_cb_c \tag{4.30}$$

式中　N_r、N_q、N_c——地基承载力系数，可查表或按下式计算：

$$N_q=\exp(\pi\tan\varphi)\tan^2(45^\circ+\varphi/2) \tag{4.31}$$

$$N_c=(N_q-1)\cot\varphi \tag{4.32}$$

$$N_r=1.8(N_q-1)\cot\varphi \tag{4.33}$$

S_r、S_q、S_c——基础形状修正系数；

d_r、d_q、d_c——考虑埋深范围内土强度修正系数；

i_r、i_q、i_c——荷载倾斜修正系数；

g_r、g_q、g_c——地面倾斜修正系数；

b_r、b_q、b_c——基础底面倾斜修正系数。

由理论公式计算的极限承载力是指地基处于极限平衡状态时的承载力，为了保证建筑物的安全和正常使用，地基承载力的设计值应按极限承载力除以 2～3 的系数折减。

工程案例：中老铁路的隧道建设

4.5.3　影响极限承载力的因素

影响极限承载力的因素主要有：

(1)土的内摩擦角 φ、黏聚力 c 和重度 γ 愈大，极限承载力 p_u 也愈大。

(2)基础底面宽度 b 增加，一般情况下承载力将增大，特别是当土的 φ 值较大时影响愈显著。

(3)基础埋深 d 增加，p_u 值随之提高。

(4)在其他条件相同的情况下，竖向荷载作用的承载力比倾斜荷载作用的承载力大。

学 习 要 求

通过本章的学习，掌握莫尔-库仑强度理论，了解土的抗剪强度指标的测定方法。了解地基破坏模式，掌握地基承载力的确定方法。

复习思考题

4.1　什么是土的抗剪强度指标？测定抗剪强度指标有何工程意义？

4.2　测定土的抗剪强度指标的方法主要有哪几种？试比较它们的优缺点。

4.3　砂土与黏性土的抗剪强度表达式有何不同？为什么说土的抗剪强度不是一个定值？

4.4　土体中发生剪切破坏的平面是不是剪应力最大的平面？

4.5　什么是地基承载力特征值？地基破坏的模式有哪几种？

4.6　临塑荷载 p_{cr} 和临界荷载 $p_{1/4}$ 的物理意义分别是什么？

4.7　极限荷载 p_u 与哪些因素有关？如何提高地基承载力？

习　　题

4.1　对某土样进行直接剪切试验，在法向应力分别为 100、200、300、400(kPa)时，测得其破坏时土样的最大剪切应力 τ_f 分别为 90、122、147、180(kPa)。试问：该土样的抗剪强度指标 c、φ 为多少？

(答案：$c=60$kPa，$\varphi=17.9°$。)

4.2　某工程取干砂试样进行直剪试验，当法向压力 $\sigma=300$kPa 时，测得砂样破坏的抗剪强度 $\tau_f=200$kPa。求：①此砂土的内摩擦角 φ；②破坏时的最大主应力 σ_1 与最小主应力 σ_3；③最大主应力与剪切面所成的角度。

(答案：33°42′；673kPa，193kPa；28°9′。)

4.3　内摩擦角 $\varphi=26°$、黏聚力 $c=40$kPa 的土中，当小主应力 $\sigma_3=120$kPa 时，问：试样剪切破坏时的大主应力为多少？

(答案：$\sigma_1=435.2$kPa。)

4.4 已知土中某一点 $\sigma_1=380\text{kPa}$，$\sigma_3=210\text{kPa}$，土的内摩擦角 $\varphi=25°$，黏聚力 $c=36\text{kPa}$。试问：该点处在什么状态？

（答案：弹性状态，即安全状态。）

4.5 作直剪试验，剪破时法向应力为 50kPa，剪应力为 57.7kPa。另取一土样，作三轴固结排水试验，当小主应力为 50kPa、大主应力为 250kPa 时剪破。求黏聚力 c 和内摩擦角 φ。

（答案：$c=47.13\text{kPa}$，$\varphi=30°$。）

4.6 对某饱和黏性土进行无侧限抗压强度试验，测得该土样无侧限抗压强度为 $q_u=82\text{kPa}$。试求该土样的抗剪强度 τ_f 以及抗剪强度指标 c 和 φ。

（答案：$\tau_f=41\text{kPa}$，$c=41\text{kPa}$，$\varphi=0°$。）

4.7 黏性土地基上条形基础的宽度 $b=2\text{m}$，埋置深度 $d=2\text{m}$，地下水位在基础埋置深度高程处。地基土的相对密度 $G_s=2.70$，孔隙比 $e=0.70$，地下水位以上饱和度 $S_r=0.8$，土的强度指标 $c=20\text{kPa}$，$\varphi=10°$。求地基土的临塑荷载 p_{cr}、临界荷载 $p_{1/4}$，以及用太沙基公式求极限承载力 p_u。

（答案：$p_{cr}=149.72\text{kPa}$，$p_{1/4}=153.02\text{kPa}$，$p_u=305.73\text{kPa}$。）

4.8 一条形基础，宽 10m，欲建在细砂地基上，$\varphi=30°$，$\gamma=19\text{kN/m}^3$，或建在软黏土地基上，$\varphi=0°$，$c=20\text{kPa}$，$\gamma=18\text{kN/m}^3$。若埋深均为 2m，按太沙基公式分别求极限荷载 p_u。又若两种地基的 p_u 相等时，在哪种地基上埋深要大些？

（答案：在黏土地基上埋深大。）

4.9 某宿舍楼采用条形基础，底宽 $b=2.00\text{m}$，埋深 $d=1.20\text{m}$。每米荷载包括基础自重在内为 500kN。地基土的天然重度为 20kN/m^3，黏聚力 $c=10\text{kPa}$，内摩擦角 $\varphi=25°$，地下水位深 8.50m。问：地基稳定安全系数有多大？

（答案：2.8。）

4.10 某方形基础，宽 2m，地基土 $\gamma=18.8\text{kN/m}^3$，$\varphi=4°$，$c=110\text{kPa}$，求至少需要多大埋深才能承受 1800kN 的竖向中心荷载？

（答案：2.6m。）

5 土压力与土坡稳定

思政：
黄山松精神

本章提要

本章介绍挡土墙的土压力计算及土坡稳定分析的方法，它们都是建立在土的强度理论基础之上的，是土木工程实践中常见的应用问题。

在土木工程实践中，经常要计算作用在各种挡土结构上的侧压力，其中最常见的是土压力。土压力的准确计算是相当困难的问题。因为它与墙的位移方向和大小、墙后填土的种类和性质、墙背的倾斜方向和粗糙程度等多种因素有关。本章介绍的计算方法是目前在工程实践中常用的方法。

土坡稳定分析与不稳定土坡的处理，在工程实践中所用的方法和所采用的工程措施与土压力和挡土墙结构联系得较为密切，故在本章一并讨论。

5.1 挡土墙及土压力类型

5.1.1 挡土墙类型

挡土墙是为防治土体滑动而设立的支挡结构，通常将地面较高一侧的墙面称为墙背，另一面则称为墙面。在墙背及埋入地面以下的墙面上作用着土压力，称为挡土墙土压力。挡土墙在房屋建筑、道路桥梁、水工结构、铁路工程等领域应用极其广泛。图 5.1 是常用的挡土墙。

5.1.2 土压力类型

挡土墙土压力在很大程度上与土体可能经受的侧向变位有关，按土变位的特定情况可以分为三类：静止土压力（Earth Pressure at Rest）、主动土压力（Active Earth Pressure）和被动土压力（Passive Earth Pressure）。

在未受扰动的天然土体内部的侧向自重应力就是静止土压力。人工填土在填筑后未产生侧向变形的侧压力也是静止土压力，此时静止土压力的大小随填土密实度的增大而增加。当挡土墙在土压力作用下不产生任何变位时，墙后土体处于弹性平衡状态，被挡土墙侧向支撑着的土层中也产生静止土压力[图 5.2(c)]。例如被刚性楼板和底板支撑着的建筑物地下室外墙、某种形式的桥台、船闸边墙等。

在墙后填土作用下挡土墙向前移动，填土有下滑趋势，土中各点的抗剪强度逐渐发挥作

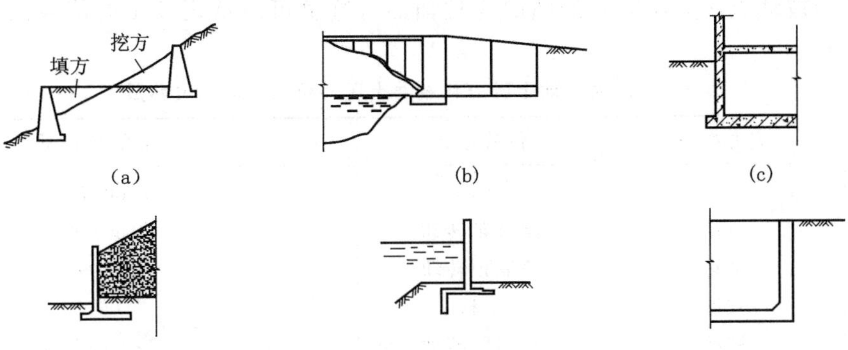

图 5.1　常用的挡土墙

(a)傍山公路或铁路挡土墙;(b)桥台及引道两侧挡土墙;(c)建筑物地下室外墙;
(d)粒状材料贮仓挡土墙;(e)壅水墙;(f)船闸闸墙

用,作用在墙背上的土压力逐渐减小,直至墙后填土进入极限平衡状态,此时作用在挡土墙上的土压力值最小,称为主动土压力[图 5.2(a)]。

在外力作用下挡土墙向填土方向移动,墙后填土有向上被挤出的趋势,土中各点的抗剪强度逐渐发挥,作用在墙背上的土压力逐渐增加,直至墙后填土进入极限平衡状态,此时作用在挡土墙上的土压力值最大,称为被动土压力[图 5.2(b)]。

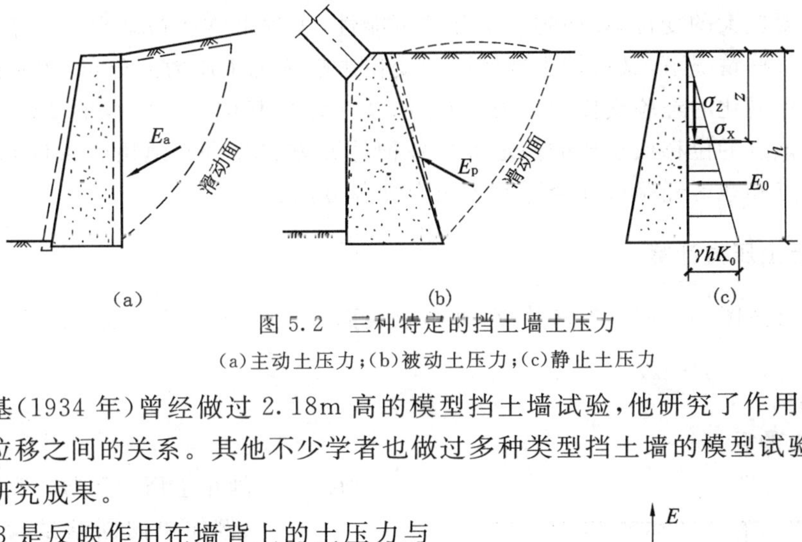

图 5.2　三种特定的挡土墙土压力

(a)主动土压力;(b)被动土压力;(c)静止土压力

太沙基(1934 年)曾经做过 2.18m 高的模型挡土墙试验,他研究了作用在墙背上的土压力与墙的位移之间的关系。其他不少学者也做过多种类型挡土墙的模型试验和原型观测,得到类似的研究成果。

图 5.3 是反映作用在墙背上的土压力与墙的变位的关系示意图。从图中可以看出:

(1)图中三个特定的位置代表上述三种特定状态的土压力,即①墙的变位为零时,作用在墙背上的静止土压力 E_0;②墙向前移动至土的极限平衡状态时,作用在墙背上的主动土压力 E_a;③墙向后移动至土的极限平衡状态时,作用在墙背上的被动土压力 E_p。

(2)达到主动土压力所需要的墙的变位值

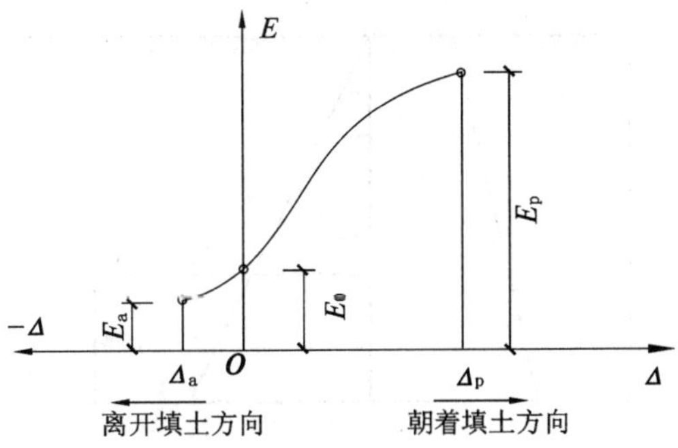

图 5.3　挡土墙移动和土压力的关系

Δ_a 远小于达到被动土压力所需要的墙的变位值 Δ_p，这也可以从表 5.1 的值看出，表中 H 为挡土墙的高度。

表 5.1　产生主动土压力和被动土压力所需的墙的位移量

土类	应力状态	位移形式	所需的位移量
砂土	主动	平移	$0.001H$
	主动	绕墙趾转动	$0.001H$
	主动	绕墙顶转动	$0.02H$
	被动	平移	$0.05H$
	被动	绕墙趾转动	$>0.01H$
	被动	绕墙顶转动	$0.05H$
黏土	主动	平移	$0.004H$
	主动	绕墙趾转动	$0.004H$

(3)按数值大小排列，$E_a<E_0<E_p$。

(4)土压力的值随着墙的移动不断变化，因此作用在墙上的实际土压力值与墙的变位相关，而并非只有这三种特定的值。

在实际工程中，一般按三种特定状态的土压力(主动土压力 E_a、静止土压力 E_0、被动土压力 E_p)进行挡土墙设计，此时应该弄清实际工程与哪种状态较为接近。在使用被动土压力时，由于它的发挥需要较大的变位，往往超过实际的可能性，工程上常将被动土压力 E_p 经适当折减后再用。而在某些情况下，又按挡土墙实际的变位影响考虑土压力的分布，例如在多支撑支护结构设计中采用简化的经验支撑土压力分布，以及在计算基坑支护结构的变形时把任一点的土压力看成与该点的位移成正比的假定等。各种计算方法都有它适用的条件和范围，所以必须根据工程特点和地区经验选择合适的土压力计算方法。

5.1.3　静止土压力计算

静止土压力可按图 5.4 所示方法计算，即填土表面以下任意深度 z 处的静止土压力强度 σ_0 为

$$\sigma_0=K_0\gamma z \tag{5.1}$$

式中　γ——填土的重度；

　　K_0——静止土压力系数，可用室内试验(例如单向固结试验、三轴试验等)或原位测试(例如旁压试验、水力劈裂试验等)确定。

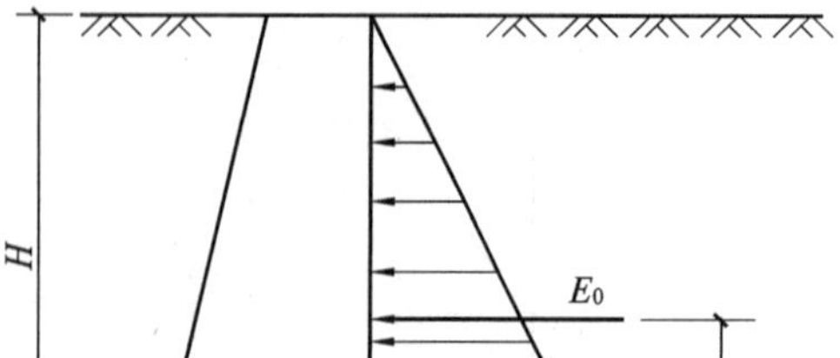

图 5.4　作用在挡土墙墙背上的静止土压力

由于 K_0 的测试较为困难，不少学者尝试用土的力学指标或物理指标(例如有效内摩擦角 φ'、塑性指数 I_p 等)与 K_0 值建立某种经验关系。对于正常固结土，最常用的是 Jaky (1948)的经验公式 $K_0=1-\sin\varphi'$。在实际工程中，也有采用经验系数值的，见表 5.2。

表 5.2 静止土压力系数 K_0 值

土名	K_0
砾石、卵石	0.20
砂土	0.25
亚砂土	0.35
亚黏土	0.45
黏土	0.55

从式(5.1)可知,静止土压力沿墙高呈三角形分布,其合力 E_0 为三角形的面积,即

$$E_0 = \frac{1}{2}\gamma H^2 K_0 \tag{5.2}$$

合力作用在三角形的重心上,即距挡土墙底面的距离为 $H/3$,由于墙背和填土间不存在剪应力,合力与墙背垂直。

5.2 朗肯土压力理论

5.2.1 基本理论

朗肯(Rankine,1857)土压力理论是依据半无限空间体的应力状态和土的极限平衡理论推出土压力强度的计算式。

如图 5.5(a)所示,在半无限空间土体中取一竖直切面 AB,在 AB 面上深度为 z 处取一土单元体,在静止土压力状态下,作用在单元体上的大主应力 σ_1 为竖直向应力 γz,小主应力 σ_3 为水平向应力 $K_0\gamma z$,单元体处于弹性平衡状态,其应力圆 O_1 位于强度包线下方。假定在某种原因下土体朝侧向松开,在保持大主应力 σ_1 不变的条件下小主应力 σ_3 不断减少,其应力圆直径随之增加,最终当应力圆 O_2 与强度包线相切时,单元体处于主动极限平衡状态,此时的小主应力 σ_3 仍在水平向,即为主动土压力强度 σ_a[图 5.5(b)],土体中的两组滑移面与水平面的夹角成 $45°+\varphi/2$[图 5.5(c)]。当在某种原因下土体朝单元体侧向挤压时,水平向应力不断增加,应力圆直径不断减小至一点,当水平向应力继续增大到超过竖直向应力时,水平向应力成为大主应力 σ_1,而竖直向应力变成小主应力 σ_3,此后随着水平向应力的增加,应力圆直径又不断增加,最终应力圆 O_3 与强度包线相切,单元体处于被动极限状态,此时大主应力 σ_1 在水平向,并被认为是被动土压力强度 σ_p[图 5.5(b)],土体中两组滑移面与水平面的夹角为 $45°-\varphi/2$[图 5.5(d)]。

朗肯认为,可以用直立的挡土墙来代替上述竖直面 AB 左边的土体,如果满足墙背与填土界面上的剪应力为零的条件,并不改变右边土体中的应力状态。当挡土墙的变位符合上述主动或被动极限平衡条件时,作用在挡土墙墙背上的土压力即为朗肯主动土压力或朗肯被动土压力。墙背直立、光滑,墙后填土面水平的挡土墙满足这种条件。

5.2.2 主动土压力

由图 5.5(b)可知,任一深度 z 处的朗肯主动土压力强度 σ_a 为小主应力,而大主应力 σ_p 为上覆土压力 γz,根据土的极限平衡条件,则有:

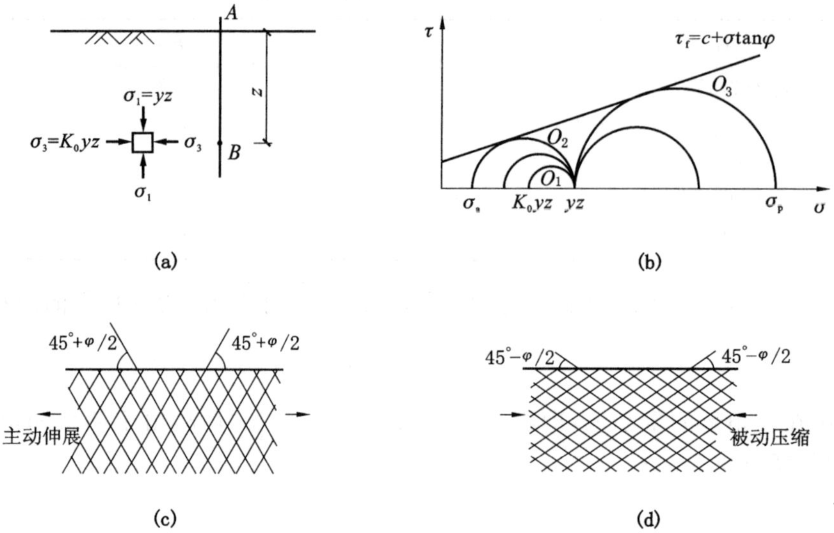

图 5.5　半空间体的应力状态

(a)单元体的初始应力状态;(b)达到朗肯状态的应力路径;

(c)朗肯主动状态的剪切破坏面;(d)朗肯被动状态的剪切破坏面

$$\sigma_a = \gamma z \tan^2\left(45^\circ - \frac{\varphi}{2}\right) - 2c\tan\left(45^\circ - \frac{\varphi}{2}\right)$$

或

$$\sigma_a = \gamma z K_a - 2c\sqrt{K_a} \tag{5.3}$$

式中　K_a——朗肯主动土压力系数,其中 $K_a = \tan^2\left(45^\circ - \frac{\varphi}{2}\right)$;

γ——土的重度(kN/m^3);

c,φ——土的黏聚力(MPa)和内摩擦角(°)。

对于无黏性土,$c=0$,$\sigma_a=\gamma z K_a$,主动土压力仅由土的自重所产生,其强度随深度呈线性增加,呈三角形分布[图 5.6(a)]。主动土压力的合力 E_a 为三角形的面积,其值由式(5.4)计算;合力作用在三角形的重心处,即在挡土墙墙底以上 $H/3$ 处。

$$E_a = \frac{1}{2}\gamma H^2 K_a \tag{5.4}$$

式中　H——挡土墙的高度(m)。

当墙后填土为黏性土时,由式(5.4)可知主动土压力由两部分组成,黏聚力 c 的存在减少了作用在墙上的土压力,并且在墙上部形成一个负侧压力区(拉应力区),见图 5.6(b)中的三角形 aed。由于墙背与填土在很小的拉应力作用下就会脱开,该区域的土中会出现拉裂缝,在计算作用在墙背上的主动土压力时应略去这部分负侧压力,而仅考虑三角形 abc 部分的土压力。此时,由土压力为零的条件可计算受拉区的高度 z_0:

$$\sigma_a\big|_{z=z_0} = \gamma z_0 K_a - 2c\sqrt{K_a} = 0$$

得到

$$z_0 = \frac{2c}{\gamma\sqrt{K_a}} \tag{5.5}$$

z_0 有时也被称为土的“临界高度”,被认为是黏性土中无支挡直立开挖的最大深度。

主动土压力合力 E_a 则为三角形 abc 的面积,其值由式(5.6)计算:

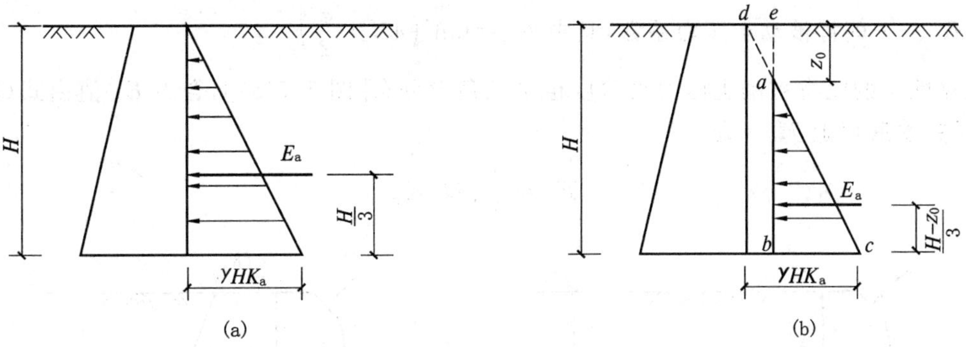

图 5.6 朗肯主动土压力的计算

(a)无黏性土；(b)黏性土

$$E_a=\frac{1}{2}(H-z_0)(\gamma HK_a-2c\sqrt{K_a})$$

或 $$E_a=\frac{1}{2}\gamma K_a(H-z_0)^2 \quad (5.6)$$

E_a 作用在三角形 abc 的形心上，即在挡土墙底面以上 $(H-z_0)/3$ 处。

【例题 5.1】 有 8m 高的直立挡土墙，填土的强度指标为 $\gamma=18\text{kN/m}^3$、$c=20\text{kPa}$、$\varphi=12°$，求作用在墙背上的朗肯主动土压力值。

【解】 (1)计算朗肯主动土压力系数

$$K_a=\tan^2\left(45°-\frac{12°}{2}\right)=0.656$$

$$\sqrt{K_a}=0.81$$

(2)计算受拉区高度

$$z_0=\frac{2c}{\gamma\sqrt{K_a}}-\frac{2\times 20}{18\times 0.81}=2.74\text{m}$$

$$H-z_0=8-2.74=5.26\text{m}$$

(3)计算作用在墙背底面 $z=8\text{m}$ 处的主动土压力强度

$$\sigma_a=\gamma zK_a-2c\sqrt{K_a}=18\times 8\times 0.656-2\times 20\times 0.81=62.1\text{kPa}$$

(4)计算主动土压力合力

$$E_a=62.1\times 5.26/2=163.3\text{kN/m}$$

合力作用点距墙底距离为 5.26/3=1.75m。

5.2.3 被动土压力

由图 5.5(b)可知，任一深度 z 处的朗肯被动土压力强度 σ_p 为大主应力，而小主应力 σ_a 为上覆土压力 γz，根据土的极限平衡条件，则有：

$$\sigma_p=\gamma z\tan^2\left(45°+\frac{\varphi}{2}\right)+2c\tan\left(45°+\frac{\varphi}{2}\right)$$

或 $$\sigma_p=\gamma zK_p+2c\sqrt{K_p} \quad (5.7)$$

式中　K_p——朗肯被动土压力系数，其中 $K_p=\tan^2\left(45°+\frac{\varphi}{2}\right)$。

无黏性土的朗肯被动土压力沿深度也呈三角形分布[图 5.7(a)]，合力 E_p 值由式(5.8)计算，作用在墙底以上 $H/3$ 处。

$$E_p=\frac{1}{2}\gamma H^2 K_p \tag{5.8}$$

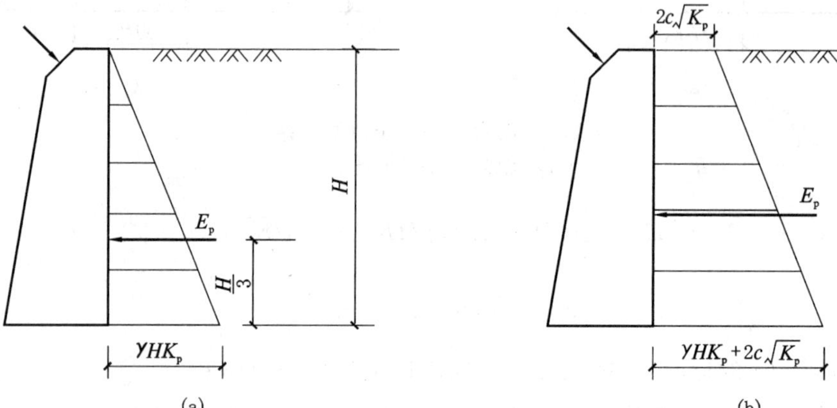

图 5.7　朗肯被动土压力的计算

(a)无黏性土；(b)黏性土

黏性土黏聚力 c 的存在增加了被动土压力，作用在墙背上的被动土压力呈梯形分布，如图 5.7(b)所示，合力 E_p 值为梯形面积，可以用梯形面积求得：

$$E_p=\frac{1}{2}\gamma H^2 K_p+2cH\sqrt{K_p} \tag{5.9}$$

E_p 作用在梯形的形心上，也可以用分块求矩的方法计算 E_p 距墙底的距离 z_k，有：

$$z_k=\frac{H}{3}\cdot\frac{2\sigma_{p0}+\sigma_{pH}}{\sigma_{p0}+\sigma_{pH}} \tag{5.10}$$

式中　σ_{p0}、σ_{pH}——作用于墙背顶、底面的被动土压力强度(kPa)，如图 5.7(b)所示。

$$\sigma_{p0}=2c\sqrt{K_p}$$

$$\sigma_{pH}=\gamma HK_p+2c\sqrt{K_p}$$

5.2.4　几种常见情况下土压力计算

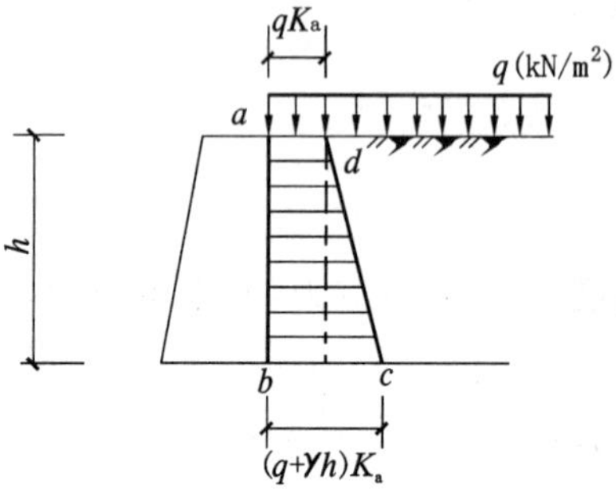

图 5.8　填土面有连续均布荷载的土压力计算

以无黏性土为例说明工程上常见的几种情况的土压力计算。

(1)填土面有连续均布荷载

当挡土墙后填土面上作用有连续均布荷载 q 时，见图 5.8。通常，主动土压力强度可按下述方法计算：

当土的内聚力 $c=0$ 时，作用在填土表面下深为 z 处的主动土压力强度 p_a 等于该处土的竖向应力 γz 乘以主动土压力系数 K_a。当填土面有均布荷载 q 时，z 处的竖向应力为 $q+\gamma z$，则 $\sigma_a=(q+\gamma z)K_a$。

填土面 a 点的土压力强度 $\sigma_{aa}=qK_a$

墙底 b 点的土压力强度 $\sigma_{ab}=(q+\gamma h)K_a$

土压力合力的作用点为梯形的形心。

(2)成层填土

当挡土墙后有几层不同种类的水平土层时，仍可用朗肯理论计算土压力。以无黏性土为例，若求某层离填土面深为 z 处的土压力强度，则需先求出该处的竖向应力，然后乘以该土层的主动土压力系数，如图 5.9 所示，挡土墙各层面的主动土压力强度为

$$\sigma_{a1}=0$$

$$\sigma_{a2上}=\gamma_1 h_1 K_{a1}$$

$$\sigma_{a2下}=\gamma_1 h_1 K_{a2}$$

$$\sigma_{a3上}=(\gamma_1 h_1+\gamma_2 h_2)K_{a2}$$

$$\sigma_{a3下}=(\gamma_1 h_1+\gamma_2 h_2)K_{a3}$$

$$\sigma_{a4}=(\gamma_1 h_1+\gamma_2 h_2+\gamma_3 h_3)K_{a4}$$

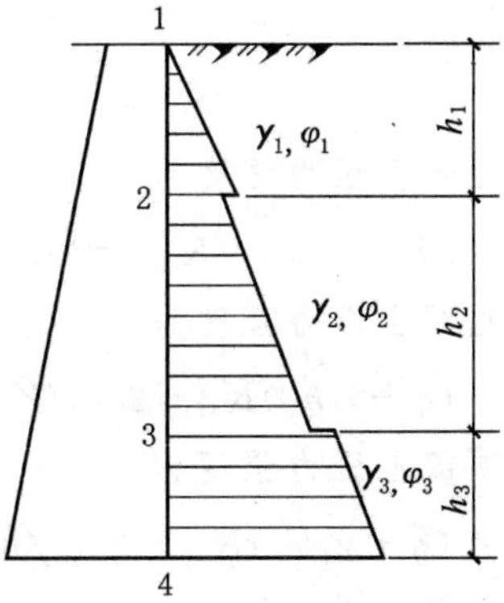

图 5.9 成层填土的主动土压力计算

必须注意，由于各层土的性质不同，主动土压力系数 K_a 也不同，因此在土层的分界面上，主动土压力强度会出现两个数值。图 5.9 所示为 $\varphi_2>\varphi_1$、$\varphi_2>\varphi_3$ 时的土压力强度分布图。

(3)墙后填土有地下水

挡土墙后的回填土常会部分或全部处于地下水位以下。由于地下水的存在将使土的含水率增加，抗剪强度降低，从而使土压力增大，同时还会产生静水压力，因此，挡土墙应该有良好的排水措施。

当墙后填土有地下水时，作用在墙背上的侧压力有土压力和水压力两部分。计算土压力时假设水上土及水下土的内摩擦角 φ、黏聚力 c 和外摩擦角 δ 都相同，地下水位以下取有效重度进行计算。总侧压力为土压力和水压力之和。如图 5.10 所示，$abcde$ 部分为土压力分布图，fgh 部分为水压力分布图。

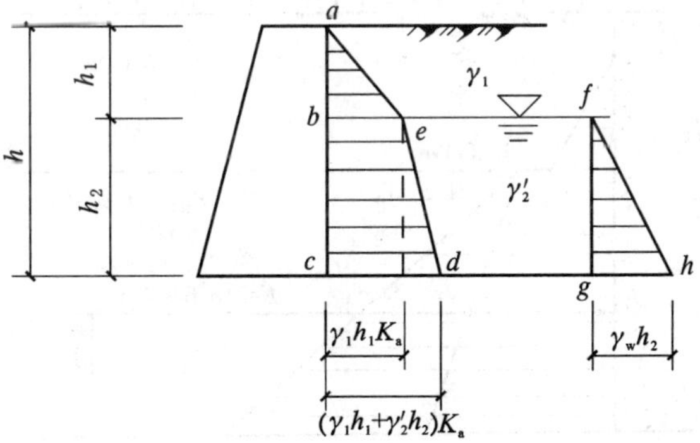

图 5.10 墙后填土中有地下水的土压力计算

以上三种算法对黏性土同样适用，只是在土压力强度中减去相应土层的 $2c\sqrt{K_a}$。

【例题 5.2】 某挡土墙高 7m，墙背直立、光滑，墙后填土面水平并作用有均布荷载 $q=20\text{kPa}$。墙后填土分两层，各层土的物理力学性质指标如下：上层 $\gamma_1=18.0\text{kN/m}^3$，$\varphi_1=20°$，$c_1=12\text{kPa}$；下层位于水位以下 $\gamma_{sat}=19.2\text{kN/m}^3$，$\varphi_2=26°$，$c_2=6.0\text{kPa}$。试求墙背总侧

压力 E 及其作用点位置，并绘侧压力分布图。

【解】 因墙背直立、光滑，填土面水平，符合朗肯条件，故有：

$$K_{a1}=\tan^2\left(45°-\frac{20°}{2}\right)=0.490$$

$$K_{a2}=\tan^2\left(45°-\frac{26°}{2}\right)=0.390$$

填土表面的土压力强度为

$$\sigma_{a1}=qK_{a1}-2c_1\sqrt{K_{a1}}=20\times0.490-2\times12.0\times\sqrt{0.490}=-7.00\text{kPa}$$

第一层底部土压力强度为

$$\sigma_{a2}^{上}=(q+\gamma_1h_1)K_{a1}-2c_1\sqrt{K_{a1}}=(20+18.0\times3)\times0.490-2\times12.0\times\sqrt{0.490}=19.46\text{kPa}$$

第二层顶部土压力强度为

$$\sigma_{a2}^{下}=(q+\gamma_1h_1)K_{a2}-2c_2\sqrt{K_{a2}}=(20+18.0\times3)\times0.390-2\times6.0\times\sqrt{0.390}=21.37\text{kPa}$$

第二层底部土压力强度为

$$\sigma_{a3}=(q+\gamma_1h_1+\gamma'_2h_2)K_{a2}-2c_2\sqrt{K_{a2}}$$

$$=[20+18.0\times3+(19.2-10)\times4]\times0.390-2\times6.0\times\sqrt{0.390}=35.72\text{kPa}$$

第二层底部水压力强度为

$$\sigma_w=\gamma_wh_2=10\times4=40.00\text{kPa}$$

又设临界深度为 z_0，则有：

$$\sigma_{az0}=(q+\gamma_1z_0)K_{a1}-2c_1\sqrt{K_{a1}}=0$$

即
$$(20+18.0z_0)\times0.490=2\times12.0\times\sqrt{0.490}$$

解出
$$z_0=0.794\text{m}$$

各点土压力绘于图 5.11 中，总侧压力为

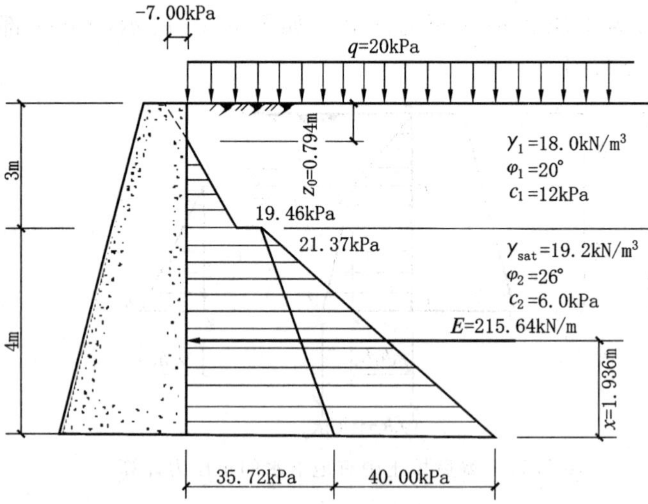

图 5.11 墙背总侧压力分布

$$E=\frac{1}{2}\times19.46\times(3-0.794)+21.37\times4+\frac{1}{2}\times(40.0+35.72-21.37)\times4=215.64\text{kN/m}$$

总侧压力 E 至墙底距离 x 为

$$x=\frac{1}{215.64}\times\left[21.46\times\left(4+\frac{3-0.794}{3}\right)+85.48\times2+108.70\times\frac{4}{3}\right]=1.936\text{m}$$

5.3 库仑土压力理论

库仑(Coulomb,1776)对墙后填土为砂土的挡土墙的主动土压力做了研究,他认为当挡土墙达到主动极限状态时,墙后填土中形成一个滑动土楔,沿土中某一个平面和挡土墙墙背下滑,可以根据下滑土楔的静力平衡条件求得墙背对土楔的支承力,其作用反力即为滑动土楔对挡土墙的作用力,可看成是填土作用在挡土墙上的总主动土压力。以后的学者又根据库仑的理论推出了计算被动土压力的公式。

5.3.1 主动土压力

库仑假定:①挡土墙墙后填土是无黏性土;②滑动面是墙背 AB 和过墙踵 B 的一个平面 ABC[图 5.12(a)];③滑动土楔是刚体,不考虑压缩变形。

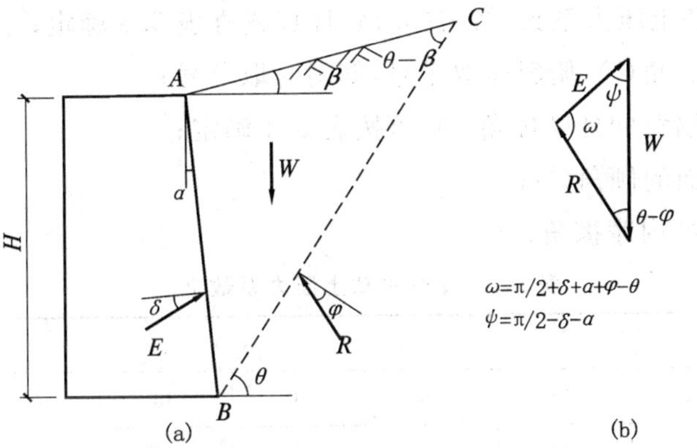

图 5.12 库仑主动土压力

(a) 假定的破裂面和作用在滑动土楔上的力;(b) 力三角形

研究图 5.12 所示的挡土墙,墙背倾角为 α,墙后填土的重度为 γ、内摩擦角为 φ、坡角为 β,墙背与填土间的外摩擦角为 δ。由于主动状态下的滑动面 BC 的位置尚未确定,先假定它与水平面的夹角为 θ 进行分析。取滑动土楔 ABC 为隔离体[图 5.12(a)],作用在土楔上的力有三个:

①土楔自重 W,因为假定 θ 后土楔的几何尺寸即已确定,所以 W 是一个已知力,方向竖直向下,数值可用式(5.11)计算:

$$W=S_{\triangle ABC}\gamma \tag{5.11}$$

②滑动面 BC 上的反力 R,其大小未知,但方向已知,与 BC 面的法线夹角为 φ 角,并位于法线的下方。

③滑动面 AB(墙背)上的反力 E(为土压力的反作用力),其大小未知,但方向已知,与 AB 面的法线夹角为 δ 角,并位于法线的下方。

根据刚体平衡条件,W、R、E 三个力组成封闭的力三角形[图 5.12(b)],根据正弦定律并

考虑式(5.11),有:

$$E=\frac{1}{2}\gamma H^{2}\frac{\cos(\alpha-\beta)\cdot\cos(\theta-\alpha)\cdot\sin(\theta-\varphi)}{\cos^{2}\alpha\cdot\sin(\theta-\beta)\cdot\sin(\theta-\varphi+\psi)} \tag{5.12}$$

由于滑动面 BC(倾角 θ)是任意假定的,与主动土压力 E_a 相应的是墙背的最大反力 E_{max},这可以令 $dE/d\theta$ 求得墙背反力为 E_{max} 时的临界倾角 θ_{cr},倾角 θ_{cr} 的面 BC 为最危险滑动面。将 θ_{cr} 值代入式(5.12),便可得到 E_{max} 值,主动土压力值与 E_{max} 相等,即

$$E_a=\frac{1}{2}\gamma H^{2}\frac{\cos^{2}(\varphi-\alpha)}{\cos^{2}\alpha\cos(\alpha+\delta)\left[1+\sqrt{\dfrac{\sin(\varphi+\delta)\sin(\varphi-\beta)}{\cos(\alpha+\delta)\cos(\alpha-\beta)}}\right]} \tag{5.13}$$

令

$$K_a=\frac{\cos^{2}(\varphi-\alpha)}{\cos^{2}\alpha\cos(\alpha+\delta)\left[1+\sqrt{\dfrac{\sin(\varphi+\delta)\sin(\varphi-\beta)}{\cos(\alpha+\delta)\cos(\alpha-\beta)}}\right]} \tag{5.14}$$

则

$$E_a=\frac{1}{2}\gamma H^{2}K_a \tag{5.15}$$

式中 K_a——库仑主动土压力系数,按式(5.14)计算或查表5.3确定;

α——墙背的倾斜角(°),俯斜时取正号,仰斜时取负号;

δ——土对挡土墙背的外摩擦角(°),可按表5.4确定;

β——墙后填土面的倾角(°);

φ——墙后填土的内摩擦角(°)。

表5.3 库仑主动土压力系数 K_a

δ(°)	α(°)	β(°)	φ(°) 15	20	25	30	35	40	45	50
0	0	0	0.589	0.490	0.406	0.333	0.271	0.217	0.172	0.132
		15	0.933	0.639	0.505	0.402	0.319	0.251	0.194	0.147
		30				0.750	0.436	0.318	0.235	0.172
	10	0	0.652	0.560	0.478	0.407	0.343	0.288	0.238	0.194
		15	1.039	0.737	0.603	0.498	0.411	0.337	0.274	0.221
		30				0.925	0.566	0.433	0.337	0.262
	20	0	0.736	0.648	0.569	0.498	0.434	0.375	0.322	0.274
		15	1.196	0.868	0.730	0.621	0.529	0.450	0.380	0.318
		30				1.169	0.740	0.586	0.474	0.385
	−10	0	0.540	0.433	0.344	0.270	0.209	0.158	0.117	0.083
		15	0.860	0.562	0.425	0.322	0.243	0.180	0.130	0.090
		30				0.614	0.331	0.226	0.155	0.104
	−20	0	0.497	0.380	0.287	0.212	0.153	0.106	0.070	0.043
		15	0.809	0.494	0.352	0.250	0.175	0.119	0.076	0.046
		30				0.498	0.239	0.147	0.090	0.051

续表 5.3

δ(°)	α(°)	β(°)	φ(°)							
			15	20	25	30	35	40	45	50
10	0	0	0.533	0.447	0.373	0.309	0.253	0.204	0.163	0.127
		15	0.947	0.609	0.476	0.379	0.301	0.238	0.185	0.141
		30				0.762	0.423	0.306	0.226	0.166
	10	0	0.603	0.520	0.448	0.384	0.326	0.275	0.230	0.189
		15	1.089	0.721	0.582	0.480	0.396	0.326	0.267	0.216
		30				0.969	0.564	0.427	0.332	0.258
	20	0	0.695	0.615	0.543	0.478	0.419	0.365	0.316	0.271
		15	1.298	0.872	0.723	0.613	0.522	0.444	0.377	0.317
		30				1.268	0.758	0.594	0.478	0.388
	−10	0	0.477	0.385	0.309	0.245	0.191	0.146	0.109	0.078
		15	0.847	0.520	0.390	0.297	0.224	0.167	0.121	0.085
		30				0.605	0.313	0.212	0.146	0.098
	−20	0	0.427	0.330	0.252	0.188	0.137	0.096	0.064	0.039
		15	0.772	0.445	0.315	0.225	0.158	0.108	0.070	0.042
		30				0.475	0.220	0.135	0.082	0.047
20	0	0			0.357	0.297	0.245	0.199	0.160	0.125
		15			0.467	0.371	0.295	0.234	0.183	0.140
		30				0.798	0.425	0.306	0.225	0.166
	10	0			0.438	0.377	0.322	0.273	0.229	0.190
		15			0.586	0.480	0.397	0.328	0.269	0.218
		30				1.051	0.582	0.437	0.338	0.264
	20	0			0.543	0.479	0.422	0.370	0.321	0.277
		15			0.747	0.629	0.535	0.456	0.387	0.327
		30				1.434	0.807	0.624	0.501	0.406
	−10	0			0.291	0.232	0.182	0.140	0.105	0.076
		15			0.374	0.284	0.215	0.161	0.117	0.083
		30				0.614	0.306	0.207	0.142	0.096
	−20	0			0.231	0.174	0.128	0.090	0.061	0.038
		15			0.294	0.210	0.148	0.102	0.067	0.040
		30				0.468	0.210	0.129	0.079	0.045

表 5.4　土对挡土墙背的外摩擦角

挡土墙情况	外摩擦角 δ
墙背平滑、排水不良	$(0\sim0.33)\varphi$
墙背粗糙、排水良好	$(0.33\sim0.5)\varphi$
墙背很粗糙、排水良好	$(0.5\sim0.67)\varphi$
墙背与填土间不可能滑动	$(0.67\sim1.0)\varphi$

为求库仑主动土压力沿墙深 z 的分布，可将 E_a 对 z 求导，得：

$$\sigma_a=\frac{dE_a}{dz}=\frac{d}{dz}\left(\frac{1}{2}\gamma z^2K_a\right)=\gamma zK_a \tag{5.16}$$

可知库仑主动土压力沿墙的深度呈直线分布，见图 5.13(a)。而沿墙背的分布可由合力相等的原则求得，见图 5.13(b)。E_a 作用在距墙底 $H/3$ 的位置上，在墙背法线上方并与法线成 δ 角，方向指向墙背。

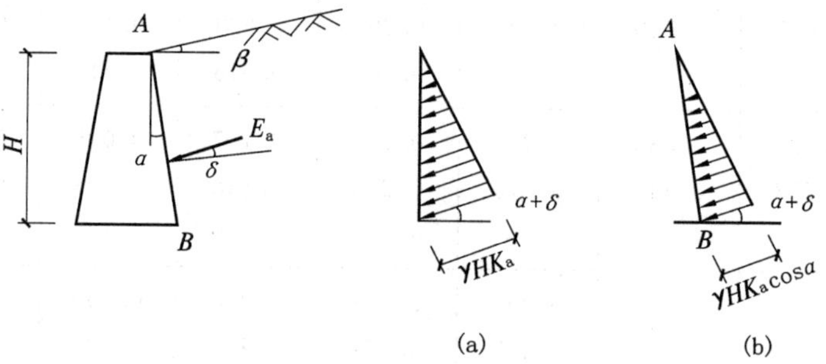

图 5.13　库仑主动土压力的分布

(a)沿墙深的分布；(b)沿墙背的分布

5.3.2　被动土压力

采用与库仑主动土压力同样的假定，研究同一道挡土墙在被动状态下的滑动土楔的静力平衡(图 5.14)。假设滑动面 BC 以后，作用在滑动土楔 ABC 上的平衡力系中仍有三个力，其中 W 是已知力，而由于被动状态下土楔向上滑动，R 移到 BC 面的法线上方并与法线成 φ 角，E 移到墙背法线上方并与法线成 δ 角。由力系的平衡求得 E 值，然后用求极值的方法求得最小值 E_{min}，其作用反力即为作用在墙背上的被动土压力合力 E_p。E_p 的数值可用式(5.18)求得，作用点位置在距墙底 $H/3$ 处，位于墙背法线下方并与法线成 δ 角，指向墙背。同样可推得被动土压力沿墙深呈直线分布。

$$E_p=\frac{1}{2}\gamma H^2K_p \tag{5.17}$$

$$K_p=\frac{\cos^2(\varphi+\alpha)}{\cos^2\alpha\cdot\cos(\alpha-\delta)\left[1-\sqrt{\dfrac{\sin(\varphi+\delta)\cdot\sin(\varphi+\beta)}{\cos(\alpha-\delta)\cdot\cos(\alpha-\beta)}}\right]^2} \tag{5.18}$$

式中　K_p——库仑被动土压力系数。

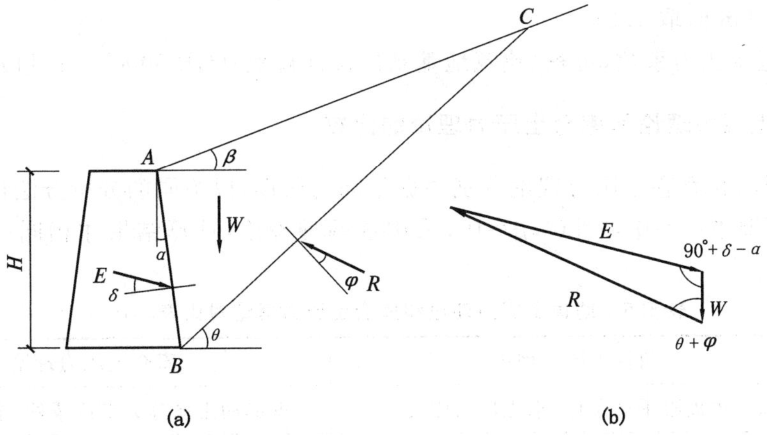

图 5.14　库仑被动土压力

(a)假定的破裂面和作用在滑动土楔上的力；(b)力三角形

【例题 5.3】 欲修筑一座 6m 高的挡土墙，墙后填土是无黏性土，填土面坡角 $\beta=20°$，其土性指标为 $\gamma=18\text{kN/m}^3$，$\varphi=30°$。假设墙背与土的摩擦角 $\delta=\varphi/3$，试求墙背设计为俯斜（$\alpha=15°$）、直立（$\alpha=0°$）、仰斜（$\alpha=-15°$）作用在墙背上的主动土压力及其分布。

【解】 分别用 $\alpha=15°$、$\alpha=0°$、$\alpha=-15°$ 以及 $\varphi=30°$、$\beta=20°$、$\delta=10°$ 代入计算式(5.14)，求得三种情况的主动土压力系数 K_a 值分别为 0.611、0.420 和 0.288，沿墙深均呈三角形分布。主动土压力的合力 E_a 为 $324K_a$，分别是 198.0kN/m、136.1kN/m 和 93.3kN/m，均作用在距墙底 2m 的高度上。由于墙背倾角不同，合力与水平面的夹角分别是 25°、10°和 −5°。三种情况的主动土压力的水平向和竖直向的分力分别为俯斜 $E_{aH}=179.4\text{kN/m}$，$E_{aV}=83.7\text{kN/m}$；直立 $E_{aH}=134.0\text{kN/m}$，$E_{aV}=23.6\text{kN/m}$；仰斜 $E_{aH}=92.9\text{kN/m}$，$E_{aV}=-8.1\text{kN/m}$。

从上例可看出，三种不同倾斜方向的墙背，在其他条件相同的情况下，仰斜墙背的主动土压力最小，这对抗水平滑移和验算墙身应力都是有利的。同样的，仰斜墙背土压力产生的倾覆力矩也较小，但当外摩擦角较小时，土压力的竖直分力会产生倾覆力矩，而不是通常的抵抗力矩，在设计中应该注意。

5.3.3　规范法求土压力

在推导库仑土压力计算公式时，假设墙后填土是理想的散体，即填土只有内摩擦角而无黏聚力，因此，从理论上讲，库仑理论只适用于无黏性填土。但在实际工程中，墙后填土常采用黏性土，其黏聚力对土压力的大小及其分布有很大影响。为了考虑黏聚力的影响，《建筑地基基础设计规范》(GB 50007—2011)推荐以下公式计算黏性土和粉土的主动土压力，采用与楔体试算法相似的平面滑动面假定(图 5.15)：

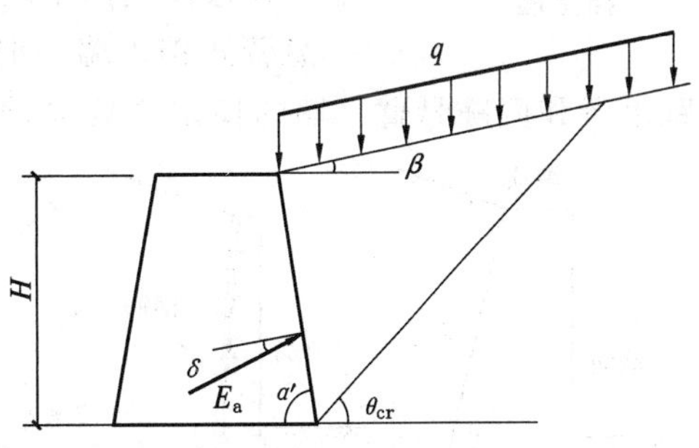

图 5.15　规范法计算简图

$$E_a=\psi_c\,\frac{1}{2}\gamma H^2 K_a \tag{5.19}$$

式中 ψ_c——主动土压力增大系数，土坡高度小于5m时取1.0，高度为5～8m时取1.1，高度大于8m时取1.2；

K_a——规范土压力系数，可查《建筑地基基础设计规范》(GB 50007—2011)附录L。

5.3.4 朗肯土压力理论和库仑土压力理论的比较

朗肯土压力理论和库仑土压力理论分别根据不同的假设，以不同的分析方法计算土压力，只有在最简单的情况下($\alpha=0°$，$\delta=0°$，$\beta=0°$)采用这两种理论，计算结果才相同；否则得出不同的结果(表5.5)。

表5.5 朗肯土压力理论和库仑土压力理论对比表

	朗肯土压力理论	库仑土压力理论
分析原理	据土体极限平衡条件，求土压力强度	据滑动土楔静力平衡条件，求总土压力
墙背条件	垂直光滑	倾斜或粗糙
填土条件	表面水平，无黏性土和成层土	无黏性土，表面倾斜
计算误差	对垂直墙背，E_a 偏大，适用于L形挡土墙	E_p 误差大

5.4 挡土墙设计

5.4.1 挡土墙的类型

工程案例：挡土墙

挡土墙就其结构形式分，主要有以下几种类型：

(1)重力式挡土墙

这种形式的挡土墙通常由块石或素混凝土砌筑而成。靠自身的重力来维持墙体稳定，墙体的抗拉、抗剪强度都较低。墙身的截面尺寸较大，一般用于低挡土墙。重力式挡土墙具有结构简单、施工方便、易于就地取材等优点，在工程中应用较广[图5.16(a)]。

(2)悬臂式挡土墙

悬臂式挡土墙一般用钢筋混凝土建造，它由三个悬臂板组成，即立臂、墙趾悬臂和墙踵悬臂。墙的稳定主要靠墙臂悬臂上的土重维持，墙体内的拉应力由钢筋承受。

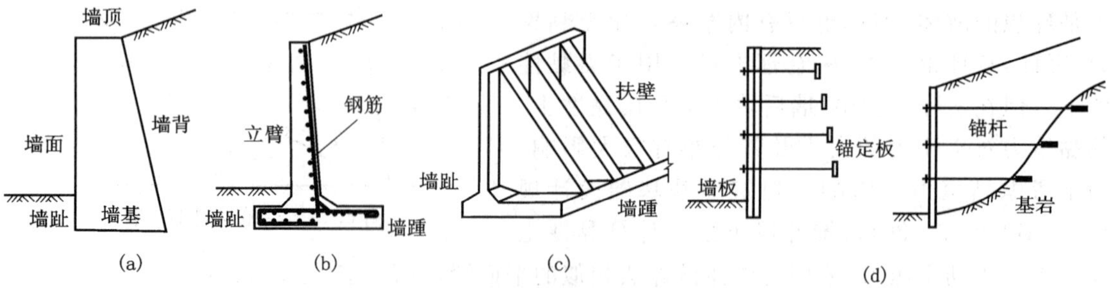

图5.16 挡土墙的类型

(a)重力式挡土墙；(b)悬臂式挡土墙；(c)扶壁式挡土墙；(d)锚定板式与锚杆式挡土墙

这类挡土墙的优点是能充分利用钢筋混凝土的受力特性，墙体截面尺寸较小，在市政工程以及厂矿贮库中较常用[图 5.16(b)]。

(3)扶壁式挡土墙

当墙高较大时，悬臂式挡土墙的立臂受推力作用产生的弯矩与挠度较大，为了增加立臂的抗弯性能和减少钢筋用量，常沿墙的纵向每隔一定距离设一道扶壁，扶壁间距为(0.8～1.0)h。墙体稳定主要靠扶壁间填土重维持[图 5.16(c)]。

(4)锚定板式与锚杆式挡土墙

锚定板式挡土墙由预制的钢筋混凝土面板、立柱、钢拉杆和埋在土中的锚定板组成[图 5.16(d)]。挡土墙板的稳定由拉杆和锚定板来保证。锚杆式挡土墙则是利用伸入岩层的灌浆锚杆承受土压力的挡土结构[图 5.16(d)]。这两种挡土结构一般单独采用，有时也联合使用。

(5)加筋土挡土墙

加筋土挡土墙是近年来发展起来的一种轻型挡土墙，有两种基本形式：一种是包裹式加筋挡土墙[图 5.17(a)]，用土工合成材料将填土分层包裹，直至墙顶。另一种是条带式加筋挡土墙[图 5.17(b)]，由墙面板、拉筋及填土共同组成。它依靠拉筋与填土之间的摩擦力来平衡作用在墙面的土压力。拉筋采用镀锌扁钢或土工格栅，墙面采用预制混凝土板。

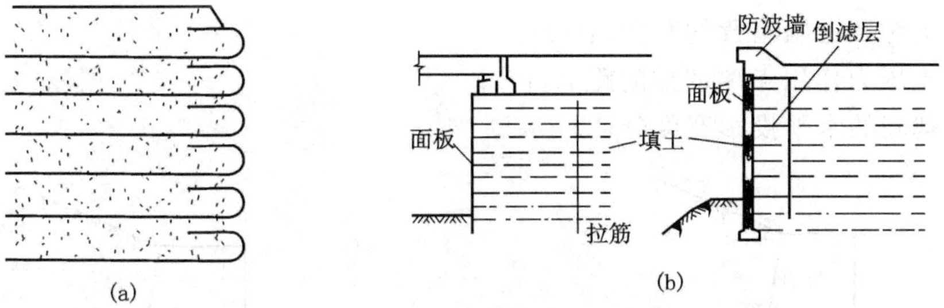

图 5.17　加筋土挡土墙

(a)包裹式加筋挡土墙；(b) 条带式加筋挡土墙

加筋土挡土墙能充分利用材料的性能以及土与拉筋的共同作用，因而使挡土墙结构轻型化，圬工体积大大降低，加筋土构件可全部预制，其施工设备简单，工期快，并能抗严寒、抗地震，与重力式挡土墙相比，一般可降低造价 25%～60%，因此，是一种较为理想的挡土结构。

5.4.2　挡土墙的计算

设计挡土墙时，一般先根据挡土墙所处的条件(工程地质、填土性质、荷载情况，以及建筑材料和施工条件等)凭经验初步拟定截面尺寸，然后进行挡土墙验算。如不满足要求，则应改变截面尺寸或采用其他措施。

挡土墙的计算一般包括下列内容：

① 稳定性验算，包括抗倾覆稳定和抗滑移稳定验算，必要时还要进行地基深层稳定验算。后一种验算可参用本章的土坡稳定分析的方法。

② 地基承载力验算，要求及方法见第 4 章。

③ 墙身强度验算，方法参见《混凝土结构设计规范》(GB 50010—2010)和《砌体结构设计规范》(GB 50003—2011)。

这里主要介绍挡土墙稳定性验算：

(1)倾覆稳定性

图 5.18(a)所示一基底倾斜的挡土墙，在主动土压力作用下可能绕墙趾 O 点向外倾覆，抗倾覆力矩与倾覆力矩之比称为抗倾覆安全系数，应满足下式要求：

$$K_t = \frac{Gx_0 + E_{az}x_f}{E_{ax}z_f} \geqslant 1.6 \tag{5.20}$$

$$E_{az} = E_a\cos(\alpha - \delta)$$

$$E_{ax} = E_a\sin(\alpha - \delta)$$

$$x_f = b - z\cot\alpha$$

$$z_f = z - b\tan\alpha_0$$

式中 G——挡土墙每延米自重(kN/m)；

x_0——挡土墙重心离墙趾的水平距离(m)；

E_{az}——主动土压力在 z 方向投影(kN/m)；

E_{ax}——主动土压力在 x 方向投影(kN/m)；

α——挡土墙墙背对水平面的倾角(°)；

α_0——挡土墙基底的倾角(°)；

δ——土对挡土墙墙背的摩擦角(°)；

z——土压力作用点离墙踵的距离(m)；

b——基底的水平投影宽度(m)。

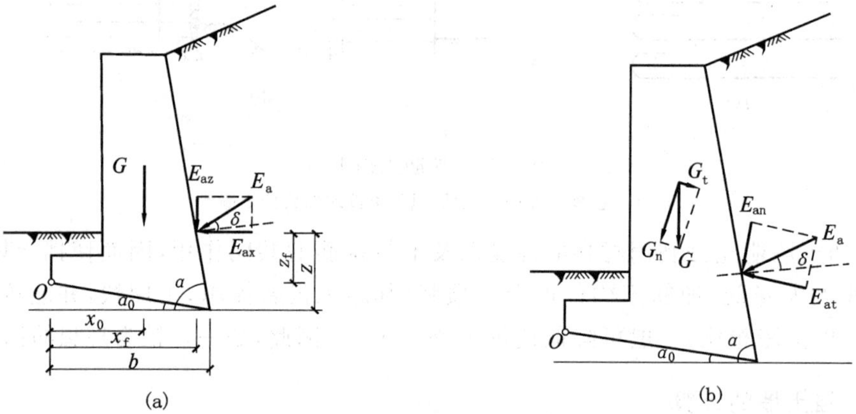

图 5.18　挡土墙的稳定性验算

(a)倾覆稳定性验算；(b)滑动稳定性验算

当地基软弱时，在倾覆的同时，墙趾可能陷入土中，产生稳定力矩的力臂减小，抗倾覆安全系数就将会降低，因此在运用式(5.19)时要注意地基土的压缩性。

(2)滑动稳定性

在土压力作用下，挡土墙有可能沿基础底面发生滑动，如图 5.18(b)所示。

验算时，将 G 和 E_a 分别分解为垂直和平行于基底的分力，抗滑力与滑动力之比称为抗滑安全系数，抗滑安全系数 K_s 应符合下式要求：

$$K_s = \frac{(G_n + E_{an})\mu}{E_{at} - G_t} \geqslant 1.3 \tag{5.21}$$

式中　μ——土对挡土墙基底的摩擦系数，按表5.6确定。

表5.6　土对挡土墙基底的摩擦系数

土的类别		摩擦系数 μ
黏性土	可塑	0.25～0.30
	硬塑	0.30～0.35
	坚硬	0.35～0.45
粉土	$S_r \leqslant 0.5$	0.30～0.40
中砂、粗砂、砾砂		0.40～0.50
碎石土		0.40～0.60
软质岩石		0.40～0.60
表面粗糙的硬质岩石		0.65～0.75

挡土墙自重 G 和主动土压力 E_a 在垂直和平行于基底平面方向的分力分别为

$$G_n = G\cos\alpha_0$$

$$G_t = G\sin\alpha_0$$

$$E_{an} = E_a\cos(\alpha - \alpha_0 - \delta)$$

$$E_{at} = E_a\sin(\alpha - \alpha_0 - \delta)$$

5.4.3　重力式挡土墙的体形与构造

挡土墙的设计，除进行前述验算外，还必须合理地选择墙型和采取必要的构造措施，以保证其安全、经济和合理。

(1) 体形选择

① 墙背的倾斜形式

重力式挡土墙按墙背的倾斜方向可分为仰斜、直立和俯斜三种形式(图5.19)。如用相同的计算方法和计算指标，其主动土压力以仰斜为最小，直立居中，俯斜最大。

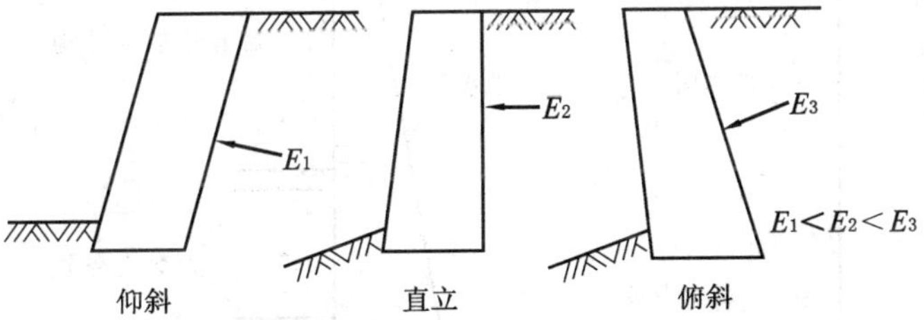

图5.19　重力式挡土墙墙背的倾斜

在实际工程中，仰斜墙背一般用在挖方挡土墙中，可与边坡紧密贴合，而不适合于填方挡土墙。此外，在墙前地形较为平坦时适合使用仰斜墙背，当墙前地形陡峻时，仰斜挡土墙的墙身需要加高，从而增加了砌筑工程量。如在填方地段筑墙，仰斜墙背填土的夯实比俯斜墙或直立墙困难，则宜采用俯斜或直立墙背。

因此，墙背的倾斜形式应根据使用要求、地形和施工条件等综合考虑决定。

②挡土墙截面尺寸

砌石的挡土墙顶宽不小于0.5m，混凝土墙可缩短为0.20～0.40m。重力式挡土墙基础底宽为墙高的1/3～1/2。

当墙前地面较陡时，墙面可取高宽比为1∶0.05～1∶0.2的仰斜坡度，亦可直立。当墙前地形较为平坦时，对于中、高挡土墙，墙面坡度可较小，但不宜小于1∶0.4。为了避免施工困难，仰斜墙背坡度一般不宜小于1∶0.25，墙面坡应尽量与墙背坡平行。

为增加挡土墙的抗滑稳定性，可将基底做成逆坡(图5.20)，一般土质地基的基底逆坡不宜大于0.1∶1，对岩石地基一般不宜大于0.2∶1。

当墙高较大时，为了使基底压力不超过地基承载力设计值，可加设墙趾台阶(图5.21)，其高宽比可取 $h:a=2:1$，a 不得小于20cm。

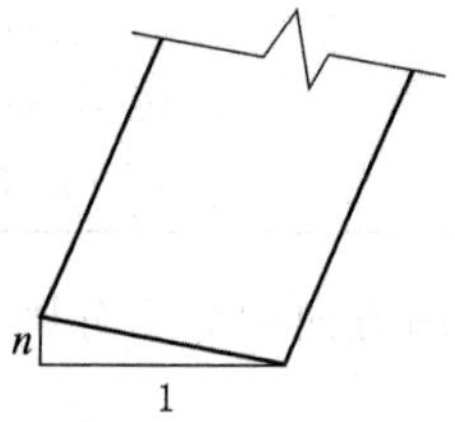

图5.20 基底逆坡坡度

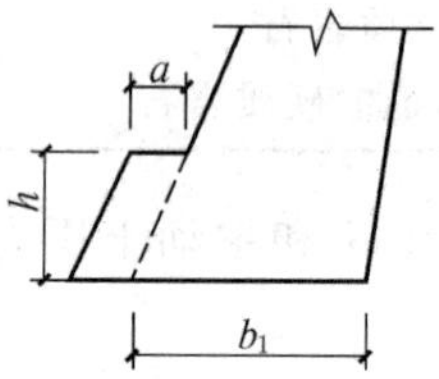

图5.21 墙趾台阶尺寸

(2)墙后排水措施

挡土墙常因雨水下渗而又排水不良，地表水渗入墙后填土，使填土的抗剪强度降低，土压力增大，这对挡土墙的稳定不利。若墙后积水，则要产生水压力。积水自路面渗出，还要产生渗流压力。水位较高时，静、动水压力对挡土墙的稳定更是较大威胁。因此，挡土墙应设泄水孔，其间距宜取2～3m，外斜坡度为5%，孔眼尺寸不宜小于 ϕ100mm。墙后要做好滤水层和必要的排水盲沟，在墙背后的地面宜铺设防水层。当墙后有山坡时，还应在坡下设置截水沟。图5.22所示为排水措施的两种方案。

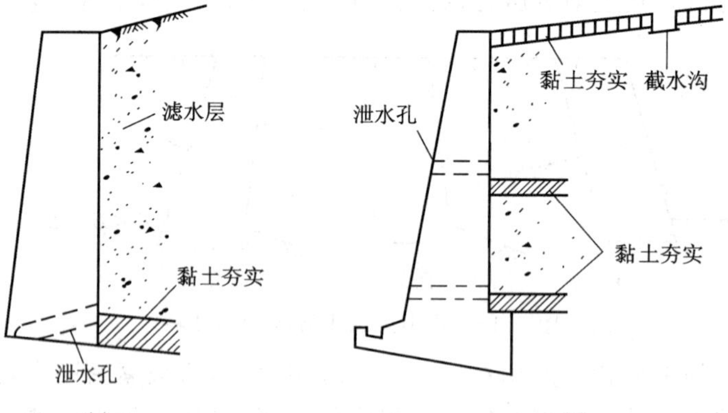

图5.22 挡土墙的排水措施

(a)方案一；(b)方案二

(3) 填土质量要求

墙后填土宜选择透水性较强的填料，如砂土、砾石、碎石等，因为这类土的抗剪强度较稳定，易于排水。当采用黏性土作为填料时，宜掺入适量的块石。在季节性冻土地区，墙后填土应选用非冻胀性填料(如炉渣、碎石、粗砂等),不应采用淤泥、耕植土、膨胀性黏土等作为填料,填土料中不应夹杂大的冻结土块、木块或其他杂物。墙后填土应分层夯实。

5.5 土坡稳定性分析

土建工程中经常遇到土坡稳定问题,如果处理不当,土坡失稳产生滑动,不仅影响工程进展,甚至危及人的生命安全和造成工程失事。

土坡的滑动一般是指在一定的范围内整体地沿着某一曲面产生向下和向外移动。土坡的失稳往往是在外界的不利因素影响下触发或加剧的。

使土坡失稳的原因主要有:

(1)土坡作用力发生变化。如人工开挖坡脚、坡顶增加荷载、地震等引起的振动改变了原来的平衡状态。

(2)土的抗剪强度降低。例如土体中含水率或超静水压力的增加。

(3)静水力的作用。例如土体中由剪切或张拉产生垂直裂隙,导致雨水或地面水流入缝隙,对土坡产生侧向推力而使其滑动。

(4)地下水的渗流作用。当土坡中有地下水渗流且动水压力与滑动方向相同时,对土坡的稳定不利。

土坡稳定分析是一个比较复杂的问题,本节主要介绍简单土坡的稳定分析。所谓简单土坡,是指土坡的顶面和底面都是水平面,并延伸至无穷远,土坡由均质土组成(图 5.23)。

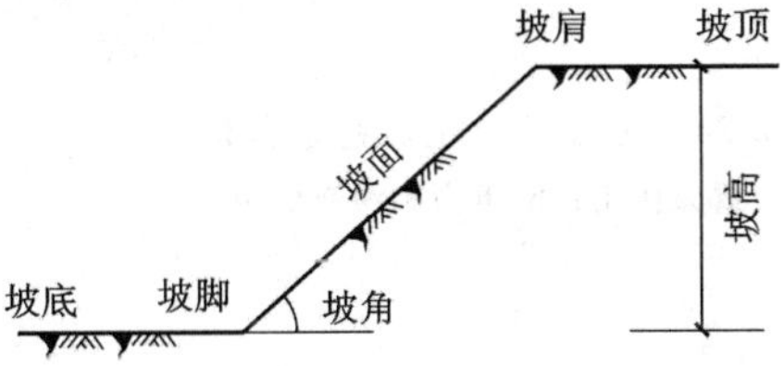

图 5.23 边坡各部名称

知识链接:地质灾害防治

5.5.1 无黏性土土坡稳定分析

设一坡角为 β 的无黏性土土坡,土坡及地基为均质的同一种土,且不考虑渗流的影响。

纯净的干砂,颗粒之间无黏聚力,其抗剪强度只由摩擦力提供。对于这类土坡,其稳定性条件可由图 5.24(a)所示的力系来说明。

斜坡上的土颗粒 M,其自重为 W,砂土的内摩擦角为 φ,W 垂直于坡面和平行于坡面的分力分别为 N 和 T:

$$T = W\sin\beta$$

$$N = W\cos\beta$$

分力 T 将使土颗粒 M 向下滑动,为滑动力。阻止 M 下滑的抗滑力则是由垂直于坡面上的分力 N 引起的最大静摩擦力 T':

$$T' = N\tan\varphi = W\cos\beta\tan\varphi$$

抗滑力与滑动力的比值称为稳定安全系数 K:

$$K = \frac{T'}{T} = \frac{W\cos\beta\tan\varphi}{W\sin\beta} = \frac{\tan\varphi}{\tan\beta} \tag{5.22}$$

由式(5.22)可知,无黏性土土坡稳定的极限坡角 β 等于其内摩擦角,即当 $\beta=\varphi$ 时($K=1$),土坡处于极限平衡状态。故砂土的内摩擦角也称为自然休止角。由上述的平衡关系还可看出:无黏性土土坡的稳定性与坡高无关,仅取决于坡角 β,只要 $\beta<\varphi(K>1)$,土坡就是稳定的。为了保证土坡有足够的安全储备,可取 $K=1.1\sim1.5$。

当无黏性土受到一定的渗流力作用时,坡面上渗流溢出处的单元土体,除自身重力外,还受到渗流力 $J=\gamma_w I$(I 为水力坡度,顺坡流出 $I=\sin\beta$)的作用,如图 5.24(b)所示。若渗流为顺坡出流,则溢出处渗流及渗流力方向与坡面平行,此时使单元土体下滑的剪切力为 $T+J=W\sin\beta+\gamma_w I$,且此时对于单位土体来说,土体自重 W 就等于浮重度 γ',故土坡的稳定安全系数变为

$$K=\frac{T'}{T+J}=\frac{\gamma'\cos\beta\tan\varphi}{(\gamma'+\gamma_w)\sin\beta}=\frac{\gamma'\tan\varphi}{\gamma_{sat}\tan\beta} \tag{5.23}$$

可见,与式(5.22)相比,相差 γ'/γ_{sat} 倍,此值约为 1/2。因此,当坡面有顺坡渗流作用时,无黏性土土坡的稳定安全系数约降低一半。

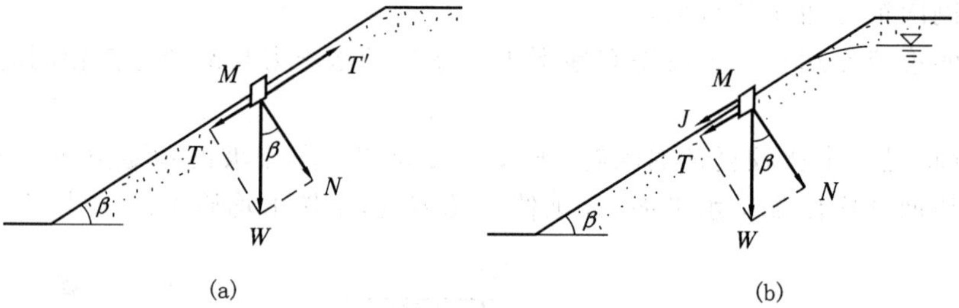

图 5.24 无黏性土土坡稳定分析

(a)重力作用;(b)重力和渗流作用

5.5.2 黏性土土坡稳定分析

黏性土土坡的滑动情况如图 5.25 所示。土坡失稳前一般在坡顶产生张拉裂缝,继而沿着某一曲面产生整体滑动,同时伴随着变形。在垂直于纸面的方向,滑坡将延伸至一定范围,也是曲面。为了简化,在稳定分析中通常作为平面问题处理,而且假定滑动面为圆弧面。

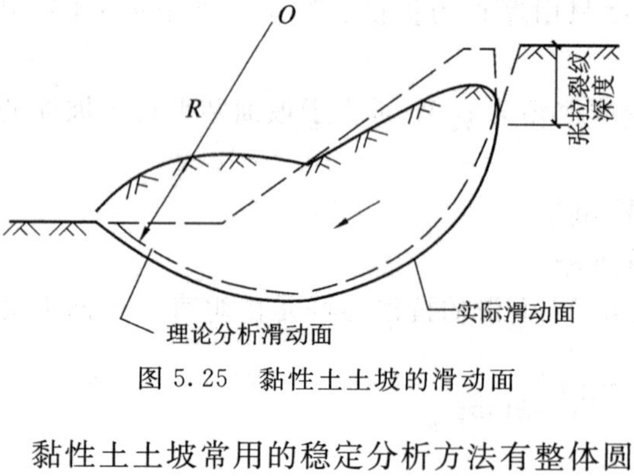

图 5.25 黏性土土坡的滑动面

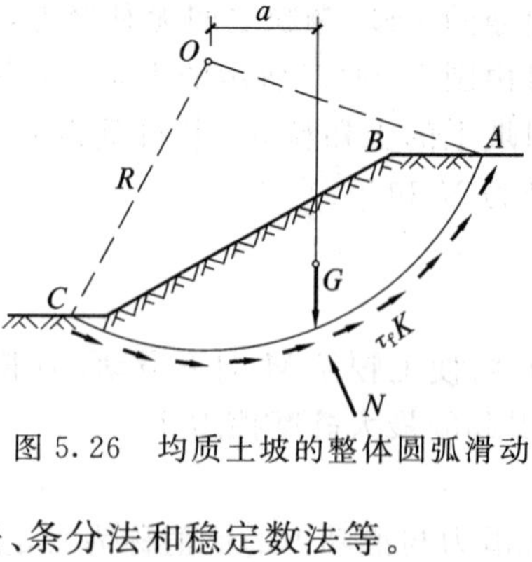

图 5.26 均质土坡的整体圆弧滑动

黏性土土坡常用的稳定分析方法有整体圆弧滑动法、条分法和稳定数法等。

(1)整体圆弧滑动法

对于均质简单土坡,假定土坡失稳破坏时滑动面为一圆柱面,将滑动面以上土体视为刚

体，并以其为脱离体，分析在极限平衡条件下其上作用的各种力，而以整个滑动面上的最大抗滑力矩与滑动力矩之比来定义土坡的稳定安全系数，即

$$K=\frac{\text{抗滑力矩}}{\text{滑动力矩}}=\frac{\tau_f}{\tau} \tag{5.24}$$

如图 5.26 所示土坡，AC 为假定的滑动面，圆心为 O，半径为 R。当土体 ABC 保持稳定时必须满足力矩平衡条件（滑弧上的法向反力 N 通过圆心），故稳定安全系数为

$$K=\frac{\tau_f\cdot\overset{\frown}{AC}\cdot R}{Ga} \tag{5.25}$$

由于计算上述安全系数时，滑动面为任意假定，并不是最危险滑动面，因此所求结果并非最小安全系数。通常在计算时需假定一系列的滑动面，并进行多次试算，计算工作量颇大。为此，W. 费伦纽斯（Fellenius，1927）通过大量计算分析，提出了确定最危险滑动面圆心的经验方法，一直沿用至今。该法主要内容如下：

对于均质黏性土土坡，当土的内摩擦角 $\varphi=0°$ 时，其最危险滑动面常通过坡脚。其圆心位置可由图 5.27(a)中 BO 与 CO 两线的交点确定，图中 β_1 及 β_2 的值可根据坡角由表 5.7 查出。当 $\varphi>0°$ 时，最危险滑动面的圆心位置可能在图 5.27(b)中 EO 的延长线上。自 O 点向外取圆心 O_1、O_2、…分别作滑弧，并求出相应的抗滑安全系数 K_1、K_2、…，然后绘曲线找出最小值，即为所求最危险滑动面的圆心 O_m 和土坡的稳定安全系数 K_{min}。当土坡非均质，或坡面形状及荷载情况比较复杂时，还需自 O_m 作 OE 线的垂线，并在垂线上再取若干点作为圆心进行计算比较，才能找出最危险滑动面的圆心和土坡稳定安全系数。

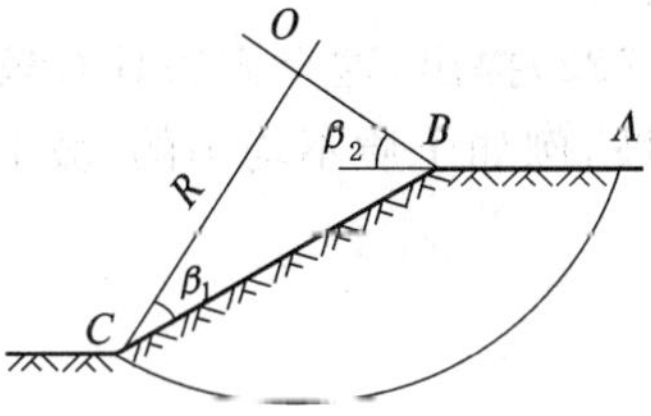

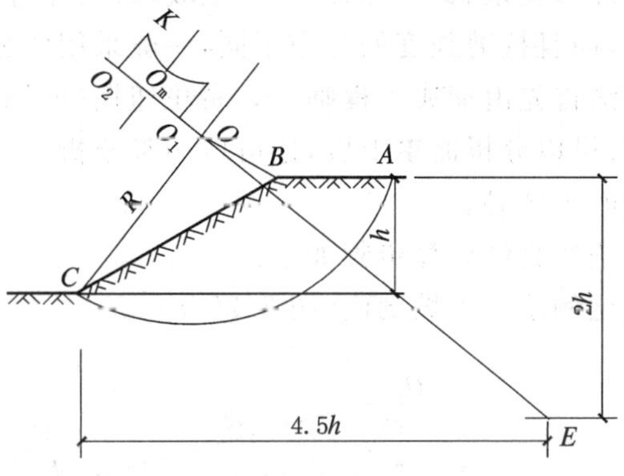

图 5.27　确定最危险滑动面圆心位置示意图

表 5.7　不同边坡的 β_1、β_2 数据表

坡比	坡角	β_1	β_2	坡比	坡角	β_1	β_2
1∶0.58	60°	29°	40°	1∶3	18.43°	25°	35°
1∶1	45°	28°	37°	1∶4	14.04°	25°	37°
1∶1.5	33.79°	26°	35°	1∶5	11.32°	25°	37°
1∶2	26.57°	25°	35°				

当土坡外形和土层分布都比较复杂时，最危险滑动面不一定通过坡脚，此时费伦纽斯法不一定可靠。目前电算分析表明，无论多么复杂的土坡，其最危险滑弧圆心的轨迹都是一条类似

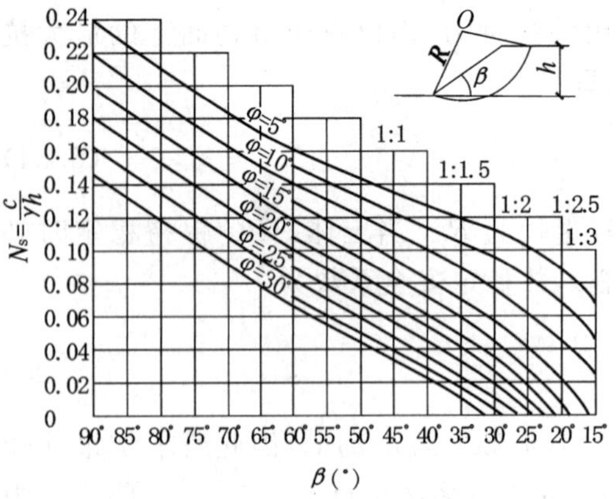

图 5.28 稳定数 N_s 计算图

于双曲线的曲线，位于土坡坡线中心的竖直线与法线之间。若采用电算，可在此范围内有规律地选取若干圆心坐标，结合不同的滑弧弧脚，求出相应滑弧的安全系数，再通过比较求得最小值 $K_{\min}$。但需注意，对于成层土土坡，其低值区不止一个，可能存在多个 $K_{\min}$ 值。

如上所述，土坡的稳定分析大都需经过试算，计算工作量颇大，因此，不少学者提出简化的图表计算法。图 5.28 给出根据计算资料整理得到的极限状态时均质土坡内摩擦角 φ、坡角 β 与稳定数 N_s（数值范围 0～0.25）之间的关系曲线，其中

$$N_s=\frac{c}{\gamma h} \tag{5.26}$$

式中 c——土的黏聚力(kPa)；

γ——土的重度(kN/m^3)；

h——土坡高度(m)。

从图 5.28 中可直接由已知的 c、φ、γ、β 确定土坡极限高度 h，也可由已知的 c、φ、γ、h 及安全系数 K 确定土坡的坡角 β。

(2) 条分法

对于外形复杂、$\varphi>0°$的黏性土土坡，对土体分层时要确定滑动土体的重量及其重心位置比较困难，而且抗剪强度的分布不同，一般采用条分法分析。

条分法首先由瑞典工程师 W. 费伦纽斯(Fellenius，1922)提出，这个方法具有较普遍的意义，它不仅可以分析简单土坡，还可以用来分析非简单土坡，例如土质不均匀的、坡上或坡顶作用有荷载的土坡等。

条分法的具体计算步骤如下：

①按比例绘出土坡剖面[图 5.29(a)]。

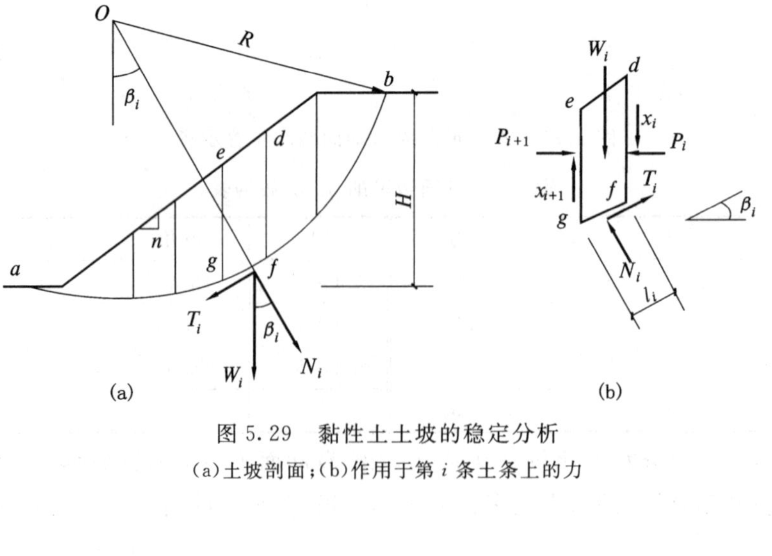

图 5.29 黏性土土坡的稳定分析

(a)土坡剖面；(b)作用于第 i 条土条上的力

②任选一圆心 O，以 $\overline{Ob}$ 为半径作圆弧，$\overset{\frown}{ab}$ 为滑动面，将滑动面以上土体分成几个等宽(不等宽亦可)土条。

③计算每个土条上的力(以第 i 条为例进行分析)。

第 i 条上作用力有(纵向取 1m)：

a. 土条自重(包括土条顶面的荷载)W_i；

b. 作用于滑动面 $\overline{fg}$(简化为平面)上的法向反力 N_i 和剪切力 T_i；

c. 作用于土条侧面 $\overline{df}$ 和 $\overline{eg}$ 上的法向力 P_i、P_{i+1} 和剪力 x_i、x_{i+1}。

这一力系是非静定力系。为简化计算，设 P_i、x_i 的合力与 P_{i+1}、x_{i+1} 的合力相平衡，稳定分析时，不考虑其影响(产生误差为 10%～15%)，这样简化后的结果偏于安全。根据土条静力平衡条件可列出：

$$T_i = W_i \sin\beta_i$$

$$N_i = W_i \cos\beta_i$$

滑动面 $\overline{fg}$ 上应力分别为：

$$\sigma_i = N_i / l_i = \frac{W_i \cos\beta_i}{l_i}$$

$$\tau_i = T_i / l_i = \frac{W_i \sin\beta_i}{l_i}$$

式中，l_i 为 $\overline{fg}$ 的长度，此外构成抗滑力的还有黏聚力 c_i。

④滑动面 $\overset{\frown}{ab}$ 上的总滑动力矩(对滑动圆心)为

$$TR = R\sum_{i=1}^{n} T_i = R\sum_{i=1}^{n} W_i \sin\beta_i$$

⑤滑动面 $\overset{\frown}{ab}$ 上的总抗滑力矩(对滑动圆心)为

$$T'R = R\sum_{i-1}^{n} \tau_{fi} l_i = R\sum_{i=1}^{n} (\sigma_i \tan\varphi_i + c_i) l_i$$

$$= R\sum_{i=1}^{n} (W_i \cos\beta_i \tan\varphi_i + c_i l_i)$$

⑥确定稳定安全系数 K。

总抗滑力矩与总滑动力矩的比值称为稳定安全系数 K，其计算公式为

$$K = \frac{T'R}{TR} = \frac{\sum_{i=1}^{n} (W_i \cos\beta_i \tan\varphi_i + c_i l_i)}{\sum_{i=1}^{n} W_i \sin\beta_i} \tag{5.27}$$

当土坡由不同土层组成时，式(5.27)仍可适用。但使用时要注意：应分层计算土条重量(地下水位以下采用有效重度)，然后叠加；土的黏聚力 c 和内摩擦角 φ 应按滑弧所通过的土层采取不同的指标。

由于滑动圆弧是任意选定的，所以不一定是最危险滑弧，即上述计算的 K 值不一定最小。因此，还必须对其他滑动圆弧(不同圆心位置和不同半径)进行计算，直至求得最小的安全系

数，其对应的滑弧即为最危险滑弧。所以，条分法实际上是一种试算法。由于这种计算的工作量大，目前一般由计算机来完成。即根据具体的边坡和土质，假设滑弧圆心和滑弧半径，在坡体与地基内搜索最危险滑弧，同时确定最小稳定安全系数。

5.5.3 查表确定土质边坡坡度

在工程实践中还可根据《建筑地基基础设计规范》(GB 50007—2011)所列边坡坡度允许值来确定稳定边坡(表 5.8)。

表 5.8 土质边坡坡度允许值

土的类别	密实度或状态	坡度允许值(高宽比)	
		坡高在 5m 以内	坡高为 5～10m
碎石土	密实	1∶0.35～1∶0.50	1∶0.50～1∶0.75
	中密	1∶0.50～1∶0.75	1∶0.75～1∶1.00
	稍密	1∶0.75～1∶1.00	1∶1.00～1∶1.25
黏性土	坚硬	1∶0.75～1∶1.00	1∶1.00～1∶1.25
	硬塑	1∶1.00～1∶1.25	1∶1.25～1∶1.50

注：① 表中碎石土的充填物为坚硬或硬塑状态的黏性土；

② 对于砂土或充填物为砂土的碎石土，其边坡坡度允许值均按自然休止角确定。

学 习 要 求

通过本章的学习，掌握各种土压力的基本概念和常用计算方法，熟悉重力式挡土墙的墙型选择、验算内容和方法，初步具备挡土墙设计的能力。了解土坡稳定的一般知识。

复习思考题

5.1 土压力有哪几种？影响土压力大小的因素是什么？其中最主要的影响因素是什么？

5.2 何谓静止土压力？说明产生静止土压力的条件、计算公式和应用范围。

5.3 何谓主动土压力？产生主动土压力的条件是什么？适用于什么范围？

5.4 何谓被动土压力？什么情况下产生被动土压力？工程上如何应用？

5.5 朗肯土压力理论有何假设条件？适用什么范围？主动土压力系数与被动土压力系数如何计算？

5.6 库仑土压力理论研究的问题是什么？有何假定？适用于什么范围？K_a 与 K_p 如何求得？

5.7 挡土墙有哪几种类型？各有什么特点？各自适用于什么条件？

5.8 挡土墙设计中需要进行哪些验算？要求稳定安全系数多大？采取什么措施可以提高稳定安全系数？

5.9 土坡稳定有何实际意义？影响土坡稳定的因素有哪些？列举出土坡滑动的实例。如何预防土坡发生滑动？

5.10 土坡稳定分析圆弧法的原理是什么？为何要分条计算？最危险滑弧如何确定？

习 题

5.1 已知某挡土墙高度 $H=4.0$m，墙背竖直、光滑。墙后填土表面水平。填土为干砂，重度 $\gamma=18.0\text{kN/m}^3$，内摩擦角 $\varphi=36°$。计算作用在此挡土墙上的静止土压力 E_0；若墙能绕墙顶转动，需移动多大距离才能产生主动土压力 E_a，并计算 E_a 的数值。

（答案：57.6kN/m ；2cm；37.4kN/m。）

5.2 有 6m 高的直立挡土墙，墙后填土是砂土，填土面水平，地下水位在填土面以下 2m。填土的 $\gamma_{sat}=19.8kN/m^3$、$\gamma=18.5kN/m^3$、$\varphi'=34°$、$c'=0kPa$。试画出作用在墙背上的土压力和水压力分布图，并求总压力的大小和作用点：(1)假定墙是刚性的，且无位移产生；(2)假定墙离开填土位移至足够产生朗肯状态。

（答案：$E_1=196.1kN/m$，距底面 1.83m；$E_2=154.7kN/m$，距底面 1.74m。）

5.3 直立挡土墙高 8m。墙后填土分两层：上层土厚 5m，$\gamma=18kN/m^3$，$c=20kPa$，$\varphi=18°$；下层土厚 3m，$\gamma=20kN/m^3$，$c=0kPa$，$\varphi=35°$，填土面水平。绘出沿墙背的朗肯主动土压力分布，并求合力值和作用点位置。

（答案：$E_a=115.5kN/m$，距墙底 1.73m。）

5.4 某挡土墙高 4m，墙背倾角 $\alpha=20°$，填土面坡角 $\beta=20°$，填土的 $\gamma=19kN/m^3$，$c=0kPa$，$\varphi=30°$，填土与墙背的摩擦角 $\delta=15°$。求主动土压力的大小和作用点位置，并求其水平分力和竖直分力。

（答案：$E_{ah}=86.7kN/m$，$E_{av}=60.7kN/m$。）

5.5 已知某混凝土挡土墙设计：墙顶宽度 $b=1.0m$，墙底宽度 $B=5.0m$，墙背倾斜，$\alpha=20°$，墙后填土高 $H=7.0m$，填土表面倾斜 $\beta=6°$。填土为中砂，重度 $\gamma_1=17.0kN/m^3$，内摩擦角 $\varphi_1=30°$。墙前趾埋深 $d=1.5m$，地基为细砂，重度 $\gamma_2=18.0kN/m^3$，内摩擦角 $\varphi_2=20°$。墙底与地基摩擦系数 $\mu=0.4$。计算作用在墙背上的土压力；作用在墙前趾上的土压力，并验算挡土墙抗滑稳定性。

（答案：227kN/m；41.3kN/m；1.09＜1.30，不安全。）

5.6 已知一均匀土坡，坡角 30°，土的重度 $\gamma=16.0kN/m^3$，内摩擦角 $\varphi=20°$，黏聚力 $c=5kPa$。计算此黏性土土坡的安全高度 H。

（答案：12.5m。）

5.7 已知某路基填筑高度 $H=10.0m$，填土的重度 $\gamma=18.0kN/m^3$，内摩擦角 $\varphi=20°$，黏聚力 $c=7kPa$。求此路基的稳定坡角。

（答案：35°。）

5.8 某高层住宅基坑开挖深度 $H=6.0m$，土坡坡度为 1∶1。地基土分两层：第一层为粉质黏土，天然重度 $\gamma_1=18.0kN/m^3$，内摩擦角 $\varphi_1=20°$，黏聚力 $c_1=5.4kPa$，层厚 $h_1=3.0m$；第二层为黏土，重度 $\gamma_2=19.0kN/m^3$，内摩擦角 $\varphi_2=16°$，黏聚力 $c_2=10kPa$，层厚 $h_2=10.0m$。试用圆弧法计算此土坡的稳定性。

（答案：$K\approx1.0$。）

5.9 在某软黏土层中进行开挖，开挖深度可达 9m，黏土的重度 $\gamma=18.3kN/m^3$，不排水剪切强度 $s_u=34kPa$。该软黏土层下卧一硬土层，且位于原始地面以下 12m 深处。土坡滑动时坡脚可能为多大？

（答案：$\beta=69°$。）

5.10 某软黏土的重度 $\gamma=19.2kN/m^3$，不排水剪切强度 $s_u=12kPa$。在该软黏土层中开挖的坡角 $\beta=80°$。开挖深度达到多大时将发生边坡塌陷？滑动面与地面的交点离坡顶边缘的距离为多大？

（答案：$H_c=2.75m$；2.46m。）

5.11 某挡土墙高 5m，墙背竖直光滑，墙后填土面水平并作用均布荷载 $q=32kPa$，墙后填土由两层土组成，第一层土厚 $h_1=2m$，$\gamma_1=18kN/m^3$，$c_1=10kPa$，$\varphi_1=10°$；第二层土厚 $h_2=3m$，$\gamma_2=20kN/m^3$，$c_2=12kPa$，$\varphi_2=12°$，如图 5.30 所示。试利用朗肯土压力理论，求墙背主动土压力 E_a 及其作用点位置，并绘土压力强度分布图。

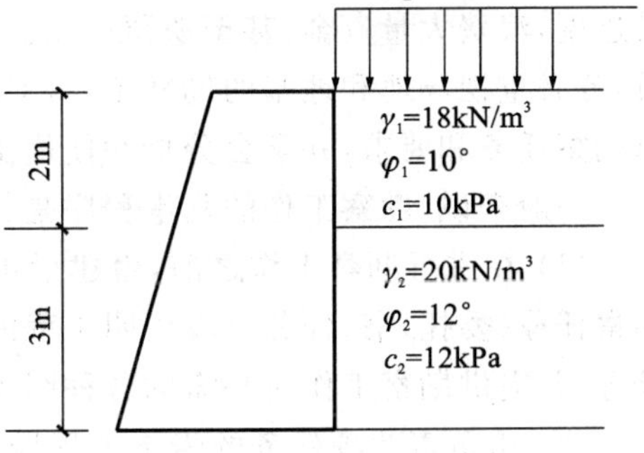

图 5.30 习题 5.11 图

第3篇　岩土工程勘察

6　岩土工程勘察

思政："中国尊"
的勘察工作

本章提要

本章主要介绍岩土工程勘察的目的和任务、岩土工程勘察的基本方法、现场原位测试方法以及岩土工程勘察资料的整理方法。

6.1　概　　述

在兴建任何工程建筑，特别是重大工程建筑之前，都需要进行工程地质勘察工作。工程场地条件复杂多变，且非直观所能了解，因此应对拟建场地进行工程地质勘察，旨在了解建筑场地及其附近的工程地质和水文地质条件，并为建筑场地选择、建筑平面布置、地基与基础设计和施工等提供必要的资料。为工业与民用建筑工程而进行的勘察称为岩土工程勘察(Geotechnical Investigation)。

岩土工程勘察是运用工程地质理论和各种勘察测试技术手段和方法(包括坑探、钻探，室内和现场试验，现场监测)，了解和探明建筑场地和地基的工程地质条件，为建筑物选址、设计和施工提供所需的基本资料，并提出地基和基础设计方案建议。岩土工程勘察是土木工程建设的基础工作，其成果资料是工程项目决策、设计和施工的重要依据。

在工程实践中，地基基础事故较其他事故多。不少地区已有未经勘察而盲目进行地基基础设计和施工造成工程事故的实例。但是，更常见的是贪快图省，勘察不详，结果反而延误建设进度，浪费大量资金，甚至遗留后患。当前，高层建筑日益增多，从事建筑物设计和施工的人员，务必重视场地和地基的勘察工作，对勘察内容和方法有所了解，以便正确地向勘察部门提出勘察任务和要求，并学会分析和使用工程地质勘察报告。

一般来说，勘察工作的基本程序是：

(1) 在进行勘察工作之前，由建设单位和设计单位按工程要求向勘察单位提出岩土工程勘察任务(委托)书，任务书应说明工程的意图、要求提交的勘察报告书内容、提出勘探技术要求等，并提供勘察工作所必需的各种图表资料。

(2) 由负责此项任务的岩土工程勘察主持人根据收集的建筑场地地形图、建筑规划的平面图编制岩土工程勘察纲要并实施。

(3) 由勘察单位整理分析所取得的勘察成果，对场地的工程地质条件作出评价，并以文字和图表等形式向建设单位、设计单位和施工单位提交“岩土工程勘察报告书”，并作为存档长期保存的技术文件。

6.2 岩土工程勘察等级和阶段

6.2.1 岩土工程勘察等级

由于各项工程建设的岩土工程勘察任务大小不同，工作内容、工作量及勘察方法也不一样，包括钻孔的数量、孔探、取原状土试验项目与原位测试种类的多少等。为此，首先要确定岩土工程勘察等级。

岩土工程勘察等级，应根据建筑工程重要性等级、建筑场地等级、建筑地基等级按表 6.1 至表 6.4 综合分析确定。

表 6.1 工程重要性等级

工程重要性等级	工程类型	破坏后果
一级	重要工程	很严重
二级	一般工程	严重
三级	次要工程	不严重

表 6.2 场地复杂程度等级

场地条件	等级		
	一级	二级	三级
建筑抗震稳定性	危险	不利	有利(≤6 度)
不良地质现象发育情况	强烈	一般	不发育
地质环境破坏程度	强烈破坏	一般破坏	未破坏
地形地貌条件	复杂	较复杂	简单
地下水	多层、复杂	基础位于地下水位以下	无影响

表 6.3 地基复杂程度等级

地基条件	等级		
	一级	二级	三级
岩土种类	较多	较多	单一
特殊性岩土	严重湿陷、膨胀、盐渍、污染	有	无

表 6.4 岩土工程勘察等级

等级	工程条件
甲级	在工程重要性、场地复杂程度和地基复杂程度等级中，有一项或多项为一级
乙级	除勘察等级为甲级和丙级以外的勘察项目
丙级	工程重要性、场地复杂程度和地基复杂程度等级均为三级

注：建筑在岩质地基上的一级工程，当场地复杂程度等级和地基复杂程度等级均为三级时，岩土工程勘察等级可定为乙级。

6.2.2 岩土工程勘察阶段的划分及各阶段的勘察要点

现行国家标准《岩土工程勘察规范》(GB 50021—2001)(2009 年版)在总则规定：各项工程建设在设计和施工前，必须按基本建设程序进行岩土工程勘察。岩土工程勘察应按工程建设各阶段的要求，正确反映工程地质资料，查明不良地质作用和地质灾害，精心勘察、分析，提出资料完整、评价正确的勘察报告。

一项工程建设尤其是大型的工程建设，从规划、设计到施工需多次反复论证才能实施，不同的设计阶段对工程地质资料有不同的要求。岩土工程勘察是为工程的设计、施工服务的，必须与工程设计的进度密切配合。工业与民用建筑工程的设计分为场址选择、初步设计和施工图设计三个阶段，所以岩土工程勘察相应地也分为可行性研究勘察、初步勘察、详细勘察三个阶段，对于场地条件复杂或有特殊要求的工程，尚应进行施工勘察。场地较小且无特殊要求的工程可合并勘察阶段。当建筑物平面布置已经确定，且场地或其附近已有岩土工程资料时，可根据实际情况直接进行详细勘察。

(1)可行性研究勘察阶段(Feasibility Stage)

本阶段的主要任务是根据拟建工程的特点和要求，通过勘察对场地稳定性和适宜性作出评价，一般通过取得几个候选场地的工程地质资料进行对比分析和技术经济论证，选择最优的场地和设计方案。

本阶段应进行下列工作：

①搜集区域地质、地形地貌、地震、矿产和附近地区的工程地质资料及当地的建筑经验；

②在充分搜集和分析已有资料的基础上，通过踏勘了解场地的地层、构造、岩石和土的性质，以及不良地质现象和地下水等工程地质条件；

③当拟建场地工程地质条件复杂，已有资料不能符合要求时，应根据具体情况进行工程地质测绘和必要的勘探工作。

根据我国的建设经验，下列地区、地段不宜选为场址：

①不良地质现象发育且对场地稳定性有直接危害或潜在威胁的地区，如泥石流河谷、崩塌、滑坡、土洞、塌陷、岸边冲刷、地下潜蚀等场地；

②地基土性质严重不良的场地，如Ⅲ级自重湿陷性场地、胀缩性强烈的Ⅰ级膨胀土地基、软硬突变的场地；

③对建筑物抗震危险的地段，即地震时可能发生滑坡、崩塌、地裂、泥石流等及发震断裂带上可能发生地表错位的部位；

④洪水或地下水对建筑场地有严重不良影响的地段，如位于洪水淹没区；

⑤地下有尚未开采的有价值矿藏或未稳定的地下采空区。

(2)初步勘察阶段(Preliminary Stage)

这一阶段是在已选定的场址上进行。其主要任务是:通过勘察,对场地内拟建建筑地段的稳定性作出评价,为建筑总平面布置、确定主要建筑物地基基础方案以及对不良地质现象的防治处理提出可靠的工程地质资料。

此阶段的主要工作是:

①搜集拟建工程的有关文件、工程地质和岩土工程资料以及工程场地范围内的地形图;

②初步查明地质构造、地层结构、岩土工程特性、地下水埋藏条件;

③查明场地不良地质现象的成因、分布、规模、发展趋势,并对场地的稳定性做出评价;

④对于抗震设防烈度大于6度的场地,应对场地和地基的地震效应做出初步评价;

⑤季节性冻土地区,应调查场地土的标准冻结深度;

⑥初步判定水和土对建筑材料的腐蚀性;

⑦高层建筑初步勘察时,应对可能采取的地基基础类型、基坑开挖与支护、工程降水方案进行初步分析和评价。

该阶段的勘探工作以钻探和试验为主,应符合下列要求:

①勘探线应垂直地貌单元、地质构造和地层界线布置。

②每个地貌单元均应布置勘探点,在地貌单元交接部位和地层变化较大的地段,勘探点应予加密。

③在地形平坦地区,可按方格网布置勘探点。

④对岩质地基,勘探线和勘探点的布置、勘探孔的深度应根据地质构造、岩体特性、风化情况等,按地方标准或当地经验确定;对土质地基,勘探点、勘探线的间距及孔深按表6.5、表6.6确定。局部异常地段应予加密。

表 6.5 初步勘察勘探线、点间距表

地基复杂程度等级	线距(m)	点距(m)
一级(复杂)	50～100	30～50
二级(中等)	75～150	40～100
三级(简单)	150～300	75～200

表 6.6 初步勘察勘探孔深度表(m)

工程重要性等级	一般性勘探孔	控制性勘探孔
一级(重要工程)	≥15	≥30
二级(一般工程)	10～15	15～30
三级(次要工程)	6～10	10～20

注:① 勘探孔包括钻孔、探井、原位测试孔等。
② 特殊用途的钻孔除外。

当遇到某些情形时,应适当增减勘探孔深度[详见《岩土工程勘察规范》(GB 50021—2001)(2009版)]。

取样和进行原位试验应符合下列要求:

①采取土试样和进行原位测试的勘探点应结合地貌单元、地层结构和土的工程性质布置,

其数量可占勘探点总数的1/4～1/2；

②采取土试样的数量和孔内原位测试的竖向间距，应按地层特点和土的均匀程度确定，每层土均应采取土试样或进行原位测试，其数量不宜少于6个。

(3)详细勘察阶段(Detail Stage)

详细勘察一般是在工程平面位置、地面整平标高、工程规模结构特点已经确定，基础形式已有初步方案的情况下进行的，是各勘察阶段中最重要的一次勘察。详细勘察阶段的主要任务是：按单体建筑物或建筑群提出详细的岩土工程资料和设计、施工所需的岩土参数，为建筑物地基基础设计提供可靠的工程地质依据，并对地基类型、基础形式、地基处理、基坑支护、工程降水和不良地质作用的防治等提出建议。

主要应进行下列工作：

①搜集附有坐标及地形的建筑物总平面图，场区的地面整平标高，建筑物的性质、规模、荷载、结构特点，基础形式、埋置深度，地基允许变形等资料；

②查明不良地质现象的成因、类型、分布范围、发展趋势及危害程度，提出整治方案的建议；

③查明建筑物范围各层岩土的类别、结构、深度、分布、工程特性，计算和评价地基的稳定性、均匀性和承载力；

④对需进行沉降计算的建筑物，提出地基变形计算参数，预测建筑物的变形特征；

⑤查明埋藏的河道、沟浜、墓穴、防空洞、孤石等对工程不利的埋藏物；

⑥查明地下水的埋藏条件，提供地下水位及其变化幅度；

⑦在季节性冻土区，提供场地土的标准冻结深度；

⑧判定地下水和土对建筑材料的腐蚀性。

对抗震设防烈度大于6度的场地，应划分场地类别。对抗震设防烈度大于或等于7度的场地，尚应分析并预测地震效应，判定饱和砂土和粉土的地震液化可能性，并对液化等级作出评价。

如采用桩基础，则需提供桩基设计所需的岩土技术参数，并确定单桩承载力，提出桩的类型、长度和施工方法等建议。

当需进行基坑开挖、支护和降水设计时，应提供为深基坑开挖的边坡稳定计算和支护设计所需的岩土技术参数，论证和评价基坑开挖、降水等对邻近工程和环境的影响。

工程需要时，应论证地基土和地下水在建筑施工和使用期间可能产生的变化及其对工程和环境的影响，提出防治方案、防水设计水位和抗浮设计水位的建议。

该阶段的勘探手段以勘探、原位测试和室内土工试验为主，应符合下列规定：

① 勘探点宜按建筑物周边线和角点布置，对无特殊要求的其他建筑物可按建筑物或建筑群的范围布置。

② 同一建筑范围内的主要受力层或有影响的下卧层起伏较大时，应加密勘探点，查明其变化。

③ 重大设备基础应单独布置勘探点；重大动力机器基础和高耸构筑物，勘探点不应少于3个。

④ 勘探手段宜采用钻探与触探相结合，在复杂地质条件、湿陷性土、膨胀岩土、风化岩和残积土地区，宜布置适量探井。

表 6.7　详细勘察勘探点的间距

地基复杂程度等级	间距(m)
一级(复杂)	10～15
二级(中等)	15～30
三级(简单)	30～50

详细勘察勘探点的间距按表 6.7 确定。

详细勘察的单栋高层建筑勘探点的布置，应满足对地基均匀性评价的要求，且不应少于 4 个；对密集的高层建筑群，勘探点可适当减少，但每栋建筑物至少应有一个控制性勘探点。

勘探孔深应符合下列规定：

① 勘探孔深度应能控制地基主要受力层，当基础底面宽度 $B<5\text{m}$ 时，勘探孔深度一般对条形基础为 $3.0B$，对单独柱基为 $1.5B$，但不应小于 5m。

② 对高层建筑和需作变形计算的地基，控制性勘探孔的深度应超过地基变形计算深度；一般性勘探孔应达到基底下 $(0.5\sim1.0)B$，并深入稳定分布的地层。

③ 对仅有地下室的建筑或高层建筑的裙房，当不能满足抗浮设计要求，需设置抗浮桩或锚杆时，勘探孔深度应满足抗拔承载力评价的要求。

④ 当有大面积地面堆载或软弱下卧层时，应适当加深控制性勘探孔的深度。

⑤ 在上述规定深度内当遇基岩或厚层碎石土等稳定地层时，勘探孔深度应根据情况进行调整。

取样和进行原位测试应符合下列要求：

① 取样和进行原位测试的数量应根据地层结构、地基土的均匀性和设计要求确定，对地基基础设计等级为甲级的建筑物，每栋不应少于 3 个；

② 每个场地每一主要土层的原状土试样或原位测试数据不应少于 6 件(组)；

③ 在地基主要受力层内，对厚度大于 0.5m 的夹层或透镜体，应采取土样或进行原位测试；

④ 当土层性质不均匀时，应增加取土数量或原位测试工作量。

(4)施工勘察(Construction Stage)

施工勘察不是一个固定的勘察阶段，主要是解决施工中遇到的岩土工程问题。对工程重要性等级为甲、乙级的建筑物，应进行施工验槽。基槽开挖后，如果岩土条件与原勘察资料不符，应进行施工勘察。此外，在地基处理及深基开挖施工中，宜进行检验和监测工作；如果施工中出现边坡失稳危险，应查明原因，进行监测并提出处理意见。

6.3　岩土工程勘察方法

6.3.1　勘探

(1) 钻探

用各种钻探工具钻入地基中分层取土进行鉴别、描述和测试的方法称为钻探法。人力钻探工具有洛阳铲、麻花钻、小螺纹钻等。机械钻探的工具是各式钻机，据钻入岩土中的方法可分为冲击、回转、振动与冲洗四种，工程中应根据不同地层类别、土质条件和勘察要求，选用相应的钻进方式。

工程案例：钻探

① 冲击钻探　是利用钻具的自重，以及反复自由下落的冲击力，使钻头冲

击孔底以破碎岩石而逐渐钻进。这种方法适用于砾、卵石层，不能取得完整岩芯，但能保持较大的钻孔口径。

② 回转钻探　利用钻具回转，使钻头的切刀或加研磨材料削磨岩石而不断钻进，机械回转钻进可适用于软硬不同的地层。这种方法能取得原状土和完整岩芯。

③ 振动钻探　利用机械动力所产生的振动力，使土的抗剪强度降低，借振动器和钻具的自重，切削孔底土层而不断钻进。这种方法适用于卵石、漂石、碎石、块石。

④ 冲洗钻探　是通过高压射水破坏孔底土层从而实现钻进。该方法适用于砂层、粉土层和不太坚硬的黏土层，是一种简单快速的钻探方式。

工业与民用建筑勘察常用简易、轻便的 SH-30 回转钻机（图 6.1）采取岩土样，对软土用薄壁取土器，对原状砂土和软黏土需用特制的取土器。

布置于建筑场地内的钻孔，一般分为控制性钻孔（技术孔）和一般性钻孔（鉴别孔）两类。钻进时，仅取扰动土样，用以鉴别土层分布、厚度及状态的钻孔，称为鉴别孔。若按不同的地层和深度采取原状试样，则称为技术孔。原状土样的采取常用取土器。取土器的结构形式，可分为活阀式与球阀式两类，图 6.2 所示是上提活阀式取土器。实践证明，取土器的结构和规格决定了土样保持原状的程度，影响着试样的质量和随后土工试验的可靠性。采取土试样宜用快速静力连续压入法。

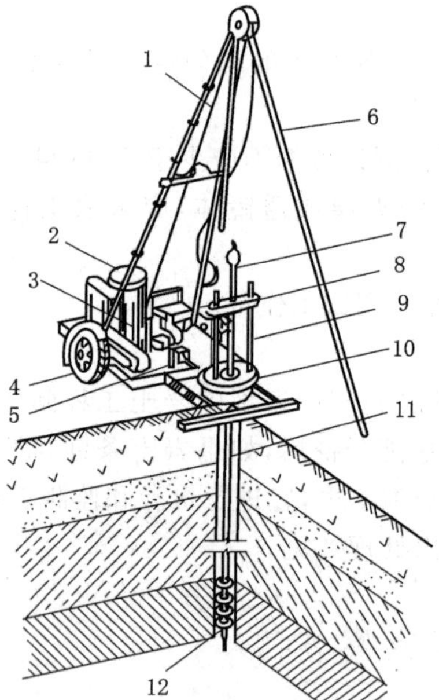

图 6.1　SH-30 型回转钻机

1—钢丝绳；2—汽油机（4.41kW，或电动机 4.5kW）；3—卷扬机；4—车轮；5—变速箱及操纵把；6—四腿支架（高 6m）；7—钻杆；8—钻杆夹；9—拨棍；10—转盘；11—钻孔（ϕ114mm）；12—钻头

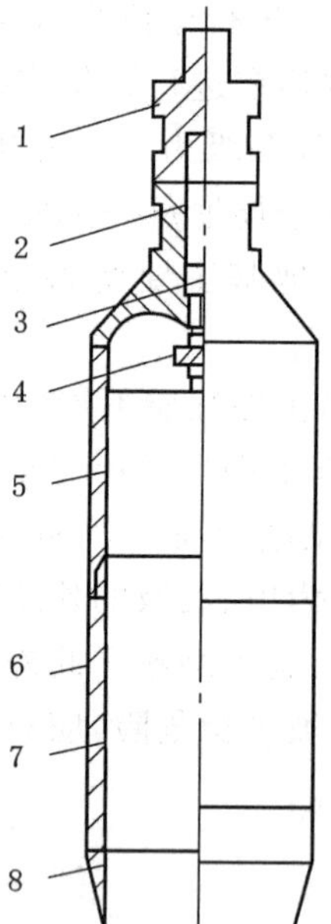

图 6.2　上提活阀式取土器

1—接头；2—连接帽；3—操纵杆；4—活阀；5—余土管；6—衬筒；7—取土管；8—筒靴

在钻进过程中必须认真、细致地做好观测与编录工作，包括岩（土）芯观察、描述和编录，钻孔水文地质观测，钻进动态观察和记录。钻探工作结束后，应进行钻孔资料整理，主要是编制钻孔柱状图。

(2) 井探、槽探和洞探

这类勘探方法又称掘探，是在建筑场地用人工挖掘探井、探槽的方式来探明地表以下浅部的工程地质条件。掘探的特点是使用工具简单、技术要求不高，应用广泛，揭露的面积较大，可直接观察地层结构，采取原状结构试样，并可用来做现场大型原位测试。但勘探深度受到一定限制，一般为5～6m，地下水位以下难以进行。

掘探工程的编录工作除做详细的描述记录外，还要绘制展视图，即按一定的方法绘制坑壁展开的断面图。

(3) 触探

触探是通过探杆用静力或动力将金属探头贯入土层，并量测土对触探头的阻抗能力的指标，从而间接地判断土层及其性质的一类勘探方法和原位测试技术。作为勘探手段，触探可用于划分土层，了解地层的均匀性；作为测试技术，则可估计地基承载力和土的变形指标等。

因触探法无须取原状土做试验，对难以取原状土的水下砂土、软土等，更显示其优越性。触探法无法对地基土定名或绘制地质剖面图，所以无法单独使用，但若与钻探法配合，则可提高勘察的质量和效率。

根据探头的结构和入土方法不同，可分为静力触探和动力触探两类，分述如下：

①静力触探试验

静力触探(CPT)是把具有一定规格的圆锥形探头借助机械匀速压入土层中，测定土层对探头的贯入阻力，以此来间接判断、分析地基土的物理力学性质。

工程案例：手摇静力触探

静力触探头内有阻力传感器(图6.3)，传感器将贯入阻力通过电信号和机械系统传至自动记录仪，并绘出随深度的阻力变化曲线。常用的探头分为单桥探头、双桥探头和孔压探头。

以一个测力电桥来量测阻力的称为单桥探头。单桥探头所测到的是包括锥尖阻力和侧壁摩阻力在内的总贯入阻力 P(kN)，通常用比贯入阻力 p_s(kPa)表示，即

$$p_s = \frac{P}{A} \tag{6.1}$$

式中　A——探头截面面积(m^2)。

以两个测力电桥来测量阻力的探头称为双桥探头，双桥探头可分别测出锥尖总阻力 Q_c(kN)和侧壁总摩阻力 P_f(kN)。通常以锥尖阻力 q_c(kPa)和侧壁摩阻力 f_s(kPa)表示：

$$q_c = \frac{Q_c}{A} \tag{6.2}$$

$$f_s = \frac{P_f}{F_s} \tag{6.3}$$

式中　F_s——外套筒的总表面积(m^2)。

根据锥尖阻力 q_c 和侧壁摩阻力 f_s 可计算同一深度处的摩阻比 R_f 如下：

$$R_f = \frac{f_s}{q_c} \times 100\% \tag{6.4}$$

孔压探头在双桥探头的基础上再安装一种可测孔隙水压

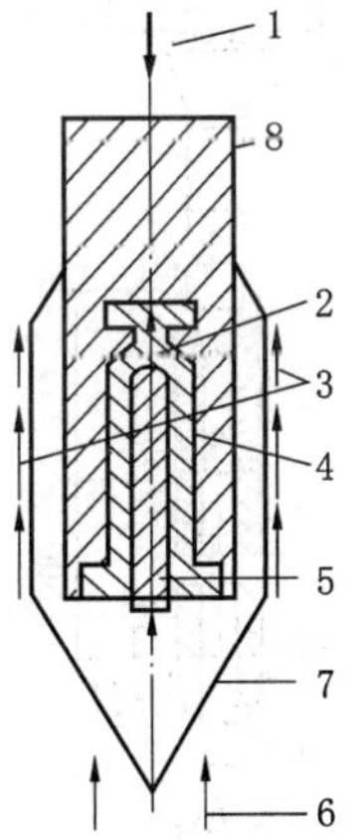

图6.3　触探头工作原理示意图
1—贯入力；2—空心柱；
3—侧壁摩阻力；4—电阻片；
5—顶柱；6—锥尖阻力；
7—探头套；8—探头管

力的装置。

根据试验结果可得到各项阻力随深度的变化曲线(图 6.4)。

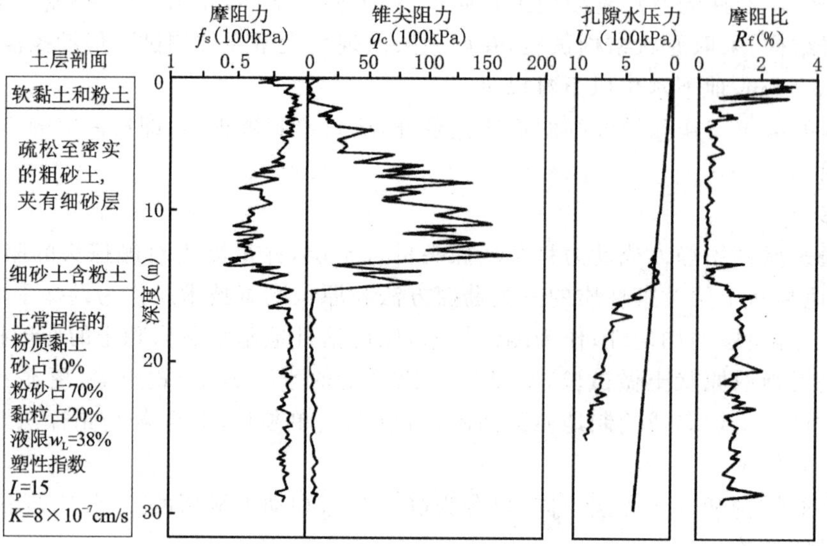

图 6.4 静力触探成果曲线及相应土层剖面图

静力触探具有测试连续、快速、效率高、功能多,兼有勘探与测试双重作用的优点,且测试数据精度高、再现性好。静力触探试验适用于黏性土、粉土、疏松到中密的砂土,但它的缺点是对碎石类土和密实砂土难以贯入,也不能直接观测土层。

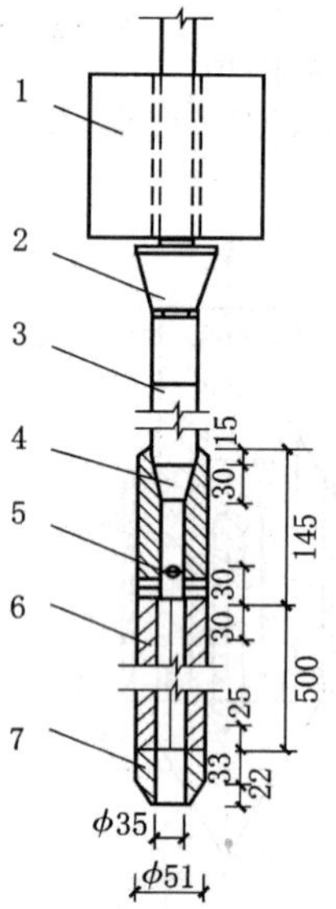

图 6.5 标准贯入试验设备
1—穿心锤;2—锤垫;3—触探杆;4—贯入器头;5—出水孔;6—由两半圆形管合成贯入器身;7—贯入器靴

工程案例:动力触探

②动力触探试验

动力触探主要有圆锥动力触探(DPT)和标准贯入(SPT)两大类,其共同点是利用一定的锤击动能,将一定规格的探头打入土中,根据每打入土中一定深度所需的能量来判定土的性质,并对土进行分层。所需的能量体现了土的阻力大小,一般可以用锤击数来表示。

圆锥动力触探根据锤击能量可以分为轻型(锤质量为 10kg)、重型(锤质量为 63.5kg)和超重型(锤质量为 120kg)三种。标准贯入试验和动力触探的区别主要是它的触探头不是圆锥形的,而是标准规格的圆筒形探头,由两个半圆管合成,常称贯入器。其测试方式也有所不同,采用间歇贯入方法。以下着重介绍标准贯入试验和轻便触探试验。

标准贯入试验设备主要是由贯入器、贯入探杆和穿心锤三部分组成的(图 6.5),锤质量为 63.5kg,在 76cm 的自由落距下,通过圆筒形的贯入器贯入土层 15cm 深,再打入 30cm 深度,以后 30cm 的锤击数称为标贯击数,用 $N_{63.5}$ 来表示,一般写作 N。影响因素有钻杆长度、钻杆连接方式等,因此有时还需对 $N_{63.5}$ 作杆长修正。

由标准贯入试验测得的锤击数 N，可用于确定地基土的承载力、估计土的抗剪强度和黏性土的变形指标、判别黏性土的稠度和砂土的密实度，以及估计地震时砂土液化的可能性。

《建筑地基基础设计规范》(GB 50007—2011)推荐的一种轻便触探试验，其设备简单，操作方便，适用于粉土、黏性土和黏性素填土地基的勘察，但触探深度限于 4m 以内。试验时，先用轻便钻具开孔至被试土层，然后以手提质量为 10kg 的穿心锤，使其以 50cm 的落距自由下落，这样连续冲击，把尖锥头竖直打入土层，每贯入 30cm 的锤击数称为 N_{10}。

应用轻便触探指标 N_{10} 可确定黏性土和素填土的承载力，并可按不同位置的 N_{10} 值的变化情况判定地基持力层的均匀程度。

6.3.2 原位测试和室内试验

测试是岩土勘察工作的重要内容。通过室内试验或现场原位试验，可以取得岩土的物理力学性质和地下水水质等定量指标，以供设计计算时使用。

(1)原位测试

原位测试包括地基载荷试验、静力触探试验、圆锥动力触探试验、标准贯入试验、十字板剪切试验、旁压试验、扁铲侧胀试验、现场直接剪切试验、波速测试、岩体原位应力测试、激振法测试等。有时，还要进行地下水位变化和抽水试验等测试工作。一般来说，原位测试能在现场条件下直接测定土的性质，避免试样在取样、运输以及室内试验操作过程中被扰动后导致测定结果的失真，因而其结果较为可靠。

(2)室内试验

室内试验项目应按岩土类别、工程类型，根据工程分析计算要求确定。

对黏性土、粉土一般应进行天然密度、天然含水率、土粒相对密度、液限、塑限、压缩系数及抗剪强度试验。

对砂土则要求进行颗粒分析，测定天然密度、天然含水率、土粒相对密度及自然休止角等。

对碎石土，必要时可作颗粒分析；对含黏性土较多的碎石土，宜测定黏性土的天然含水率、液限和塑限。必要时可进行现场大体积密度试验。

对岩石一般可做饱和单轴极限抗压强度试验；必要时，还须测定其他岩石的物理力学性质指标。

如需判定场地地下水对混凝土的腐蚀性时，一般可测定下列项目：pH 值，Cl^-、SO_4^{2-}、HCO_3^-、Ca^{2+}、Mg^{2+} 等离子以及游离 CO_2 和侵蚀性 CO_2 的含量。

6.3.3 现场检验和监测

现场检验和监测应在工程施工期间进行。对有特殊要求的工程，应根据工程特点，确定必要的检验和监测项目，在使用期内继续进行。

对地基基础的检验和监测包括：桩基检测、地基处理效果的检验、基坑变形监测、建筑物沉降观测等。

对不良地质作用和地质灾害的监测包括：岩溶土洞、滑坡、崩塌、采空区、区域性地面沉降等。

有些情况下要进行地下水监测，其目的在于研究水位升降对地基变形的影响，或据以判定采取地下室防水或防潮措施的必要性，以及判明水对基础是否具有腐蚀性等。这种监测的时间一般不小于一个水文年。

6.4 岩土工程勘察报告

6.4.1 勘察报告书的编制

勘察成果是以勘察报告(Geological Report)的形式提供的。勘察工作结束后，把取得的野外工作和室内试验的记录和数据以及搜集到的各种资料进行分析整理、检查校对、归纳总结后作出建筑场地的工程地质评价。这些内容，最后以简要明确的文字和图表编成报告书，提供给建设单位、设计单位和施工单位使用，并作为存档长期保存的技术文件。

一个单项工程的勘察报告书一般包括下列内容：

(1)任务要求及勘察工作概况；拟建工程规模、用途；勘察目的、任务要求和依据的技术标准；勘察方法、勘察工作布置与完成的工作量。

(2)场地位置、地形地貌、地质构造、不良地质现象及抗震设防烈度。

(3)场地的地层分布、岩石和土的均匀性、物理力学性质、地基承载力和其他设计计算指标。

(4)地下水的埋藏条件和腐蚀性以及土层的冻结深度。

(5)对建筑场地及地基进行综合的工程地质评价，对场地的稳定性和适宜性作出结论，指出存在的问题和提出有关地基基础方案的建议。

所附的图表可以是下列几种：勘探点平面布置图；钻孔柱状图或综合地质柱状图；工程地质剖面图；土工试验成果表；其他测试成果图表(如现场载荷试验、标准贯入试验、静力触探试验、旁压试验等)。

常用图表的编制方法简述如下：

(1)勘探点平面布置图

勘探点平面布置图是在建筑场地地形图上，把建筑物的位置，各类勘探，测试点的编号、位置用不同的图例表示出来，并注明各类勘探、测试点的标高和深度、剖面线及其编号等。

(2)钻孔柱状图

钻孔柱状图是根据钻孔的现场记录整理出来的。记录中除了注明钻进的工具、方法和具体事项外，其主要内容是关于地层的分布(层面的深度、层厚)及地层的名称和特征的描述。绘制柱状图之前，应根据土工试验成果及保存于钻孔岩芯箱中的土样对分层情况和野外鉴别记录进行认真的校核，并做好分层和并层工作。当测试成果与野外鉴别不一致时，一般应以测试成果为主，只是当试样太少且缺乏代表性时才以野外鉴别为准。绘制柱状图时，应自上而下对地层进行编号和描述，并用一定的比例尺、图例和符号绘图。在柱状图中还应同时标出取土深度、地下水位等资料。

(3)工程地质剖面图

柱状图只反映场地某一勘探点处地层的竖向分布情况，剖面图则反映某一勘探线上地层沿竖向和水平向的分布情况。由于勘探线的布置常与主要地貌单元或地质构造轴线相垂直，或与建筑物的轴线相一致，故工程地质剖面图是勘察报告的最基本图件。

剖面图的垂直距离和水平距离可采用不同的比例尺。绘图时，首先将勘探线的地形剖面线画出，标出勘探线上各钻孔中的地层层面，然后在钻孔的两侧分别标出层面的高程和深度，再将相邻钻孔中相同的土层分界点以直线相连。当某地层在邻近钻孔中缺失时，该层可假定于相邻两孔中间尖灭。剖面图中应标出原状土样的取样位置和地下水位深度。各土层应用一定的图例表示，可以只绘出某一地段的图例，该层未绘出的图例部分可由地层编号识别，这样可使图面更为清晰。在柱状图和剖面图上也可同时附上土的主要物理力学性质指标及某些试验曲线（如静力触探试验和标准贯入试验曲线等）。

(4)综合地质柱状图

为了简明扼要地表示所勘察的地层的层次及其主要特征和性质，可将该区地层按新老次序自上而下以1∶200～1∶50的比例绘成柱状图。图上注明层厚、地质年代，并对岩石或土的特征和性质进行概括性的描述。这种图件称为综合地质柱状图。

(5)土工试验成果总表

土的物理力学性质指标是地基基础设计的重要依据，应将土工试验和原位测试成果汇总列表。

6.4.2 勘察报告实例

现将《某科技园3号标准厂房的地基勘察报告》内容作为实例摘录如下：

(1)勘察的任务、要求及工作概况

根据勘察任务书，按照浅基础和桩基础设计、施工的要求进行一次性详细勘察。勘察工作自××××年×月×日开始，至×月×日完成。完成勘察工作量……

(2)场地描述

本场地位于×市×区××亭西北向约1000m。现为农田，地势平坦，地面标高为5.60m左右。××小平原总体上属溺谷相沉积，本场地由于受近期×湖湖相沉积影响，钻探揭示的上部覆盖层层位变化较大，层层起伏显著……

(3)地层分布

钻探揭示的主要地层自上而下分为六层：

①黏土：顶层0.3～0.5m为耕植土，灰黑色，其下为灰黄色黏土，层厚约2m。黏土的天然含水率在35%左右，呈可塑状、饱和。

②淤泥：呈深灰色，层厚4.9～10.8m，含腐殖物和有机质，局部具有薄粉砂层理。天然含水率均在50%以上，呈流塑状、饱和。

③粉质黏土：灰绿或灰黄色。顶板埋深6.7～12.8m，层厚2.2～8.2m，层位欠稳定。层中多见薄粉砂层理，呈片状结构。天然含水率变化范围为28.3%～39.0%，多呈可塑状、饱和。

④含泥粉砂：灰黄色至浅灰色。顶板埋深13.5～17.2m，层厚4.5～7.9m。含泥量在10%～40%之间变化，平均为25%。平均标贯击数 $N=12$，呈稍密状态。

⑤淤泥质土：深灰或灰褐色。顶板埋深19.2～22.8m，层厚11.9～19.3m。本层上部多见薄粉砂层理，局部含腐殖物，在 Z_8 孔出现厚达3.0m的含泥细砂透镜体。天然含水率变化范围为41%～51%，多呈流塑状，局部为软塑。

⑥砾砂：浅灰至灰白色。顶板埋深34.0～38.2m，各钻孔均未钻穿该层，最大揭示厚度为

8.0m。本层上部含泥量约10%,往深处渐减。平均标贯击数 $N=31$,呈中密或密实状态。

(4)地下水情况

本场区潜水位高程为3.80m,略受季节的影响,但变化不大。根据该场区原有测试资料可知,地下水无腐蚀性。

(5)土层的物理力学性质

土层的物理力学性质详见土工试验成果表。表6.8为部分黏性土层主要试验指标的统计分析结果。这里略去原报告中的其他物质性质指标的统计分析及砂土颗粒级配统计表、标准贯入试验成果表。

(6)地基基础设计建议

根据3号标准厂房的建筑物情况及地基条件,以粉质黏土与含泥粉砂层作为桩基持力层,选用沉管灌注桩或静压桩是适宜的。以砾砂作为桩端持力层,选用长预制桩或冲钻孔灌注桩对建筑物的安全是有利的,但基础造价将明显提高,因而是不太可取的。此外,对淤泥层采用深层搅拌处理后的浅基础方案似乎也值得考虑。实行这一方案时,搅拌桩端部应深入粉质黏土层一定深度。

浅基础和桩基础的设计指标建议值表(略)。

表6.8 主要试验指标统计分析

层号	土类	样本数	统计类别	含水率 w	孔隙比 e	液性指数 I_L	压缩性		快剪强度	
							a_{1-2}	$E_{s(1-2)}$	c	φ
				%			MPa^{-1}	MPa	MPa	°
(1)	黏土	4	平均值	34.9	0.951	0.43	0.39	5.04	31.6	0.8
			标准差	2.81	0.0845	0.115	0.0798	0.827	3.92	1.02
			变异系数	0.0748	0.0678	0.287	0.204	0.164	0.124	1.275
			标准值						28.9	0.8
(2)	淤泥	8	平均值	65.9	1.75	2.04	1.72	1.60	11.9	0
			标准差	6.71	0.174	0.394	0.524	0.565	5.04	
			变异系数	0.102	0.0994	0.193	0.305	0.353	0.424	
			标准值						9.9	0
(3)	粉质黏土	8	平均值	31.6	0.861	0.54	0.29	6.50	30.5	3.6
			标准差	2.93	0.0637	0.213	0.0468	0.915	5.43	1.68
			变异系数	0.0927	0.0740	0.396	0.161	0.141	0.178	0.465
			标准值						28.3	3.6

(7)附表、附图

附表:土工试验成果总表(略);原位测试成果总表(略);

附图:场地位置示意图及钻孔平面布置图(图6.6);工程地质剖面图(图6.7)。

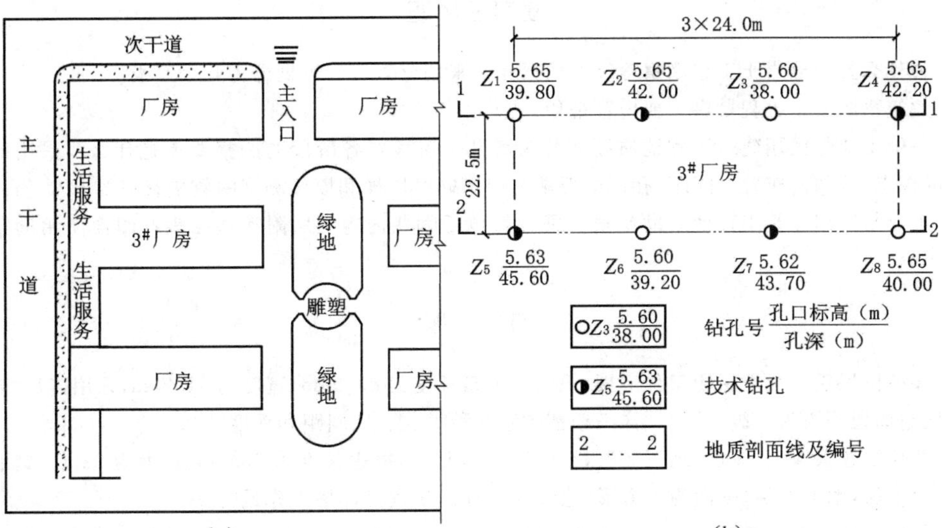

(a) (b)

图 6.6　场地位置及钻孔平面布置图

(a)场地位置示意图(1∶2500)；(b)钻孔平面布置图

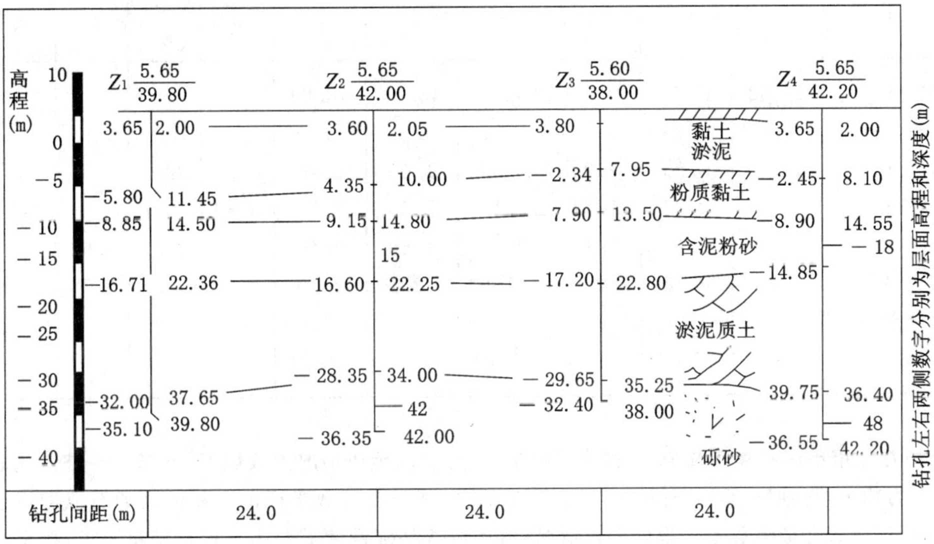

图 6.7　工程地质剖面图

学习要求

通过本章的学习，了解岩土工程勘察的内容，掌握岩土工程勘察报告书的阅读分析方法，能根据具体的工程情况正确布置工程地质勘察任务和要求，根据地质资料合理进行地基基础方案设计和施工。

复习思考题

6.1 为什么要划分岩土工程勘察等级？根据什么来划分等级？可划分为几个等级？

6.2 建筑物的岩土工程勘察主要内容是什么？

6.3 一般工业与民用建筑工程地质勘察分为哪几个阶段？各阶段的勘察要点是什么？采用的手段有何不同？勘探点、线如何布置？间距、孔深的要求有何不同？取样和原位测试的数量有何要求？

6.4 工业与民用建筑工程地质勘察报告书一般包括哪些内容？所附哪些图表？阅读使用勘察报告的重点在哪部分？

习　题

6.1 某单位拟建一幢六层职工住宅楼，规划住宅楼长度为80.00m、宽度为11.28m，采用砖混结构，条形基础。该住宅场地等级为一级，试设计详细勘察的钻孔种类、数量、间距和深度。

6.2 某高层建筑地上23层，地下3层，平面呈对称L形，每边长度为58.0m、宽度为22m。紧贴高层设一大厅，地上1层，地下2层，平面为正方形，边长36.0m。试设计详勘工作量。

6.3 某科研楼东西向长度50.10m，南北向宽度14.00m，总高15.50m，为4层框架结构。场地地形不平，南高北低。按常规在楼房四角与长边中点各布置一个钻孔。地基各土层的厚度如表6.9所示。绘制工程地质剖面图，编制岩土工程勘察成果报告。

表6.9　习题6.3表

钻孔编号	1	2	3	4	5	6	e	w (%)	I_1	N	N_{10}
地面高程(m)	48.62	48.75	48.50	48.80	48.72	48.29					
①杂填土厚(m)	0.30	0.25	0.20	0.30	0.30	0.30					
②粉土厚(m)	0.60	0.80	1.20	0.90	1.00	0.40	0.80	20		7	23
③粉细砂厚(m)	2.50	2.30	1.70	2.10	2.30	2.50	0.69	10.7		13	59
④黏性土厚(m)	2.30	2.10	2.10	2.10	1.60	2.40	0.9	23.3	0.62	7	24
⑤粉质黏土厚(m)	2.70	>1.80	>2.00	>1.90	>2.10	2.70	0.8	23.7	0.75	8	27
⑥粉土厚(m)	>1.50					>1.40	0.7	22		9	34
地下水位(m)	44.78	45.05	44.95	45.10	44.85	44.89					

6.4 拟在某市市区兴建一幢30层楼房。根据当地经验，地质情况大致如下：上部10～15m为较软弱的黏性土，以下为粉土、粉细砂，至45～55 m深度处为基岩，基岩上有数米厚的中粗砂夹卵石或卵石层。下部砂层及砂卵石层中有孔隙承压水。根据上述情况，请从地基基础设计需要出发提出勘察要求，勘察时采用哪些勘察测试手段为宜？

6.5 某多层住宅长60m、宽12m，拟采用条形基础，荷载为400kN/m，建造于河流冲积平原上，地表层有硬壳层，其下为软弱黏性土，埋深10～12m范围内有层位较稳定的砂层分布，抗震设防烈度为7度，请提出勘察方案要点。

第 4 篇　基础工程设计

7　天然地基上浅基础设计

本章提要

本章介绍地基基础的设计原则，重点介绍天然地基上浅基础的类型、基础埋置深度的选择、地基承载力特征值的确定、基础底面尺寸的确定、钢筋混凝土扩展基础的设计，简要介绍柱下条形基础、筏形基础、箱形基础，以及防止不均匀沉降的措施。

思政：古建筑地基的做法

7.1　概　　述

7.1.1　地基基础设计考虑因素

基础设计是建筑结构设计的重要内容之一，设计时必须考虑的因素主要有：

(1)考虑建筑物上部结构的形式、规模、用途、荷载大小与性质、整体刚度，以及对不均匀沉降的敏感性。

(2)研究建筑物下部工程地质条件、地层结构、各土层的物理力学性质、地基承载力，以及地下水位埋深与地下水类型、当地冻深等因素。

一个成功的基础设计还需满足技术合理性、施工可行性、经济性。

地基基础设计，必须坚持因地制宜、就地取材、保护环境和节约资源的原则，根据岩土工程勘察资料，综合考虑结构类型、材料情况与施工条件等因素，精心设计。

7.1.2　地基基础方案的类型

常用的地基基础方案有：

(1)天然地基上浅基础

当建筑场地土质均匀、坚实，性质良好，地基承载力特征值 $f_a>120\text{kPa}$ 时，对于一般多层建筑，可将基础直接做在浅层天然土层上，称为天然地基上浅基础。这种基础埋深不大(一般小于 5m)，只需经过挖槽、排水等普通施工工序就可以建造起来。浅基础的结构类型有无筋扩展基础、柱下条形基础、筏形基础、箱形基础等。

(2)人工地基上浅基础

若建筑地基土层软弱，压缩性高、强度低，无法承受上部结构荷载时，需经过人工加固处理后作为地基，称为人工地基。各种人工加固处理地基的方法，如强夯法、换土法、预压法等，将在第11章中讲解。

(3)深基础

当建筑地基上部土层软弱，或上部结构荷载很大，或相邻建筑不允许开挖基槽施工以及有特殊用途与要求时，可用深基础。通常深基础埋深大于5m，往往采用专门的施工方法和机具建造。深基础的结构类型有桩基础、墩基础、沉井和地下连续墙等，还有深浅结合的基础(如桩-筏、桩-箱基础等)。

以上三种基础方案类型，第一种天然地基上浅基础，技术简单、工程量小、施工方便、造价低廉，应优先选用。只有在天然地基上浅基础无法满足工程的安全或正常使用要求时，才考虑其余方案类型。通常应同时设计2～3个不同方案，进行技术经济比较，从中选用一个最佳方案。

7.1.3 地基基础的设计等级

我国现行《建筑地基基础设计规范》(GB 50007—2011)中，根据地基复杂程度、建筑物规模和功能特征以及因地基问题可能造成建筑物破坏或影响正常使用的程度，将地基基础设计分为三个设计等级(表7.1)。

表7.1 地基基础设计等级

设计等级	建筑和地基类型
甲	重要的工业与民用建筑； 30层以上的高层建筑； 体形复杂，层数相差超过10层的高低层连成一体的建筑物； 大面积的多层地下建筑物(如地下车库、商场、运动场等)； 对地基变形有特殊要求的建筑物； 复杂地质条件下的坡上建筑物(包括高边坡)； 对原有工程影响较大的新建建筑物； 场地和地基条件复杂的一般建筑物； 位于复杂地质条件及软土地区的2层及2层以上地下室的基坑工程； 开挖深度大于15m的基坑工程； 周边环境条件复杂、环境保护要求高的基坑工程
乙	除甲级、丙级以外的工业与民用建筑物； 除甲级、丙级以外的基坑工程
丙	场地和地基条件简单、荷载分布均匀的7层及7层以下民用建筑及一般工业建筑物；次要的轻型建筑物； 非软土地区且场地地质条件简单、基坑周边环境条件简单、环境保护要求不高且开挖深度小于5.0m的基坑工程

根据建筑物地基基础设计等级及长期荷载作用下地基变形对上部结构的影响程度，地基基础设计应符合下列规定：

(1)所有建筑物的地基计算均应满足承载力计算的有关规定。

(2)设计等级为甲级、乙级的建筑物,均应按地基变形设计。

(3)表 7.2 所列范围内设计等级为丙级的建筑物可不作变形验算,如有下列情况之一时,仍应作变形验算:

①地基承载力特征值小于 130kPa,且体形复杂的建筑物。

②在地基上及其附近有地面堆载或相邻基础荷载差异较大,可能引起地基产生过大的不均匀沉降时。

③软弱地基上的建筑物存在偏心荷载时。

④相邻建筑距离近,可能发生倾斜时。

⑤地基内有厚度较大或厚薄不均的填土,其自重固结未完成时。

(4)对经常受水平荷载作用的高层建筑、高耸结构和挡土墙等,以及边坡附近的建筑物和构筑物,尚应验算其稳定性。

(5)基坑工程应进行稳定性验算。

(6)当地下水埋藏较浅,建筑物地下室内或地下构筑物存在上浮问题时,应进行抗浮验算。

表 7.2 可不作变形验算的丙级建筑物范围

<table>
<tr><td rowspan="2">地基主要受力层情况</td><td colspan="3">地基承载力特征值 f_{ak}(kPa)</td><td>$80 \leqslant f_{ak} < 100$</td><td>$100 \leqslant f_{ak} < 130$</td><td>$130 \leqslant f_{ak} < 160$</td><td>$160 \leqslant f_{ak} < 200$</td><td>$200 \leqslant f_{ak} < 300$</td></tr>
<tr><td colspan="3">各土层坡度(%)</td><td>≤5</td><td>≤10</td><td>≤10</td><td>≤10</td><td>≤10</td></tr>
<tr><td rowspan="8">建筑类型</td><td colspan="3">砌体承重结构、框架结构(层数)</td><td>≤5</td><td>≤5</td><td>≤6</td><td>≤6</td><td>≤7</td></tr>
<tr><td rowspan="4">单层排架结构(6m柱距)</td><td rowspan="2">单跨</td><td>吊车额定起重量(t)</td><td>10~15</td><td>15~20</td><td>20~30</td><td>30~50</td><td>50~100</td></tr>
<tr><td>厂房跨度(m)</td><td>≤18</td><td>≤24</td><td>≤30</td><td>≤30</td><td>≤30</td></tr>
<tr><td rowspan="2">多跨</td><td>吊车额定起重量(t)</td><td>5~10</td><td>10~15</td><td>15~20</td><td>20~30</td><td>30~75</td></tr>
<tr><td>厂房跨度(m)</td><td>≤18</td><td>≤24</td><td>≤30</td><td>≤30</td><td>≤30</td></tr>
<tr><td>烟囱</td><td colspan="2">高度(m)</td><td>≤40</td><td>≤50</td><td colspan="2">≤75</td><td>≤100</td></tr>
<tr><td rowspan="2">水塔</td><td colspan="2">高度(m)</td><td>≤20</td><td>≤30</td><td colspan="2">≤30</td><td>≤30</td></tr>
<tr><td colspan="2">容积(m^3)</td><td>50~100</td><td>100~200</td><td>200~300</td><td>300~500</td><td>500~1000</td></tr>
</table>

注:① 地基主要受力层系指条形基础底面下深度为 $3b$(b 为基础底面宽度),单独基础下为 $1.5b$,且厚度均不小于 5m 的范围(二层以下的民用建筑除外)。

② 地基主要受力层中如有承载力特征值小于 130kPa 的土层,表中砌体承重结构的设计应符合《建筑地基基础设计规范》(GB 50007—2011)第七章的有关要求。

③ 表中砌体承重结构和框架结构均指民用建筑;对于工业建筑,可按厂房高度、荷重情况折合成与其相当的民用建筑层数。

④ 表中吊车额定起重量、烟囱高度和水塔容积的数值系指最大值。

7.1.4 地基基础的设计方法

地基基础的设计同上部结构一样,采用以概率理论为基础的极限状态设计方法。根据《建筑地基基础设计规范》(GB 50007—2011)，为了保证建筑物的安全使用，地基基础必须满足下列要求：

(1)承载力要求。必须保证地基在抵抗剪切破坏和防止丧失稳定方面应具有足够的安全度，可表示为

$$p_k \leqslant f_a \tag{7.1}$$

式中 p_k——相应于作用的标准组合时，基础底面处的平均压力值(kPa)；

f_a——修正后的地基承载力特征值(kPa)。

(2)正常使用要求。必须保证地基基础变形值小于地基的允许变形值，可表示为

$$S \leqslant [s] \tag{7.2}$$

式中 S——建筑物地基的变形值；

$[s]$——建筑物地基的允许变形值。

此外，还应满足对基础结构的强度、刚度和耐久性的要求。地基基础的设计使用年限不应小于建筑结构的设计使用年限。

7.1.5 地基基础设计的内容与步骤

(1)选择基础的材料、类型，进行基础平面布置。

(2)选择地基持力层和基础的埋置深度。

(3)计算地基承载力特征值。

(4)按地基承载力(包括持力层和软弱下卧层)确定基础的底面尺寸。

(5)必要时进行地基变形与稳定性验算。

(6)进行基础结构和构造设计。

(7)绘制基础施工图，提出施工说明。

如果步骤(1)～(5)中有不满足要求的情况时，可对基础设计进行调整，如采取加大基础埋置深度 d 或加大基础宽度 b 等措施，直到全部满足要求为止。

7.1.6 地基基础设计所需资料

(1)建筑场地的地形图。

(2)岩土工程勘察成果报告。

(3)建筑物平面图、立面图，荷载，特殊结构物布置与标高。

(4)建筑场地环境，邻近建筑物基础类型与埋深，地下管线分布。

(5)工程总投资与当地建筑材料供应情况。

(6)施工队伍技术力量与工期的要求。

7.2 浅基础的类型

基础应具有承受荷载、抵抗变形和适应环境影响的能力，即要求基础具有足够的强度、刚度和耐久性。浅基础的类型有以下几种分类方法。

7.2.1 按基础材料分类

基础应具有承受荷载、抵抗变形和适应环境影响的能力，即要求基础具有足够的强度、刚

度和耐久性。选择基础材料，首先要满足这些技术要求，并与上部结构相适应。

常用的基础材料有砖、毛石、灰土、三合土、混凝土和钢筋混凝土等。下面简单介绍这些基础的性能和适应性。

(1)砖基础(Brick Foundation)

砖砌体具有一定的抗压强度，但抗拉强度和抗剪强度低。砖基础所用的砖，必须用黏土砖，灰砂砖与轻质砖均不得用于基础，强度等级不低于 MU10，砂浆等级不低于 M5，在地下水位以下或当地基土潮湿时，应采用水泥砂浆砌筑。

在砖基础底面以下，一般应先做 100mm 厚的 C15 混凝土垫层[图 7.1(a)]。砖基础具有能就地取材、价格较低、施工简便的优点，但强度及抗冻性较差，在干燥和温暖的地区应用很广，一般可用于 6 层及 6 层以下的民用建筑和砖墙承重的厂房。

(2)毛石基础(Rock Foundation)

毛石是指未加工的石材。毛石基础[图 7.1(b)]所采用的是未风化的硬质岩石，禁用风化毛石。由于毛石之间间隙较大，如果砂浆黏结的性能较差，则不能用于多层建筑，且不宜用于地下水位以下。但毛石基础的抗冻性能较好，北方也用来作为 7 层以下的建筑物基础。为了保证锁结力，每一阶梯宜用三排或三排以上的毛石。

(3)灰土基础(Ash Foundation)

灰土是用石灰和土料配制而成的。石灰以块状为宜，经熟化 1～2d 后过 5mm 筛立即使用。土料宜采用塑性指数较低的粉土和黏性土，土料团粒应过筛，粒径不得大于 15mm。

石灰和土料按体积配合比为 3∶7 或 2∶8 拌和均匀后，在基槽内分层夯实。灰土基础[图 7.1(d)]宜在比较干燥的土层中使用，其本身具有一定的抗冻性。在我国华北和西北地区，广泛用于 5 层及 5 层以下的民用建筑。

(4)三合土基础(Combine Ash Foundation)

三合土是由石灰、砂和骨料(矿渣、碎砖或碎石)加水混合而成的。施工时石灰∶砂∶骨料按体积配合比为 1∶2∶4 或 1∶3∶6 拌和均匀后再分层夯实。三合土强度较低，一般只用于 4 层及 4 层以下的民用建筑，在我国南方地区常用。

(5)混凝土基础(Concrete Foundation)

混凝土基础[图 7.1(c)]的抗压强度、耐久性和抗冻性比较好，其混凝土强度等级一般为 C15 以上。这种基础常用在荷载较大的墙柱处。如在混凝土基础中埋入体积占 25%～30% 的毛石(石块尺寸不宜超过 30mm)即做成毛石混凝土基础，可节省水泥用量。

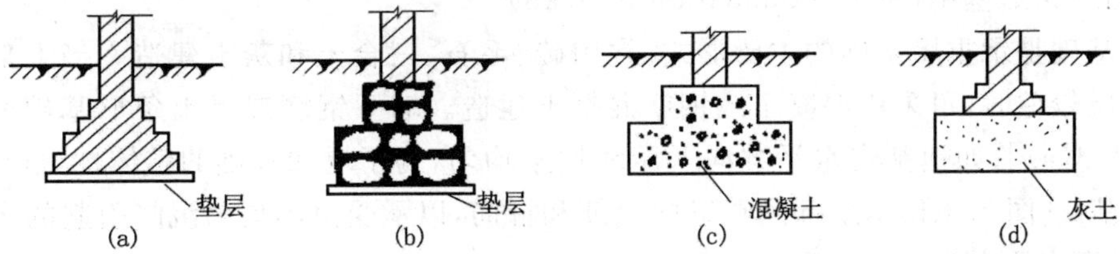

图 7.1 刚性基础

(a)砖基础；(b)毛石基础；(c)混凝土或毛石混凝土基础；(d)灰土或三合土基础

(6)钢筋混凝土基础(Reinforced Concrete Foundation)

钢筋混凝土是基础的良好材料，其强度、耐久性和抗冻性都较理想。由于它承受力矩和剪力的能力较好，故在相同的基底面积下可减少基础高度。因此，常在荷载较大或地基较差的情况下使用，在地表有硬壳层需宽基础浅埋时最常用。

除钢筋混凝土基础外，上述其他各种基础属无筋基础。无筋基础的抗拉、抗剪强度都不高。为了使基础内产生的拉应力和剪应力不大，需要限制基础沿柱、墙边挑出的宽度，因而使基础的高度相对增加，因此，这种基础几乎不会发生挠曲变形。习惯上把无筋基础称为刚性基础，而将由钢筋混凝土材料修建的基础称为柔性基础(扩展基础)。

7.2.2 按结构形式分类

按支承的上部结构形式，基础可分为柱下基础和墙下基础。

(1)柱下独立基础(Individual Foundation of Column)

独立基础是柱基础的主要类型。它所用材料依柱的材料和荷载大小而定，常采用砖、毛石、混凝土、灰土、三合土和钢筋混凝土等。采用钢筋混凝土的柱下独立基础又称为扩展基础。其他的则称为无筋扩展基础。无筋扩展基础适用于多层民用建筑和轻型厂房。

扩展基础又分为现浇和预制两种。现浇柱下钢筋混凝土基础的截面可做成阶梯形[图 7.2(a)]或锥形[图 7.2(b)]。预制柱下的基础一般做成杯形基础[图 7.2(c)]，待柱子插入杯口后，将柱子临时支撑，然后用强度等级 C20 的细石混凝土将柱周围的缝隙填实。杯形基础常用于装配式单层工业厂房。

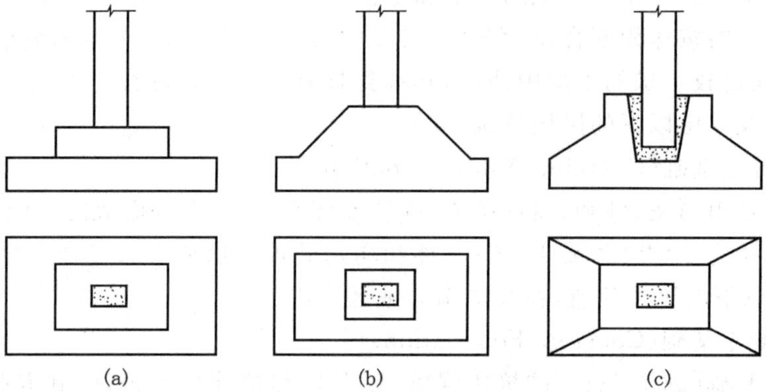

图 7.2 柱下独立基础

(a)阶梯形基础；(b)锥形基础；(c) 杯式基础

(2)墙下条形基础(Strip Foundation of Wall)

条形基础是承重墙基础的主要形式，常用砖、毛石、三合土和灰土建造。当上部结构荷重较大而土质较差时，可采用混凝土或钢筋混凝土建造。墙下钢筋混凝土条形基础一般做成无肋式[图 7.3(a)]；如地基在水平方向上压缩性不均匀，为了增加基础的整体性，也可做成带肋式的条形基础[图 7.3(b)]，肋部配置纵向钢筋和箍筋，以承受由不均匀沉降引起的弯曲应力。

(3)柱下条形基础(Strip Foundation of Column)

当地基软弱而荷载较大，若采用柱下单独基础，基础底面积必然很大，因而互相接近。为增加基础的整体性并方便施工，可将同一排的柱基础连通，做成钢筋混凝土条形基础(图 7.4)。

(4)十字交叉基础(Cross Beam Foundation)

荷载较大的高层建筑，如土质较弱，为了增加基础的整体刚度，减小不均匀沉降，可在柱网下纵横方向设置钢筋混凝土条形基础，形成图 7.5 所示的十字交叉基础。

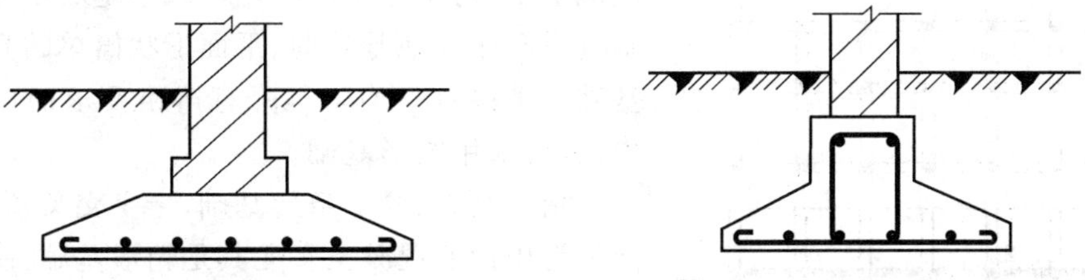

(a) (b)

图 7.3　墙下钢筋混凝土条形基础

(a)无肋式；(b)有肋式

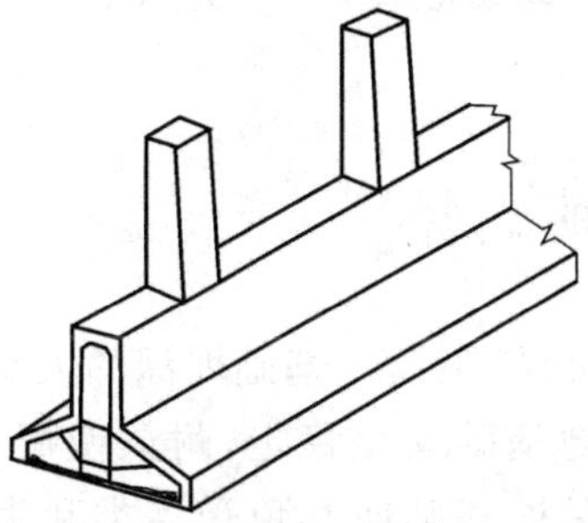

图 7.4　柱下钢筋混凝土条形基础

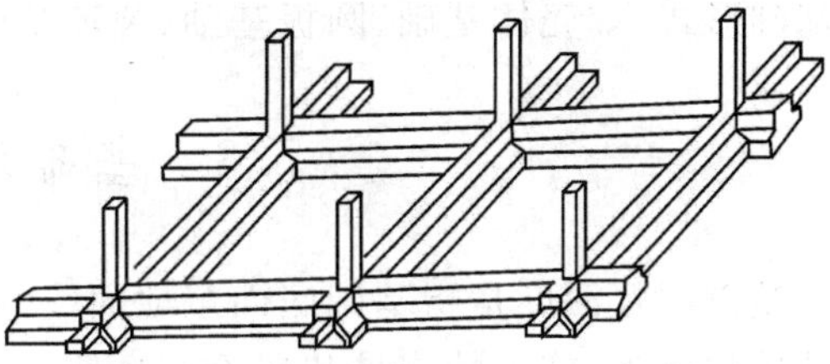

图 7.5　十字交叉基础

(5)筏形基础(Raft Foundation)

如地基软弱而荷载较大，采用十字形基础仍不能满足要求或相邻基槽距离很小时，可采用钢筋混凝土做成整块的筏形基础(图 7.6)。按构造不同，它可分为平板式和梁板式两类。平板式是在地基上做成一块钢筋混凝土底板，柱子直接支立在底板上[图 7.6(a)]。梁板式按梁板的位置不同又可分为两类。图 7.6(b)是在底板上做梁，柱子支承在梁上称上梁式。图 7.6(c)是将梁放在底板的下方称下梁式，其底板表面平整，可作建筑物底层地面。

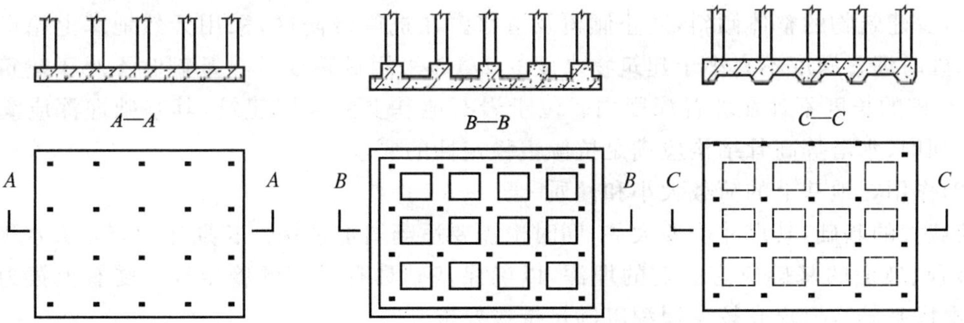

(a) (b) (c)

图 7.6　筏形基础

(a)平板式；(b)上梁式；(c)下梁式

(6) 箱形基础(Box Foundation)

箱形基础(图 7.7)是由钢筋混凝土底板、顶板和纵横交叉的隔墙构成的。底板、顶板和隔

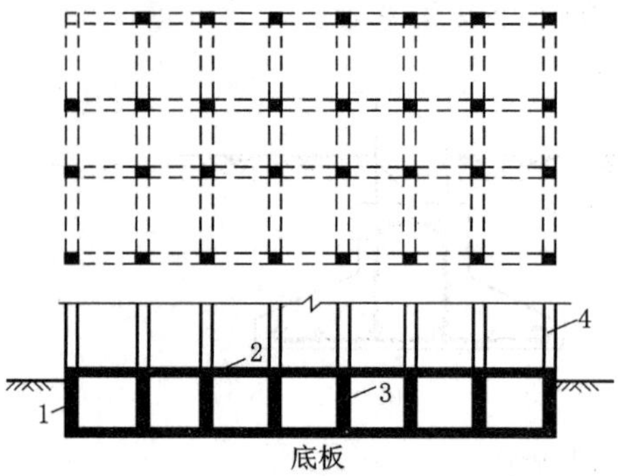

图 7.7　箱形基础

1—外墙；2—顶板；3—内隔墙；4—柱

墙共同工作，具有很大的整体刚度。基础中空部分构成地下室，与实体基础相比可减小基底压力。箱形基础较适合作为地基软弱、平面形状简单的高层建筑物基础。某些对不均匀沉降有严格要求的设备或构造物，也可采用箱形基础。

箱形基础、柱下条形基础、十字交叉基础、筏形基础都需用钢筋混凝土。尤其是箱形基础，使用的钢筋及混凝土量更大。故采用这类基础时，应与其他类型的地基基础（如桩基或人工地基等）作经济、技术比较后确定。

除上述几种基础形式外，在实际工程中还有一些浅基础形式，如壳体基础、圆板基础、圆环基础等。

7.3　基础埋置深度的选择

基础埋置深度是指基础底面至地面（一般指室外地面）的距离。基础埋深的大小关系到地基基础的优劣、施工的难易和造价的高低。在保证建筑物基础安全稳定、耐久使用的前提下，基础尽量浅埋，以节省工程量与投资且便于施工。为了保护基础使其免受人类和生物活动的影响，应将其埋在地表以下，最小埋深为 0.5m，且基础顶面至少应低于设计地面 0.1m，同时又要便于建筑物周围排水的设施布置。

影响基础埋深选择的因素可归纳为以下几个方面：

（1）建筑物的用途、有无地下室、设备基础和地下设施基础的型式和构造

具有地下室或半地下室的建筑物，其基础埋深必须结合建筑物地下部分的设计标高来选定。如果在基础影响范围内有管道或坑沟等地下设施通过时，基础的埋深原则上应低于这些设施的底面，否则应采取有效措施，消除基础对地下设施的不利影响。

对高层建筑物，尤其应该注意到基础的埋置深度必须满足地基承载力、变形和稳定的要求，以减少建筑物的整体倾斜，防止倾覆及滑移。在抗震设防区，采用天然地基上箱形基础和筏形基础时埋置深度不宜小于建筑物高度的 1/15，采用桩箱或桩筏基础时不小于建筑物高度的 1/18，桩的长度不计在埋置深度内。位于岩石地基上的高层建筑，其基础埋深应满足抗滑要求。烟囱、水塔等高耸结构应满足抗倾覆稳定性的要求。

（2）作用在地基上的荷载大小和性质

荷载大的基础，其尺寸需要大些，同时也需要适当增加埋深。长期作用有较大水平荷载和位于坡顶、坡面的基础应有一定的埋深，以确保基础具有足够的稳定性。受有上拔力的基础（如输电塔基础），要求有较大埋深以满足抗拔要求。

（3）工程地质和水文地质条件

工程地质和水文地质条件往往对基础设计方案起着决定性的作用。直接支承基础的土层称为持力层（Bearing Stratum），在持力层下方的土层称为下卧层（Substratum）。为了满足建筑物对地基承载力和地基允许变形值的要求，基础应尽可能埋置在良好的持力层上，由此确定基础的埋置深度。当地基受力层或沉降计算深度范围内存在软弱下卧层时，软弱下卧层的承

载力和地基变形也应满足要求。

实际工程中，常遇到地基上下各层土软硬不相同，这时如何确定基础的埋置深度？此时应根据岩土工程勘察成果报告的地质剖面图，分析各土层的深度、层厚、地基承载力大小与压缩性高低，结合上部结构情况进行技术与经济比较，确定最佳的基础埋深方案。

若地基表层土较好，下层土软弱，则基础尽量浅埋，利用表层好土作为地基持力层。

反之，若表层土软弱，下层土坚实，则需要区别对待。当软弱表层土较薄，厚度小于 2m 时，应将软弱土挖除，将基础置于下层坚实土上。若表层软弱土较厚，厚度达 2～4m 时，低层房屋可考虑扩大基底面积，加强下部结构刚度，把基础做在软土上；对于重要建筑物，应把基础置于下层坚实土上；如上层软弱土很厚，厚度超过 4m 时，挖除软弱土工程量太大，除因建筑物特殊用途需做两层地下室时挖除全部软弱土外，对于多层建筑物来说，通常采用人工加固处理地基或桩基础。

当基础埋置在易风化的岩层上，施工时应在基坑开挖后立即铺筑垫层。

选择基础埋深时还应注意地下水的埋藏条件和动态。对于天然地基上浅基础设计，首先应尽量考虑基础置于地下水位以上，以免施工排水的麻烦。当基础必须埋在地下水位以下时，除应考虑基坑排水、坑壁维护及保护地基土不受扰动等措施外，还要考虑可能出现的其他施工与设计问题：出现涌土、流砂的可能性；地下水对基础材料的化学腐蚀作用；地下室防渗；轻型结构因地下水的浮托引起基础底板的内力等。

当持力层为隔水层（黏土层）而其下方存在承压水层（砂砾石层）时（图 7.8），为了避免开挖基坑时隔水层被承压水冲破，坑底隔水层应有一定的厚度。基坑底土的总覆盖压力应大于承压含水层顶部的水头压力，即

$$\gamma M \geqslant \gamma_w H \tag{7.3a}$$

则

$$M \geqslant \frac{\gamma_w}{\gamma} H \tag{7.3b}$$

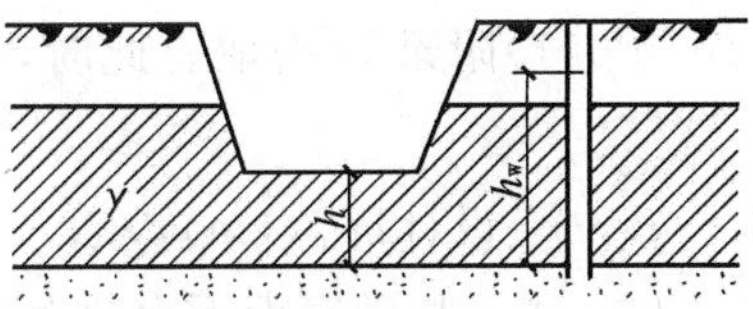

图 7.8　有承压水层时的基坑开挖深度

式中　γ——土的重度（kN/m^3）；

γ_w——水的重度（kN/m^3）；

M——基坑开挖后黏土层的厚度（m）；

H——承压水的上升高度（m）（从隔水层底面算起）。

(4)相邻建筑物基础埋深的影响

靠近原有建筑物修建新基础时，为了不影响原有基础的安全，新基础埋深不宜大于原有的基础，当大于原有建筑基础埋深时，两基础间应保持一定净距，其数值应根据建筑荷载大小、基础形式和土质情况确定（图 7.9）。如不能满足这一要求，施工期间应采取措施。此外，在使用期间，还要注意新基础的荷载是否将引起原有建筑物产生不均匀沉降；当相邻基础必须选择不同埋深时，也可依照图 7.9 所示的原则处理，并尽可能按先深后浅的次序施工。斜坡上建筑物的柱下基础有不同埋深时，应沿纵向做成台阶形，并由深到浅逐渐过渡（图 7.10）。

(5)地基土冻胀和融陷的影响

季节性冻土是冬季冻结、天暖解冻的土层，在我国分布很广。细粒土（粉砂、粉土和黏性土）冻结前的含水率如果较高，而且冻结期间的地下水位低于冻结深度不足 1.5～2.0m 时，则有可能发生冻胀，位于冻胀区内的基础受到的冻胀力如大于基底以上的荷重，基础就有被抬起

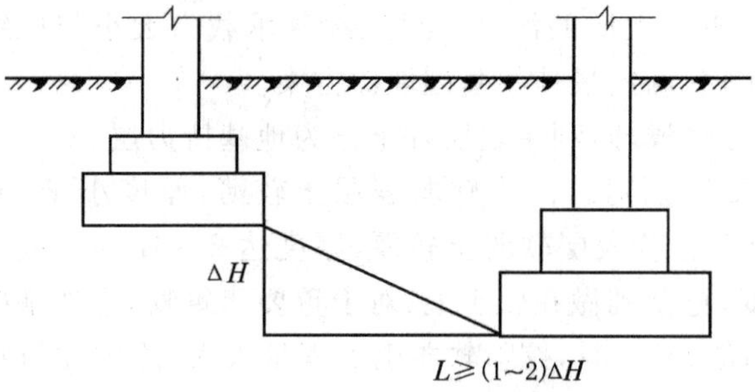

图 7.9　不同埋深的相邻基础

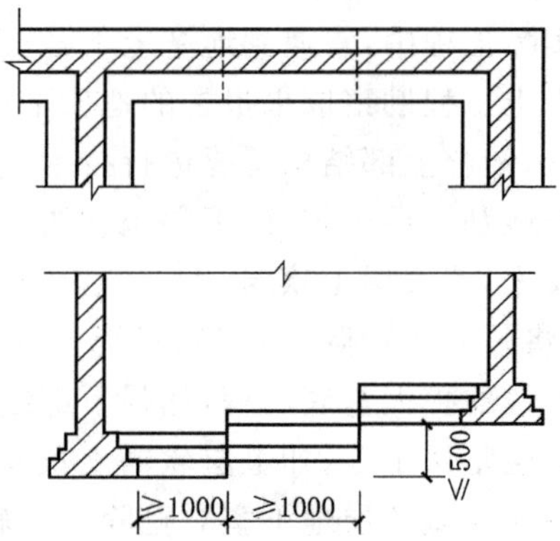

图 7.10　墙基础埋深变化时的台阶做法

的可能，土层解冻融陷，建筑物就随之下沉。地基土的冻胀与融陷一般是不均匀的，容易导致建筑物开裂损坏。

季节性冻土地区基础埋置深度宜大于场地冻结深度。对于深厚季节性冻土地区，当建筑基础底面土层为不冻胀、弱冻胀、冻胀土时，基础埋置深度可以小于场地冻结深度，基底允许的冻土层最大厚度应根据当地经验确定。没有地区经验时可按《建筑地基基础设计规范》(GB 50007—2011)附录 G 查取。此时，基础最小埋深 d_{min} 可按下式计算：

$$d_{min}=z_d-h_{max} \tag{7.4}$$

式中　z_d——设计冻深(m)；

h_{max}——基础底面下允许残留冻土层的最大厚度(m)，可按《建筑地基基础设计规范》(GB 50007—2011)查取。当有充分依据时，可按当地经验确定。

《建筑地基基础设计规范》(GB 50007—2011)还指明应采取的防冻害措施。

7.4　地基承载力特征值

地基承载力是地基所具有的承受荷载的能力。即地基在保证其稳定的前提下，满足各类建筑物变形要求时的承载能力。

地基承载力特征值(Eigenvalue of Bearing Pressure on Foundation)的确定在地基基础设计中是一个非常重要而又十分复杂的问题，它与土的物理力学性质指标有关，而且还与基础型式、底面尺寸、埋深、建筑类型、结构特点和施工等因素有关。确定地基承载力特征值的方法可归纳为以下三类：

(1)根据现场载荷试验的 p-s 曲线或其他原位试验结果确定。

(2)根据地基土强度理论确定。

(3)根据当地工程实践经验确定。

以上三类方法各有所长，互为补充，必要时可按多种方法综合确定。确定的精度宜按建筑物安全等级及地质条件并结合当地经验适当选择：

(1)对于甲级建筑物或地质条件复杂、土质很不均匀的情况，主要采用载荷试验、理论公式计算及其他原位试验方法综合确定。

(2)对于表 7.2 所列的乙级建筑物,可按土的物理力学性质指标、标准贯入、轻便触探等方法或野外鉴别结果确定;其余的乙级建筑物尚应结合强度理论公式计算确定。

(3)对丙级建筑物,可根据邻近建筑物的经验确定。

7.4.1 原位试验法确定地基承载力

原位试验法是一种通过现场直接试验确定承载力的方法,现场直接试验包括(静)载荷试验、静力触探试验、标准贯入试验、旁压试验等,其中载荷试验法为最直接、最可靠的方法。

载荷试验方法在第 3 章中已作介绍。《建筑地基基础设计规范》(GB 50007—2011)采用的载荷试验包括浅层平板载荷试验和深层平板载荷试验。在现场通过一定尺寸的承压板对扰动较少的地基土体直接施荷,所测得的成果一般能反映相当于 1～2 倍承压板宽度的深度以内土体的平均性质。对地基进行载荷试验,整理试验记录可得到图 7.11 所示的荷载 p 与沉降 s 的关系曲线,由此来确定地基承载力特征值。

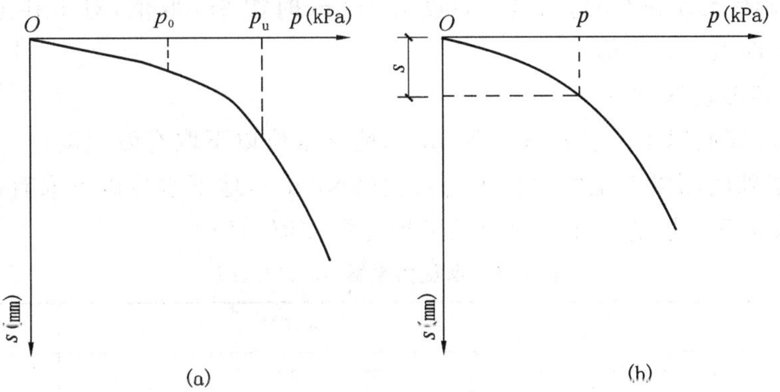

图 7.11 载荷试验确定地基承载力特征值

对于密实砂土、硬塑黏土等低压缩性土,其 p -s 曲线通常有比较明显的起始直线段和极限值,曲线呈“陡降形”,如图 7.11(a)所示。考虑到低压缩性土的承载力基本值一般由强度安全控制,故《建筑地基基础设计规范》(GB 50007—2011)规定取图中的 p_0(比例界限荷载)作为承载力特征值 f_{ak}。

当极限荷载 p_u 小于对应比例界限荷载的 2 倍时,取极限荷载值的一半作为承载力特征值。

对于有一定强度的中、高压缩性土,如松砂、填土、可塑黏土等,p -s 曲线无明显转折点,但曲线的斜率随荷载的增加而逐渐增大,最后稳定在某个最大值,即呈渐进破坏的“缓变形”,如图 7.11(b)所示,当加载板面积为 0.25～0.50m^2 时,可取 s/b=0.01～0.015 所对应的荷载,但其值不大于最大加载量的一半。

同一土层参加统计的试验点数不应少于 3 点,当试验实测值的最大值与最小值的极差不超过平均值的 30%时,取此平均值作为地基承载力特征值 f_{ak}。

7.4.2 理论公式法确定地基承载力

理论公式法是根据土的抗剪强度指标以理论公式计算承载力的方法。关于理论公式，如临塑(界)荷载 p_{cr}(或 $p_{1/4}$)、极限荷载 p_u 等各公式已在第 4 章中阐述。地基从开始出现塑性区到整体剪切破坏，相应的荷载有一个相当大的变化范围，因此，以 p_{cr} 作为地基承载力设计值显得过于保守。实践表明，地基中出现小范围的塑性区域，对安全并无妨碍，而且与极限荷载 p_u 相比，一般具有足够的安全度。一些国家建议采用理论计算的临塑荷载 $p_{1/4}$ 或极限荷载 p_u 除以安全系数后作为地基承载力特征值。

我国《建筑地基基础设计规范》(GB 50007—2011)规定，当荷载偏心距小于或等于 0.033 倍基础底面宽度时，根据浅基础地基的临界荷载 $p_{1/4}$ 的理论公式，确定地基承载力的特征值，可按下式计算：

$$f_a = M_b \gamma b + M_d \gamma_m d + M_c c_k \tag{7.5}$$

式中 f_a——由土的抗剪强度指标确定的地基承载力特征值(kPa)；

M_b、M_d、M_c——承载力系数，由土的内摩擦角标准值查表 7.3 确定；

b——基础底面宽度(m)，当基底宽度大于 6m 时按 6m 取值，对于砂土，基底宽度小于 3m 时按 3m 取值；

d——基础埋置深度(m)；

γ——基础底面以下土的重度(kN/m^3)，地下水位以下取有效重度；

γ_m——基础底面以上土的加权平均重度(kN/m^3)，地下水位以下取有效重度；

c_k——基底下一倍基宽深度内土的黏聚力标准值(kPa)。

表 7.3 承载力系数 M_b、M_d、M_c

φ_k(°)	M_b	M_d	M_c	φ_k(°)	M_b	M_d	M_c
0	0	1.00	3.14	22	0.61	3.44	6.04
2	0.03	1.12	3.32	24	0.80	3.87	6.45
4	0.06	1.25	3.51	26	1.10	4.37	6.90
6	0.10	1.39	3.71	28	1.40	4.93	7.40
8	0.14	1.55	3.93	30	1.90	5.59	7.95
10	0.18	1.73	4.17	32	2.60	6.35	8.55
12	0.23	1.94	4.42	34	3.40	7.21	9.22
14	0.29	2.17	4.69	36	4.20	8.25	9.97
16	0.36	2.43	5.00	38	5.00	9.44	10.80
18	0.43	2.72	5.31	40	5.80	10.84	11.73
20	0.51	3.06	5.66				

注：φ_k 为基底下一倍短边宽深度内土的内摩擦角标准值。

说明：

(1)按理论公式计算地基承载力，关键是土的抗剪强度指标 c_k、φ_k 的取值。对甲级建筑物，要求采取原状土样以三轴剪切试验测定，一般要求在建筑场地范围内布置 6 个以上的取土钻孔，各孔中同一层土的试验不少于三组。对于一般建筑物，如无条件进行三轴剪切试验，也可用直接剪切试验代替。

(2)确定抗剪强度指标 c_k、φ_k 的试验方法必须和地基土的工作状态相适应。

(3)系数 $M_d \geqslant 1$,故承载力随埋深 d 呈线性增加。

(4)式(7.5)仅适用于 $e \leqslant 0.033b$ 的情况,这是因为用该公式确定承载力时相应的理论模式是基底压力呈条形均匀分布。

(5)按式(7.5)求得的承载力确定基础底面尺寸后,还应进行地基变形特征验算。

7.4.3 当地经验法确定地基承载力

当地经验法是一种基于地区的使用经验,是进行类比判断确定承载力的方法。当拟建建筑场地附近已有建筑物时,可调查该建筑物的规模、荷载、地基土层性状、基础型式尺寸和采用的地基承载力数值。对于地基等级为三级、场地等级为三级的中小型工程,可直接采用当地邻近工程经验值。

7.4.4 修正后的地基承载力特征值

当基础宽度大于 3m 或埋深大于 0.5m 时,从载荷试验或其他原位测试、经验值等方法确定的地基承载力特征值,应根据基础的埋深和底面宽度及地基土的性质进行修正:

$$f_a = f_{ak} + \eta_b \gamma (b - 3) + \eta_d \gamma_m (d - 0.5) \tag{7.6}$$

式中 f_a——修正后的地基承载力特征值;

f_{ak}——地基承载力特征值;

η_b、η_d——基础宽度和埋深的地基承载力修正系数,按所求承载力的土层类别查表 7.4 确定;

γ——基础底面以下土的重度(kN/m^3),地下水位以下取浮重度;

γ_m——基础底面以上土的加权平均重度(kN/m^3),位于地下水位以下的土层取浮重度;

b——基础底面宽度(m),当基底宽度小于 3m 时按 3m 考虑,大于 6m 时按 6m 考虑;

d——基础埋置深度(m),一般自室外地面标高算起。在填方整平地区,可自填土地面标高算起,但填土在上部结构施工后完成时,应从天然地面标高算起。对于地下室,如果采用箱形基础或筏形基础时,基础埋置深度自室外地面标高算起;当采用独立基础或条形基础时,应从室内地面标高算起。

表 7.4 承载力修正系数

土的类别		η_b	η_d
淤泥和淤泥质土		0	1.0
人工填土;e 或 $I_L \geqslant 0.85$ 的黏性土		0	1.0
红黏土	含水比 $a_w > 0.8$	0	1.2
	含水比 $a_w \leqslant 0.8$	0.15	1.4
大面积压实填土	压实系数大于 0.95、黏粒含量 $\rho_c \geqslant 10\%$ 的粉土	0	1.5
	最大干密度 $\rho_d > 2.1 \times 10^3 kg/m^3$ 的级配砂石	0	2.0
粉土	黏粒含量 $\rho_c \geqslant 10\%$ 的粉土	0.3	1.5
	黏粒含量 $\rho_c < 10\%$ 的粉土	0.5	2.0

续表 7.4

土的类别	η_b	η_d
e 及 I_L 均小于 0.85 的黏性土	0.3	1.6
粉砂、细砂(不包括很湿与饱和时的稍密状态)	2.0	3.0
中砂、粗砂、砾砂和碎石土	3.0	4.4

注:① 强风化和全风化的岩石,可参照所风化成的相应土类取值,其他状态下的岩石不修正。

② 地基承载力特征值按深层平板载荷试验确定时 $\eta_d=0$。

③含水比是指土的天然含水率与液限的比值。

④大面积压实填土是指填土范围大于两倍基础宽度的填土。

7.4.5 岩石地基承载力

对于完整、较完整、较破碎的岩石地基承载力特征值,可按岩石地基载荷试验方法确定;对破碎、极破碎的岩石地基承载力特征值,可根据平板载荷试验确定。对完整、较完整和较破碎的岩石地基承载力特征值,也可根据室内饱和单轴抗压强度按下式进行计算:

$$f_a=\psi_r \cdot f_{rk} \tag{7.7}$$

式中 f_a——岩石地基承载力特征值(kPa);

f_{rk}——岩石饱和单轴抗压强度标准值(kPa);

ψ_r——折减系数。根据岩体完整程度及结构面的间距、宽度、产状和组合,由地方经验确定。无经验时,对完整岩体可取 0.5;对较完整岩体可取 0.2~0.5;对较破碎岩体可取 0.1~0.2。

注:①上述折减系数值未考虑施工因素及建筑物使用后风化作用的继续。

②对于黏土质岩,在确保施工期及使用期不致遭水浸泡时,也可采用天然湿度的试样,不进行饱和处理。

【例题 7.1】 某工程进行地质勘察,得到如下资料,试求以下基础持力层修正的地基承载力特征值。

第一层土为杂填土,埋深 0.0~1.0m,$\gamma=18\text{kN/m}^3$;

第二层土为粉质黏土,埋深 1.0~5.2m,$\gamma=18.5\text{kN/m}^3$,$e=0.919$,$I_L=0.94$,$f_{ak}=136\text{kPa}$;

第三层土为淤泥质土,埋深 5.2~9.0m,$\gamma=17.8\text{kN/m}^3$,$f_{ak}=80\text{kPa}$;

第四层土为粉砂,埋深 9.0~16.0m,$\gamma=18.9\text{kN/m}^3$, $f_{ak}=156\text{kPa}$。

(1)当基础底面为 2.6m×4.0m 的独立基础,埋深 1.0m;

(2)当基础底面为 9.5m×36m 的箱形基础,埋深 3.5m。

【解】 (1)独立基础下的 f_a

由于第一层土为杂填土,不宜直接作为持力层,而将第二层粉质黏土作为持力层。

基础宽度 $b=2.6\text{m}<3\text{m}$,按 3m 考虑,无须作宽度修正;$d=1.0\text{m}>0.5\text{m}$,持力层粉质黏土 $e=0.919$,$I_L=0.94$,均大于 0.85,查表 7.4 得 $\eta_b=0$,$\eta_d=1.0$。由已知条件知 $\gamma_m=18.0\text{kN/m}^3$,$\gamma=18.5\text{kN/m}^3$,则有:

$$f_a = f_{ak} + \eta_b \gamma (b-3) + \eta_d \gamma_m (d-0.5)$$
$$= 136 + 0 \times 18.5 \times (3-3) + 1.0 \times 18.0 \times (1.0-0.5) = 145\text{kPa}$$

(2)计算箱形基础下的 f_a

基础宽度 $b=9.5\text{m}>6\text{m}$，按 6m 考虑；$d=3.5\text{m}$，持力层仍为粉质黏土，查表 7.4 得 $\eta_b=0$，$\eta_d=1.0$。由已知条件知 $\gamma=18.5\text{kN/m}^3$，$\gamma_m=(18\times1.0+18.5\times2.5)/3.5=18.4\text{kN/m}^3$，则有：

$$f_a = f_{ak} + \eta_b \gamma (b-3) + \eta_d \gamma_m (d-0.5)$$
$$= 136 + 0 \times 18.5 \times (6-3) + 1.0 \times 18.4 \times (3.5-0.5) = 191.2\text{kPa}$$

本题说明：地基承载力特征值不仅与地基土的物理力学性质指标有关，而且还与基础型式、底面尺寸、埋深等因素有关。

7.5 基础底面尺寸的确定

在初步选择基础类型和埋深后，就可以根据持力层承载力特征值计算基础底面的尺寸。如果在地基沉降计算深度范围内，存在承载力显著低于持力层的下卧层，则所选择的基底尺寸尚须满足对软弱下卧层验算的要求。此外，在选择基础底面尺寸后，必要时尚应对地基变形或稳定性进行验算。

7.5.1 按地基持力层的承载力计算基底尺寸

(1)中心受荷基础

图 7.12 所示一独立基础，其埋深为 d，承受作用于基础顶面且通过基础底面中心的竖向荷载 F_k，基础底面积为 A，设计要求基底的平均压力不超过持力层的承载力特征值，即

$$p_k = \frac{F_k + G_k}{A} \leqslant f_a \tag{7.8}$$

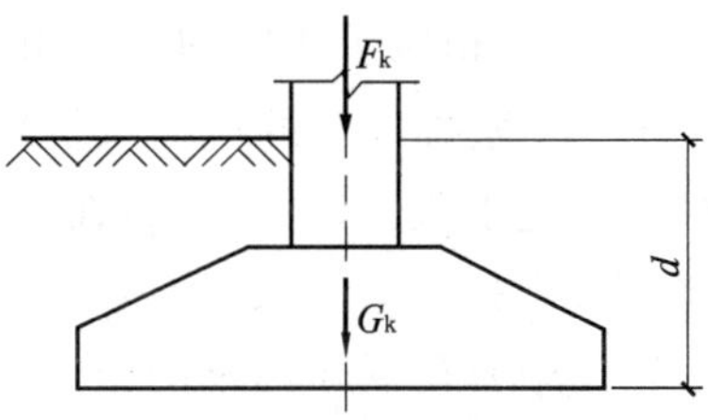

图 7.12 中心受荷独立基础

式中 p_k——相应于作用的标准组合时，基础底面处的平均压力值(kPa)；

F_k——相应于作用的标准组合时，上部结构传至基础顶面的竖向力值(kN)；

f_a——修正后的地基承载力特征值(kPa)；

G_k——基础自重和基础上的土重(kN)。对一般实体基础，可近似取 $G_k=\gamma_G Ad$(γ_G 为基础及回填土的平均重度，取为 20kN/m³)，但在地下水位以下部分应扣去浮托力。

将 $G_k=\gamma_G Ad$ 代入式(7.8)后可得中心荷载作用下基础底面积 A 的计算公式为

$$A \geqslant \frac{F_k}{f_a - \gamma_G d} \tag{7.9}$$

对于独立基础，按式(7.9)计算出 A 后，先选定 b 或 l，确定出 l 和 b 的比值，再计算另一边长，使 $A=lb$，一般取 $l/b=1.0\sim2.0$。

对于条形基础，通常沿长度方向取 1m 进行计算，此时可得基础宽度为

$$b \geqslant \frac{F_k}{f_a - \gamma_G d} \tag{7.10}$$

式中　F_k——基础每米长度上的外荷载(kN/m)。

对于方形基础

$$b = \sqrt{A} \geqslant \sqrt{\frac{F_k}{f_a - \gamma_G d}} \tag{7.11}$$

(2)偏心受荷基础

在工程实践中,有时基础不仅承受竖向荷载,还可能承受上部结构传来的弯矩及水平力作用,如图7.13所示。此时,除应符合式(7.8)外,尚应符合下列公式的要求,即

$$p_{k\max} \leqslant 1.2 f_a \tag{7.12}$$

其中

$$p_{k\max} = \frac{F_k + G_k}{A} + \frac{M_k}{W} \tag{7.13a}$$

$$p_{k\min} = \frac{F_k + G_k}{A} - \frac{M_k}{W} \tag{7.13b}$$

$$p_k = \frac{p_{k\max} + p_{k\min}}{2} \tag{7.13c}$$

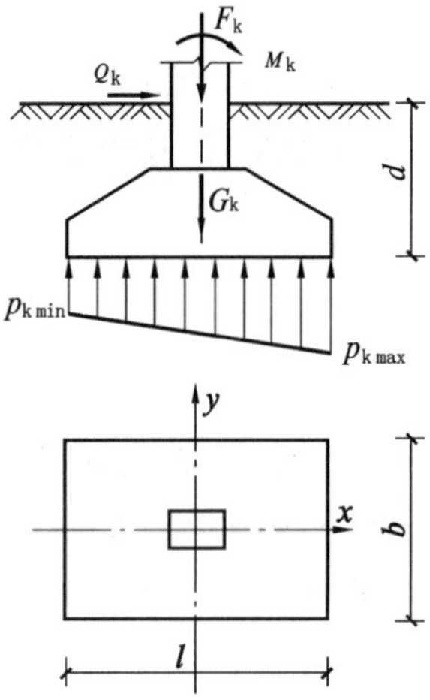

图7.13　偏心荷载作用下的基础

式中　$p_{k\max}$——相应于作用的标准组合时,基础底面边缘的最大压力值(kN);

$p_{k\min}$——相应于作用的标准组合时,基础底面边缘的最小压力值(kN);

M_k——相应于作用的标准组合时,作用于基础底面的力矩值(kN·m);

W——基础底面的截面抵抗矩(cm^3)。

根据上述承载力计算要求,在计算偏心荷载作用下的基础底面尺寸时,通常可按下述逐次渐进试算法进行:

①先按中心荷载作用下的公式(7.9)计算基础底面积 A_0 或宽度 b_0;

②考虑偏心荷载影响,根据偏心距的大小将 A_0 或 b_0 增大10%～40%作为首次试算尺寸 A 或 b,即 $A=(1.1\sim1.4)A_0$;

③根据 A 的大小初步选定矩形基础的底面边长 l 和 b;

④根据已选定的 l 和 b 验算偏心距 e 和基底边缘最大压力;

⑤如满足式(7.12)或稍有富余,则选定的 l 和 b 合适;若不满足要求或基底尺寸选择得太大,则需重新调整 l 和 b 再进行验算。

对于矩形基础,式(7.13a)可改写为:

$$p_{k\max} = p_k\left(1 + \frac{6e}{l}\right) \leqslant 1.2 f_a \tag{7.14}$$

为了保证基础不至于过分倾斜,通常要求偏心距 e 应满足下列条件:

$$e = \frac{M_k}{F_k + G_k} \leqslant \frac{l}{6} \tag{7.15}$$

一般认为,在中、高压缩性土上的基础,或有吊车的工业厂房柱基础,e 不宜大于 $l/6$;对于

低压缩性土上的基础，可适当放宽，但偏心距不得大于 $l/4$。

7.5.2 软弱下卧层的验算

在多数情况下，随着深度的增加，同一土层的压缩性降低，抗剪强度和承载力提高。但在成层地基中，有时却可能遇到软弱下卧层（图 7.14）。如果在持力层以下的地基范围内，存在压缩性高、抗剪强度和承载力低的土层，除按持力层承载力确定基底尺寸外，尚应对软弱下卧层进行验算，要求作用在软弱下卧层顶面处的总应力不超过下卧层的地基承载力特征值，即

$$p_z + p_{cz} \leqslant f_{az} \tag{7.16}$$

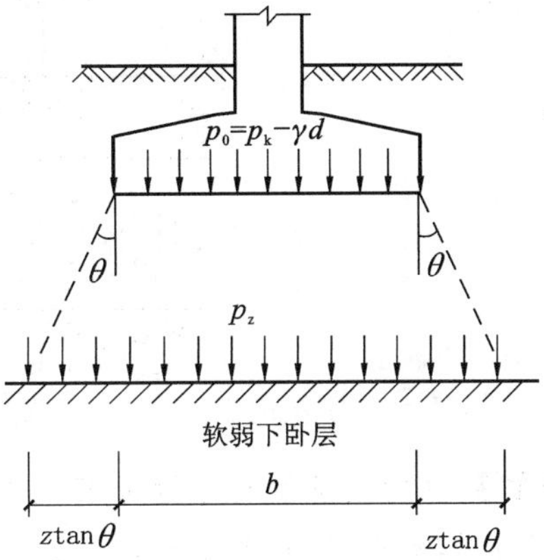

图 7.14 软弱下卧层的验算

式中 p_z——相应于作用的标准组合时，软弱下卧层顶面处的附加压力值（kPa）；

p_{cz}——软弱下卧层顶面处土的自重压力值（kPa）；

f_{az}——软弱下卧层顶面处经深度修正后的地基承载力特征值（kPa）。

对条形基础
$$p_z = \frac{b(p_k - \gamma d)}{b + 2z\tan\theta} \tag{7.17}$$

对矩形基础
$$p_z = \frac{l \cdot b(p_k - \gamma d)}{(b + 2z\tan\theta)(l + 2z\tan\theta)} \tag{7.18}$$

式中 p_k——基底压力平均值（kPa）；

b——条形和矩形基础底面宽度（m）；

l——矩形基础长度（m）；

z——基础底面至软弱下卧层顶面的距离（m）；

θ——地基压力扩散线与垂线的夹角（°），按表 7.5 采用；

d——基础埋深（m，从天然地面算起）；

γ——基础埋深范围内土的加权平均重度（kN/m^3），地下水位以下部分土层取浮重度。

表 7.5 地基压力扩散角

E_{s1}/E_{s2}	$z=0.25b$	$z=0.50b$
3	6°	23°
5	10°	25°
10	20°	30°

注：① E_{s1} 为上层土的压缩模量；E_{s2} 为下层土的压缩模量。

② $z<0.25b$ 时一般取 $\theta=0°$，必要时，宜由试验确定；$z>0.50b$ 时 θ 值不变。

③ 当 $0.25b<z<0.50b$ 时可插值使用。

如果软弱下卧层验算不满足式（7.16）的要求，基础的沉降可能较大，或地基土可能产生剪切破坏。这时应考虑增大基础底面积，或减小埋深。如果这样处理仍未能符合要求，则应考虑另拟地基基础方案。

【例题 7.2】 已知某宾馆设计为框架结构，为独立基础，承受上部荷载 $F_k=2800kN$。基础埋深为 $d=3.0m$。地基土分 4 层，如图 7.15 所示。细砂地基承载力特征值 $f_{ak}=203kPa$。计算基础底面积。

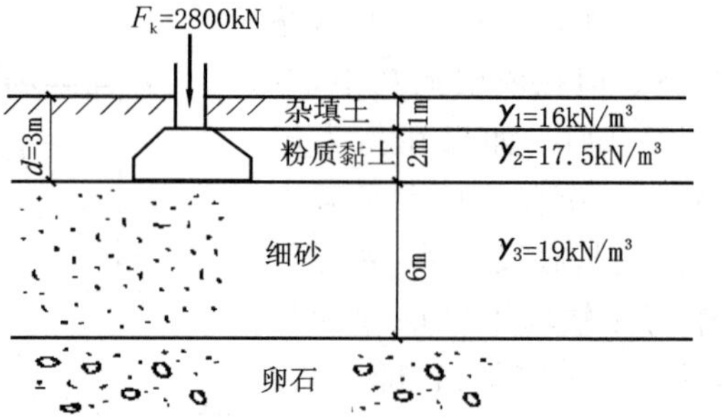

图 7.15 地基土分布情况

【解】 (1)地基承载力特征值修正

由表 7.4 查得细砂 $\eta_b=2.0$，$\eta_d=3.0$。基础埋深范围内地基土的加权平均重度为 $\gamma_m=(16\times1+17.5\times2)/3=17.0kN/m^3$。

先假设基底宽度 $b\leqslant3m$，经深度修正后的地基承载力特征值：

$$f_a=f_{ak}+\eta_d\gamma_m(d-0.5)$$
$$=203+3.0\times17.0\times(3.0-0.5)=330.5kPa$$

(2)基底面积初算

$$A_0\geqslant\frac{F_k}{f_a-\gamma_G d}=\frac{2800}{330.5-20\times3}=10.35m^2$$

采用正方形基础，基底边长 3.2m。因基底宽度超过 3m，地基承载力特征值还需重新进行宽度修正。

(3)地基承载力宽度修正

$$f_a=330.5+\eta_b\gamma(b-3)=330.5+2.0\times19.0\times(3.2-3)=338.1kPa$$

(4)确定基底面积

$$A\geqslant\frac{F_k}{f_a-\gamma_G d}=\frac{2800}{338.1-20\times3}\approx10.1m^2$$

实际采用基底面积为 $3.2\times3.2=10.2m^2>10.1m^2$。

【例题 7.3】 柱截面尺寸 300mm×400mm，作用在柱底的荷载标准值：中心垂直荷载为 700kN，力矩 80kN·m，水平荷载为 13kN，其他参数见图 7.16，试根据持力层地基承载力确定基础底面尺寸。

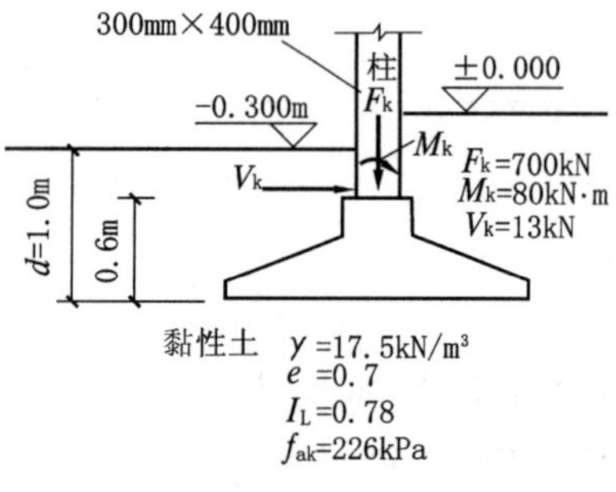

图 7.16 基础和地基参数

【解】 (1)求地基承载力特征值 f_a

根据黏性土 $e=0.7$，$I_L=0.78$，查表 7.4 得 $\eta_b=0.3$，$\eta_d=1.6$。

持力层承载力特征值 f_a(先不考虑对基础宽度进行修正)：

$$f_a=f_{ak}+\eta_d\gamma_m(d-0.5)=226+1.6\times17.5\times(1.0-0.5)$$
$$=240kPa$$

上式 d 按室外地面算起。

(2)初步选择基底尺寸

计算基础和回填土重 G_k 时的基础埋深 $d=\frac{1}{2}\times(1.0+1.3)=1.15\text{m}$。

由公式有：

$$A_0=\frac{700}{240-20\times1.15}=3.23\text{m}^2$$

由于偏心距不大，基础底面积按20%增大，即 $A=1.2A_0=1.2\times3.23=3.88\text{m}^2$。

初步选择基础底面积：

$$A=l\cdot b=2.4\times1.6=3.84\text{m}^2(\approx3.88\text{m}^2)$$

且 $b=1.6\text{m}<3\text{m}$，无须再对 f_a 进行修正。

(3)验算持力层地基承载力

基础和回填土重：

$$G_k=\gamma_G\cdot d\cdot A=20\times1.15\times3.84=88.3\text{kN}$$

偏心距：

$$e_k=\frac{M_k}{F_k+G_k}=\frac{80+13\times0.6}{700+88.3}=0.11\text{m}(<\frac{l}{6}=0.4\text{m})$$

即 $p_{k\,min}>0$ 满足。

基底最大压力：

$$p_{k\,max}=\frac{F_k+G_k}{A}\left(1+\frac{6e_k}{l}\right)=\frac{700+88.3}{3.84}\times\left(1+\frac{6\times0.11}{2.4}\right)=262\text{kPa}<1.2f_a=288\text{kPa}$$

最后，确定该柱基础底面边长 $l=2.4\text{m}$，宽 $b=1.6\text{m}$。

【例题 7.4】 图 7.17 中柱基础荷载标准值 $F_k=1100\text{kN}$，$M_k=140\text{kN}\cdot\text{m}$，若基础底面尺寸 $l\times b=3.6\text{m}\times2.6\text{m}$，试根据图中资料验算基底面积是否满足地基承载力要求。

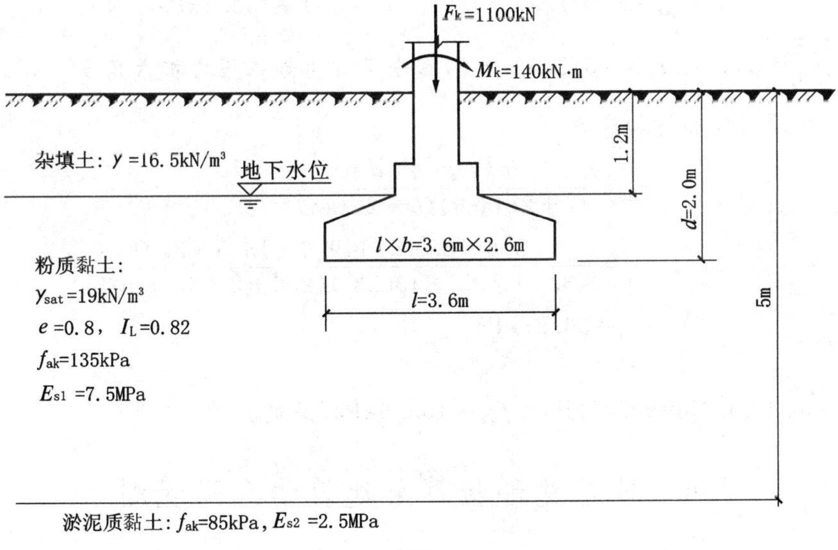

图 7.17 地基及基础参数

【解】 (1)持力层承载力验算

埋深范围内土的加权平均重度：

$$\gamma_{01}=\frac{16.5\times1.2+(19-10)\times0.8}{2.0}=13.5\text{kN/m}^3$$

由粉质黏土 $e=0.8$，$I_L=0.82$，查表 7.4 得 $\eta_b=0.3$，$\eta_d=1.6$。

持力层承载力特征值：

$$f_a=135+1.6\times13.5\times(2-0.5)=167.4\text{kPa}$$

基础和回填土重(0.8m 在地下水中)：

$$G_k=\gamma_G\cdot d\cdot A=(20\times1.2+10\times0.8)\times3.6\times2.6=300\text{kN}$$

偏心距：

$$e_k=\frac{M_k}{F_k+G_k}=\frac{140}{1100+300}=0.1\text{m}$$

持力层承载力验算：

$p_k=\dfrac{F_k+G_k}{A}=\dfrac{1100+300}{3.6\times2.6}=149.6\text{kPa}<f_a$，满足。

$p_{k\max}=\dfrac{F_k+G_k}{A}\left(1+\dfrac{6e_k}{l}\right)=149.6\times(1+0.167)=174.53\text{kPa}<1.2f_a=200.9\text{kPa}$，满足。

$p_{k\min}=149.6\times(1-0.167)=124.7\text{kPa}>0$，满足。

(2)软弱下卧层强度验算

软弱下卧层顶面处自重应力：

$$p_{cz}=16.5\times1.2+(19-10)\times3.8=54\text{kPa}$$

软弱下卧层顶面以上土的加权平均重度：

$$\gamma_{02}=\frac{1.2\times16.5+(19-10)\times3.8}{5}=\frac{54}{5}=10.8\text{kN/m}^3$$

由淤泥质黏土 $f_{ak}=85\text{kPa}$，查表 7.4 得 $\eta_d=1.0$，故有：

$$f_{az}=85+1.0\times10.8\times(5-0.5)=133.6\text{kPa}$$

由 $\dfrac{E_{s1}}{E_{s2}}=\dfrac{7.5}{2.5}=3$，以及 $z/b=3/2.6>0.5$，查表 7.5 得地基压力扩散角 $\theta=23°$。

软弱下卧层顶面处的附加应力：

$$\begin{aligned}p_z&=\frac{lb(p_k-\gamma_{01}d)}{(l+2z\tan\theta)(b+2z\tan\theta)}\\&=\frac{3.6\times2.6\times(149.6-13.5\times2.0)}{(3.6+2\times3\times\tan23°)(2.6+2\times3\times\tan23°)}\\&=36.27\text{kPa}\end{aligned}$$

验算：

$p_{cz}+p_z=54+36.27=90.27\text{kPa}<f_{az}=133.6\text{kPa}$，满足。

7.6 地基变形验算与建筑物沉降观测

7.6.1 地基变形验算

按地基承载力适当选定了基础底面尺寸，一般已可保证建筑物在防止地基剪切破坏方面具有足够的安全度。但是，在荷载作用下，地基沉降总要发生。对于各类建筑结构，如何控制对其不利的沉降形式——地基的特征变形，使之不会导致建筑物开裂损坏、不影响其正常使用，这是地基基础设计必须予以充分考虑的另一基本问题。

在常规设计中，一般都针对建筑物的结构特点、整体刚度和使用要求的不同，计算地基沉降的某一特征值 S，验证其是否超过相应的允许值$[s]$，即满足式(7.2)的要求。

式(7.2)中建筑物地基变形值 S，以对应于作用的准永久组合时(不计入风荷载和地震作用)的附加压力，按第3章阐述的方法计算沉降量后求得。地基特征变形允许值$[s]$的确定涉及的因素很多，它除了要考虑各类建筑物对地基不均匀沉降反应的敏感性及结构强度贮备等有关情况外，还与建筑物的具体使用要求有关。我国《建筑地基基础设计规范》(GB 50007—2011)综合分析了国内外各类建筑物的有关资料，提出了表7.6所列的地基特征变形允许值供设计时采用。对表中未包括的其他建筑物的地基特征变形允许值，可根据上部结构对地基特征变形的适应能力和使用上的要求自行确定。

地基特征变形验算结果如不满足式(7.2)的条件，可以先通过适当调整基础底面尺寸或埋深，如仍不满足要求，再考虑是否可从建筑、结构、施工诸方面采取有效措施以防止不均匀沉降对建筑物的损害，或改用其他地基基础设计方案。

如表7.7所示，地基变形的特征值一般分为：

(1)沉降量—— 基础中点的沉降量；

(2)沉降差——相邻两基础的沉降量之差；

(3)倾斜——基础倾斜方向两端点的沉降差与其距离之比；

(4)局部倾斜——承重砌体沿纵墙6～10m内基础两点的沉降差与其距离之比。

表7.6是《建筑地基基础设计规范》(GB 50007—2011)列出的建筑物地基变形允许值。

表 7.6 建筑物的地基变形允许值

变形特征	地基土类别	
	中、低压缩性土	高压缩性土
砌体承重结构基础的局部倾斜	0.002	0.003
工业与民用建筑相邻柱基的沉降差		
(1)框架结构	$0.002l$	$0.003l$
(2)砌体墙填充的边排柱	$0.0007l$	$0.001l$
(3)当基础不均匀沉降时不产生附加应力的结构	$0.005l$	$0.005l$
单层排架结构(柱距为6m)柱基的沉降量(mm)	(120)	200
桥式吊车轨面的倾斜(按不调整轨道考虑)		
纵向	0.004	
横向	0.003	
多层和高层建筑的整体倾斜 $H_g \leqslant 24$	0.004	
$24 < H_g \leqslant 60$	0.003	
$60 < H_g \leqslant 100$	0.0025	
$H_g > 100$	0.002	
体形简单的高层建筑基础的平均沉降量(mm)	200	

续表 7.6

变形特征		地基土类别	
		中、低压缩性土	高压缩性土
高耸结构基础的倾斜	$H_g \leqslant 20$	0.008	
	$20 < H_g \leqslant 50$	0.006	
	$50 < H_g \leqslant 100$	0.005	
	$100 < H_g \leqslant 150$	0.004	
	$150 < H_g \leqslant 200$	0.003	
	$200 < H_g \leqslant 250$	0.002	
高耸结构基础的沉降量(mm)	$H_g \leqslant 100$	400	
	$100 < H_g \leqslant 200$	300	
	$200 < H_g \leqslant 250$	200	

注:① 有括号者仅适用于中压缩性土。

② l 为相邻柱基的中心距离(mm),H_g 为自室外地面起算的建筑物高度(m)。

表 7.7 地基变形特征分类

地基变形特征指标	图例	计算方法
沉降量	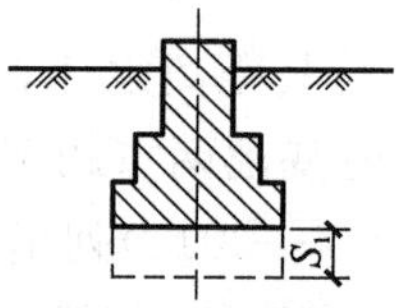	基础中点沉降值 S_1
沉降差	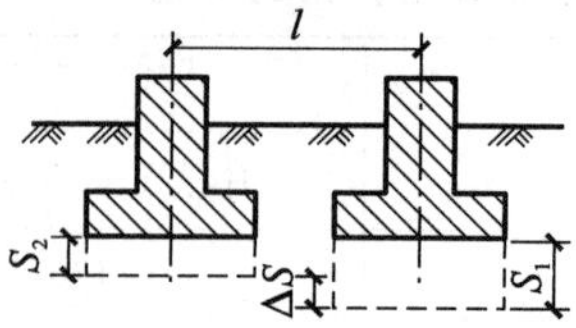	两相邻单独基础沉降值之差 $\Delta S = S_1 - S_2$
倾斜	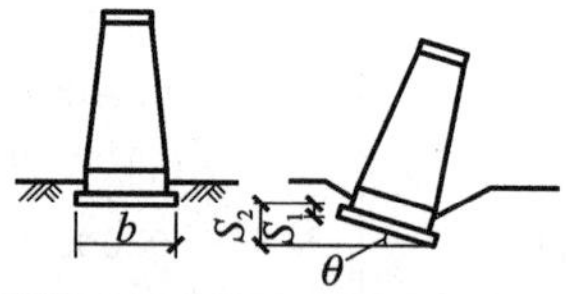	$\tan\theta = \dfrac{S_1 - S_2}{b}$
局部倾斜	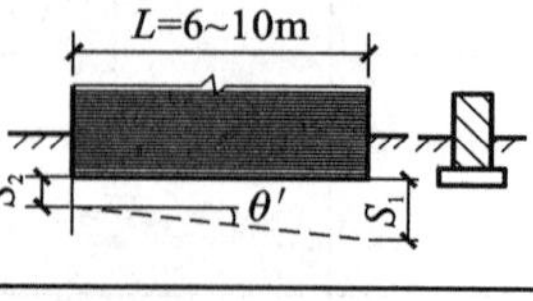	$\tan\theta' = \dfrac{S_1 - S_2}{L}$

对于单层排架结构,在低压缩性地基上一般不会因沉降而损坏,但在中、高压缩性地基上,应该限制柱基沉降量,尤其是多跨排架中受荷载较大的中排柱基的沉降量不宜过大,以免支承于其上的相邻屋架发生对倾而使端部相碰。

对于框架结构,主要因柱基的不均匀沉降使结构受剪扭曲而损坏,所以,设计计算应由沉降差来控制。通常认为,填充墙框架结构的相邻柱基沉降差按不超过 $0.002l$ 设计时是安全的。对于被开窗面积不大的墙砌体所填充的边排柱，尤其是房屋端部抗风柱之间的沉降差，以及当基础不均匀沉降时不产生附加应力的结构相邻柱基的沉降差，也应予以注意。

对于高耸结构以及长高比很小的高层建筑，其地基的主要特征变形是建筑物的整体倾斜。这类结构物的重心高，基础倾斜使重心侧向移动引起的偏心荷载，不仅使基底边缘压力增加而影响倾覆稳定性，还会引起高耸结构（如高烟囱等筒体）的附加弯矩。因此，高耸结构基础的倾斜允许值随结构高度的增加而递减。一般来说，地基土层的不均匀分布以及邻近建筑物的影响是高耸结构物产生倾斜的重要原因，如果地基的压缩性比较均匀，且无邻近荷载的影响，对高耸结构，只要基础中心沉降量不超过表 7.6 的允许值，便可不作倾斜验算。有关文献指出，高层建筑横向整体倾斜允许值主要取决于人们视觉的敏锐程度。倾斜值达到明显可见的程度时大致为 $l/250(0.004l)$，而当倾斜值大致达到 $l/150$ 时结构损坏才开始。

对于有吊车的工业厂房，还应验算桥式吊车轨面纵向或横向的倾斜，以免因倾斜而导致吊车自动滑行或卡轨。

对于砌体承重结构的房屋，一般长高比不大，因地基沉降所引起的损坏，最常见的是房屋外纵墙因相对挠曲引起的拉应变而形成的裂缝，有裂缝呈正“八”字形的墙体正向挠曲（下凹）和呈倒“八”字形的反向挠曲（凸起）。但是，墙体的相对挠曲不易计算，一般以沿纵向一定距离范围（6～10m）内基础两点的沉降差计算局部倾斜量，作为砌体承重墙结构的主要变形特征值。

7.6.2 建筑物沉降观测

由于沉降计算方法误差较大，理论计算结果常和实际产生的沉降有出入，因此，对于重要的建筑物、体形复杂或使用上对不均匀沉降有严格限制的建筑物，应进行施工期间与竣工后使用期间系统的沉降观测。一方面能观测沉降发展的趋势并预估最终沉降量，以便及时研究加固和处理措施；另一方面也可验证地基基础设计计算的正确性，以完善设计规范。

沉降观测点的布置，应根据建筑物体形、结构、工程地质条件等综合考虑，一般设在建筑物四周角点、转角处、中点以及沉降缝和新老建筑物连接处的两侧，或地基条件有明显变化的地段内，测点的间隔距离为 8～12m。

沉降观测应从施工时就开始，民用建筑每增高一层观测一次。工业建筑应在不同的荷载阶段分别进行观测，施工期间观测不应少于 4 次，竣工后逐渐拉开观测间隔时间直至沉降稳定为止。稳定标准为半年的沉降量不超过 2mm。

在必要的情况下，需要分别预估建筑物在施工期间和使用期间的地基变形值，以便预留建筑物有关部分之间的净空，并考虑连接方法和施工顺序。一般认为，砂土地基上的建筑物在施工期间最终沉降量已基本完成，对于高压缩性黏性土，在施工期间仅完成最终沉降量的 5%～20%，还需几十年的时间才能达到稳定。

7.7 地基稳定性计算

地基稳定性可采用圆弧滑动面法进行验算。最危险滑动面上诸力对滑动中心所产生的抗滑力矩与滑动力矩应符合下式要求：

$$M_R/M_S \geqslant 1.2 \tag{7.19}$$

式中 M_S——滑动力矩(kN·m)；

M_R——抗滑力矩(kN·m)。

(1)位于稳定土坡坡顶上的建筑，应符合下列规定：

①对于条形基础或矩形基础，当垂直于坡顶边缘线的基础底面边长小于或等于3m时，其基础底面外边缘线至坡顶的水平距离(图7.18)应符合下式要求，且不得小于2.5m：

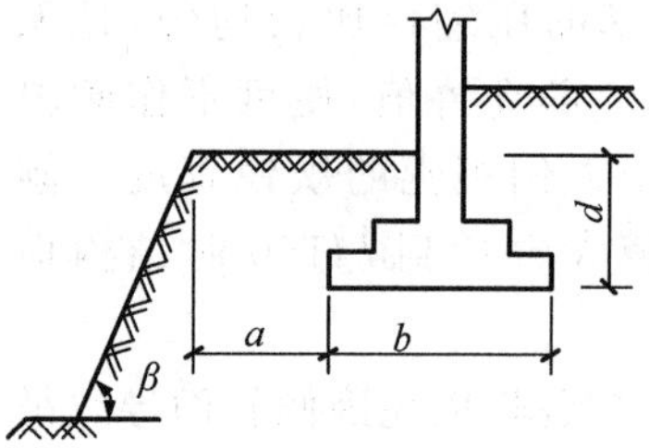

图7.18 基础底面外边缘线至坡顶的水平距离示意图

条形基础

$$a \geqslant 3.5b - \frac{d}{\tan\beta} \tag{7.20a}$$

矩形基础

$$a \geqslant 2.5b - \frac{d}{\tan\beta} \tag{7.20b}$$

式中 a——基础底面外边缘线至坡顶的水平距离(m)；

b——垂直于坡顶边缘线的基础底面边长(m)；

d——基础埋置深度(m)；

β——边坡坡角(°)。

②当基础底面外边缘线至坡顶的水平距离不满足式(7.20a)、式(7.20b)的要求时，可根据基底平均压力按式(7.19)确定基础距坡顶边缘的距离和基础埋深。

③当边坡坡角大于45°、坡高大于8m时，尚应按式(7.19)验算坡体稳定性。

(2)建筑物基础存在浮力作用时应进行抗浮稳定性验算，并应符合下列规定：

① 对于简单的浮力作用情况，基础抗浮稳定性应符合下式要求：

$$\frac{G_k}{N_{w,k}} \geqslant K_w \tag{7.21}$$

式中 G_k——建筑物自重及压重之和(kN)；

$N_{w,k}$——浮力作用值(kN)；

K_w——抗浮稳定安全系数，一般情况下可取1.05。

②抗浮稳定性不满足设计要求时，可采用增加压重或设置抗浮构件等措施。在整体满足抗浮稳定性要求而局部不满足时，也可采用增加结构刚度的措施。

7.8 无筋扩展基础设计

无筋扩展基础是指由砖、毛石、混凝土和毛石混凝土、灰土和三合土等材料组成的墙下条形基础或柱下独立基础。无筋扩展基础适用于多层民用建筑和轻型厂房。

无筋扩展基础的抗压强度高而抗拉强度和抗剪强度较低，因此必须控制基础内的拉应力和剪应力，使其不超过材料强度。如图7.19所示，基础底面宽度为b、高度为H_0，基础台阶挑出墙或柱外的长度为b_2。基础顶面与基础墙或柱的交点的垂线与压力线的夹角称为压力角，无筋扩展基础中压力角的极限值称为刚性角，它随基础材料不同而有不同的数值。由此可知，无筋扩展基础是指将基础尺寸控制在刚性角限定的范围内，一般由基础台阶的宽高比控制，即要求：

$$\frac{b-b_0}{2H_0} \leqslant \left[\frac{b}{h}\right] = \tan\alpha \tag{7.22a}$$

或

$$H_0 \geqslant \frac{b-b_0}{2\tan\alpha} \tag{7.22b}$$

式中 α——基础的压力角(°)；

b——基础底面宽度(m)；

b_0——基础顶面的墙体宽度或柱脚宽度(m)；

H_0——基础高度(m)；

$\left[\frac{b}{h}\right]$——基础台阶宽高比的允许值，可按表 7.8 选用。

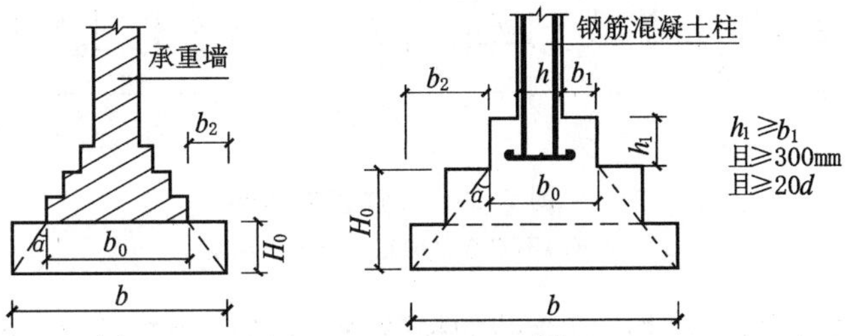

图 7.19 无筋扩展基础构造示意图

(a)上部为承重墙；(b)上部为钢筋混凝土柱

d—柱中纵向钢筋直径

表 7.8 无筋扩展基础台阶宽高比的允许值

基础材料	质量要求	台阶宽高比的允许值		
		$p_k \leqslant 100$	$100 < p_k \leqslant 200$	$200 < p_k \leqslant 300$
混凝土基础	C15 混凝土	1∶1.00	1∶1.00	1∶1.25
毛石混凝土基础	C15 混凝土	1∶1.00	1∶1.25	1∶1.50
砖基础	砖不低于 MU10、砂浆不低于 M5	1∶1.50	1∶1.50	1∶1.50
毛石基础	砂浆不低于 M5	1∶1.25	1∶1.50	—
灰土基础	体积比为 3∶7 或 2∶8 的灰土，其最小干密度：粉土 1.55×10^3kg/m^3；粉质黏土 1.50×10^3kg/m^3；黏土 1.45×10^3kg/m^3	1∶1.25	1∶1.50	—
三合土基础	体积比为 1∶2∶4～1∶3∶6(石灰∶砂∶骨料)，每层约虚铺 220mm，夯至 150mm	1∶1.50	1∶2.00	—

注：① p_k 为作用的标准组合时基础底面处的平均压力值(kPa)。

② 阶梯形毛石基础的每阶伸出宽度，不宜大于 200mm。

③ 当基础由不同材料叠合组成时，应对接触部分作抗压验算。

④ 混凝土基础单侧扩展范围内，基础底面处的平均压力值超过 300kPa 的混凝土基础，尚应进行抗剪强度验算；对基底压力集中于立柱附近的岩石地基，应进行局部受压、承载力验算。

为了施工方便，基础通常做成台阶形，各级台阶的内缘与刚性角的斜线相交是安全的[图 7.20(b)]，假如台阶位于斜线以外则是不安全的[图 7.20(a)]。由式(7.21)可知，在确定的基础底面尺寸条件下，基础高度可能会大于基础埋深，这是不允许的。此时应选择刚性角较大的材料做基础，如仍不满足，则可采用柔性基础。

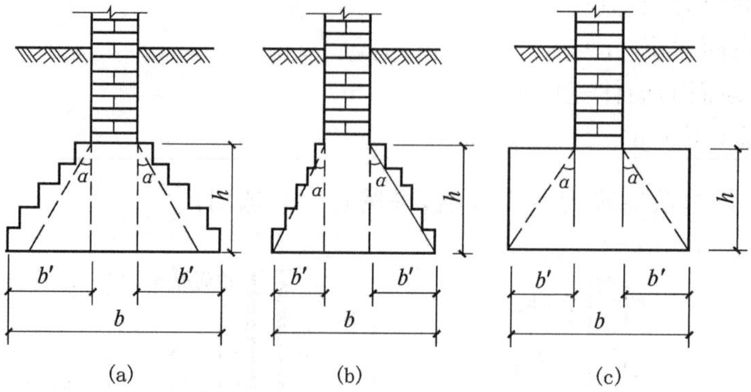

图 7.20　无筋扩展基础

(a)不安全；(b)正确；(c)不经济

对于砖基础，各部分的尺寸应符合砖的模数，标准砖的规格为 240mm×115mm×53mm，一般做成台阶式，称为“大放脚”。每一台阶挑出的长度为砖长的 1/4(即 60mm)。为保证基础外挑部分在基底反力作用下不致发生破坏，大放脚的砌法有“两皮一收”和“二、一间隔收”两种(图 7.21)。“两皮一收”是每砌两皮砖，收进 1/4 砖长；“二、一间隔收”是砌两皮砖，收进 1/4 砖长，再砌一皮砖，收进 1/4 砖长，如此反复。在相同底宽的情况下，“二、一间隔收”可减小基础高度，但为了保证基础的强度，底层需用“两皮一收”砌筑。为了施工方便，减少砍砖损耗，大放脚基础的宽度应是砖尺寸的倍数，如 240mm、370mm、490mm、…(370mm、490mm 是指包括 10mm 宽的灰缝在内)。为了保证砖基础的砌筑质量，砖基础以下设垫层，垫层材料可选用灰土、三合土或素混凝土。垫层每边伸出基础底面 50mm，厚度为 100mm。

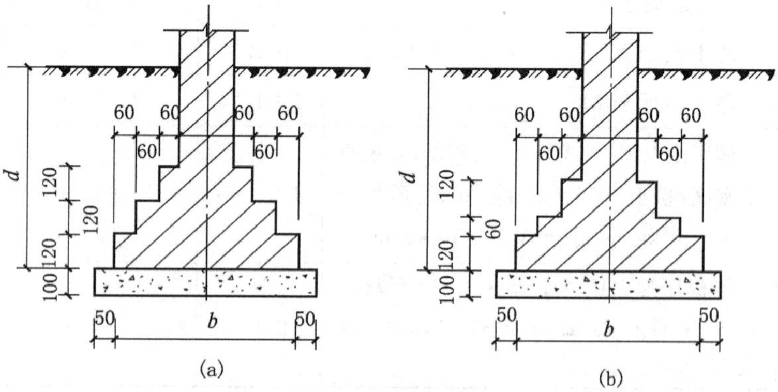

图 7.21　砖基础剖面图

(a)“两皮一收”砌法；(b)“二、一间隔收”砌法

有时，刚性基础由两种材料叠合而成，比如说，上层用砖砌体，下层用混凝土。下层混凝土的高度必须在 200mm 以上，并且材料质量要合乎要求。这样，这层混凝土是基础的一部分，而不作为施工垫层看待。当然，这层混凝土的宽度和高度应计入基础。

【例题 7.5】 某教学楼承重墙厚240mm，地基第一层土为0.8m厚的杂填土，重度为$17kN/m^3$；第二层为粉质黏土层，厚5.4m，重度为$18kN/m^3$，地基承载力特征值为180kPa，$\eta_b=0.3$，$\eta_d=1.6$。已知上部墙体传来的竖向荷载值为210kN/m，室内外高差为0.45m，试设计该承重墙下条形基础。

【解】 (1)计算经修正后的地基承载力特征值

选择粉质黏土层作为持力层，初步确定基础埋深$d=1.0m$。

$$f_a=f_{ak}+\eta_d\gamma_m(d-0.5)=180+1.6\times(17\times0.8+18\times0.2)/1.0\times(1-0.5)$$
$$=193.76kPa$$

(2)确定基础宽度

$$b\geqslant\frac{F_k}{f_a-\gamma_G d}=\frac{210}{193.76-20\times\left(1.0+\frac{0.45}{2}\right)}=1.24m$$

取基础宽度$b=1.3m$。

(3)选择基础材料，并确定基础剖面尺寸

基础下层采用350mm厚C15素混凝土层，其上层采用MU10砖、M5砂浆砌“二、一间隔收”的砖基础。

混凝土基础设计：

$$p_k=\frac{F_k+G_k}{A}=\frac{210+20\times1.3\times1.0\times1.225}{1.3\times1.0}=186kPa$$

由表7.8查得C15混凝土基础的宽高比允许值为1∶1，混凝土基础每边收进350mm，厚350mm。

砖基础所需台阶数：

$$n=\frac{1300-240-2\times350}{60}\times\frac{1}{2}=3$$

基础高度：

$$h_0=120\times2+60\times1+350=650mm$$

(4)作基础剖面图

基础剖面形状及尺寸如图7.22所示。

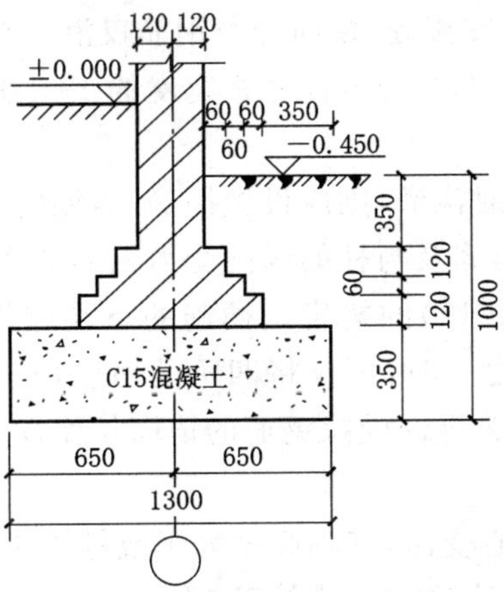

图7.22 基础剖面形状及尺寸

7.9 扩展基础设计

扩展基础底面向外扩展，基础外伸的宽度大于基础高度，基础材料承受拉应力，因此，扩展基础必须采用钢筋混凝土材料。

扩展基础适用于上部结构荷载较大，有时为偏心荷载或承受弯矩和水平荷载的建筑物的基础。当地基表层土质较好，下层土质较差时，利用表层好土质浅埋，最适合采用扩展基础。

扩展基础分为墙下条形基础和柱下独立基础两类。

7.9.1 扩展基础构造要求

(1)基础断面一般采用台阶形、锥形和矩形。锥形截面基础的边缘高度，不宜小于 200mm［图 7.23(a)］；台阶形基础的每阶高度，宜为 300～500mm［图 7.23(b)］。

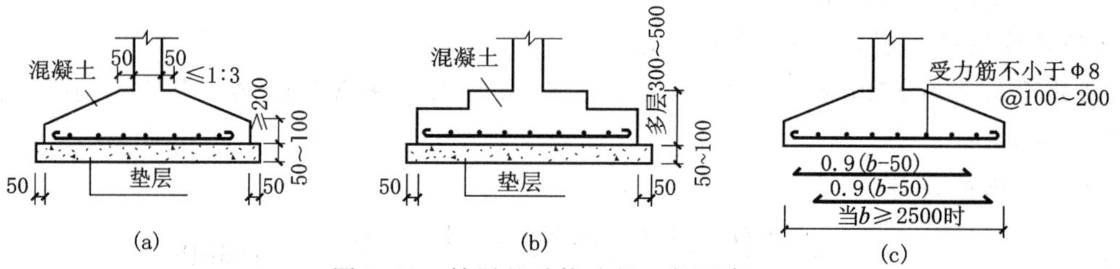

图 7.23　扩展基础构造的一般要求

(a)锥形基础；(b)台阶形基础；(c)钢筋配置

(2)通常在底板下浇筑一层素混凝土垫层，垫层厚度不宜小于 70mm，混凝土强度等级应为 C15。

(3)扩展基础受力钢筋最小配筋率不应小于 0.15%。底板受力钢筋的最小直径不宜小于 10mm，间距不宜大于 200mm，也不宜小于 100mm。墙下钢筋混凝土条形基础纵向分布钢筋的直径不小于 8mm，间距不大于 300mm，每延米分布钢筋的面积不小于受力钢筋面积的 15%。当有垫层时钢筋保护层的厚度不宜小于 40mm，无垫层时不宜小于 70mm。

(4)混凝土强度等级不应低于 C20。

(5)当基础宽 $b \geqslant 2.5$m 时，底板受力钢筋的长度可取宽度的 0.9 倍，并宜交错布置。

(6)底板在 T 形及十字形交接处，横向受力钢筋仅沿一个主要受力方向通长布置，另一方向的横向受力钢筋可布置到主要受力方向底板宽度的 1/4 处。在拐角处底板横向受力钢筋应沿两个方向布置。

现浇柱基础，如与柱不同时浇灌，则应设置插筋，插筋的数目、直径以及钢筋种类应与柱内纵向受力钢筋相同。插筋的锚固及与柱的纵向受力钢筋的搭接长度，应符合国家现行《混凝土结构设计规范》(GB 50010—2010)的规定。插筋的下端宜做成直钩放在基础底板钢筋网上(图 7.24)。当符合下列条件之一时，可仅将四角的插筋伸至底板钢筋网上，其余插筋锚固在基础顶面以下 l_a 或 l_{aE} 处(l_a 为纵向受拉钢筋的锚固长度；l_{aE} 为有抗震设防要求时，纵向受拉钢筋的最小锚固长度)：

① 柱为轴心受压或小偏心受压，基础高度大于或等于 1200mm；

② 柱为大偏心受压，基础高度大于或等于 1400mm。

预制钢筋混凝土柱与杯口基础的连接，应符合下列要求（图 7.25）：

① 柱的插入深度可按表 7.9 选用，并应满足锚固长度的要求和吊装时柱的稳定性。

② 基础的杯底厚度和杯壁厚度，可按照表 7.10 选用。

③ 杯壁的配筋：a. 当柱为轴心或小偏心受压且 $t/h_2 \geqslant 0.65$，或大偏心受压且 $t/h_2 \geqslant 0.75$ 时，杯壁可不配筋；b. 当柱为轴心或小偏心受压且 $0.5 \leqslant t/h_2 < 0.65$ 时，杯壁可按表 7.11 构造配筋；c. 其他情况下应按计算配筋。

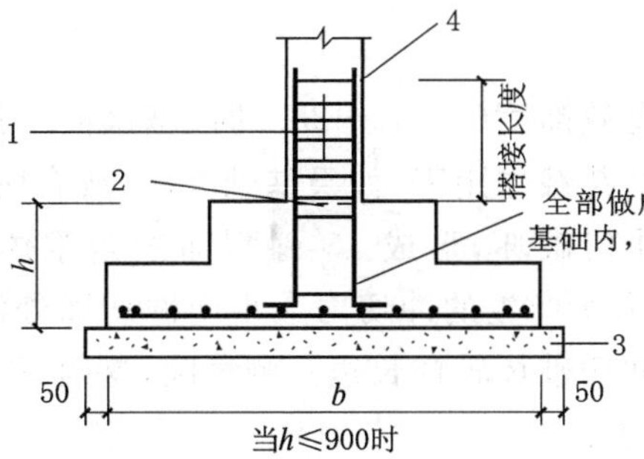

图 7.24 现浇钢筋混凝土柱与基础的连接

1—箍筋（间距 $5d$ 或 $10d$）；2—施工缝；3—C15 混凝土垫层；4—插筋

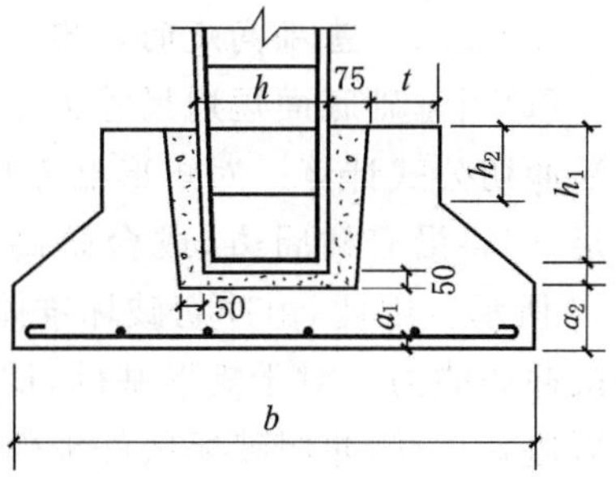

图 7.25 预制钢筋混凝土柱独立基础

表 7.9 柱的插入深度 h_1(mm)

矩形或工字形柱				单肢管柱	双肢柱
$h<500$	$500 \leqslant h<800$	$800 \leqslant h \leqslant 100$	$h>1000$		
$h \sim 1.2h$	h	$0.9h$ $\geqslant 800$	$0.8h$ $\geqslant 1000$	$1.5d$ $\geqslant 500$	$\left(\frac{1}{3} \sim \frac{2}{3}\right)h_a$ $(1.5 \sim 1.8)h_b$

注：① h 为柱截面长边尺寸；d 为管柱外直径；h_a 为双肢柱整个截面长边尺寸；h_b 为双肢柱整个截面短边尺寸。

② 柱轴心受压或小偏心受压时，h_1 可适当减小，偏心距大于 $2h$（或 $2d$）时，h_1 应适当加大。

表 7.10 基础的杯底厚度和杯壁厚度

柱截面长边尺寸 h(mm)	杯底厚度 a_1(mm)	杯壁厚度 t(mm)
$h<500$	$\geqslant 150$	150～200
$500 \leqslant h<800$	$\geqslant 200$	$\geqslant 200$
$800 \leqslant h<1000$	$\geqslant 200$	$\geqslant 300$
$1000 \leqslant h<1500$	$\geqslant 250$	$\geqslant 350$
$1500 \leqslant h<2000$	$\geqslant 300$	$\geqslant 400$

注：① 双肢柱的杯底厚度值，可适当加大。

② 当有基础梁时，基础梁下的杯壁厚度应满足其支承宽度的要求。

③ 柱子插入杯口部分的表面应凿毛，柱子与杯口之间的空隙，应采用比基础混凝土强度等级高一级的细石混凝土充填密实，当达到材料设计强度的 70% 以上时方能进行上部吊装。

表 7.11　杯壁构造配筋

柱截面长边尺寸(mm)	$h<1000$	$1000\leqslant h<1500$	$1500\leqslant h\leqslant 2000$
钢筋直径(mm)	8～10	10～12	12～16

注:表中钢筋置于杯口顶部,每边两根。

7.9.2　扩展基础设计计算

扩展基础底面积计算同前。

7.9.2.1　基础高度的确定

(1)当基础底面短边尺寸大于柱宽加两倍基础有效高度($l>a_t+2h_0$)时,基础高度按混凝土受冲切公式计算。对矩形截面柱的矩形基础,在柱荷载作用下,如果基础高度(或台阶高度)不足,则将沿着柱周边(或台阶高度变化处)产生冲切破坏,形成45°斜裂面的角锥体,如图7.26所示。因此,由冲切破坏锥体以外的地基净反力所产生的冲切力应小于冲切面处混凝土的抗冲切能力。对于矩形基础,往往柱短边一侧的冲切破坏较柱长边一侧危险,这时只需要根据短边 a_t 一侧冲切破坏条件来确定底板厚度,即要求:

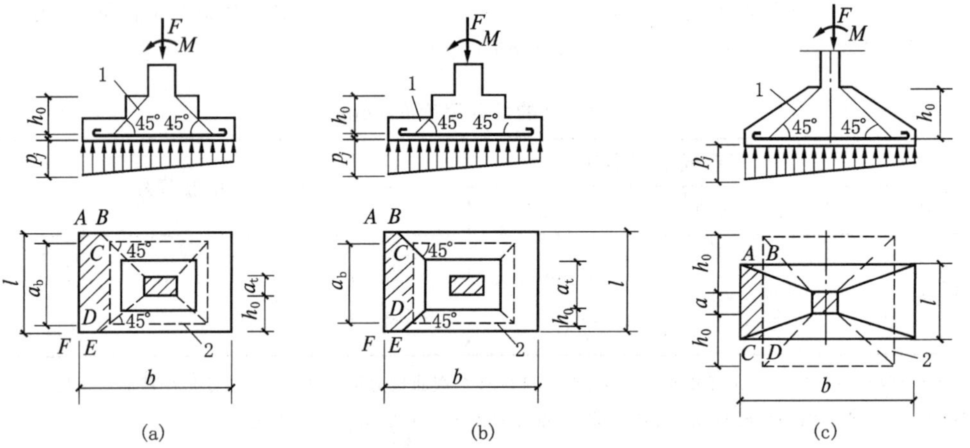

图 7.26　计算扩展基础的受冲切承载力截面位置

(a)柱与基础交接处;(b)基础变阶处;(c)冲切破坏锥体的底面在基础底面外

1—冲切破坏锥体最不利一侧的斜截面;2—冲切破坏锥体的底面线

$$F_l\leqslant 0.7\beta_{hp}f_t a_m h_0 \tag{7.23}$$

$$a_m=(a_t+a_b)/2 \tag{7.24}$$

$$F_l=p_j A_l \tag{7.25}$$

式中　β_{hp}——受冲切承载力截面高度影响系数,当 $h\leqslant 800$mm 时,β_{hp} 取1.0;当 $h\geqslant 2000$mm 时,β_{hp} 取0.9,其间按线性内插法取用;

f_t——混凝土轴心抗拉强度设计值(kPa);

h_0——基础冲切破坏锥体的有效高度(m);

a_m——冲切破坏锥体最不利一侧计算长度(m);

a_t——冲切破坏锥体最不利一侧斜截面的上边长(m),当计算柱与基础交接处的受冲切承载力时,取柱宽;当计算基础变阶处的受冲切承载力时,取上阶宽;

a_b——冲切破坏锥体最不利一侧斜截面在基础底面积范围内的下边长(m),当冲切破坏锥体的底面落在基础底面以内[图 7.26(a)、图 7.26(b)],计算柱与基础交接处的受冲切承载力时,取柱宽加两倍基础有效高度;当计算基础变阶处的受冲切承载力时,取上阶宽加两倍该处的基础有效高度;当冲切破坏锥体的底面在 l 方向落在基础底面以外,即 $a+2h_0 \geqslant l$ 时,$a_b=l$;

p_j——扣除基础自重及其上土重后相应于作用的基本组合时的地基土单位面积净反力(kN),对偏心受压基础可取基础边缘处最大地基土单位面积净反力;

A_1——冲切验算时取用的部分基底面积[图 7.26(a)、图 7.26(b)中的阴影面积 ABC-DEF,或图 7.26(c)中的阴影面积 $ABCD$];

F_1——相应于作用的基本组合时作用在 A_1 上的地基土净反力设计值(kN)。

当 $l>a_t+2h_0$ 时[图 7.26(a)],有:

$$A_1=\left(\frac{b}{2}-\frac{b_t}{2}-h_0\right)l-\left(\frac{l}{2}-\frac{a_t}{2}-h_0\right)^2 \tag{7.26}$$

$$a_b=a_t+2h_0$$

$$a_m=(a_t+a_b)/2=(a_t+a_t+2h_0)/2=a_t+h_0 \tag{7.27}$$

式中 a_t、b_t——柱短边、长边尺寸(m);

h_0——基础有效高度(m)。

由式(7.26)得:

$$F_1=p_jA_1=p_j\left[\left(\frac{b}{2}-\frac{b_t}{2}-h_0\right)l-\left(\frac{l}{2}-\frac{a_t}{2}-h_0\right)^2\right] \tag{7.28}$$

基础底板厚度为基础有效高度 h_0 加基础底面钢筋的混凝土保护层之和:

有垫层时 $$h=h_0+40\text{mm} \tag{7.29a}$$

无垫层时 $$h=h_0+70\text{mm} \tag{7.29b}$$

工程中常先设定基础高度 h,并取 $h_0=h-$保护层厚度,用式(7.27)和式(7.28)进行验算。当初选的基础高度不满足抗冲切要求时,可适当增加基础高度后重新验算,直至满足要求为止。

基础剖面为台阶形时,除可能在柱子周边开始沿 45°斜面拉裂形成冲切锥体外,还可能从变阶处开始沿 45°斜面拉裂。因此,还应验算变阶处的有效高度 h_{01}。验算方法与上述基本相同,仅需将公式中的 b_t 和 a_t 换成变阶处台阶的尺寸 b_1 和 a_1 即可。

(2)当基础底面短边尺寸小于或等于柱宽加两倍基础有效高度($l \leqslant a_t+2h_0$)时(图 7.27),柱下独立基础、墙下条形基础,应验算柱(墙)与基础交接处的基础受剪承载力:

$$V_s \leqslant 0.7\beta_{hs}f_tA_0 \tag{7.30}$$

$$\beta_{hs}=\left(\frac{800}{h_0}\right)^{\frac{1}{4}} \tag{7.31}$$

式中 V_s——相应于作用的基本组合时,柱与基础交接处的剪力设计值(kN),为图 7.27 中的阴影面积乘以基底平均净反力;

β_{hs}——受剪切承载力截面高度影响系数,当 $h_0<800$mm 时,取 $h_0=800$mm;当 $h_0>2000$mm 时,取 $h_0=2000$mm;

A_0——验算截面处基础的有效截面面积(m^2),当验算截面为阶梯形或锥形,可将截面折算为矩形面积。

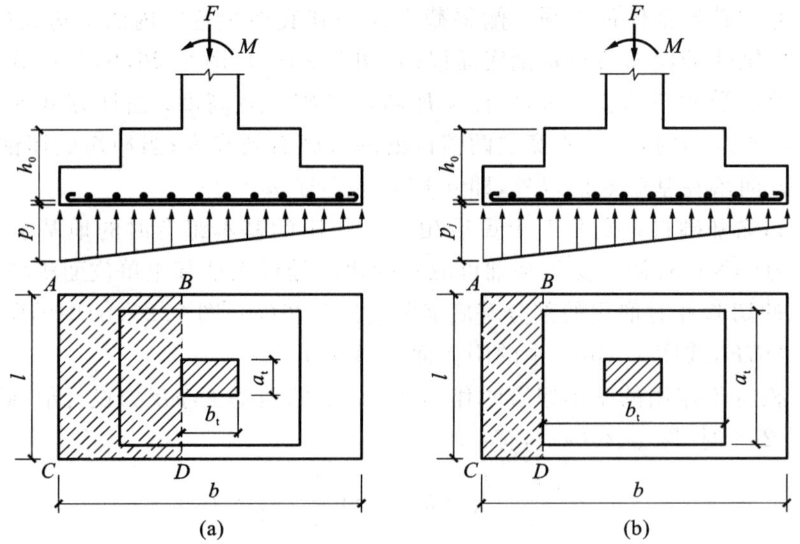

图 7.27　受剪切承载力截面位置

(a)柱与基础交接处;(b)基础变阶处

7.9.2.2　基础底板配筋计算

由于独立基础底板在 p_j 作用下,在两个方向均发生弯曲,所以两个方向都要配受力钢筋,钢筋面积按两个方向的弯矩分别计算。当矩形基础台阶的宽高比小于或等于 2.5 和偏心距小于或等于 1/6 基础宽度时,任意截面的弯矩可按下列公式计算,如图 7.28 所示。

$$M_{\mathrm{I}}=\frac{1}{12}a_1^2\left[(2l+a')\left(p_{\max}+p-\frac{2G}{A}\right)+(p_{\max}-p)l\right] \tag{7.32}$$

$$M_{\mathrm{II}}=\frac{1}{48}(l-a')^2(2b+b')\left(p_{\max}+p_{\min}-\frac{2G}{A}\right) \tag{7.33}$$

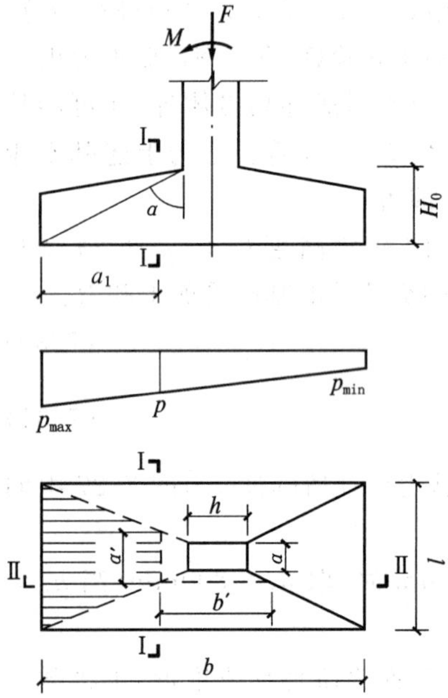

图 7.28　矩形基础底板的计算

式中　M_{I},M_{II}——任意截面Ⅰ—Ⅰ、Ⅱ—Ⅱ处相应于作用的基本组合时的弯矩设计值(kN·m);

a_1——任意截面Ⅰ—Ⅰ至基底边缘最大反力处的距离(m);

l,b——基础底面的边长(m);

$p_{\max}$,$p_{\min}$——相应于作用的基本组合时的基础底面边缘最大和最小地基反力设计值(kN);

p——相应于作用的基本组合时在任意截面Ⅰ—Ⅰ处基础底面地基反力设计值(kN);

G——考虑荷载分项系数的基础自重及其上的土自重(kN)。当组合值由永久荷载控制时,$G=1.35G_k$,G_k 为基础及其上土的标准自重。

对于墙下条形基础任意截面的弯矩(图 7.29),可取 $l=a'=1\mathrm{m}$,按式(7.32)进行计算,其最大弯矩截面的位置，应符合下列规定：①当墙体材料为混凝土时，取 $a_1=b_1$；②如为砖墙且放脚不大于 1/4 砖长时，取 $a_1=b_1+0.06\text{m}$。

基础底板配筋应按国家标准《混凝土结构设计规范》(GB 50010—2010)有关规定计算。基础底板内受力钢筋面积可按下列公式确定：

$$A_s=\frac{M}{0.9h_0f_y} \tag{7.34}$$

式中 A_s——基础底板受力钢筋面积(mm^2)；

f_y——钢筋抗拉强度设计值(MPa)。

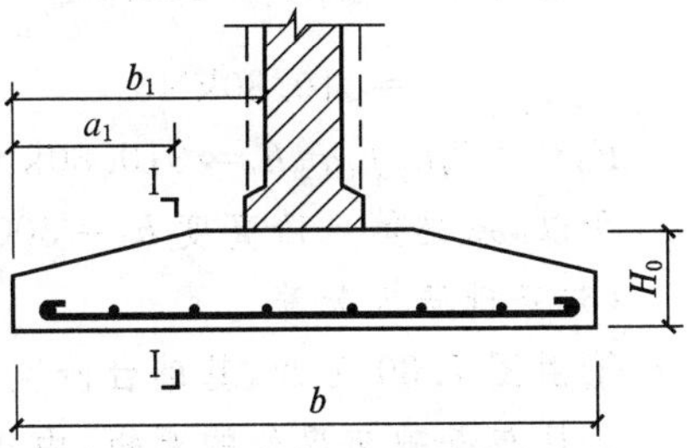

图 7.29 墙下条形基础的计算

【例题 7.6】 某大学教学大楼设计框架结构，上部结构荷载 $F_k=F_1=2500\text{kN}$，柱截面尺寸为 1200mm×1200mm。基础埋深 2.0m，假设经深宽修正后的地基承载力特征值 $f_a=213\text{kPa}$。基础混凝土强度等级为 C30，混凝土抗拉强度设计值 $f_t=1.43\text{N/mm}^2$。采用 HRB400 级钢筋，抗拉强度设计值 $f_y=360\text{N/mm}^2$，设置厚 100mm 的 C15 混凝土垫层。设计此钢筋混凝土柱基础。

【解】 (1)柱基底面积

$$A\geqslant\frac{F_k}{f_a-\gamma_G d}=\frac{2500}{213-20\times2}=14.45\text{m}^2$$

采用正方形基础 $b\times l=3.8\text{m}\times3.8\text{m}$。

(2)基础底板厚度

①基底净反力

$$p_j=\frac{F}{A}=\frac{2500\times1.35}{3.8\times3.8}=233.7\text{kPa}$$

拟取基础高度为 600mm，2 级台阶，各厚 300mm，基础有效高度 $h_0=h-40=600-40=560\text{mm}$。

②柱基础抗冲切验算

A. 验算柱边冲切

因 $l=3800\text{mm}>b_t+2h_0=1200+2\times(600-40)=2320\text{mm}$，则有：

$$\text{冲切力 } F_1=p_jA_1=p_j\left[\left(\frac{b}{2}-\frac{b_t}{2}-h_0\right)l-\left(\frac{l}{2}-\frac{a_t}{2}-h_0\right)^2\right]$$

$$=233.7\times\left[\left(\frac{3.8}{2}-\frac{1.2}{2}-0.56\right)\times3.8-\left(\frac{3.8}{2}-\frac{1.2}{2}-0.56\right)^2\right]=529.19\text{kN}$$

$$a_m=(a_t+a_b)/2=\frac{1200+(1200+2\times560)}{2}=1760\text{mm}=1.76\text{m}$$

$F_1\leqslant0.7\beta_{hp}f_ta_mh_0\Rightarrow529.19\text{kN}\leqslant0.7\times1.0\times1.43\times10^3\times1.76\times0.56=986.59\text{kN}$

所以，基础高度 $h=600\text{mm}$ 满足要求。

B. 验算台阶处冲切

$$h_{01}=300-40=260\text{mm}=0.26\text{m}$$

$$a_t=b_t=2.5\text{m}$$

$$a_b=a_t+2h_{01}=2.5+2\times0.26=3.02\text{m}$$

$$a_m=(a_t+a_b)/2=(2.5+3.02)/2=2.76\text{m}$$

冲切力 $F_1=p_jA_1=233.7\times\left[\left(\frac{3.8}{2}-\frac{2.5}{2}-0.26\right)\times3.8-\left(\frac{3.8}{2}-\frac{2.5}{2}-0.26\right)^2\right]$

$=310.80\text{kN}$

$F_1\leqslant0.7\beta_{hp}f_ta_mh_0\Rightarrow310.80\text{kN}\leqslant0.7\times1.0\times1.43\times10^3\times2.76\times0.26=718.3\text{kN}$

所以，基础第一阶高度 $h_1=300\text{mm}$ 满足要求。

(3)基础底板配筋

①由图 7.30 可知，基础台阶宽高比为 650/300=2.17<2.5。

②柱与基础交界处的弯矩，由式(7.33)得(因无偏心荷载，故 $p=p_{max}=p_{min}=p_j$)：

$$M=\frac{1}{48}(l-a')^2(2b+b')\left(p_{max}+p_{min}-\frac{2G}{A}\right)$$

$$=\frac{1}{48}\times(3.8-1.2)^2\times(2\times3.8+1.2)\times(2\times233.7-2\times20\times2)$$

$$=480.12\text{kN}\cdot\text{m}$$

③基础底板受力钢筋面积由式(7.34)得：

$$A_s=\frac{M}{0.9h_0f_y}=\frac{480.12\times10^6}{0.9\times560\times360}=2646.16\text{mm}^2$$

④基础底板每 1m 配筋面积

$$A'_s=\frac{A_s}{b}=\frac{2646.16}{3.8}=696.36\text{mm}^2$$

采用Φ14@200，实际每 1m 配筋为 $A''_s=923.4\text{mm}^2$。

应沿基础底面双向配筋，详见图 7.30。

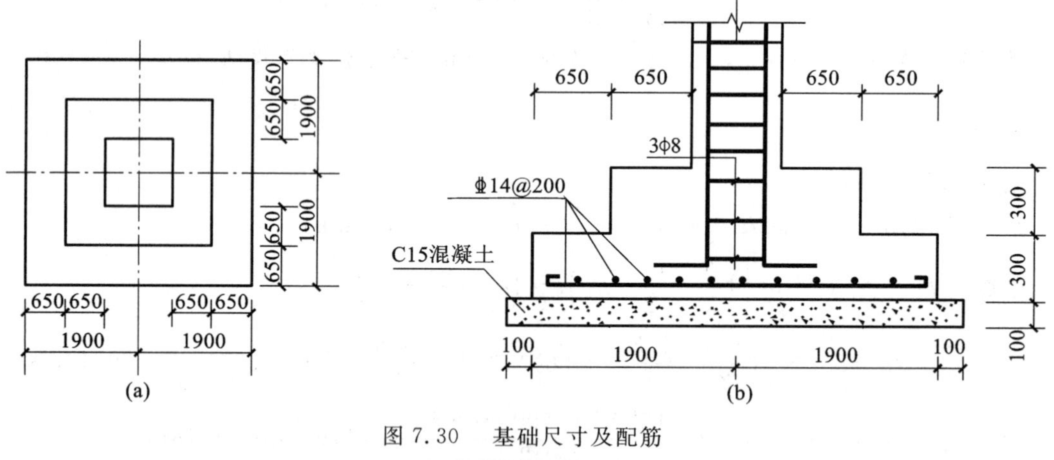

图 7.30　基础尺寸及配筋

(a)平面图；(b)剖面图

7.10　柱下条形基础、筏形基础、箱形基础简介

7.10.1　柱下条形基础

(1)适用范围

柱下条形基础是常用于软弱地基上框架结构的一种基础类型。它具有刚度较大、调整不

均匀沉降能力较强的优点，但造价较高。因此，在一般情况下，柱下应优先考虑设置独立基础。如遇下列特殊情况时可以考虑采用柱下条形基础：

①当地基较软弱、承载力较低，而单柱荷载较大时，按常规设计的柱下独立基础，因基础需要的底面积大，基础之间的净距很小。为施工方便，把各基础之间的净距取消，连在一起，即为柱下条形基础。

②当荷载分布不均匀，有可能导致不均匀沉降时或上部结构对基础沉降较敏感，有可能产生较大的次应力或影响使用功能时，为加强结构整体性，可将柱下独立基础连成条形基础。

(2)构造要求

柱下条形基础的构造，除了满足扩展基础的要求外，尚应符合下列规定：

①一般采用倒 T 形截面，由肋梁和翼板组成(图 7.31)。为了具有较大的抗弯刚度以便调整不均匀沉降，肋梁高不可过小，一般宜为柱距的 1/8～1/4，通常可取 1～2m，并满足受剪承载力计算要求。一般肋梁沿纵向取等截面，每侧比柱至少宽出 50mm。当柱垂直于肋梁轴线方向的截面边长大于 400mm 时，可仅在柱位处将肋部加宽(图 7.32)。翼板厚度不宜小于 200mm。当翼板厚度为 150～200mm 时，宜用等厚度翼板；当翼板厚度大于 250mm 时，宜用变厚度翼板，其坡度小于或等于 1∶3。

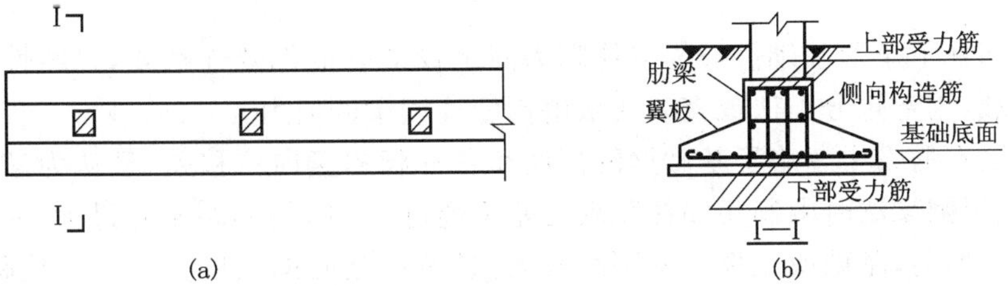

图 7.31　柱下条形基础

(a)平面；(b)剖面

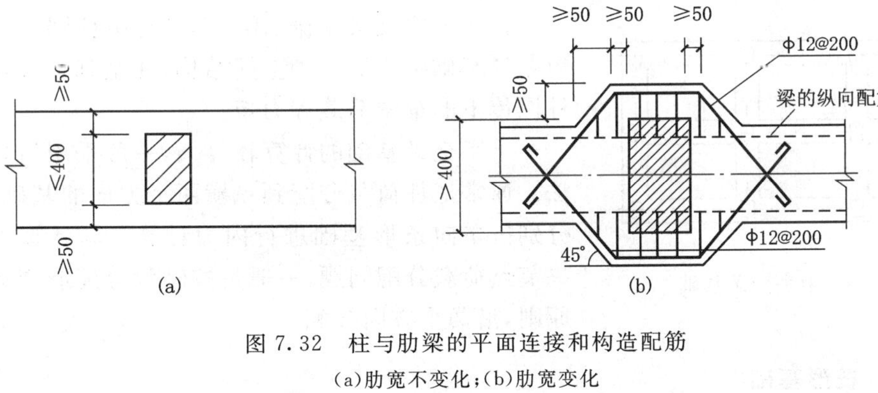

图 7.32　柱与肋梁的平面连接和构造配筋

(a)肋宽不变化；(b)肋宽变化

②条形基础端部应沿纵向从两端边柱外伸，以增大基础底面，并调整底面形心位置，使基底反力分布得更为合理，外伸长度不宜过大，一般为边跨跨距的 0.25～0.30 倍。

③基础肋梁按内力计算配置纵向受力钢筋。纵筋通常双层配置，梁底纵向受拉钢筋通常配置 1～4 根，且其面积不应少于纵向钢筋总面积的 1/3，弯起筋和箍筋按弯矩图和剪力图配置。当肋梁高度大于 450mm，在梁两侧沿高度配置纵向构造钢筋，每侧纵向构造钢筋面积不

应小于腹板截面面积的0.1%，且其间距不宜大于200mm。梁两侧的纵向构造钢筋宜用拉筋连接，拉筋直径与箍筋相同，间距一般为两倍箍筋间距。

④混凝土强度等级不应低于C20，素混凝土垫层一般取C15，厚度不小于70mm，其他按钢筋混凝土T形连续梁处理。

(3)内力的简化计算

柱下条形基础可视为作用有若干集中荷载并置于地基上的梁，同时受到地基反力的作用。在柱下条形基础结构设计中，除按抗冲切和抗剪强度验算以确定基础高度，并按翼板弯曲确定基础底板横向配筋外，还需计算基础纵向受力，以配置纵向受力钢筋。所以，必须计算柱下条形基础的纵向弯矩分布。柱下条形基础纵向弯矩计算的常用简化方法有以下两种：

①静定分析法

当柱荷载比较均匀，柱距相差不大，基础与地基相对刚度较大，可忽略柱下不均匀沉降时，可进行满足静力平衡条件下梁的内力计算。地基反力以线性分布作用于梁底，用材料力学的截面法求解梁的内力，称为静定分析法。静定分析法不考虑与上部结构的共同作用，因而在荷载和直线分布的地基反力作用下产生整体弯曲。此法算得的基础最不利截面上的弯矩绝对值往往偏大，只宜用于柔性上部结构，且自身刚度较大的条形基础。

②倒梁法

倒梁法是将柱下条形基础假设为以柱脚为固定铰支座的倒置连续梁，以线性分布的基底净反力作为荷载，用弯矩分配法或查表法求解倒置连续梁的内力。

由于倒梁法在假设中忽略了基础梁的挠度和各柱脚的竖向位移差，且认为基底净反力为线性分布，故应用倒梁法时限制相邻柱荷载之差不超过20%，柱间距不宜过大，并应尽量等间距。若地基比较均匀，基础或上部结构刚度较大，且条形基础的高度大于1/6柱距，则利用倒梁法计算得到的内力比较接近实际。

7.10.2 十字交叉基础

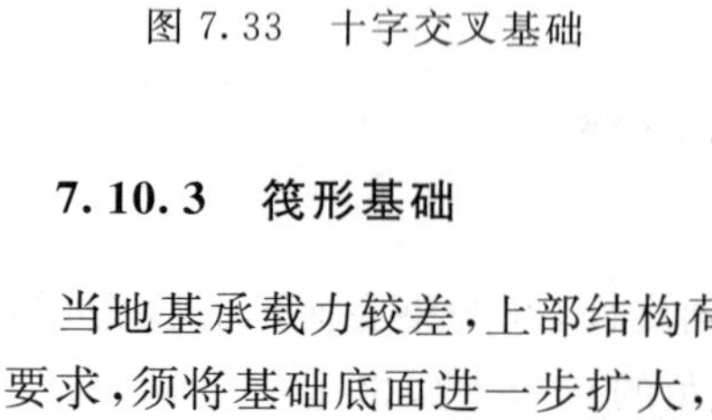

图7.33 十字交叉基础

柱下十字交叉基础(图7.33)是由柱网下的纵横两组条形基础组成的一种空间结构，在基础交叉点处承受柱网传下的集中荷载和力矩。

十字交叉基础的计算较复杂，一般采用简化计算方法。通常把柱荷载分配到纵横两个方向的基础上，然后分别按单向条形基础进行内力计算。其计算主要是解决节点荷载分配问题，一般是按刚度分配或变形协调的原则，沿两个方向分配。

7.10.3 筏形基础

当地基承载力较差，上部结构荷载较大时，钢筋混凝土十字交叉基础往往满足不了建筑物的要求，须将基础底面进一步扩大，从而连成一块整体的基础板，形成筏形基础。城市地表杂填土层很厚，挖出不经济时，采用筏形基础可以解决杂填土不均匀的问题。多层住宅建在软弱地基上采用墙下筏形基础，是一种安全、经济、施工方便的方案。带地下室的建筑，为使用方便和满足防渗要求，也可以采用筏形基础。即使地基土相对较均匀时，对不均匀沉降敏感的结构也常采用筏形基础。本节主要介绍高层建筑筏形基础。

筏形基础一般可分为平板式筏形基础和梁板式筏形基础两种类型,也可按上部结构形式分为柱下筏形基础和墙下筏形基础两类。筏形基础形式的选用应根据土质、上部结构体系、柱距、荷载大小及施工等条件综合分析确定。在工程设计中,一般认为柱距变化不超过20%,柱间的荷载变化也不超过20%时,对于柱网均匀且间距较小和上部荷载不是很大的结构,通常考虑选用平板式筏形基础;对于纵横柱网尺寸相差较大,上部结构的荷载也较大时,宜选用梁板式筏形基础。对于上部结构为剪力墙体系时,如果每道剪力墙都直通到基础,一般习惯把筏形基础做成平板式的;而对于每道剪力墙不都直通到基础的框支剪力墙,则必须选用梁板式筏形基础。

筏形基础的平面尺寸,应根据工程地质条件、上部结构的布置、地下结构底层平面以及荷载分布等因素按有关规定确定。对单幢建筑物,在地基土比较均匀的条件下,基底平面形心宜与结构竖向永久荷载重心重合。当不能重合时,在作用的准永久组合下,偏心距 e 宜符合下式规定:

$$e \leqslant 0.1\frac{W}{A} \tag{7.35}$$

式中 W——与偏心距方向一致的基础底面边缘抵抗矩(m^3);

A——基础底面积(m^2)。

筏形基础的混凝土强度等级不应低于C30,当有地下室时应采用防水混凝土,防水混凝土的抗渗等级不宜低于P6。对重要建筑,宜采用自防水并设置架空排水层。采用筏形基础的地下室,钢筋混凝土外墙厚度不应小于250mm,内墙厚度不宜小于200mm。墙的截面设计除满足承载力要求外,尚应考虑变形、抗裂及外墙防渗等要求。墙体内应设置双面钢筋,钢筋不宜采用光面圆钢筋,水平钢筋的直径不应小于12mm,竖向钢筋的直径不应小于10mm,间距不应大于200mm。当筏板的厚度大于2000mm时,宜在板厚中间部位设置直径不小于12mm、间距不大于300mm的双向钢筋网。

钢筋混凝土筏形基础具有施工简单、基础整体刚度好和能调节建筑物不均匀沉降等优点,它的抗震性能也比较好。最简单的筏形基础是一块等厚度的钢筋混凝土平板,美国休斯顿商业大厦(高305m)就采用了这种基础,是目前世界上由天然地基承载的最高建筑物,大楼平面为48.8m×48.8m,钢筋混凝土筏形基础的平面为65.5m×65.5m,基础板厚近3m,竣工后大楼各部分的沉降差很小,基础中心6年的总沉降为10～15mm、两周边为25～50mm。

筏形基础作为一个大面积基础,可按整体稳定性原理确定地基承载力。由于筏形基础有较大的宽度和埋深(由地表算至筏板底),从而提高了地基的承载力。对于粗颗粒土,筏形基础的地基极限承载力往往非常之大。对于黏性土,则须注意确定埋深土层的抗剪强度参数,以便分析埋深土层破坏时的安全系数,确保整体稳定性。当发现深层土抗剪强度较低时,单纯靠扩大底面积以减少基底压力,往往效果不大,亦不经济,这时可考虑采用其他基础形式(如箱形基础等),以加大基础埋深和刚度。

7.10.4 箱形基础

箱形基础是由钢筋混凝土顶板、底板、侧墙和一定数量内隔墙构成的,具有相当大的整体刚度的箱形结构。箱形基础埋置于地面下一定深度,能与基底和周围土体共同作用,从而增加建筑物的整体稳定性，并对抗震有良好作用，是具有人防、抗震及地下室要求的高层建筑的理想基础型式之一。

箱形基础由于需要进行大面积和较深的土方开挖，所以相对于基底深度处土的自重应力和水压力之和在数值上较大，往往能够补偿建筑物的基底压力，形成补偿基础。如果基底压力 p 恰好等于土的自重应力与水压力之和 p_c，基底附加应力 p_0 为零（$p_0=p-p_c$）。从理论上讲，如果施工过程中基底土中的有效应力和水压力无任何变化，则地基不会发生任何沉降，也不存在承载力的问题。但实际上并不是这样。基底上由于开挖会产生回弹，加载又会产生再压缩，由于风力和地震作用将形成倾覆力矩，在基础边缘处产生很大的压力，因此承载力和沉降问题仍然是存在的，然而这种补偿性确实起到了减少地基沉降和提高地基稳定性的作用。目前高层建筑大多采用的是 $p>p_c$ 的情况，即欠补偿。当 $p<p_c$，即超补偿时，浮力较大，建筑物可能会“浮起”，应特别加以注意。

在实际工程中，应视地基土质条件、上部结构的情况、使用要求及施工条件等因素考虑补偿程度。根据经验，对于高层建筑，采用全补偿基础要求的地下室深度可参照表 7.12。一般来说，高层建筑的层数越多，越不可能完全补偿。

表 7.12　箱形基础采用完全补偿基础的地下室层数

高层建筑总层数	20	30	40	50	备注
要求地下室的层数	3	5	6	8	上部结构的重量按每层 6.5kN/m^2 计算；地下室平均层高为 4m

箱形基础平面尺寸根据地基强度、上部结构的布局及荷载分布等条件确定。一般情况下，箱形基础平面形状与上部结构一致。

工程案例：高架路基不均匀沉降处理

7.11　防止不均匀沉降的措施

地基基础设计只是建筑物设计的一部分，因此，地基基础设计应从建筑物整体考虑，以确保安全。从地基变形方面来说，如果其估算结果超过允许值，或者根据当地经验预计不均匀沉降过大，则应采取措施，以防止或减少地基沉降的危害。

不均匀沉降（Non-uniform Settlement）常引起砌体承重构件开裂，尤其是墙体窗口门洞的角位处。裂缝的位置和方向与不均匀沉降的状况有关。图 7.34 表示不均匀沉降引起墙体开裂的一般规律：如果墙体中间部分的沉降比两端大，则墙体两端的斜裂缝将呈八字形，有时（墙体过长）还在墙体中部下方出现近乎竖直的裂缝。如果墙体两端的沉降大，则斜裂缝将呈倒八字形。当建筑物各部分的荷载或高度差别较大时，重、高部分的沉降也常常较大，并导致轻、低部分产生斜裂缝。

对于框架等超静定结构来说，各柱的沉降差必将在梁、柱等构件中产生附加内力。当这些附加内力和设计荷载作用下的内力超过构件承载能力时，梁、柱端和楼板将出现裂缝。

防止和减轻不均匀沉降的危害，是设计部门和施工单位都要认真考虑的问题。如工程地质勘察资料或基坑开挖查验表明不均匀沉降可能较大时，应考虑更改设计或采取有效办法处理。常用的方法有：

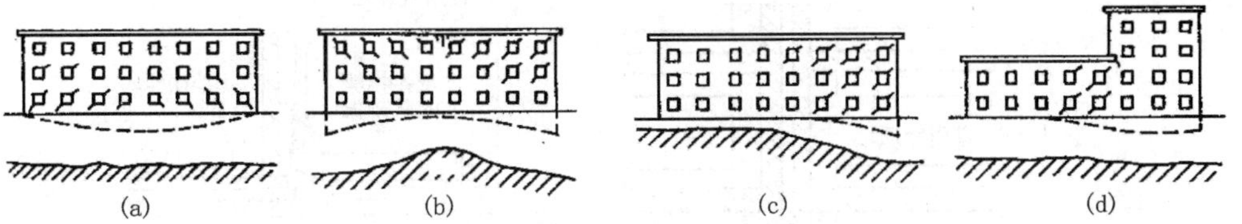

图 7.34　不均匀沉降引起砖墙开裂

(a)土层分布均匀;(b)中部硬土层凸起;(c)土层变化较大;(d)荷载差别较大

(1)对地基某一深度内或局部进行人工处理。

(2)采用桩基础或其他基础方案。

(3)建筑设计、结构设计和施工方面采取某些措施。

7.11.1　建筑措施(Architecture Measure)

(1)建筑物体形力求简单

建筑物的体形可通过其立面和平面表示。建筑物的立面高差不宜悬殊,因为在高度突变的部位,常由于荷载轻重不一而产生超过允许值的不均匀沉降。如果建筑物需要高低错落,则应在结构上认真配合。平面形状复杂的建筑物,由于基础密集,产生相邻荷载影响而使局部沉降量增加。如果建筑物在平面上转折、弯曲太多,则其整体性和抵抗变形的能力将受到影响。

(2)控制建筑物的长高比

建筑物在平面上的长度 L 和从基础底面起算的高度 H_f 之比,称为建筑物的长高比。它是决定砌体结构房屋刚度的一个主要因素。L/H_f 越小,建筑物的刚度就越好,调整地基不均匀沉降的能力就越大。对三层和三层以上的房屋,L/H_f 宜小于或等于 2.5;当房屋的长高比满足 $2.5<L/H_f\leqslant 3.0$ 时,应尽量做到纵墙不转折或减少转折,其内墙间距不宜过大,且与纵墙之间的连接应牢靠,同时纵横墙开洞不宜过大,必要时还应增强基础的刚度和强度。当房屋的预估最大沉降量小于或等于 120mm 时,在一般情况下砌体结构的长高比可不受限制。

(3)设置沉降缝

沉降缝(Settlement Joint)把建筑物从基础底面直至屋盖分开成各自独立的单元。每个单元应体形简单、长高比较小,以及地基比较均匀。沉降缝一般设置在建筑物的下列部位:

①建筑物平面的转折处。

②建筑物高度或荷载差异变化处。

③长高比不合要求的砌体结构及钢筋混凝土框架结构的适当部位。

④地基上的压缩性有显著变化处。

⑤建筑结构或基础类型不同处。

⑥分期建造房屋的交接处。

沉降缝应有足够的宽度,以防止沉降缝两侧的结构相向倾斜而互相挤压。缝内一般不得填塞材料(寒冷地区需填松软材料)。沉降缝的常用宽度为:二、三层房屋 50～80mm,四、五层房屋 80～120mm,五层以上房屋大于 120mm。砌体结构或框架结构在沉降缝处的构造见图 7.35。

(4)相邻建筑物之间应有一定距离

作用在地基上的荷载,会使土中一定宽度和深度的范围内产生附加应力,同时也使地基发

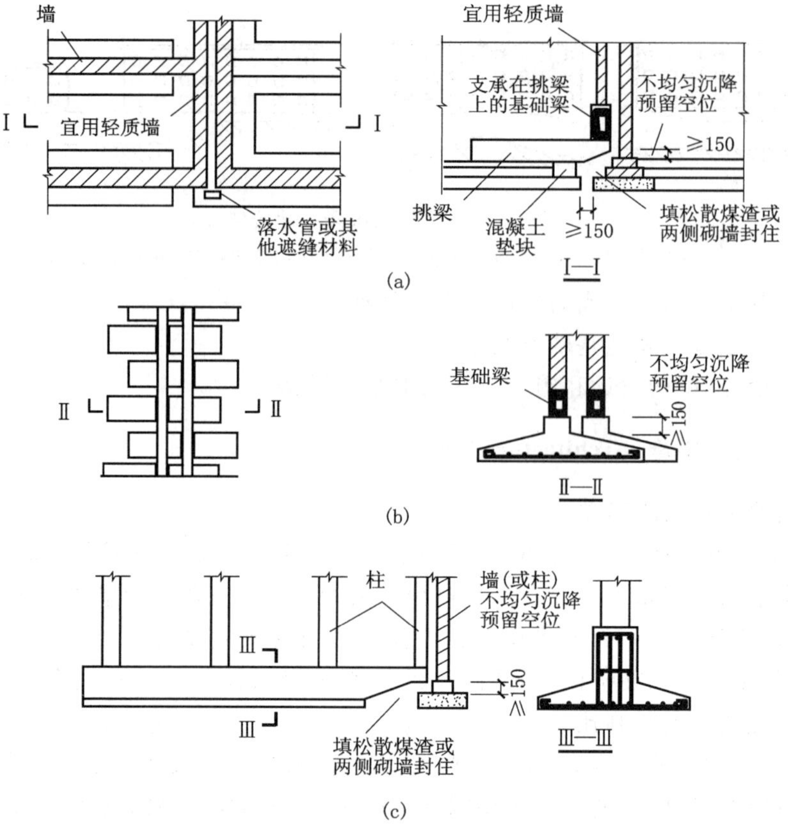

图 7.35　沉降缝构造示意图

生变形。在此范围外，荷载对邻近建筑没有影响。同期建造的两相邻建筑，或在原有房屋邻近新建高大建筑物，如果距离太近，就会因相邻的影响而产生不均匀沉降，或造成倾斜和开裂。

相邻建筑物基础的净距，按表 7.13 选用。由该表可见，决定相邻间距的主要因素是影响建筑物的刚度(用长高比衡量)和建筑物的预估沉降量。

表 7.13　相邻建筑物基础间的净距

影响建筑物的预估平均沉降量(mm)	被影响建筑物的长高比	
	$2.0\leqslant L/H_f<3.0$	$3.0\leqslant L/H_f<5.0$
70～150	2～3m	3～6m
160～250	3～6m	6～9m
260～400	6～9m	9～12m
>400	9～12m	≥12m

注：① 表中 L 为房屋长度或沉降缝分隔的单元长度(m)；H_f 的意义同前。
② 当被影响建筑物的长高比为 $1.5<L/H_f<2.0$ 时，净距可适当缩小。

(5)调整建筑标高

建筑物的长期沉降，将改变使用期间各建筑单元、地下管道和工业设备等部分的原有标高，这时可采取下列措施进行调整：

①根据预估的沉降量，适当提高室内地面和地下设施的标高。

②将互有联系的建筑物各部分中沉降较大者的标高提高。

③建筑物与设备之间，应留有足够的净空。当有管道穿过建筑物时，应预留足够大的孔洞，或者采用柔性的管道接头。

7.11.2 结构措施(Structure Measure)

(1)减轻建筑物自重

建筑物的自重在基底压力中占很大的比例。工业建筑中估计占50%，民用建筑中可高达60%～70%。因而减少沉降量可以从减轻建筑物自重着手：

①采用轻质材料，如采用空心砖墙或其他轻质墙等。

②选用轻型结构，如预应力混凝土结构、轻型钢结构以及各种轻型空间结构。

③减轻基础及以上回填土的重量，选用自重轻、覆土较少的基础型式，如浅埋的宽基础和半地下室、地下室基础，或者室内地面架空。

(2)设置圈梁和钢筋混凝土构造柱

圈梁(Enclose Beam)的作用在于提高砌体结构抵抗弯曲的能力，即增强建筑物的抗弯刚度。它是防止砖墙出现裂缝和阻止裂缝开展的一项有效措施。当建筑物产生碟形沉降时，墙体产生正向弯曲，下层的圈梁将起作用；反之，墙体产生反向弯曲时，上层的圈梁起作用。

圈梁必须与砌体结合成整体，每道圈梁要贯通全部外墙、承重内纵墙及主要内横墙，即在平面上形成封闭系统。当无法连通(如某些楼梯间的窗洞处)时，应按图7.36所示的要求搭接。

利用附加圈梁进行搭接。必要时，洞口上下的钢筋混凝土附加圈梁可与两侧的小柱形成小框架。

圈梁的截面难以进行计算，一般均按构造考虑(图7.37)。采用钢筋混凝土圈梁时，混凝土强度等级宜采用C20，宽度与墙厚相同，高度不小于120mm，上下各配2根直径8mm以上的纵筋，箍筋间距不大于300mm。如采用钢筋砖圈梁时，位于圈梁处的4～6皮砖，用M5砂浆砌筑，上下各配置3根直径6mm的钢筋，钢筋间距不小于120mm。

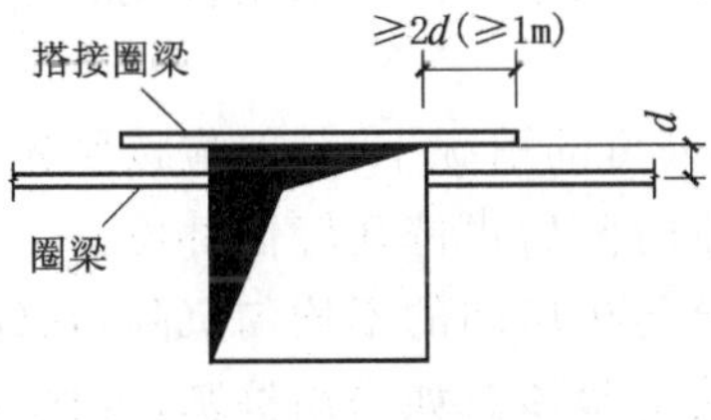

图7.36 圈梁的搭接

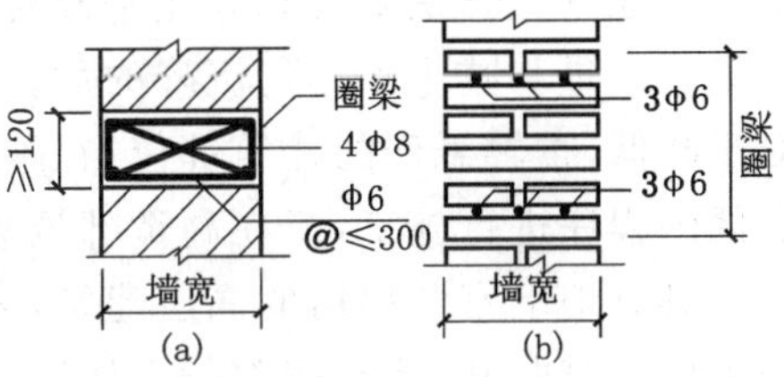

图7.37 圈梁截面示意图

(a)钢筋混凝土圈梁；(b)钢筋砖圈梁

(3)减小或调整基础底面的附加压力

采用较大的基础底面积，减小基底附加压力，一般可以减小沉降量。但是，在建筑物不同部位，由于荷载大小不同，如基底压力相同，则荷载大的基础底面尺寸也大，沉降量必然也大。为了减小沉降差异，荷载大的基础，宜采用较大的基础底面积，以减小该处的基底压力。对于图7.38(a)所示的情况，通常难以采取增大框架柱基础底面积的方法来减小其与廊柱基础之间的沉降差。在这种情况下，可将门廊和框架结构分离，或把门廊改用悬挑结构。对图7.38(b)所示情况，可增加墙下条形基础的宽度。

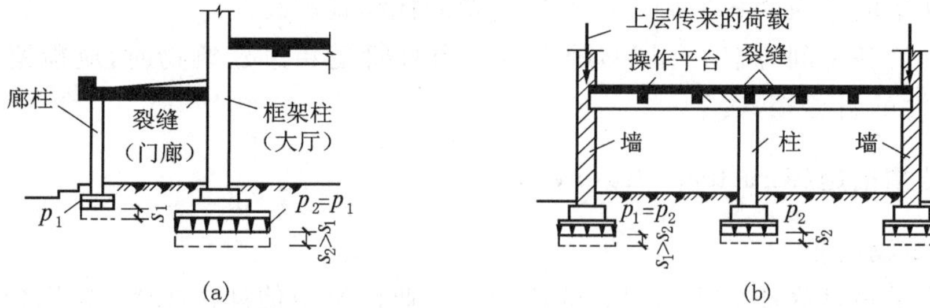

图 7.38　基础尺寸不妥引起的事故

(4)设置连系梁

钢筋混凝土框架结构对不均匀沉降很敏感，很小的沉降差异就足以引起较大的附加应力。对于采用单独柱基的框架结构，在基础之间设置连系梁可加大结构刚度，减少不均匀沉降。连系梁的设置常带有经验性（仅起承重墙作用的例外），其底面一般置于基础顶面（或略高些），过高则作用下降，过低则施工不便。连系梁的截面可取柱距的 1/14～1/8，上下均匀通长配筋，每侧配筋率为 0.4%～1.0%。

(5)采用联合基础或连续基础

采用二柱联合基础或条形、交梁、筏板、箱形等连续基础，可增大支承面积和减小不均匀沉降。建造在软弱地基土上的砌体承重结构，宜采用刚度较大的钢筋混凝土基础。

(6)使用能适应不均匀沉降的结构

排架等铰接结构，在支座产生相对变形时结构内力的变化甚小，故可避免不均匀沉降对结构的危害，但必须注意所产生的不均匀沉降是否会影响建筑物的使用。

油罐、水池等做成柔性结构，基础也常采用柔性底板，以适应不均匀沉降。这时管道连接处，应采取某些相应的措施。

7.11.3　施工措施(Construct Measure)

在软弱地基上开挖基坑和修建基础时，应合理安排施工顺序。注意采用合理的施工方法，以确保工程质量和减小不均匀沉降的危害。

对于高低、重轻悬殊的建筑部位，在施工进度和条件许可的情况下，一般应按照先重后轻、先高后低的程序进行施工，或在高重部位竣工并间歇一段时间后再修建轻低部位。

对于具有地下室和裙房的高层建筑，为减小高层部分与裙房间的不均匀沉降，在施工时应采用施工后浇带断开，待高层部分主体结构完成时再连接成整体。如采用桩基，可根据沉降情况，在高层部分主体结构未全部完成时连接成整体。

在软弱地基上开挖基坑、修建地下室和基础时，应特别注意基坑坑壁的稳定和基坑的整体稳定，软弱基坑的土方开挖可采用挖土机具进行作业，但应尽量防止扰动坑底土的原状结构。

通常坑底至少应保留 200mm 以上厚度的原土层，待施工垫层时用人工挖去。如果发现坑底软土已经扰动，则应挖去被扰动的土层，用砂回填处理。

在软土基坑范围内或附近地带如有锤击作业，则应在基坑工程开始前至少半个月，先行完成桩基施工任务。在进行降低地下水位作业的现场，应密切注意降水对邻近建筑物可能产生的不利影响，特别应防止流砂现象发生；应尽量避免在新建基础、新建建筑物侧边堆放大量土方、建筑材料等地面荷载，以防基础产生附加沉降。

学 习 要 求

通过本章的学习，要求熟悉基础选型、基础埋深如何确定；掌握地基承载力特征值的计算，基础底面积的计算，地基持力层和软弱下卧层的承载力验算；掌握钢筋混凝土墙下条形基础、独立基础的设计；了解柱下条形基础、筏形基础、箱形基础的适用条件；熟悉减轻不均匀沉降的建筑措施、结构措施和施工措施。

复习思考题

7.1 天然地基上浅基础的设计包括哪些内容？

7.2 建筑物基础有哪几种类型？各有什么特点？

7.3 确定基础埋深应考虑哪些因素？

7.4 如何确定浅基础的地基承载力？

7.5 基础尺寸是如何确定的？应进行哪些验算？

7.6 何谓软弱下卧层？试述验算软弱下卧层的要点。

7.7 在进行地基基础设计时，哪些情况需要做地基变形验算？

7.8 无筋扩展基础和扩展基础适用于什么范围？其高度是根据什么条件确定的？

7.9 柱下条形基础、筏形基础、箱形基础各适用于什么范围？

7.10 减轻建筑物不均匀沉降危害的措施有哪些？

习 题

7.1 一高层建筑箱形基础长度为 23.0m，宽度为 8.50m，埋深为 4.0m。地基表层为素填土，层厚 1.80m，$\gamma=17.8\text{kN/m}^3$；第二层为粉土，层厚 18.0m。地下水位深 2.80m。粉土层的黏粒含量大于或等于 10%，物理性质指标为：水上 $\gamma=18.9\text{kN/m}^3$，水下 $\gamma_{\text{sat}}=19.4\text{kN/m}^3$，$w=28.0\%$，$w_1=30.0\%$，$w_p=23.0\%$，$f_{ak}=140\text{kPa}$。确定修正后的地基承载力特征值。

(答案：249.5kPa。)

7.2 已知某拟建场地地质条件，第一层为杂填土，层厚 1.0m，$\gamma=18\text{kN/m}^3$；第二层为粉质黏土，层厚 4.2m，$\gamma=18.5\text{kN/m}^3$，$e=0.65$，$I_L=0.65$，地基承载力特征值 $f_{ak}=130\text{kPa}$。试按以下基础条件，分别计算修正后的地基承载力特征值：

(1)当基础底面为 4m×2.5m 的矩形独立基础，埋深 $d=1.2\text{m}$；

(2)当基础底面为 9m×42m 的箱形基础，埋深 $d=4.2\text{m}$。

[答案：(1) $f_a=150.3\text{kPa}$；(2) $f_a=272.1\text{kPa}$。]

7.3 某工厂职工 6 层住宅楼，设计砖混结构条形基础，基础埋深 $d=1.10\text{m}$。上部中心荷载传至基础顶面 $F_k=180\text{kN/m}$。地基表层为杂填土，$\gamma=18.6\text{kN/m}^3$，厚度 $h_1=1.10\text{m}$；第二层为粉质黏土，$e=0.84$，$I_L=0.75$，$f_{ak}=185\text{kPa}$。试确定基础的宽度。

(答案：1.0m。)

7.4 某厂房为框架结构，独立基础。作用在基础顶面的竖向荷载 $F_k=2400\text{kN}$，弯矩为 $M=850\text{kN}\cdot\text{m}$，水平力 $Q=60\text{kN}$。基础埋深 1.90m，基础顶面位于地面下 0.5m。地基表层为素填土，天然重度 $\gamma=18.0\text{kN/m}^3$，厚度 $h_1=1.90\text{m}$；第二层为粉质黏土，$\gamma_2=18.5\text{kN/m}^3$，$e=0.90$，$I_L=0.25$，层厚 $h_2=8.60\text{m}$，$f_{ak}=210\text{kPa}$。试设计基础底面尺寸。

(答案：有弯矩方向基底长 4.0m，宽 3.9m。)

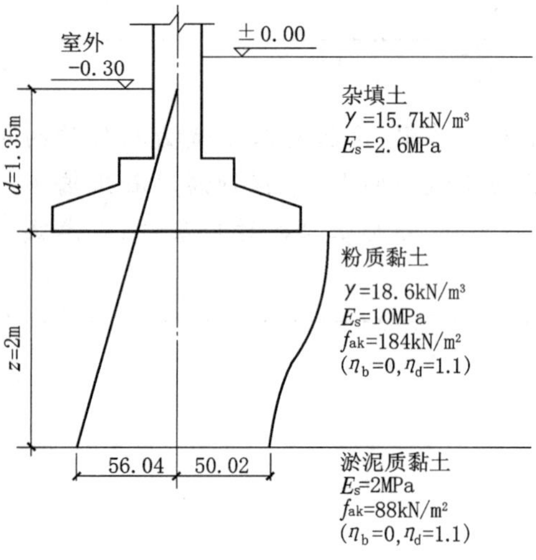

图 7.39　习题 7.5 图

7.5　一轴心受压基础，上部结构传来轴向力设计值 $N=780\mathrm{kN}$，地质资料如图 7.39 所示，试设计基底面积并验算下卧层。

（答案：基底面积取 2.6m×1.8m，下卧层满足要求。）

7.6　一多层住宅楼，地基为粉土，土质良好，地基承载力特征值为 250kPa。上部结构传至基础上的荷载为 $N=200\mathrm{kN/m}$。室内地坪±0.00 高于室外地面 0.45m，基底高程为−1.60m。设计无筋扩展条形基础。

（答案：$d=1.15\mathrm{m}$，取 $b=1.00\mathrm{m}$；基础底部用素混凝土，强度等级为 C25，高度 300mm。其上用砖，质量要求不低于 MU7.5，高度 360mm，4 级台阶，每级台阶宽度 60mm。）

7.7　某场地土层分布如图 7.40 所示，作用于条形基础顶面的荷载标准值 $F_k=300\mathrm{kN/m}$，$M_k=35\mathrm{kN\cdot m}$，取基础埋深 $d=0.8\mathrm{m}$，底宽 $b=2\mathrm{m}$。试按承载力要求验算所选基础底面尺寸是否合适。

（答案：合适。）

7.8　某一砖厚(240mm)承重墙传来轴力标准值 $F_k=180\mathrm{kN/m}$，地基资料如图 7.41 所示。试设计此无筋扩展基础，并验算软弱下卧层强度。

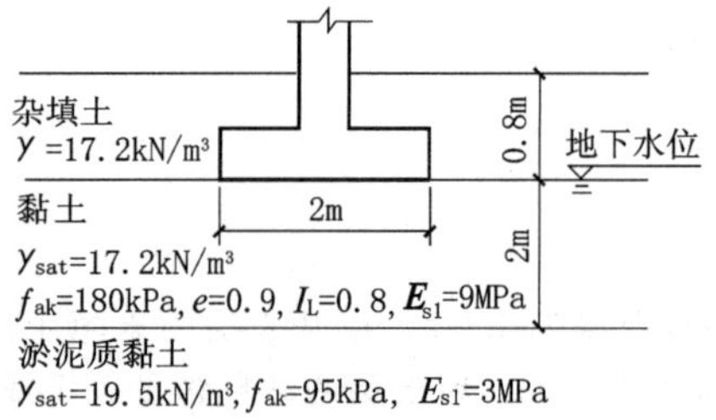

图 7.40　习题 7.7 图

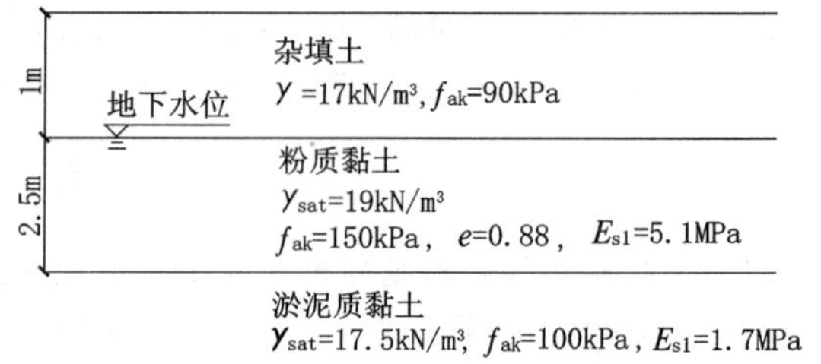

图 7.41　习题 7.8 图

7.9　某校学生宿舍楼设计采用砖混结构，条形基础。承重墙厚 240mm，墙基顶面荷载为 $F_k=188\mathrm{kN/m}$。地基土分 3 层：表层为耕植土，厚 0.6m，天然重度 $\gamma_1=17.0\mathrm{kN/m^3}$；第二层为粉土，层厚 2.0m，$f_{ak}=160\mathrm{kPa}$，$\gamma_{sat}=18.6\mathrm{kN/m^3}$；第三层为淤泥质黏土，$f_{ak}=90\mathrm{kPa}$，$\gamma_3=16.5\mathrm{kN/m^3}$，层厚 1.50m。地下水位深 0.80m。试设计基础尺寸、埋深与构造。

（答案：取 $b=1.30\mathrm{m}$，$d=0.80\mathrm{m}$。全部用砖不满足刚性角要求。基础用 C30 混凝土，厚度 250mm；其上砌 8 皮砖，厚度为 48cm。）

7.10　某单位职工 4 层住宅采用砖混结构，条形基础，外墙厚 24cm。作用于基础顶部荷载为 $F_k=117\mathrm{kN/m}$。地基土表层为多年填土，层厚 $h_1=3.40\mathrm{m}$，$f_{ak}=100\mathrm{kPa}$，$\gamma_1=17.0\mathrm{kN/m^3}$，地下水位埋深 1.80m；第二层为淤泥质土，层厚 $h_2=3.20\mathrm{m}$，$f_{ak}=60\mathrm{kPa}$，$\gamma_2=18.0\mathrm{kN/m^3}$；第三层为软塑黏土，$f_{ak}=180\mathrm{kPa}$，$\gamma_3=18.5\mathrm{kN/m^3}$。试设计基础尺寸与结构。

（答案：宜浅埋，$d=0.5\mathrm{m}$，$b=1.30\mathrm{m}$。采用钢筋混凝土条形基础，混凝土等级为 C30，受力钢筋选用 HRB400 级钢筋Φ 10@150，纵向分布钢筋选用Φ 6@300。）

7.11　某柱基础采用钢筋混凝土独立基础，作用于基础顶部荷重 $F_k=2200\mathrm{kN}$，柱截面尺寸为 300mm×600mm。第一层土为杂填土，$\gamma_1=18.5\mathrm{kN/m^3}$，厚度为 1m；持力层土为粉质黏土，$\gamma_2=19.0\mathrm{kN/m^3}$，$e=0.83$，$I_L=0.84$，$f_{ak}=250\mathrm{kPa}$，基础埋深 $d=1.6\mathrm{m}$，采用 C30 混凝土，HRB400 级钢筋。试确定基底尺寸、基础高度并进行底板配筋。

8 桩基础与深基础

本章提要

本章介绍了桩基础的类型、特点和适用条件，说明了竖向抗压单桩荷载的传递机理、侧摩阻力和端阻力发挥的影响因素、负摩阻力分布和中性点的概念，介绍了《建筑地基基础设计规范》(GB 50007 — 2011)和《建筑桩基技术规范》(JGJ 94 — 2008)，确定了单桩和群桩竖向承载力的方法，阐述了桩基础的设计内容和步骤。此外，还简要介绍了其他深基础，如沉井基础、地下连续墙等。

思政：罕见超长桩基施工

8.1 桩基础的适用性

当建筑场地浅层的土质无法满足建筑物对地基变形和强度方面的要求，而又不宜进行地基处理时，就要利用下部坚实土层或岩层作为持力层，采用深基础方案。深基础主要有桩基础、墩基础、沉井和地下连续墙等几种类型，其中以桩基础应用最广泛。

桩基础一般由设置于土中的桩(Pile)和承接上部结构的承台(Bear Platform)组成(图8.1)。桩顶嵌入承台中，承台把桩连接起来，并承受上部结构的荷载，然后通过桩传到地基中去。随着承台与地面的相对位置的不同，有低承台桩基和高承台桩基之分。前者的承台底面位于地面以下，而后者则高出地面或水力冲刷线以上。在工业与民用建筑物中，几乎都使用低承台桩基，而且大量采用的是竖直桩，很少采用斜桩。桥梁和港口工程中常用高承台桩基，且较多采用斜桩，以承受水平荷载。

下列情况中，可考虑选择桩基础方案：

(1)高层建筑或重要的和有纪念性的大型建筑，不允许地基有过大的沉降和不均匀沉降。

(2)重型工业厂房，如设有大吨位重量级工作制吊车的车间和荷载过大的仓库、料仓等。

(3)高耸结构，如烟囱、输电塔，位于地下水位以下的筏形基础需要采用桩基来承受上拔力(或上浮力)的其他建筑。

(4)需要减小基础振幅、减弱振动影响的大型精密机械设备基础。

(5)当建筑物地基存在震陷性、湿陷性、膨胀性、冻胀性或可液化土层等不良土层时，应考虑使基础穿过这些不良土层，将荷载传递到深部相对坚硬和稳定的土层中。

(6)软弱地基或某些特殊性土上的永久性建筑物。

由于桩基础承载力高、沉降量小，可以抵抗水平力和上拔力，还具有减振和抗震的优点，已经成为土质不良地区修造建筑物，特别是高层建筑、重型厂房和各种具有特殊要求的构筑物所广泛采用的基础型式。

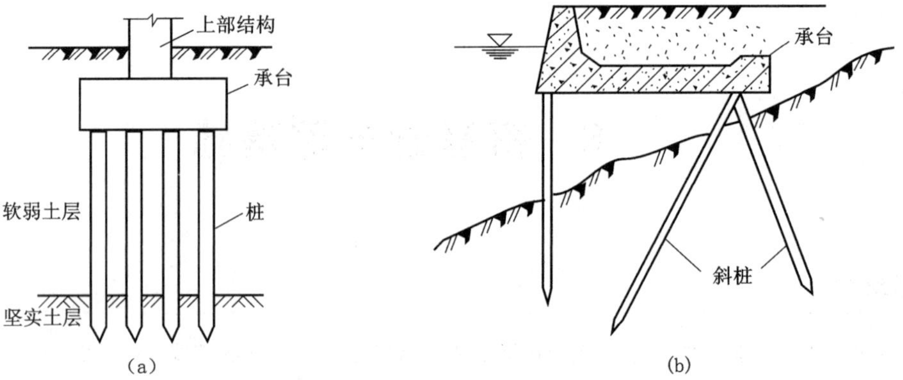

图 8.1 桩基础示意图

(a)低承台基础;(b)高承台基础

应当注意,在某些情况下使用桩基础对工程存在着不利因素。如:当上层土比下层土坚硬得多时;在欠固结地基或大量抽吸地下水的地区;当土层中存在障碍物(块石、未风化岩脉、金属等)而又无法排除时;只能使用打入法或振入法施工,而附近又有重要的或对振动特别敏感的建筑物时。

总之,一个建筑物是否使用桩基,要经过分析比较,综合考虑地质条件、结构特点、施工技术、技术经济效果,使所选基础类型发挥最佳效益。

8.2 桩的分类与质量检测

8.2.1 桩的分类

从工程观点出发,桩可以按不同的方法分类。常见的分类方法有:按桩的使用功能分类、按桩身材料分类、按施工方法分类、按支承方式分类、按设置效应分类、按桩径大小分类等。

8.2.1.1 按桩的使用功能分类

(1)竖向抗压桩(Vertical Compression Pile)

一般的房屋建筑,在正常工作的条件下(如不承受地震荷载,或抗震设防烈度不高且建筑物高度不大),基础桩主要承受上部结构传来的垂直荷载。

(2)竖向抗拔桩(Vertical Uplift Pile)

它指的是主要承受拉拔荷载的桩。如板桩墙背的锚桩和受上浮力的构筑物在浮力作用下自身不能稳定而在底板下设置的锚桩。又如高压输电塔下的桩基础。

(3)水平受荷桩 (Horizontal Load Pile)

港口工程的板桩、基坑的支护桩等,都是主要承受水平荷载的桩。桩身的稳定依靠桩侧的土抗力,往往还设置水平支撑或拉锚以承受部分水平力。

(4)复合受荷桩(Complex Load Pile)

这种桩承受的竖向荷载与水平荷载均较大。如桥梁下的桩基础。

8.2.1.2 按桩身材料分类

(1)木桩(Wood Pile)

适用于常年在地下水位以下的地基。所用木材坚韧耐久,如松木、杉木和橡木等。桩长一般为4～10m,直径为180～260mm。使用时应将木桩打入最低水位以下0.50m。在干湿交替的环境或是地下水位以上部分,木桩极易腐烂,在海水中也易腐蚀。木桩桩顶应平整并加铁箍,以保护桩顶不被打坏。桩尖削成棱锥形,桩尖长为直径的1～2倍。木桩的优点是储运方便,打桩设备简单,较经济;其缺点是承载力较低,一般使用寿命不长,仅几年至十几年。目前只用于盛产木材的地区和某些小型的工程中。

(2)混凝土桩(Concrete Pile)

在现场开孔至所需深度,随即在孔内浇灌混凝土,经振捣密实后就成为混凝土桩。混凝土桩的直径一般为300～500mm,长度不超过25m。混凝土桩的混凝土强度等级不应低于C20。

混凝土桩的优点是设备简单,操作方便、经济,节省钢材。缺点为可能产生“缩颈”“断桩”、局部夹土或混凝土离析等质量事故,应采取必要的措施,以保证质量。

(3)钢筋混凝土桩(Reinforcing Concrete Pile)

它分为预制桩和灌注桩。灌注桩的混凝土强度等级不应低于C25,预制桩的混凝土强度等级不应低于C30,预应力桩的混凝土强度等级不应低于C40。受力主筋,应按计算确定。根据桩的截面大小,选用4～8根钢筋,直径为12～25mm。

对于灌注桩,配筋率通常为0.2%～0.65%(小直径桩取高值)。箍筋直径为8～10mm,间距为200mm。桩顶$3d$～$5d$范围内箍筋适当加密。灌注桩钢筋笼长度超过4m时,应每隔2m左右设一道直径不小于12mm的焊接加劲箍筋。

对于预制桩,混凝土预制桩的截面边长不应小于200mm;预应力混凝土预制实心桩的截面边长不宜小于350mm。预制桩的桩身配筋应按吊运、打桩及桩在使用中的受力等条件计算确定。预制桩最小配筋率不宜小于0.5%,采用锤击成桩时,最小配筋率不宜小于0.8%;采用静压法沉桩时,最小配筋率不宜小于0.6%。主筋直径不宜小于14mm,打入桩桩顶以下(4～5倍)桩身直径长度范围内的箍筋应加密,并设置钢筋网片。

钢筋混凝土桩适用于各类大中型建筑工程的承载桩。不仅可以承压,而且可以抗拔和抗弯,以及承受水平荷载,因此,这类桩应用范围很广。

(4)钢桩(Steel Pile)

用各种型钢作为桩,称为钢桩。常用的型钢桩有钢管桩、宽翼工字形钢桩等。钢管桩的直径为250～1200mm,长度根据设计而定。钢桩的分段长度宜为12～15m,如上海宝钢一号高炉基础采用钢管桩,直径为914.6mm、壁厚16mm、长61m的开口钢管桩。

钢管桩的优点是承载力高,适用于大型、重型的设备基础;缺点是价格高、费钢材、易锈蚀,在我国使用范围不广泛。

(5)组合材料桩

组合材料桩是指用两种不同材料组合的桩。例如,钢管桩内填充混凝土,或上部为钢管桩、下部为混凝土等形式的桩。

8.2.1.3 按施工方法分类

(1)预制桩(Prefabricated Pile)

预制桩是在施工前已预先制作成型,再用各种机械设备把它沉入地基至设计标高的桩。

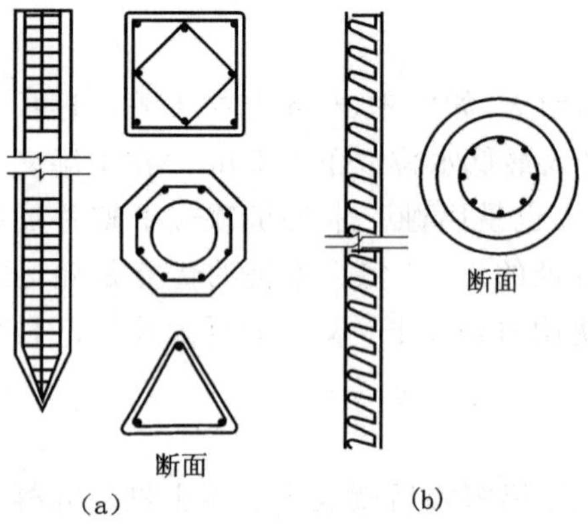

图 8.2　钢筋混凝土预制桩
(a)多边形桩;(b)管桩

按所用材料的不同,分为钢筋混凝土预制桩、钢桩和木桩,其中钢筋混凝土预制桩又可分为工厂预制和现场预制。

钢筋混凝土预制桩的截面可做成方、圆等各种形状(图 8.2)。普通实心方形截面的桩,截面边长一般为 300～550mm,当桩的直径较大时也可做成空心的圆柱形截面。现场预制桩长一般在 25～30m 以内。工厂预制桩分节长度一般不超过 12m,如需采用长桩,可以接桩。分节预制桩应保证接头质量以满足桩身承受轴力、弯矩和剪力的要求,分节接头采用钢板、角钢焊接后,宜涂以沥青以防锈蚀。还有采用机械式接桩法以钢板垂直插头加水平销连接,施工快捷,又不影响桩的强度和承载力。

大截面实心桩的自重较大,其配筋主要受起吊、运输、吊立和沉桩等各阶段的应力控制,因而用钢量较大。采用预应力混凝土桩,则可减轻自重、节约钢材、提高桩的承载力和抗裂性。

预应力混凝土管桩(PHC Pile)(图 8.3)是一种采用先张法预应力工艺和离心成型法制作的预制桩。其中,经过高压蒸汽养护设备生产的为 PHC(高强度)管桩,未经高压蒸汽养护生产的为 PC 管桩,其桩身混凝土强度等级为 C60～C80。按管桩的抗弯性能及抗裂度,可分为 A、AB、B 和 C 四种。管桩分节长度为 4～13m,外径为 300～600mm。桩的下端设置开口的钢桩尖或封口十字刃钢桩尖(图 8.4)。沉桩时桩节处通过焊接端头板接长。

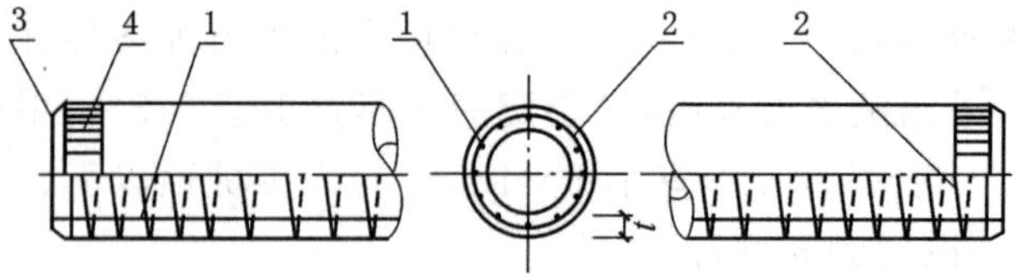

图 8.3　预应力混凝土管桩
1—预应力钢筋;2—螺旋箍筋;3—端头板;4—钢套箍;t—壁厚

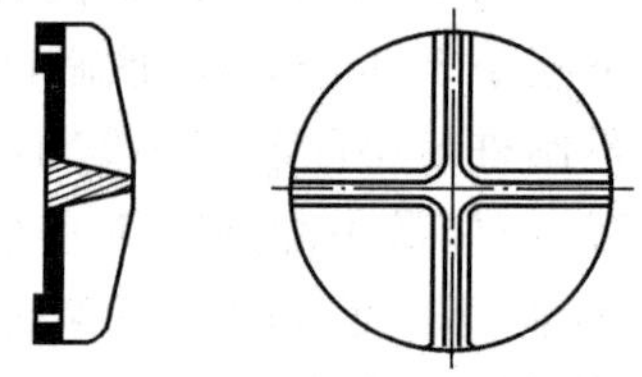

图 8.4　预应力混凝土管桩的封口十字刃钢桩尖

钢筋混凝土桩的优点是单桩承载力大,预制桩不受地下水位与土质条件限制,无缩颈等质量事故,安全可靠。缺点是预制桩自重大,需大型打桩机和吊桩的吊车,若桩长不够需接桩,桩太长需截桩,造价较高。

预制桩的沉桩方法有锤击、振动打入、静力压入和旋入等。

锤击法:是用桩锤把桩击入地基的沉桩方法。主要设备为拉架、桩锤、动力设备等。应根据桩的种类、桩的质量、土质情况选用不同型号及不同质量的桩锤。常使用的桩锤有落锤、单动汽锤、双动汽锤和柴油锤。国内使用的单动汽锤有 1.3t、3.5t、7t 和 10t 等不同规格。适用于 20～60m 长预制钢筋混凝土桩及 40～60m 长钢管桩,且桩尖进入硬土层有一定深度。锤击法造成的噪声和振动影响环境,在人口稠密的地区易成为公害,已引起社会的普遍关注。

振动法:这种方法是在桩顶装上振动器,使预制桩随着振动下沉至设计标高。主要设备是振动器,由内装偏心块旋转时产生垂直振动力,使桩沉入土中。此法对自重不大的钢桩效果较好，适合于砂土地基，但不适合于一般的黏土地基。

静力压桩法：这种方法是用静力压桩机将桩压入土中，无噪声和振动，宜用于均质软黏土地基。静力压桩机，在上海、武汉都可制造，其中上海市基础公司一台质量为40t的压桩机（另附加配质量40t），下沉方形断面400mm×400mm、桩长23.5m的钢筋混凝土预制桩，相当于7t单动汽锤、34m塔式桩架打桩机的功能。

沉桩的深度，首先应根据勘察资料和上部结构的要求估算，定出桩尖的设计标高。施工时，需以最后贯入度和桩尖设计标高两方面控制。最后贯入度是指沉至某一标高时每次锤击的沉入量，通常以最后每阵的平均贯入量表示。锤击法可用10次锤击为一阵，最后贯入度可根据计算或地区经验确定，有的地区采用10～30mm为控制标准；振动沉桩以1min为一阵，要求最后两阵平均贯入度为10～50mm/min。

（2）现场灌注桩（Cast-in-place Pile）

现场灌注桩是直接在所设计桩位处成孔，然后在孔内放置钢筋笼，再浇筑混凝土而成。与混凝土预制桩比较，灌注桩一般只根据使用期间可能出现的内力配筋，用钢量较节约。同时，桩长可在施工过程中根据要求于某一范围内取定，无须截桩，不设接头，所以在相同的地质条件下，单方桩体混凝土的造价较预制桩的低。其横截面呈圆形，可做成大直径，也可扩大底部（扩底桩）。保证灌注桩承载力的关键在于桩身的成型和混凝土灌注质量。

灌注桩有几十个品种，大体可归纳为沉管灌注桩和钻（冲、磨、挖）孔灌注桩两类。灌注桩可采用套管或沉管护壁、泥浆护壁和干作业等方法成孔。

①沉管灌注桩（Pipe Sinking Cast-in-place Pile）

沉管灌注桩可以采用锤击、振动和振动冲击等方法沉管开孔，其施工程序如图8.5所示。

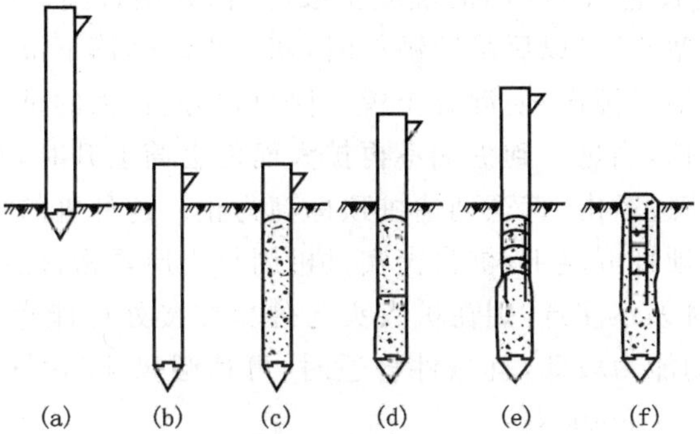

知识链接：
复杂软弱地质
大直径超长
灌注桩施工

图8.5　沉管灌注桩的施工程序示意

(a)打桩机就位；(b)沉管；(c)浇灌混凝土；(d)边拔管、边振动；(e)安放钢筋笼，继续浇灌混凝土；(f)成型

锤击沉管灌注桩的直径以往多采用300～500mm，桩长一般在20m以内，打至硬塑黏土层或中粗砂层；直径340mm的桩，打桩锤的质量为1t；直径480mm的桩，打桩锤的质量为2～3.5t。这两种桩的单桩竖向承载力分别为300～450kN和600～850kN。沉管灌注桩的施工设备简单、进度快、成本低，但可能产生缩颈（桩身截面局部缩小）、断桩、局部夹土、混凝土离析和强度不足等质量问题。产生这些问题的原因是多方面的。缩颈多发生在地下水位以下的软硬土层交界处或软弱土层中，这是因为打桩时土中孔隙水压力剧增，对混凝土桩体产生侧压力。如缩颈发生在地表下不深处，则还与管内混凝土量少、竖向压力小有关。因此，在这些土层中的拔管速度应缓慢，如控制为每分钟0.8m。管内的混凝土量应充足，灌注的充盈系数应

达到 1.10～1.15。(充盈系数是指实际混凝土用量与按桩径和桩长计算的体积之比。)断桩发生的地方常在地表下不深处,其产生的主要原因是打相邻桩时或受其他振动作用所产生的水平推力以及土体隆起形成的拉力。因此应注意,桩机和运输车辆不要在靠近施打不久的桩边行驶,桩距不宜太小,打邻桩时的落锤高度应控制在 1m 内,以减少冲击能量的影响。为了防止桩孔入土进水,可先在沉管内灌入高度为 1.5m 左右的封底混凝土。施工完成的桩顶标高,须高出设计标高 0.20～0.50m,此段混凝土浆应予凿除。为了扩大桩径,可对沉管灌注桩进行"复打",所谓复打,就是在浇灌混凝土并拔出钢管后,立即在原位重新放置预制桩尖或闭合管端活瓣,重新沉管,并再次浇灌混凝土。复打后的桩,横截面面积增大,承载力提高,但造价也相应增加。对于含水率大而灵敏度高的淤泥和淤泥质土,如采用直径在 400mm 以下的锤击或振动沉管灌注桩,由于质量问题多,且上述各项措施不一定有效,故慎重采用。

在小直径灌注桩内放置钢筋笼,由于钢管的内径小,如不采取措施,桩身混凝土可能形成空洞。振动沉管灌注桩的钢管底端,常带有活瓣桩尖(沉管时桩尖闭合,拔管时活瓣张开以浇灌混凝土),或桩机就位时套上预制桩尖。常用的桩径为 400～500mm。振动锤的振动力有 70kN、100kN 和 160kN 等。

直径较大的沉管灌注桩采用铸钢或钢板加工成的预制桩尖,打入深度可达 25m 以上,直至强风化岩。主要有桩径 650mm,承载力为 1800～2800kN 的桩;桩径 700mm,承载力为 2000～3900kN 的桩;桩径 800mm,承载力为 2200～4400kN 的桩。这种桩型的施工机具,有的装置了监测系统,可检查浇灌过程中混凝土的质量。这种桩的体积较大,对桩周土体的排挤作用较强烈。

内击式沉管灌注桩(亦称弗朗基桩,Franki Pile)是另一类型的沉管灌注桩。施工时,先在地面竖起钢套筒,在管底放进约 1m 高的混凝土或碎石,并用长圆形吊锤在套筒内锤打,以便形成套筒底端的混凝土"塞头"。以后吊锤锤打时,塞头带动套筒下沉。沉入深度达到要求后,吊住套筒,浇灌混凝土并继续锤击,使混凝土脱出筒口,形成扩大的桩端,锤击成的扩大桩端直径可达桩身直径的 2～3 倍,当进行到桩端不再扩大而使套筒上升时,开始浇灌桩身混凝土(吊下钢筋笼),同时边拔套筒边锤击,直至到达桩顶标高为止。这种桩的主要优点是:套筒内的桩锤冲击能量大,可使用干硬性混凝土,桩身密实且桩周与土层紧密接触,加之桩端扩大,故桩的承载力可提高。但施工时如不注意,则在扩大头与桩身交接处可能存在混凝土质量较差的问题。这种桩穿过厚砂层的能力较低,且条件合适时,可达强风化岩。600mm 的内击式沉管灌注桩,承载力一般为 1700～2200kN。

②钻、冲、磨孔灌注桩(Bored Cast-in-place Pile)

各种钻孔桩在施工时都要把桩孔位置处的土排出地面,然后清除孔底沉渣,安放钢筋笼,最后浇灌混凝土。目前国产的钻(冲)孔灌注桩的施工机械有:UX100 型的小型钻机,CPS15 型反循环回旋钻机(上海产),H-150 型正循环黄河钻机(天津产),CZ-22 型冲击钻机和潜水电动钻机等。这些钻机在钻进时不必下钢套筒,利用泥浆保护孔壁。泥浆质量应符合要求,以防塌孔,清孔(排除孔底沉渣)后,浇灌水下混凝土,其施工程序如图 8.6 所示。

常用的桩径有 800mm、1000mm、1200mm 等。国外生产的大直径钻机,一般用钢套筒护壁,具有回旋钻进、冲击、磨头磨碎岩石和进行扩底等多种功能,并能克服流砂,消除孤石等障碍物,钻进速度快,能进入微风化硬质岩石,深度可达 60m。由于这些机具价格昂贵,较适宜用于直径为 1500～2800mm 的大直径桩。必要时可在孔位处放入现场卷成的蛇纹管,桩身混

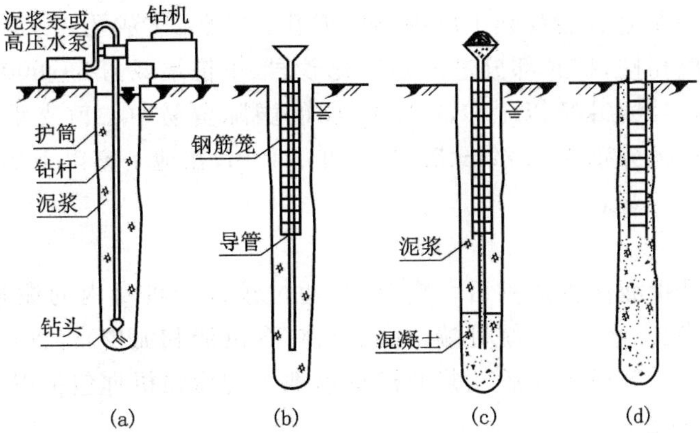

图 8.6 钻孔灌注桩施工程序

(a)成孔;(b)下导管和钢筋笼;(c)浇灌水下混凝土;(d)成桩

知识链接：
钻孔灌注桩
施工工艺

凝土与土隔开,以保证混凝土的质量。用国产钻机开孔的钻孔 1000mm 直径的桩,承载力为 3900～6600kN;1200mm 直径的桩,承载力为 5000～10000kN;1400mm 直径的桩,承载力为 7000～13000kN。这种大直径桩的最大优点,在于能进入岩层,且刚度大,因此承载力高,而桩身变形小。

国内常用的各种灌注桩,其适用范围见表 8.1。

表 8.1 国内常用各种灌注桩的适用范围

成孔方法		适用范围
泥浆护壁成孔	冲抓、冲击、回转钻直径 800mm 以上	碎石土、砂土、粉土、黏性土及风化岩。冲击成孔的,进入中等风化和微风化岩层的速度比回转钻快,深度可达 40m 以上
	潜水钻,直径 800mm	黏性土、淤泥、淤泥质土及砂土,深度可达 50m
干作业成孔	螺旋钻,直径 400mm	地下水位以上的黏性土、粉土、砂土及人工填土,深度在 150m 内
	钻孔扩底,底部直径可达 1000mm	地下水位以上的坚硬、硬塑黏性土及中密以上的砂土
	机动洛阳铲(人工)	地下水位以上的黏性土、黄土及人工填土
沉管成孔	锤击,直径 340～800mm	硬塑黏性土、粉土、砂土,直径在 600mm 以上的桩可达强风化岩,深度可达 20～30m
	振动,直径 400～500mm	可塑黏性土、中细砂,深度可达 20m
爆破成孔,底部直径可达 800mm		地下水位以上的黏性土、黄土、碎石土及风化岩

③挖孔桩(Dig Bore Pile)

挖孔桩可采用人工或机械挖掘开孔。人工挖土时,每挖深 0.9m 或 1.0m,就浇灌或喷射一圈混凝土护壁(上下圈之间用插筋连接),达到所需深度时,可进行扩孔,最后在护壁内安装钢筋笼和浇灌混凝土(图 8.7)。挖孔桩的直径应不小于 1 m,深度为 15m 以上的挖桩,桩径不小于 1.2m,而桩身长度一般宜限制在 30m 内。

人工挖孔桩施工时,工人下到桩孔中心操作,随时可能遇到流砂、塌方、有害气体、缺氧、触电和上面掉下重物等危险而造成伤亡事故。因此,采用时应特别慎重,并严格执行安全生产的规定。

挖孔桩的优点是可直接观察地层情况，孔底可清除干净，设备简单，噪声小，适应性强，又比较经济。其缺点是在流砂层及软土层中难以成孔，甚至无法成孔。

图 8.7 所示的挖孔桩，扩底部分进入强风化砂岩，单桩承载力为 7600kN，如进入微风化硬质岩石，承载力可在 12000kN 以上。深圳 48 层的国际贸易中心就支承在 58 根人工挖孔桩上。该工程挖孔桩直径分别为 2.22m、2.63m 和 3.13m，在地下室以下的桩长为 10～16m，桩端周边全部嵌入微风化基岩。

④后注浆灌注桩

灌注桩后注浆是指灌注桩成桩后一定时间，通过预设于桩身内的注浆导管以及与之相连的桩端、桩侧注浆阀注入水泥浆，使桩端、桩侧土体（含沉渣和泥皮）得到加固，从而提高单桩承载力，减小沉降，如图 8.8 所示。后注浆灌注桩承载力的增强机理包括以下几个方面：

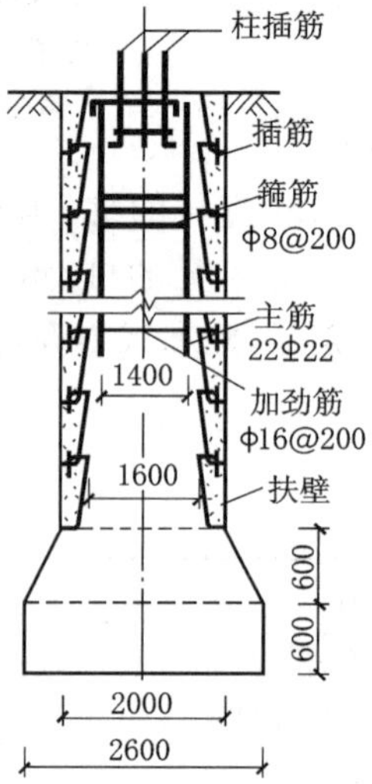

图 8.7　人工挖孔桩

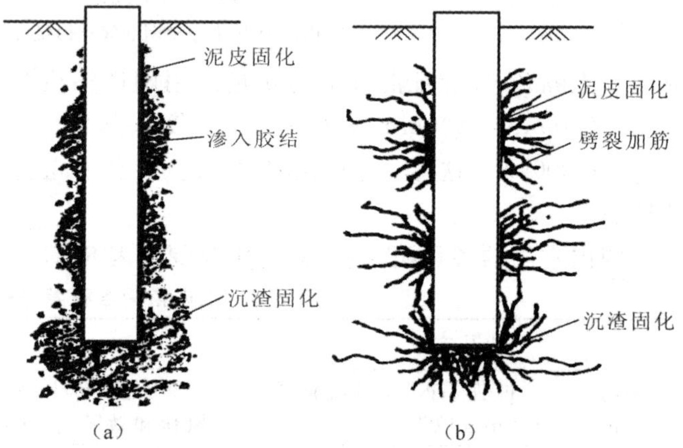

图 8.8　后注浆对桩端阻力、侧阻力的增强机理

(a)卵砾石、中粗砂；(b)黏性土、粉土、粉细砂

a. 固化效应：沉渣和泥皮被固化，同时伴有扩底和扩径效应。

b. 充填胶结效应：粗粒土（卵砾石、中粗砂）因渗入注浆被胶结。

c. 加筋效应：细粒土（黏性土、粉土、粗细砂）因劈裂注浆成加筋复合土。

该施工方法可用于各类钻、挖、冲孔灌注桩及地下连续墙的沉渣（虚土）、泥皮和桩底、桩侧一定范围内土体的加固。

8.2.1.4　*按支承方式分类*

传统上桩按支承方式分为端承桩和摩擦桩两类，并认为端承桩只具有桩端平面或水平投影面的支承力，而摩擦桩只具有桩侧摩阻力，其实这是不符合实际和欠妥的。当按支承方式对桩进行分类时，最好能反映桩承受作用时的主要工作性状，包括桩的沉降、桩与土体相互作用的强弱以及桩侧阻力与桩端阻力的发挥程度等特性。《建筑桩基技术规范》（JGJ 94—2008）将桩分为摩擦型桩和端承型桩两大类。

(1)摩擦型桩(Friction Pile)

根据桩侧阻力分担荷载的大小，摩擦型桩又分为摩擦桩和端承摩擦桩两类。摩擦桩是指在竖向极限荷载作用下，桩顶荷载全部由桩侧阻力承受的桩[图 8.9(a)]；而桩顶荷载主要由桩侧阻力承受，桩端也承受部分荷载的桩称为端承摩擦桩[图 8.9(b)]。

对于设置于深厚的软弱土层中，无较硬的土层作为桩端持力层或桩端持力层虽较坚硬但桩的长径比很大的桩，可视为摩擦型桩。

(2)端承型桩(End Bearing Pile)

端承型桩又分为端承桩和摩擦端承桩两类。端承桩是指在竖向极限荷载作用下，桩顶荷载全部由桩端阻力承受的桩[图 8.9(c)]；而桩顶荷载主要由桩端阻力承受，桩侧也承受部分荷载的桩称为摩擦端承桩[图 8.9(d)]。

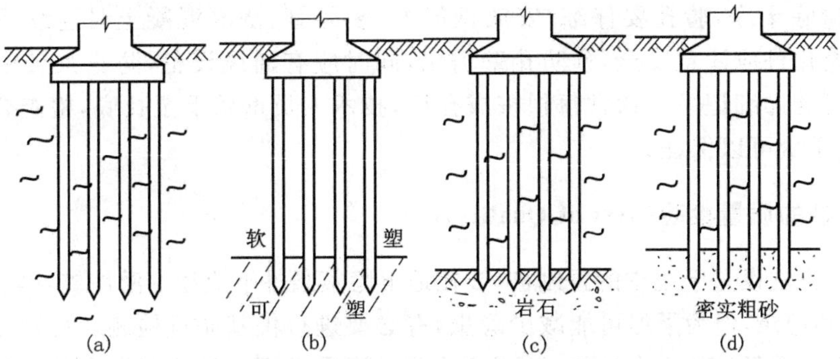

图 8.9 桩按支承方式分类

(a)摩擦桩；(b)端承摩擦桩；(c)端承桩；(d)摩擦端承桩

对长径比 l/d(l 为桩的长度，d 为桩的直径)较小(小于 10)，桩身穿越软弱土层，桩端设置于密实砂层、碎石类土层、中等风化及微风化岩层中的桩，可视为端承型桩。

8.2.1.5 按设置效应分类

随着桩的设置方法的不同，桩孔处原土和桩周土所受的排挤作用也很不相同。排挤作用会引起桩周土天然结构、物理状态和应力状态的变化，从而影响桩的承载力和沉降。这些影响属于桩的设置效应问题。按设置效应，可将桩分为下列三类：

(1)挤土桩

实心的预制桩、下端封闭的管桩、木桩以及沉管灌注桩等打入桩，在锤击、振动的贯入过程中，多将桩位处的土大量排挤开，因而使桩周某一范围内土的结构受到严重扰动和破坏。黏性土由于重塑作用而降低了抗剪强度，而原来处于松散状态的无黏性土则由于振动挤密作用而使抗剪强度提高。

(2)部分挤土桩

底端开口的钢管桩、H 型钢桩和开口预应力混凝土管桩等打入桩，沉桩时对桩周土体稍有排挤作用，但土的强度和变形性质改变不大。由原来土测得的土的物理力学性质指标一般仍可以用来估算桩基承载力和沉降。

(3)非挤土桩

先打孔后再打入的预制桩和钻(冲、挖)孔桩在成孔过程中将孔中土体清除出去，故设桩时对土没有排挤作用，桩周土反而可能向桩孔内移动。因此，非挤土桩的桩侧摩阻力常有所减小。

在不同的地质条件下，按不同方法设置的桩所表现的性状比较复杂，设计时只能大致予以考虑。

8.2.1.6 按桩径大小分类

(1)小桩

桩径 $d \leqslant 250$mm 的桩，主要用于中小型工程和基础加固。

(2)中等直径桩

桩径 250mm＜d＜800mm 的桩，为工业与民用建筑中最主要的桩型。

(3)大直径桩

桩径 $d \geqslant 800$mm 的桩，单桩承载力高，可实现一柱一桩的结构形式，无需承台，通常用于高层建筑、重型设备基础。上海宝钢一号高炉下就是采用大直径(914.6mm)钢管桩。单桩承载力应由桩的静载荷试验确定。大直径桩墩施工精细，如准确定桩位，开挖成孔要规整、足尺，桩底虚土要清除干净，验孔要仔细，安放钢筋笼、装导管、浇灌混凝土时连续不停、一气呵成。若采用人工挖孔桩应注意安全，预防孔壁坍塌，同时应有通风设备，防止人员中毒。每一根桩都必须有施工的详细记录。通常每根桩成孔后，技术人员都要下至孔底，检查合格后才能浇灌混凝土，桩的质量可以保证。

8.2.2 桩的质量检验(Test of Quality)

采用某种方法设置于土中的预制桩，或在地下隐蔽条件下成型的灌注桩，虽有施工过程的基本检验、监督和记录，但为了尽可能减少隐患，有必要进行桩基质量检测。特别是柱下采用一根桩或少数几根大直径桩的高大建筑，保证桩的质量更为重要。目前已有多种桩身结构完整性的检测技术，有的用于抽查，或作为单桩静载荷试验的辅助手段，以减少单桩静载荷试验的数量。

(1)开挖检查。只限于观察和检查开挖外露部分。

(2)钻芯法。在灌注桩桩身内钻孔(桩径在 800mm 以上，钻芯直径在 150mm 以内)取混凝土芯样进行观察和进行单轴抗压试验，了解混凝土有无离析空洞、桩底沉渣和淤泥等现象，并了解材料强度，必要时可配合钻孔电视直接观察，但较费时，且钻孔技术要求较高。

(3)声波检测法。预先在大桩中埋入 3～4 根金属管，利用超声波在不同强度混凝土中的传播速度的变化来进行质量检测。

(4)动测法。PDA(打桩分析仪)等大应变动测、较为灵敏准确的 PIT(桩身结构完整性分析仪)动测和其他小应变动测(如锤击激振、机械阻抗、共振、水电效应等方法)对于等截面、均质性较好的预制桩的测试效果比较可靠，而对于灌注桩的成型情况和混凝土质量的检测，已有相当多的工程经验，也具有一定的可靠性。动测法已成为及时发现桩基隐患、保证工程质量的重要手段。

8.3 单桩竖向承载力

在讨论竖直单桩竖向承载力之前，有必要大致了解施加于桩顶的竖向荷载是如何传递至地基的，因为这对于桩基设计具有一定的指导意义。

8.3.1 单桩竖向荷载的传递

在桩顶竖向荷载作用下，桩身横截面上产生轴向力和竖向位移。由于桩身和桩周土的相互作用，随着桩身变形而下移的桩周土在桩侧表面产生向上的摩阻力。随着桩顶荷载的增加，桩身轴力、位移和桩侧摩阻力都不断地发生变化。起初，桩顶荷载 Q 值较小，桩身截面位移主要发生在桩身上段，Q 主要由上段桩侧的摩阻力来承担。Q 增加到一定数值时，桩端产生位移，桩端阻力(等于桩端轴力)才开始明显表露出来。当沿桩身全长的摩阻力都达到极限值之后，桩顶荷载增量全部由桩端阻力承担，直到桩端持力层破坏，无力支承更大的桩顶荷载为止。此时，桩已处于承载力极限状态。

图 8.10 表示桩顶在某级荷载 Q 作用下沿桩身截面的位移 δ_z、桩侧摩阻力 τ 和轴力 N_z 的分布曲线。从图 8.10(b)可看出，桩顶沉降 s 大于桩身位移 δ_z，这是由于桩身会产生较大的弹性压缩。它们之间的关系是：s 等于 δ_z 加上桩身压缩量。桩身轴力 N 的分布特点是：由于桩顶轴力沿桩身向下通过桩侧摩阻力逐渐传给桩侧土，因此桩身轴力就相应地随深度而递减。桩顶轴力 N_0 最大（$N_0=Q$），桩端轴力最小，即为桩端阻力（$N_l=Q_p$），而桩侧总阻力 $Q_s=Q-Q_p=\sum u_p\tau l_i$。

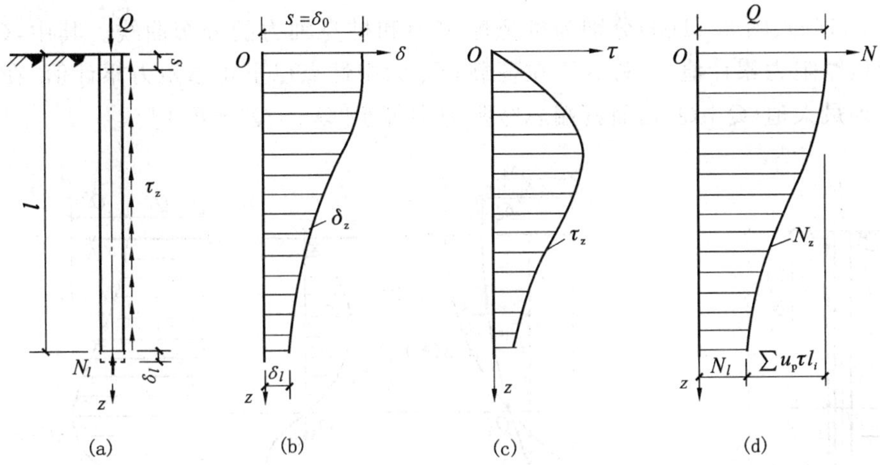

图 8.10　单桩轴向荷载的传递

(a)轴向受压的单桩；(b)截面位移曲线；(c)摩阻力分布曲线；(d)轴力分布曲线

设桩顶竖向荷载为 Q，桩侧阻力为 Q_s，桩端阻力为 Q_p，取桩为脱离体，由静力平衡条件得到关系式：

$$Q=Q_s+Q_p$$

如图 8.10(a)所示，竖向荷载 Q 在桩身各截面引起轴力 N_z，设桩长为 l，桩的横截面面积为 A_p，周长为 u_p。在桩身任意深度 z 处横截面引起的轴力 N_z，将使该横截面以下桩身压缩 δ_z、桩端下沉 δ_l。根据深度 z 处厚度 dz 的微分段的竖向静力平衡条件，可得：

$$dN_z+u_p\tau_z dz=0 \tag{8.1}$$

整理式(8.1)，可得桩侧阻力 τ_z 与桩身轴力 N_z 的关系：

$$\tau_z=-\frac{1}{u_p}\frac{dN_z}{dz} \tag{8.2}$$

式中　N_z——深度 z 处桩截面的轴力(kN)；

u_p——桩截面周长(m)；

τ_z——桩侧摩阻力(kPa)。

8.3.2　桩侧负摩阻力(Negative Mantle Friction of Pile Side)

桩土之间相对位移的方向，对于荷载传递的影响很大。在土层相对于桩侧向下位移时，产生于桩侧的向下的摩阻力称为负摩阻力。产生负摩阻力的情况有多种，例如：位于桩周的欠固结黏土或松散填土在重力作用下产生固结；大面积堆载或桩侧地面局部较大的长期荷载使桩周高压缩土层压密下沉；在正常固结或弱超固结的软黏土地区，由于地下水位全面降低(例如长期抽取地下水)，致使有效应力增加，因而引起大面积沉降；自重湿陷性黄土浸水后产生湿陷；打桩时使已设置的邻桩抬升等。在这些情况下，土的自重力和地面荷载将通过负摩阻力传递给桩。

图 8.11(a)表示一根承受竖向荷载的桩。桩身穿过正在固结中的土层而到达密实土层。在图 8.11(b)中，曲线 1 表示土层不同深度的位移，曲线 2 表示桩的截面位移曲线。曲线 1 和曲线 2 之间的位移差(图中画横线部分)为桩土之间的相对位移。交点(O_1)为桩土之间没有产生相对位移的截面位置，称为中性点。在 O_1 之上，土层产生相对于桩身的向下位移，桩侧出现负摩阻力；在 O_1 点之下的土层产生相对向上的位移，因而在桩侧产生摩阻力(或称正摩阻力)。图 8.11(c)、图 8.11(d)分别为桩侧摩阻力和桩身轴力的分布曲线。其中，Q^n 为中性点以上桩身负摩阻力累计值，又称为下拉荷载；F_s 为中性点以下正摩阻力累计值，在中性点处桩身轴力达到最大值($Q+Q^n$)，而桩端总摩阻力则等于[$Q+(Q^n-F_s)$]。

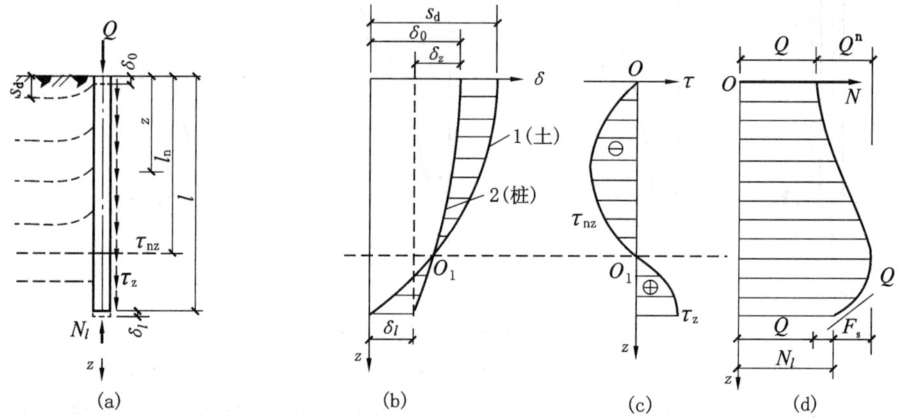

图 8.11 单桩在产生负摩阻力时的荷载传递

(a)单桩；(b)位移曲线；(c)桩侧摩阻力分布曲线；(d)桩身轴力分布曲线

由于桩周土层的固结是随着时间发展的，所以土层竖向位移和桩身截面位移都是时间的函数。在一定的桩顶荷载 Q 作用下，这两种位移都随时间而变，因此中性点的位置、摩阻力以及轴力都相应发生变化。如果在桩顶荷载作用下的截面位移已经稳定，以后才发生桩周土层的固结，那么土层固结的程度和速率是影响负摩阻力的大小和分布的主要因素。固结程度高，地面沉降大，则中性点往下移；固结速率大，则负摩阻力增长得快。不过负摩阻力的增长要经过一定时间才能达到极限值。在这个过程中，桩身在负摩阻力作用下产生压缩。随着负摩阻力的产生和增大，桩端处的轴力增加，桩端沉降也增大了。这就必然带来桩土相对位移的减小和负摩阻力的降低，而逐渐达到稳定状态。

桩侧负摩阻力的产生，使桩的竖向承载力减小，而桩身轴力加大，因此，负摩阻力的存在对桩基础是极为不利的。对可能出现负摩阻力的桩基础，宜按下列原则设计：

(1)对于填土建筑场地，先填土并保证填土密实度，待填土地面沉降基本稳定后成桩。

(2)对于地面有大面积堆载的建筑场地，采用预压等处理措施，减少堆载引起的地面沉降。

(3)对于位于中性点以上的桩身进行处理(如在桩表面涂上一层沥青)，以减少负摩阻力。

(4)对于自重湿陷性黄土地基，采用强夯、挤密土桩等先行处理，消除上部或全部土层的自重湿陷性。

(5)采用其他有效而合理的措施。

8.3.3 单桩竖向承载力的确定

《建筑桩基技术规范》(JGJ 94—2008)定义的单桩竖向极限承载力(Vertical Ultimate Capacity of Single Pile)标准值 Q_{uk} 是指单桩在竖向荷载作用下,到达破坏前或出现不适于继续承载的变形所对应的最大荷载。

为了满足上部结构的正常使用,单桩竖向极限承载力不能直接用于桩基础设计,必须有一定的安全储备。为此,《建筑桩基技术规范》(JGJ 94—2008)规定,设计时单桩竖向承载力应采用正常使用极限状态的单桩承载力特征值 R_a,按 $R_a=\dfrac{Q_{uk}}{K}$ 计算,式中 K 为安全系数,取 $K=2$,Q_{uk} 为单桩竖向极限承载力标准值。在进行桩基设计时,以此作为确定桩数和布桩的依据。

单桩竖向承载力的确定,取决于两个方面:其一,取决于土层的支承力(bearing force);其二,取决于桩本身的材料强度(strength of materials)。一般情况下单桩竖向承载力由土对桩的支承阻力控制,对于端承桩、超长桩和桩身质量有缺陷的桩,可能由桩身材料强度控制。此外,当桩的入土深度较大、桩周土质较软、桩端沉降量较大时,对于高层建筑或对沉降有特殊要求时,还应按上部结构对沉降的要求来确定单桩竖向承载力。

《建筑桩基技术规范》(JGJ 94—2008)规定,单桩竖向极限承载力标准值应符合下列规定:

①设计等级为甲级的建筑桩基,应该通过单桩静载荷试验确定;

②设计等级为乙级的建筑桩基,当地质条件简单时,可参照地质条件相同时的试桩资料,结合静力触探等原位测试和经验参数综合确定,其余均应通过单桩静载荷试验确定;

③设计等级为丙级的建筑桩基,可根据原位测试和经验参数确定。

8.3.3.1 按材料强度确定单桩竖向承载力

钢筋混凝土轴心受压桩正截面受压承载力应符合以下规定:

(1)当桩顶以下 $5d$ 范围的桩身螺旋式箍筋间距不大于 100mm,且满足桩身直径为 300~2000mm,配筋率为 0.20%~0.65%时,有:

$$N\leqslant A_{ps}f_c\psi_c+0.9f_y'A_s' \tag{8.3}$$

(2)当桩身配筋不符合上面规定时,有:

$$N\leqslant A_{ps}f_c\psi_c \tag{8.4}$$

式中 N——相应于作用的基本组合时的单桩竖向力设计值(kN);

A_{ps}——桩身截面面积(m^2);

f_c——混凝土轴心抗压强度设计值(kPa),按现行《混凝土结构设计规范》(GB 50010—2010)(2015 版)取值;

ψ_c——基桩成桩工艺系数,混凝土预制桩、预应力混凝土空心桩取 0.85,干作业非挤土灌注桩取 0.90,泥浆护壁和套管护壁非挤土灌注桩、部分挤土灌注桩、挤土灌注桩取 0.7~0.8,软土地区挤土灌注桩取 0.6;

f_y'——纵向主筋抗压强度设计值(kPa);

A_s'——纵向主筋截面面积(m^2)。

8.3.3.2　按单桩竖向抗压静载荷试验确定

静载荷试验(Static Load Test)是评价单桩承载力诸法中可靠性较高的一种方法。对于甲级、乙级建筑桩基,必须通过静载荷试验确定单桩竖向承载力。在同一条件下的试桩数量,不宜少于总桩数的1%,且不应少于3根;工程总桩数在50根以内时,不应少于2根。

挤土桩在设置后,宜隔一段时间才开始进行静载荷试验。这是由于打桩时土中产生的孔隙水压力有待消散,且土体因打桩扰动而降低的强度也有待部分恢复。为了使试验能反映真实的承载力值,一般间歇时间是:在桩身强度达到设计要求的前提下,对于砂土不得少于10d,粉土和黏性土不得少于15d,饱和软黏土不得少于25d。

①试验装置

试验装置主要包括加荷稳压部分、提供反力部分和沉降观测部分。静载荷一般由安装在桩顶的油压千斤顶提供。千斤顶的反力可通过锚桩承担[图8.12(a)],或借压重平台的重物来平衡[图8.12(b)]。量测桩顶沉降的仪表主要有百分表或电子位移计等。百分表安装在基准梁上,桩顶则相应设置沉降观测点。

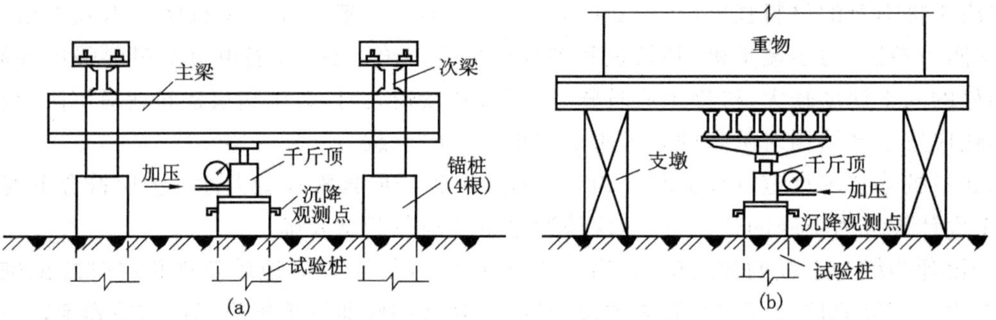

图8.12　单桩静载荷试验的装置

(a)锚桩横梁反力式;(b)压重平台反力式

②试验方法

试验方法的关键是:加荷方式应尽可能体现桩的实际工作情况。试验的加荷装置常采用慢速分级连续加荷方式,每级荷载值为估算的单桩极限承载力的1/15～1/10,第一级可按2倍分级荷载加荷。在每级荷载作用下,桩顶的沉降量在每小时内不超过0.2mm,并连续出现两次(由1.5h内连续三次观测值计算)时,则认为已趋于稳定。然后施加下一级荷载,直到桩已显现破坏特征,再分级卸荷至零。有关这种加荷方式的测读沉降量的间隔时间,可参见相关规范。当考虑结合实际工程的荷载特征时,也可采用多循环加、卸荷方法。为了缩短试验时间,则可采用快速连续加荷法(每小时加一级荷载)。

根据试验记录,可绘制各种试验曲线。如荷载-桩顶沉降(Q-s)曲线(图8.13)和沉降-时间(对数)(s-lg$t$)曲线等,并由这些曲线的特征判断桩的极限荷载。当试验出现下列情况之一时,即可终止加载:

A. 当荷载-桩顶沉降曲线上有可判定极限承载力的陡降段,且桩顶总沉降量 $s>40$mm;

B. 桩顶总沉降量 $s=40$mm 后,继续施加二级或二级以上荷载仍无陡降段;

C. 某级荷载作用下,桩的沉降量为前一级荷载作用下沉降量的5倍;

D. 某级荷载作用下,桩的沉降量大于前一级荷载作用下沉降量的2倍,且24h尚未达到相对稳定;

E. 桩底端支承在坚硬岩土层上，桩的沉降量很小时，最大加载量已达到设计荷载的2倍；

F. 已达到锚桩最大抗拔力或压重平台的最大质量时。

③单桩竖向承载力的确定

A. Q-s 曲线有明显的陡降段，取陡降段起点相应的荷载值，如图8.13中曲线点对应的荷载 Q_u。

B. 对于桩径或桩宽在550mm以下的预制桩，在某级荷载作用下，其沉降增量与相应荷载增量的比值 $\frac{\Delta S_i}{\Delta Q_i} \geqslant 0.1\text{mm/kN}$ 时，取前一级荷载之值为极限荷载 Q_u。

C. 当 Q-s 曲线为缓变型，无陡降段时，则根据桩顶沉降量确定极限承载力：

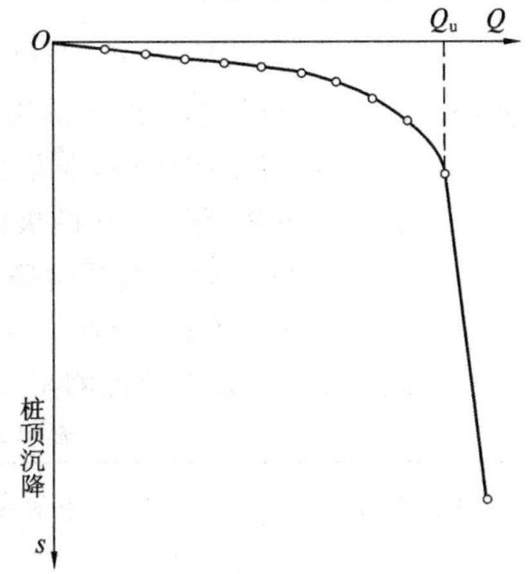

图8.13 单桩荷载-沉降（Q-s）曲线

a. 一般桩可取 $s=40\sim60\text{mm}$ 对应的荷载。

b. 大直径桩可取 $s=(0.03\sim0.06)d_b$（d_b 为桩端直径）对应的荷载值。

c. 对于细长桩（$l/d>80$）可取 $s=60\sim80\text{mm}$ 对应的荷载。

d. 根据沉降随时间变化的特征确定极限承载力：取 s-$\lg t$ 曲线尾部出现明显向下弯曲的前一级荷载值。

n 根试桩应计算承载力平均值、标准差或变异系数，当满足其极差不超过平均值的30%时，可取平均值为单桩竖向极限承载力[《建筑桩基技术规范》（JGJ 94—2008）中称为单桩竖向极限承载力标准值]。极差超过平均值的30%时，宜增加试桩数量，并分析极差过大的原因，结合工程具体情况确定极限承载力。

按《建筑地基基础设计规范》（GB 50007—2011）、《建筑桩基技术规范》（JGJ 94—2008），将单桩竖向极限承载力除以安全系数2，为单桩竖向承载力特征值。

8.3.3.3 *按静力触探法确定*

根据静力触探资料推算桩的竖向承载力的方法，可详见《建筑桩基技术规范》（JGJ 94—2008）。

8.3.3.4 *按经验参数确定*

《建筑桩基技术规范》（JGJ 94—2008）规定，当根据土的物理力学性质指标与承载力参数之间的经验关系确定单桩竖向极限承载力标准值时，宜按下面方式计算：

①一般预制桩及中小直径（$d<0.8\text{m}$）灌注桩

$$Q_{uk}=Q_{sk}+Q_{pk}=u_p\sum q_{sik}l_i+q_{pk}A_p \tag{8.5}$$

式中 Q_{uk}——单桩竖向极限承载力标准值（kN）；

Q_{sk}——单桩总极限侧阻力标准值（kN）；

Q_{pk}——单桩总极限端阻力标准值（kN）；

q_{sik}——桩侧第 i 层土的极限侧阻力标准值（kPa），当无当地经验值时，取表8.2值；

q_{pk}——极限端阻力标准值（kPa），当无当地经验时，取表8.3值；

A_p——桩底端横截面面积（m^2）；

u_p——桩身周长（m）；

l_i——按土层划分的各段桩长（m）。

②大直径桩(桩径 $d \geqslant 0.8$m)

$$Q_{uk}=Q_{sk}+Q_{pk}=u_p\sum\psi_{si}q_{sik}l_{si}+\psi_p q_{pk}A_p \tag{8.6}$$

式中 q_{sik}——桩侧第 i 层土的极限侧阻力标准值(kPa),当无当地经验时,可按表 8.2 取值,对于扩底桩,变截面以上 $2d$ 长度范围内不计侧阻力;

q_{pk}——桩径为 0.8m 的极限端阻力标准值(kPa),对于干作业挖孔(清底干净)可采用深层载荷板试验确定;当不能进行深层载荷板试验时,可采用当地经验或按表 8.3 取值,干作业挖孔桩可按表 8.4 取值;

ψ_{si}、ψ_p——大直径桩侧阻、端阻尺寸效应系数,按表 8.5 取值。

表 8.2 桩的极限侧阻力标准值 q_{sik}(kPa)

土的名称	土的状态		混凝土预制桩	泥浆护壁钻(冲)孔桩	干作业钻孔桩
填土	—		22~30	20~28	20~28
淤泥	—		14~20	12~18	12~18
淤泥质土	—		22~30	20~28	20~28
黏性土	流塑	$I_L>1$	24~40	21~38	21~38
	软塑	$0.75<I_L\leqslant1$	40~55	38~53	38~53
	可塑	$0.50<I_L\leqslant0.75$	55~70	53~68	53~66
	硬可塑	$0.25<I_L\leqslant0.5$	70~86	68~84	66~82
	硬塑	$0<I_L\leqslant0.25$	86~98	84~96	82~94
	坚硬	$I_L\leqslant0$	98~105	96~102	94~104
红黏土	$0.7<\alpha_w\leqslant1$		13~32	12~30	12~30
	$0.5<\alpha_w\leqslant0.7$		32~74	30~70	30~70
粉土	稍密	$e>0.9$	26~46	24~42	24~42
	中密	$0.75\leqslant e\leqslant0.9$	46~66	42~62	42~62
	密实	$e<0.75$	66~88	62~82	62~82
粉细砂	稍密	$10<N\leqslant15$	24~48	22~46	22~46
	中密	$15<N\leqslant30$	48~66	46~64	46~64
	密实	$N>30$	66~88	64~86	64~86
中砂	中密	$15<N\leqslant30$	54~74	53~72	53~72
	密实	$N>30$	74~95	72~94	72~94
粗砂	中密	$15<N\leqslant30$	74~95	74~95	76~98
	密实	$N>30$	95~116	95~116	98~120
砾砂	稍密	$5<N_{63.5}\leqslant15$	70~110	50~90	60~100
	中密(密实)	$N_{63.5}>15$	116~138	116~130	112~130
圆砾、角砾	中密、密实	$N_{63.5}>10$	160~200	135~150	135~150
碎石、卵石	中密、密实	$N_{63.5}>10$	200~300	140~170	150~170
全风化软质岩	—	$30<N\leqslant50$	100~120	80~100	80~100
全风化硬质岩	—	$30<N\leqslant50$	140~160	120~140	120~150
强风化软质岩	—	$N_{63.5}>10$	160~240	140~200	140~220
强风化硬质岩	—	$N_{63.5}>10$	220~300	160~240	160~260

注:① 对于尚未完成自重固结的填土和以生活垃圾为主的杂填土,不计算其侧阻力。

② α_w 为含水比,$\alpha_w=w/w_L$,w 为土的天然含水率,w_L 为土的液限。

③ N 为标准贯入击数,$N_{63.5}$ 为重型圆锥动力触探击数。

④ 全风化、强风化软质岩和全风化、强风化硬质岩是指其母岩分别为 $f_{rk}\leqslant15$ MPa、$f_{rk}>30$ MPa 的岩石。

表 8.3 桩的极限端阻力标准值 q_{pk}(kPa)

土的名称	土的状态	桩型	混凝土预制桩桩长 l(m)				泥浆护壁钻(冲)孔桩桩长 l(m)				干作业钻孔桩桩长 l(m)		
			$l\leqslant 9$	$9<l\leqslant 16$	$16<l\leqslant 30$	$l>30$	$5\leqslant l<10$	$10\leqslant l<15$	$15\leqslant l<30$	$30\leqslant l$	$5\leqslant l<10$	$10\leqslant l<15$	$15\leqslant l$
黏性土	软塑	$0.75<I_L\leqslant 1$	210~850	650~1400	1200~1800	1300~1900	150~250	250~300	300~450	300~450	200~400	400~700	700~950
	可塑	$0.50<I_L\leqslant 0.75$	850~1700	1400~2200	1900~2800	2300~3600	350~450	450~600	600~750	750~800	500~700	800~1100	1000~1600
	硬可塑	$0.25<I_L\leqslant 0.5$	1500~2300	2300~3300	2700~3600	3600~4400	800~900	900~1000	1000~1200	1200~1400	850~1100	1500~1700	1700~1900
	硬塑	$0<I_L\leqslant 0.25$	2500~3800	3800~5500	5500~6000	6000~6800	1100~1200	1200~1400	1400~1600	1600~1800	1600~1800	2200~2400	2600~2800
粉土	中密	$0.75\leqslant e\leqslant 0.9$	950~1700	1400~2100	1900~2700	2500~3400	300~500	500~650	650~750	750~850	800~1200	1200~1400	1400~1600
	密实	$e<0.75$	1500~2600	2100~3000	2700~3600	3600~4400	650~900	750~950	900~1000	1100~1200	1200~1700	1400~1900	1600~2100
粉砂	稍密	$10<N\leqslant 15$	1000~1600	1500~2300	1900~2700	2100~3000	350~500	450~600	600~700	650~750	500~950	1300~1600	1500~1700
	中密、密实	$N>15$	1400~2200	2100~3000	3000~4500	3800~5500	600~750	750~900	900~1100	1100~1200	900~1000	1700~1900	1700~1900
细砂	中密、密实	$N>15$	2500~4000	3600~5000	4400~6000	5300~7000	650~850	900~1200	1200~1500	1500~1800	1200~1600	2000~2400	2400~2700
中砂			4000~6000	5500~7000	6500~8000	7500~9000	850~1050	1100~1500	1500~1900	1900~2100	1800~2400	2800~3800	3600~4400
粗砂			5700~7500	7500~8500	8500~10000	9500~11000	1500~1800	2100~2400	2400~2600	2600~2800	2900~3600	4000~4600	4600~5200
砾砂	中密、密实	$N>15$	6000~9500		9000~10500		1400~2000		2000~3200		3500~5000		
角砾、圆砾		$N_{63.5}>10$	7000~10000		9500~11500		1800~2200		2200~3600		4000~5500		
碎石、卵石		$N_{63.5}>10$	8000~11000		10500~13000		2000~3000		3000~4000		4500~6500		
全风化软质岩		$30\leqslant N<50$	4000~6000				1000~1600				1200~1600		
全风化硬质岩		$30\leqslant N<50$	5000~8000				1200~2000				1400~2400		
强风化软质岩		$N_{63.5}>10$	6000~9000				1400~2200				1600~2600		
强风化硬质岩		$N_{63.5}>10$	7000~11000				1800~2800				2000~3000		

注:① 砂土和碎石类土中桩的极限端阻力取值,宜综合考虑土的密实度、桩端进入持力层的深径比 h_b/d 确定;土愈密实,h_b/d 愈大,取值愈高;
② 预制桩的岩石极限端阻力指桩端支承于中、微风化基岩表面或进入强风化岩、软质岩一定深度条件下的极限端阻力;
③ 全风化、强风化软质岩和全风化、强风化硬质岩指其母岩分别为 $f_{rk}\leqslant 15$ MPa、$f_{rk}>30$ MPa 的岩石。

表 8.4　干作业桩（清底干净，$d=800\text{mm}$）极限端阻力标准值 q_{pk}（kPa）

土名称		状态		
黏性土		$0.25<I_L\leqslant0.5$	$0<I_L\leqslant0.25$	$I_L\leqslant0$
		800～1800	1800～2400	2400～3000
粉土		—	$0.75<e\leqslant0.9$	$e\leqslant0.75$
		—	1000～1500	1500～2000
砂土、碎石类土		稍密	中密	密实
	粉砂	500～700	800～1100	1200～2000
	细砂	700～1100	1200～1800	2000～2500
	中砂	1000～2000	2200～3200	3500～5000
	粗砂	1200～2200	2500～3500	4000～5500
	砾砂	1400～2400	2600～4000	5000～7000
	角砾、圆砾	1600～3000	3200～5000	6000～9000
	碎石、卵石	2000～3000	3300～5000	7000～11000

注：① 当桩进入持力层的深度 h_b 分别为 $h_b\leqslant D$（桩端扩底设计直径）、$D<h_b<4D$、$h_b\geqslant4D$，q_{pk} 可相应取低值、中值、高值。
② 砂土密实度可根据标准贯入击数判定，$N\leqslant10$ 为松散，$10<N\leqslant15$ 为稍密，$15<N\leqslant30$ 为中密，$N>30$ 为密实。
③ 当桩的长径比 $l/d\leqslant8$ 时，q_{pk} 宜取较低值。
④ 当对沉降要求不严时，q_{pk} 可取高值。

表 8.5　大直径桩侧阻尺寸效应系数 ψ_{si}、端阻尺寸效应系数 ψ_p

土类别	黏性土、粉土	砂石、碎石类土	土类别	黏性土、粉土	砂石、碎石类土
ψ_{si}	$\left(\frac{0.8}{d}\right)^{1/5}$	$\left(\frac{0.8}{d}\right)^{1/3}$	ψ_p	$\left(\frac{0.8}{D}\right)^{1/4}$	$\left(\frac{0.8}{D}\right)^{1/3}$

注：当为等直径桩时，表中 $D=d$。

③嵌岩桩

随着高层建筑和桥梁的发展，嵌岩桩的应用日益广泛。一般情况下，只要嵌岩桩不是很短，上覆土层的侧阻力能部分发挥；嵌岩深度内也有侧阻力作用，故传递到桩端的应力随嵌岩深度增大而减小。当嵌岩深度达 $5d$ 时，该应力接近于零，所以桩端嵌岩深度不必很大，超过某一界限无助于提高桩的竖向承载力。

桩端置于完整、较完整基岩的嵌岩桩单桩竖向极限承载力，由桩周土总极限侧阻力、嵌岩段总极限阻力组成。当根据岩石单轴抗压强度确定单桩竖向极限承载力标准值时，可按下式计算：

$$Q_{uk}=Q_{sk}+Q_{rk}=u_p\sum q_{sik}l_i+\zeta_r f_{rk}A_p \tag{8.7}$$

式中　Q_{sk}，Q_{rk}——桩周土的总极限侧阻力、嵌岩段总极限阻力标准值（kN）；

q_{sik}——桩周第 i 层土的极限侧阻力标准值（kN），无当地经验时，根据成桩工艺按表 8.2 取值；

f_{rk}——岩石饱和单轴抗压强度标准值（kPa），对于黏土质岩取天然湿度单轴抗压强度标准值；

ζ_r——桩嵌岩段侧阻和端阻综合系数，与嵌岩深径比 h_r/d、岩石软硬程度和成桩工艺有关，可按表 8.6 采用；表中数值适用于泥浆护壁成桩，对于干作业成桩（清底干净）和泥浆护壁成桩后注浆，ζ_r 应取表列数值的 1.2 倍。

表 8.6　嵌岩段侧阻和端阻综合系数系数 ζ_r

嵌岩深径比 h_r/d	0	0.5	1.0	2.0	3.0	4.0	5.0	6.0	7.0	8.0
极软岩、软岩	0.60	0.80	0.95	1.18	1.35	1.48	1.57	1.63	1.66	1.70
较硬岩、坚硬岩	0.45	0.65	0.81	0.90	1.00	10.4	—	—	—	—

注：① 极软岩、软岩指 $f_{rk} \leqslant 15$MPa。较硬岩、坚硬岩指 $f_{rk} > 30$MPa，介于两者可内插取值。

② h_r 为桩身嵌岩深度，当岩面倾斜时，以坡下方嵌岩深度为准，当 h_r/d 为非表列值时，ζ_r 可内插取值。

④后注浆灌注桩

后注浆灌注桩的单桩竖向极限承载力标准值，应通过静载荷试验确定，也可按式(8.8)估算：

$$Q_{uk} = Q_{sk} + Q_{gsk} + Q_{gpk} = u_p \sum q_{sjk} l_j + u_p \sum \beta_{si} q_{sik} l_{gi} + \beta_p q_{pk} A_p \tag{8.8}$$

式中　Q_{sk}，Q_{gsk}——后注浆非竖向增强段、竖向增强段的总极限侧阻力标准值(kN)；

Q_{gpk}——后注浆总极限端阻力标准值(kN)；

u_p——桩身周长(m)；

A_p——桩的截面面积(m^2)；

l_j——后注浆非竖向增强段第 j 层土厚度(m)；

l_{gi}——后注浆竖向增强段第 j 层土厚度(m)；

q_{sik}，q_{sjk}，q_{pk}——后注浆竖向增强段第 i 层土初始极限侧阻力标准值、非竖向增强段第 j 层土初始极限侧阻力标准值、初始极限端阻力标准值，可查表 8.2、表 8.3 确定；

β_{si}，β_p——后注浆侧阻力、端阻力增强系数，无当地经验时，可按表 8.7 取值。对于桩径大于 800mm 的桩，应按表 8.5 进行侧阻和端阻尺寸效应修正。

表 8.7　后注浆侧阻力增强系数 β_{si}、端阻力增强系数 β_p

土层名称	淤泥 淤泥质土	黏性土 粉土	粉砂 细砂	中砂	粗砂 砾砂	砾石 卵石	全风化岩 强风化岩
β_{si}	1.2～1.3	1.4～1.8	1.6～2.0	1.7～2.1	2.0～2.5	2.4～3.0	1.4～1.8
β_p	—	2.2～2.5	2.4～2.8	2.6～3.0	3.0～3.5	3.2～4.0	2.0～2.4

注：干作业钻、挖孔桩，β_p 按表列值乘以小于 1.0 的折减系数。当桩端持力层为黏性土或粉土时，折减系数取 0.6；为砂土或碎石土时，取 0.8。

【例题 8.1】　截面 400mm×400mm 的预制桩，长 24m(自承台底面起算)，穿越的土层厚度及相应的指标或状态依次为第一层为黏性土，厚 1.5m，$I_L = 0.40$；第二层为淤泥，厚 20m，含水率 $w = 55\%$；第三层为粗砂，中密，打入 2.5m。已知承台下桩数为 3 个，且 $s_a/d = 3$。

求：按《建筑桩基技术规范》(JGJ 94—2008)确定单桩承载力特征值。

【解】　本题的已知条件及计算所用的各种参数或系数列于表 8.8。

表 8.8　例题 8.1 表

土层	厚度 l_i (m)	土层特性	《建筑桩基技术规范》(JGJ 94—2008)	
			q_{sik}(kPa)	q_{pk}(kPa)
黏性土	1.5	$I_L = 0.40$	72	—
淤泥	20.0	$w = 55\%$	14	—
粗砂	2.5	中密	85	8400

$$u_p = 4 \times 0.4 = 1.6\text{m}, A_p = 0.4^2 = 0.16\text{m}^2$$

按《建筑桩基技术规范》(JGJ 94—2008)有：

$$\begin{aligned} Q_{uk} &= Q_{sk} + Q_{pk} = u_p \sum q_{sik} l_i + q_{pk} A_p \\ &= 1.6 \times (72 \times 1.5 + 14 \times 20 + 85 \times 2.5) + 8400 \times 0.16 \\ &= 2304.8\text{kN} \end{aligned}$$

由《建筑桩基技术规范》(JGJ 94—2008)第 5.2.2 条，得：

$$R_a = \frac{Q_{uk}}{K} = \frac{2304.8}{2} = 1152.4\text{kN}$$

8.4 群桩竖向承载力

8.4.1 群桩的特点

8.4.1.1 群桩效应(Effect of Group Pile)

通常情况下，桩基础都是由多根桩通过承台连接在一起组成群桩，共同承受上部荷载。群桩中的每根桩称为基桩。竖向荷载作用下的群桩基础，由于承台、桩、土相互作用，其基桩的承载力和沉降性状往往与相同地质条件和设置方法相同的单桩有显著差别，这种现象称为群桩效应。因此，群桩基础的承载力常不等于其中各基桩的相应单桩承载力之和。

以图 8.14、图 8.15 来加以说明。

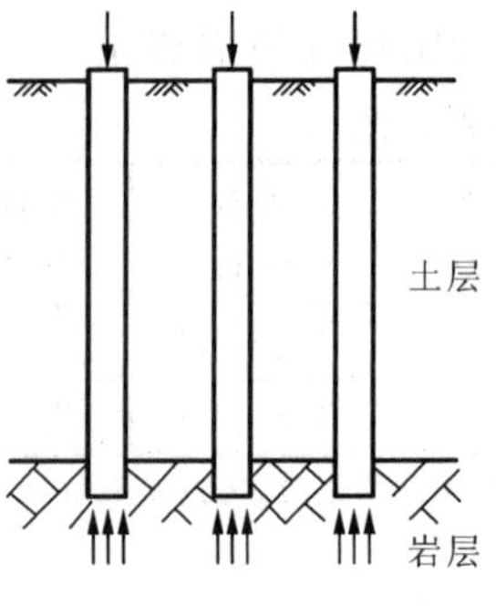

图 8.14 端承型群桩

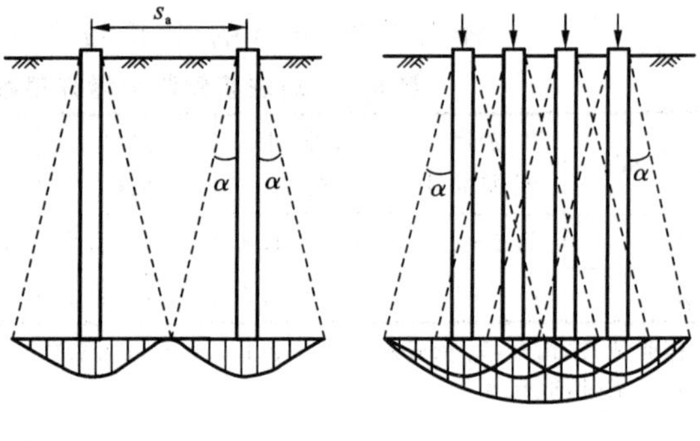

图 8.15 摩擦型群桩

(1)端承型群桩

由于端承型桩基础持力层坚硬，桩顶沉降小，桩侧阻力不易发挥，桩顶荷载基本上通过桩身直接传到桩端土层。桩端处承压面积很小，各桩端压力相互影响较小(图 8.14)，可认为其群桩的基桩与单桩相近；同时，由于桩的变形很小，桩间土基本不承受荷载，端承型群桩的承载力等于各单桩承载力之和；群桩沉降量与单桩基本相同，即群桩效应系数(群桩中各基桩平均极限承载力与单桩极限承载力的比值) $\eta = 1$。

(2)摩擦型群桩

摩擦型群桩主要通过各桩侧的摩擦阻力将上部荷载传递到桩周及桩端土层。桩侧阻力在土中引起的附加应力按某一角度 α 沿桩长向下扩散分布至桩端平面处，压力分布如图 8.15 所示。

当桩数少、桩中心距 s_a 较大时[图 8.15(a)]，桩端平面处各桩传来的压力重叠很少或不重叠，群桩中基桩的工作性状与单桩一致，群桩的承载力等于各单桩承载力之和。

当桩数较多、桩距较小时，桩端处地基中各桩传来的压力互相重叠，如图 8.15(b)所示，桩间摩擦力无法充分发挥作用，同时，在桩端产生应力叠加。因此，群桩的承载力小于单桩承载力与桩数的乘积，即

$$R_n < nR \tag{8.9}$$

式中 R_n——群桩竖向承载力设计值(kN)；

n——群桩中的桩数；

R——单桩竖向承载力设计值(kN)。

R_n 与 R 之比称为群桩效应系数，以 η 表示：

$$\eta = \frac{R_n}{nR} \quad (\eta < 1) \tag{8.10}$$

国内外已进行的大量群桩模型试验和现场载荷试验表明：群桩效应系数与桩距、桩数、桩径、桩的入土长度、桩的排列、承台宽度及桩间土的性质等因素有关，其中以桩距为主要因素。

8.4.1.2 桩承台效应(Effect of Barrier Platform)

摩擦型群桩在竖向荷载作用下，由于桩土相对位移，桩间土对承台产生一定竖向抗力，成为桩基竖向承载力的一部分而分担荷载，称为承台效应。传统的桩基设计中，考虑承台与地基土脱开，承台仅起分配上部荷载至各桩并将桩联合成整体共同承担上部荷载的联系作用，即承台本身并无承载能力。大量工程实践表明，这种考虑是不合理的。承台与地基土脱空的情况是极少数的特殊情况，例如，承台底面以下存在可液化土、湿陷性黄土、高灵敏度软土、欠固结土、新填土，或震陷、降水、沉桩过程产生高孔隙水压和土体隆起。绝大多数情况下承台为现浇钢筋混凝土结构，与地基土直接接触，而且在上部荷载作用下，承台与地基土压得更紧。因此，实际上承台具有一定的承载能力，这在《建筑桩基技术规范》(JGJ 94—2008)中已列入计算公式。由桩和承台底地基土共同承担荷载的桩基称为复合桩基，考虑了承台土阻力贡献的基桩称为复合基桩。

8.4.2 群桩竖向承载力计算

《建筑桩基技术规范》(JGJ 94—2008)给出了群桩竖向承载力的计算方法，现叙述如下：

(1)不考虑群桩效应和承台效应

对于端承桩或桩数 $n=1\sim3$ 根的非端承桩，可以不考虑群桩效应和承台效应，基桩竖向承载力特征值 R 应取单桩竖向承载力 R_a 。

(2)考虑承台效应

考虑承台效应的复合基桩竖向承载力特征值可按下式确定：

不考虑地震作用时

$$R = R_a + \eta_c f_{ak} A_c \tag{8.11}$$

考虑地震作用时

$$R = R_a + \frac{\zeta_a}{1.25} \eta_c f_{ak} A_c \tag{8.12}$$

$$A_c = \frac{A - nA_{ps}}{n} \tag{8.13}$$

式中 η_c——承台效应系数，可按表 8.9 取值；

f_{ak}——承台下 1/2 承台宽度且不超过 5m 深度范围内各土层土的地基承载力特征值按厚度加权的平均值（kN/m^2）；

A_c——计算基桩所对应的承台底净面积（m^2）；

A_{ps}——桩身截面面积（m^2）；

A——承台计算域面积，对柱下独立基础，A 为承台总面积（m^2）；

ζ_a——地基抗震承载力调整系数，按《建筑抗震设计规范》(GB 50011—2010)采用。

表 8.9　承台效应系数 η_c

B_c/l	s_a/d				
	3	4	5	6	>6
≤0.4	0.06～0.08	0.14～0.17	0.22～0.26	0.32～0.38	0.50～0.80
0.4～0.8	0.08～0.10	0.17～0.20	0.26～0.30	0.38～0.44	
>0.8	0.10～0.12	0.20～0.22	0.30～0.34	0.44～0.50	
单排桩条形承台	0.15～0.18	0.25～0.30	0.38～0.45	0.50～0.60	

注：① 表中 s_a/d 为桩中心距与桩径之比；B_c/l 为承台宽度与桩长之比。当计算基桩为非正方形式排列时，$s_a=\sqrt{A/n}$，A 为承台计算域面积，n 为总桩数。

② 对桩布置于墙下的箱、筏承台，η_c 可按单排桩条形承台取值。

③ 对于单排桩条形承台，当承台宽度小于 1.5d 时，η_c 按非条形承台取值。

④ 对于采用后注浆灌注桩的承台，η_c 宜取低值。

⑤ 对于饱和黏性土的挤土桩基、软土地基上的桩基承台，η_c 宜取低值的 0.8 倍。

8.5　桩基础设计

8.5.1　桩基础设计内容

桩基础的设计应力求选型恰当、经济合理、安全适用。桩和承台应有足够的强度、刚度和耐久性，地基则应该有足够的承载力、不产生过大变形。其设计可按下列步骤进行：

(1)进行调查研究、场地勘察，收集有关资料；

(2)综合勘察报告、荷载情况、使用要求、上部结构条件等确定桩基持力层；

(3)选择桩的材料，确定桩的类型和几何尺寸；

(4)确定单桩承载力特征值；

(5)根据上部结构荷载情况，确定桩的数量并进行平面布置；

(6)验算桩基的承载力和沉降(当需要验算时)；

(7)桩身结构设计；

(8)承台设计；

(9)绘制桩基础施工图。

8.5.2　桩基础设计原则

与浅基础一样，桩基的设计也应做到安全、合理和经济。对桩和承台来说，应有足够的强度、刚度和耐久性；对地基来说，要有足够的承载力和不致产生过量的变形。考虑到通常桩基相应于地基破坏的竖向极限承载力甚高，因此大多数桩基设计的首要问题在于控制沉降和不均匀沉降。

8.5.2.1 极限状态

《建筑桩基技术规范》(JGJ 94—2008)采用极限状态设计方法，以单桩极限承载力和综合安全系数 K 为桩基抗力的基本参数，按下列两类极限状态设计：

(1) 承载能力极限状态：桩基达到最大承载能力、整体失稳或发生不适于继续承载的变形；在具体设计中，以单桩极限承载力 Q_{uk} 和安全系数 K 为桩基设计的基本参数。

(2) 正常使用极限状态：桩基达到建筑物正常使用所规定的变形限值或达到耐久性要求的某项限值，包括桩基变形、桩身裂缝、承台裂缝、桩基耐久性等几方面。

8.5.2.2 设计等级

根据建筑规模、功能特征、对差异变形的适应性、场地地基和建筑物体形的复杂性以及因桩基问题可能造成建筑破坏或影响正常使用的程度，将建筑桩基分为三个设计等级(表 8.10)。

表 8.10 建筑桩基设计等级

设计等级	建筑类型
甲级	(1)重要的建筑物； (2)30 层以上或高度超过 100m 的高层建筑； (3)体形复杂且层数差超过 10 层的高低层(含纯地下室)连体建筑； (4)20 层以上框架-核心筒结构及其他对差异沉降有特殊要求的建筑； (5)场地和地基条件复杂的 7 层以上的一般建筑及坡地、岸边建筑； (6)对相邻既有工程影响较大的建筑
乙级	除甲级、丙级以外的建筑
丙级	场地和地基条件简单、荷载分布均匀的 7 层及 7 层以下的一般建筑

8.5.2.3 桩基础需进行计算和验算的内容

(1)桩基应根据具体条件分别进行下列承载能力计算和稳定性验算：

①根据桩基的使用功能和受力特征分别进行桩基的竖向承载力计算和水平承载力计算。

②对桩身和承台结构承载力进行计算；对于桩侧土不排水抗剪强度小于 10kPa 且长径比大于 50 的桩，应进行桩身压屈验算；对于混凝土预制桩，应按吊装、运输和锤击作用进行桩身承载力验算；对于钢管桩，应进行局部压屈验算。

③当桩端平面以下存在软弱下卧层时，应验算软弱下卧层的承载力。

④对位于坡地、岸边的桩基应进行整体稳定性验算。

⑤对于抗浮、抗拔桩基，应进行基桩和群桩的抗拔承载力计算。

⑥对于抗震设防区的桩基，应进行抗震承载力验算。

(2)下列建筑桩基应进行沉降计算：

①设计等级为甲级的非嵌岩桩和非深厚坚硬持力层的建筑桩基；

②设计等级为乙级的体形复杂、荷载分布显著不均匀或桩端平面以下存在软弱土层的建筑桩基；

③软土地基多层建筑减沉复合疏桩基础。

此外，对受水平荷载较大或对水平位移有严格限制的建筑桩基，应计算其水平位移。应根据桩基所处的环境类别和相应的裂缝控制等级，验算桩和承台正截面的抗裂和裂缝宽度。

8.5.2.4 作用效应组合

桩基设计时，所采用的作用效应组合与相应的抗力应符合下列规定：

(1)确定桩数和布桩时，应采用传至承台底面的作用的标准组合；相应的抗力应采用基桩或复合基桩承载力特征值。

(2)计算荷载作用下的桩基沉降和水平位移时，应采用作用的准永久组合；计算水平地震作用、风荷载下的桩基水平位移时，应采用水平地震作用、风荷载效应标准组合。

(3)验算坡地、岸边建筑物桩基的整体稳定性时，应采用作用的标准组合；抗震设防区，应采用地震作用效应和作用的标准组合。

(4)在计算桩基结构承载力、确定尺寸和配筋时，应采用传至承台顶面的作用的基本组合。当进行承台和桩身裂缝控制验算时，应分别采用作用的标准组合和作用的准永久组合。

(5)桩基结构安全等级、结构设计使用年限和结构重要性系数 γ_0 应按现行有关建筑结构规范的规定采用，除临时性建筑外，重要性系数 γ_0 应不小于 1.0。

(6)对桩基结构进行抗震验算时，其承载力调整系数 γ_{RE} 应按现行国家标准《建筑抗震设计规范》(GB 50011—2010)的规定采用。

此外，对于软土地区、湿陷性黄土地区、季节性冻土和膨胀土地区、岩溶地区、坡地、岸边桩基、抗震设防地区和其他可能产生桩侧负摩阻力情况的桩基设计，还应考虑各种特殊条件下的设计原则。

8.5.3 桩基础设计步骤

8.5.3.1 桩的类型和桩长选择

桩基设计的第一步，就是根据各种基本资料，从满足建筑物对桩基承载力与变形允许值要求出发，选择桩的类型、桩端持力层和桩径、桩长。

就建筑物规模和荷载大小来看，对于 10 层以下的建筑物，可考虑采用直径为 500mm 左右的灌注桩、直径为 300mm 的预应力管桩或边长为 400mm 的预制桩；10～20 层的建筑物，可采用直径 800～1000mm 的灌注桩、直径为 400mm 的预应力管桩或边长为 450mm、500mm 的预制桩；20～30 层的建筑物，可采用直径为 1000～2000mm 的钻、冲、挖孔灌注桩或直径为 500mm、550mm 的预应力管桩；30～40 层的建筑物，可采用直径大于 1200mm 的钻、冲、挖孔灌注桩，直径为 550mm、600mm 的预应力管桩或大直径钢管桩。楼层更多的可采用直径更大的灌注桩。目前，国内采用的人工挖孔直径最大在 5m 以上。

确定桩长的关键，在于选择桩端持力层。如在施工条件允许的深度内没有坚实土层存在时，对于 10 层以下的房屋，也可选择中等强度的土层作为持力层。

对于桩端进入坚实土层的深度和桩端下坚实土层的厚度，应该有所要求。一般可以这样考虑：对于黏性土和粉土，进入的深度不宜小于 2 倍桩径；对于砂土，不宜小于 1.5 倍的桩径；对于碎石土，不宜小于 1 倍桩径。桩端以下坚实土层厚度，一般不宜小于 4 倍桩径。嵌岩桩桩端进入中等风化或微风化基岩体的最小深度(指桩周入岩最浅处)不宜小于 0.5m，以确保桩端嵌入岩体。同时，嵌岩桩桩底下 3 倍桩径范围内应无软弱夹层、断裂带、洞穴和空隙分布。

在确定桩长后，施工时的设置深度必须满足设计要求。如果土层比较均匀，层面比较平整，那么桩的实际长度常与设计长度比较接近；当场地土层复杂，或者桩端持力层层面起伏不平时，桩的实际长度常与设计长度不一致。打入的桩入土深度应按所设计的桩端标高和最后贯入度（先进行试桩确定）两方面控制。

在确定桩的类型和几何尺寸后，应初步确定承台底面标高，以便计算单桩承载力。一般情况下，承台埋深要从建筑需要、方便施工和地基条件等方面来选择。

8.5.3.2 桩的根数和布置

（1）桩的根数（Numeral of Pile）

设不考虑承台底面处地基土的承载力，那么，在按 8.3 节方法确定单桩承载力特征值之后，即可初步估算桩数。当桩基为轴心受压时，桩数 n 应满足下式要求：

$$n \geqslant \frac{F_k + G_k}{R_a} \tag{8.14}$$

式中 F_k——荷载效应标准组合下，作用于桩基承台顶面的竖向力（kN）；

G_k——承台及其上方填土的重力标准值（kN）；

R_a——单桩竖向承载力特征值（kN）。

偏心受压时，对于偏心距固定桩基，如果桩的布置使得群桩横截面的重心与荷载合力作用点重合，则仍可按式（8.14）确定桩数。否则，桩的根数应按式（8.14）确定的根数增加 10%～20%，所选的桩数是否合适，可通过验算确定。

应当指出，在层厚较大的高灵敏度流塑黏土中，不宜采用间距小且桩数多的打入式桩基，否则这类土的结构破坏严重，致使土体强度明显降低。如果加上相邻各桩的相互影响，这类桩的沉降和不均匀沉降显著增加，这时应采用桩承载力高、桩数少的桩基。

（2）桩的间距（Distance of Piles）

桩的间距（中心距）一般采用 3～4 倍的桩径。间距太大会增加承台的体积和用料，太小则将使桩基的沉降量增加，且给施工造成困难。桩的最小中心距应符合表 8.11 的规定。对于大面积桩群，尤其是挤土桩，桩的最小中心距宜按表 8.11 中值适当加大。

表 8.11 桩的最小中心距

土类与成桩工艺		排数不少于 3 排且桩数不少于 9 根的摩擦型桩基	其他情况
非挤土灌注桩		$3.0d$	$3.0d$
部分挤土桩	非饱和土、饱和非黏性土	$3.5d$	$3.0d$
	饱和非黏性土	$4.0d$	$3.5d$
挤土桩	非饱和土、饱和非黏性土	$4.0d$	$3.5d$
	饱和非黏性土	$4.5d$	$4.0d$
钻、挖孔扩底桩		$2D$ 或 $D+2.0$m（当 $D>2$m）	$1.5D$ 或 $D+1.5$m（当 $D>2$m）
沉管夯扩、钻孔挤扩桩	非饱和土、饱和非黏性土	$2.2D$ 且 $4.0d$	$2.0D$ 且 $3.5d$
	饱和非黏性土	$2.5D$ 且 $4.5d$	$2.2D$ 且 $4.0d$

注：① d—圆桩直径或方桩边长；D—扩大端设计直径。

② 当纵横向桩距不相等时，其最小中心距应满足“其他情况”一栏的规定。

③ 当为端承型桩时，非挤土灌注桩的“其他情况”一栏可减小至 $2.5d$。

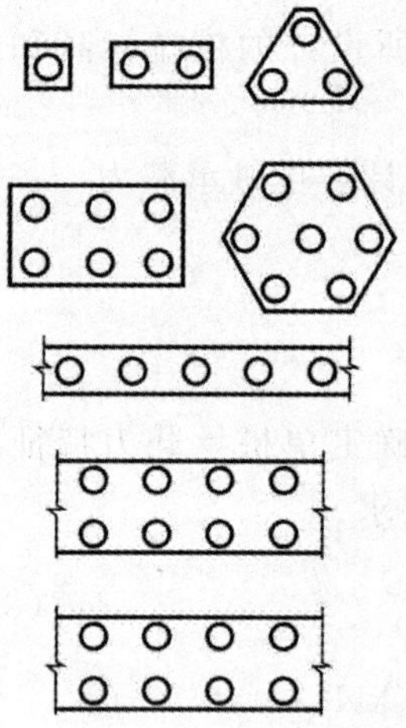

图 8.16　桩的平面布置示例

(3)桩在平面上的布置

桩在平面内可以布置成矩形网格或三角形网格的形式，也可采用不等距排列，如图 8.16 所示。

为了使桩基中各桩受力比较均匀，群桩横截面的形心应与荷载合力的作用点重合或接近。

在有门洞的墙下布桩应将桩设在门洞的两侧。梁式或板式承台下的群桩，布桩时应注意使梁、板中的弯矩尽量减小，即多在柱、墙下布桩，以减少梁和板跨中的桩数。为了节省承台用料和减少承台施工的工作量，在尽可能的情况下，墙下应尽量采用单排桩基，柱下的群桩数也尽量减少。一般地说，桩数较少而桩长较长的桩基，无论在承台的设计和施工方面，都比桩数多的桩基优越。如果由于单桩承载力不足而造成桩数过多，布桩不够合理时，宜重新选择桩的类型及几何尺寸。

同一结构单元宜避免采用不同类型的桩。同一基础相邻桩的桩底标高差，对于非嵌岩端承桩，不宜超过相邻桩的中心距；对于摩擦型桩，在相邻土层中不宜超过桩长的 1/10。

8.5.3.3　基桩承载力验算

(1)桩顶作用效应简化计算

柱、墙、核心筒群桩中，基桩或复合基桩的桩顶作用效应可按下式计算：

轴心竖向力作用下

$$N_{ik}=\frac{F_k+G_k}{n} \tag{8.15}$$

偏心荷载作用下

$$N_{ik}=\frac{F_k+G_k}{n}\pm\frac{M_{xk}y_i}{\sum y_i^2}\pm\frac{M_{yk}x_i}{\sum x_i^2} \tag{8.16}$$

基桩承受的最大桩顶作用效应

$$N_{kmax}=\frac{F_k+G_k}{n}+\frac{M_{xk}y_{max}}{\sum y_i^2}+\frac{M_{yk}x_{max}}{\sum x_i^2} \tag{8.17}$$

水平力作用下

$$H_{ik}=\frac{H_k}{n} \tag{8.18}$$

式中　F_k——荷载效应标准组合下，作用于承台顶面的竖向力(kN)；

G_k——桩基承台及其上土的自重标准值(kN)，对稳定的地下水位以下部分应扣除水的浮力；

M_{xk}，M_{yk}——荷载效应标准组合下，作用于承台底面，绕通过桩群形心的 x、y 主轴的力矩(kN·m)；

N_{ik}——荷载效应标准组合轴心竖向力作用下，第 i 根基桩的平均竖向力(kN)；

N_{kmax}——荷载效应标准组合偏心竖向力作用下，桩顶最大竖向力(kN)；

x_i，y_i——第 i 根基桩到桩群形心的 y，x 轴的距离(m)，如图 8.17 所示；

x_{max}，y_{max}——群桩中受力最大的桩到 y，x 轴的距离(m)，如图 8.17 所示；

H_k——荷载效应标准组合下，作用于承台底面的水平力(kN)；

H_{ik}——荷载效应标准组合下，作用于第 i 根基桩或复合基桩(桩顶)的水平力(kN)；

n——桩数。

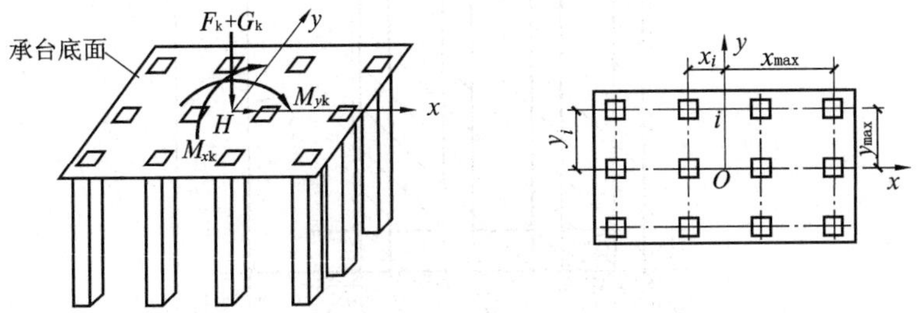

图 8.17　桩顶荷载的计算简图

(2)基桩承载力验算

①不考虑地震作用及负摩阻力影响下，基桩竖向承载力验算要求

轴心竖向力作用下，要求每根桩实际承受的荷载不大于基桩或复合基桩竖向承载力特征值，按下式验算：

$$N_k \leqslant R_a \tag{8.19}$$

偏心竖向力作用下，除应满足式(8.19)外，还应满足：

$$N_{kmax} \leqslant 1.2R_a \tag{8.20}$$

②地震作用效应和荷载效应标准组合

轴心竖向力作用下

$$N_{Ek} \leqslant 1.25R_a \tag{8.21}$$

偏心竖向力作用下，除应满足式(8.21)外，还应满足：

$$N_{Ekmax} \leqslant 1.5R_a \tag{8.22}$$

式中　N_k——荷载效应标准组合轴心竖向力作用下，基桩或复合基桩的平均竖向力(kN)；

N_{kmax}——荷载效应标准组合偏心竖向力作用下，桩顶最大竖向力(kN)；

N_{Ek}——地震作用效应和荷载效应标准组合下，基桩或复合基桩的平均竖向力(kN)；

N_{Ekmax}——地震作用效应和荷载效应标准组合下，基桩或复合基桩的最大竖向力(kN)；

R_a——基桩或复合基桩的竖向承载力特征值(kN)。

③基桩的水平承载力验算

受水平荷载的一般建筑物和水平荷载较小的高大建筑物，单桩基础和群桩中基桩应满足下式要求：

$$H_{ik} \leqslant R_{ha} \tag{8.23}$$

式中　H_{ik}——荷载效应标准组合下，作用于第 i 根基桩或复合基桩(桩顶)的水平力(kN)；

R_{ha}——单桩基础或群桩中基桩的水平承载力特征值(kN)。

8.5.3.4　软弱下卧层验算

对于桩距不超过 $6d$ 的群桩基础，桩端持力层下存在承载力低于桩端持力层承载力 1/3 的软弱下卧层时，可按下列公式验算软弱下卧层的承载力(图 8.18)：

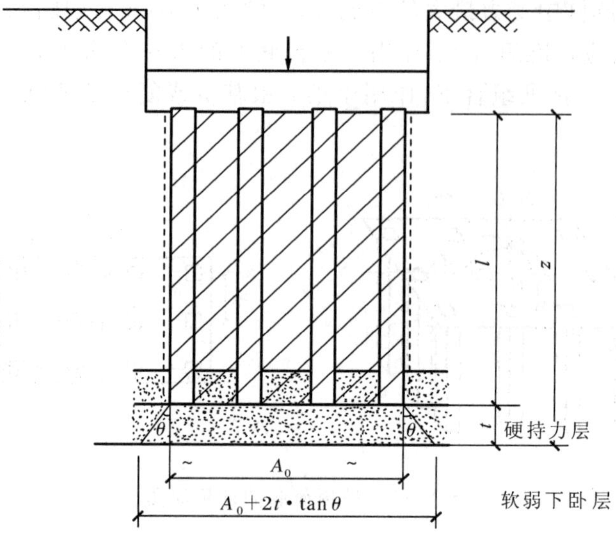

图 8.18　软弱下卧层承载验算

$$\sigma_z + \gamma_m z \leqslant f_{az}$$

$$\sigma_z = \frac{(F_k + G_k) - \frac{3}{2}(A_0 + B_0) \cdot \sum q_{sik} l_i}{(A_0 + 2t \cdot \tan\theta)(B_0 + 2t \cdot \tan\theta)} \tag{8.24}$$

式中　σ_z——作用于软弱下卧层顶面的附加应力(kPa)；

γ_m——软弱层顶面以上各土层重度(地下水位以下取浮重度)的厚度加权平均值(kN/m^3)；

t——硬持力层厚度(m)；

θ——桩端硬持力层压力扩散角(°),按表 8.12 取值；

f_{az}——软弱下卧层经深度 z 修正的地基承载力特征值(kPa)；

A_0、B_0——桩群外缘矩形底面的长、短边边长(m)；

q_{sik}——桩周第 i 层土的极限侧阻力标准值,无当地经验时,可根据成桩工艺按表 8.2 取值。

表 8.12　桩端硬持力层压力扩散角 θ

E_{s1}/E_{s2}	$t=0.25B_0$	$t\geqslant 0.50B_0$
1	4°	12°
3	6°	23°
5	10°	25°
10	20°	30°

注:① E_{s1}、E_{s2} 为硬持力层、软弱下卧层的压缩模量。

② 当 $t<0.25B_0$ 时,取 $\theta=0°$,必要时,宜通过试验确定;当 $0.25B_0<t<0.5B_0$ 时,可内插取值。

8.5.3.5　桩基沉降验算

当建筑物对桩基的沉降有特殊要求,或桩端存在软弱下卧层,或为摩擦型群桩基础时,尚应考虑桩基的沉降验算。

当桩中心距不大于6倍桩径的桩基，假定桩群为一假想的实体深基础，采用等效分层总和法计算矩形桩基中点的最终沉降量，计算公式为

$$s=\psi\psi_e s'=4\psi\psi_e p_0\sum_{i=1}^{n}\frac{z_i\alpha_i-z_{i-1}\alpha_{i-1}}{E_{si}} \tag{8.25}$$

式中 s——桩基最终沉降量(mm)；

s'——按实体深基础分层总和法计算的桩基沉降量，计算深度 z_n 按 $\sigma_z\leqslant 0.2\sigma_c$ 确定；

p_0——在荷载效应准永久组合下承台底的平均附加应力(kN)；

E_{si}——等效作用面以下第 i 层土的压缩模量(MPa)，采用地基土在自重压力至自重压力加附加压力作用时的压缩模量；

α_i、α_{i-1}——平均附加应力系数，参见《建筑桩基技术规范》(JGJ 94—2008)附录D；

z_i、z_{i-1}——荷载作用面至第 i 层土地、第 $i-1$ 层土地底面的距离；

ψ——桩基沉降经验系数，当无当地可靠经验时，应按表8.13选用；

ψ_e——桩基等效沉降系数，按下式计算：

$$\psi_e=C_0+\frac{n_b-1}{C_1(n_b-1)+C_2} \tag{8.26}$$

$$n_b=\sqrt{n\frac{B_c}{L_c}} \tag{8.27}$$

式中 n_b——矩形布桩时的短边布桩数，当布桩不规则时可按式(8.27)近似计算，$n_b>1$；$n_b=1$ 时可按《建筑桩基技术规范》(JGJ 94—2008)的有关规定确定；

C_0，C_1，C_2——根据群桩距径比 $\frac{s_a}{d}$、长径比 $\frac{l}{d}$、基础长宽比 $\frac{L_c}{B_c}$，按《建筑桩基技术规范》(JGJ 94—2008)的有关规定确定；

L_c，B_c，n——矩形承台的长、宽及总桩数。

表8.13 桩基沉降经验系数 ψ

$\overline{E}_s$(MPa)	≤10	15	20	35	≥50
ψ	1.20	0.90	0.65	0.50	0.40

注：① $\overline{E}_s$ 为沉降计算深度范围内压缩模量的当量值，可按下式计算：$\overline{E}_s=\sum A_i/\sum\frac{A_i}{E_{si}}$，式中 A_i 为第 i 层土附加压力系数沿土层厚度的积分值，可近似按分块面积计算。

② ψ 可根据 $\overline{E}_s$ 内插取值。

8.5.3.6 *桩身设计*(Design of Pile Body)

(1)混凝土预制桩

预制桩在施工过程中的最不利状况，主要出现在吊运和锤击沉桩时。

桩在吊运施工过程中的受力状况和梁相同，一般按两支点(桩长小于18m时)或三支点(桩长大于18m时)起吊和运输，在打桩架下竖起时，按一点吊立。吊点的位置应使桩身在自重下产生的正负弯矩相等，如图8.19所示。图中最大弯矩为

双点起吊时

$$M_1=M_2=0.0214kql^2$$

单点起吊时

$$M_1=M_2=0.0429kql^2$$

式中 q——桩单位长度的自重；

k——桩在吊运过程中可能受到的冲撞和振动影响而采取的动力系数，一般取 1.5；

l——桩的长度。

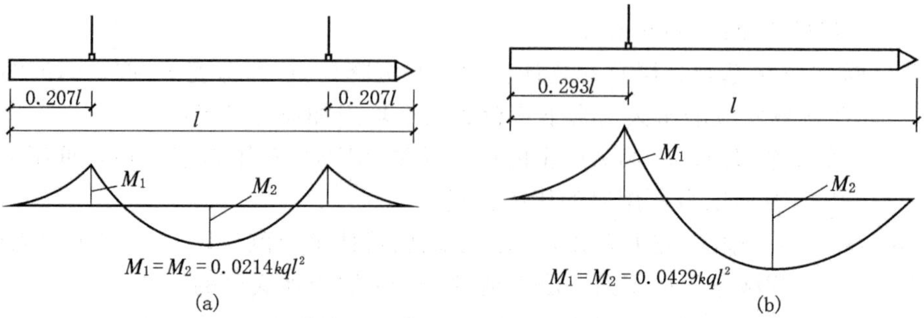

图 8.19　预制桩的吊点位置和弯矩图

(a)双点起吊时；(b)单点吊立时

通常情况下，吊运过程中引起的内力对预制桩的配筋起决定作用。

沉桩常用的有锤击法和静力压桩法两种。静力压桩法在正常的沉桩过程中，桩身应力一般小于吊运过程中和使用阶段的应力，故不必验算。锤击沉桩法在桩身产生了应力波的传递，桩身受到锤击压应力和拉应力的反复作用，故需要进行桩身的动应力计算。对甲级建筑桩基、桩身有抗裂要求和处于腐蚀性土质中的打入式预制混凝土桩、钢桩，锤击压应力应小于桩身材料的轴心抗拉强度设计值。

预制桩的混凝土强度等级不宜低于 C30，采用静压法沉桩时，可适当降低，但不宜低于 C20，预应力混凝土桩的混凝土强度等级不宜小于 C40。

预制桩的截面边长不应小于 200mm；预应力混凝土预制桩的截面边长不宜小于 350mm；预应力混凝土离心管桩的外径不宜小于 300mm。

预制桩的桩身应配置一定数量的纵向钢筋和箍筋。预制桩的最小配筋率一般不宜小于 0.8%。如采用静压法沉桩时，其最小配筋率不宜小于 0.6%。当截面边长为 350～550mm 时，采用 8 根直径为 12～25mm 的纵向钢筋；截面边长在 300mm 以下者，可用 4 根，箍筋直径为 6～8mm，间距不大于 200mm，在桩顶和桩尖处应适当加密。采用打入法沉桩时，直接受到锤击的桩顶应放置三层钢筋网。桩尖在沉入土层以及使用期中要克服土的阻力，故应把所有主筋焊在一根圆钢上或在桩尖处用钢板加强。主筋的混凝土保护层应不小于 30mm，桩在混凝土强度达到要求后方可起吊和搬运。

(2) 灌注桩

①灌注桩的桩身混凝土的强度等级不得小于 C25，主筋混凝土保护层厚度不应小于 35mm，水下灌注桩主筋混凝土保护层厚度不应小于 50mm。

②当桩身直径为 300～2000mm 时，最小配筋率不宜小于 0.2%～0.65%(桩径小时取大值)；对受荷特别大的桩、抗拔桩、嵌岩桩应根据计算确定配筋率，并不应小于上述规定值。

③配筋长度：甲级建筑桩基应配置桩顶与承台的连接筋，桩身配筋长度不小于 10 倍桩身直径，且不小于承台下软弱土层层底深度；桩径大于 600mm 的钻孔灌注桩配筋长度不宜小于桩长的 2/3；受水平荷载和弯矩较大的桩，配筋长度应通过计算确定；坡地或岸边的桩、抗震设防烈度为 8 度及 8 度以上地震区的桩、抗拔桩、嵌岩桩应通长配置钢筋。

④对于受水平荷载的桩，主筋不应小于 $8\phi12$；对于抗压桩和抗拔桩，主筋不应少于 $6\phi10$；纵向主筋沿桩身周边均匀布置，其净距不应小于 60mm。

⑤箍筋应采用螺旋式，直径不应小于 6mm，间距为 200～300mm；当钢筋笼超过 4m 时，应每隔 2m 设一道直径不小于 12mm 的焊接加劲箍筋。

8.5.3.7　承台设计(Design of Bearing Platform)

承台有多种型式，如柱下独立桩基承台、箱形承台、筏形承台、柱下梁式承台、墙下条形承台等。承台的作用在于把多根桩连接成整体，共同承受上部荷载。桩承台为现浇钢筋混凝土结构，相当于一个浅基础。因此，桩承台本身具有类似于浅基础的承载能力，即桩承台效应。

承台设计包括选择承台的材料和几何尺寸(形状、平面、高度和底面标高)，分为承台正截面受弯计算、承台抗冲切计算、承台斜截面抗剪计算、局部受压验算。承台进行承载力计算，并应符合构造上的要求。

(1)承台的最小宽度不应小于 500mm，承台边缘至桩中心的距离不宜小于桩的直径或边长，边缘挑出部分不应小于 150mm。这主要是为了满足桩顶嵌固及抗冲切的需要。对于墙下条形承台梁，其边缘挑出部分可降低至 75mm，这主要是考虑到墙体与承台梁共同工作可增强承台梁的整体刚度，并不至于产生桩顶对承台梁的冲切破坏。

为满足承台的基本刚度，桩与承台的连接等构造需要，条形承台和柱下独立桩基承台的最小厚度不应小于 300mm。高层建筑平板式和梁板式筏形承台的最小厚度不应小于 400mm，墙下布桩的剪力墙结构筏形承台的最小厚度不应小于 200mm。高层建筑箱形承台的构造应符合《高层建筑筏形与箱形基础技术规范》(JGJ 6—2011)的规定。

(2)承台混凝土材料及其强度等级应符合结构混凝土耐久性的要求和抗渗要求。承台混凝土强度等级不应低于 C25，纵向钢筋的混凝土保护层厚度不应小于 70mm，当有混凝土垫层时，不应小于 50mm。

(3)承台的钢筋配置除满足计算要求外，尚应符合下列规定：

承台梁的纵向主筋直径不宜小于 12mm，受力筋直径不宜小于 10mm，箍筋直径不宜小于 6mm。柱下独立桩基承台的受力筋应通长布置。矩形承台板配筋应按双向均匀通长布置，钢筋直径不宜小于 12mm，间距不宜大于 200mm。对于三桩承台，应按三向板带均匀配置。如图 8.20 所示。

(4)对于柱下桩基，当承台混凝土强度等级低于柱或桩的混凝土强度等级时，应验算柱下或桩上承台的局部受压承载力。

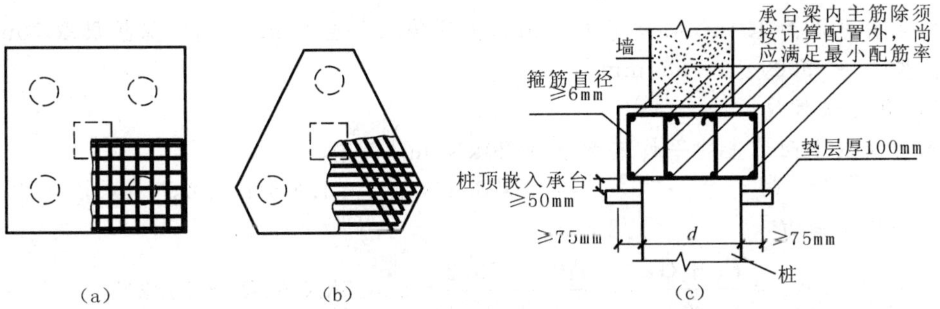

图 8.20　承台配筋示意图

(a)矩形承台配筋；(b)三桩承台配筋；(c)墙下承台梁配筋图

【例题 8.2】 某框架结构办公楼柱下拟采用预制桩基础。框架柱的矩形截面边长为 $b_c=450\text{mm}$，$h_c=600\text{mm}$。预制桩的方形截面边长为 400mm，桩长 15m。相应于荷载效应标准组合时，作用柱底(标高为−0.50 m)的荷载为 $F_k=3040\text{kN}$，$M_k=160\text{kN}\cdot\text{m}$，$H_k=140\text{kN}$，承台高度为 900mm，如图 8.21 所示。已知单桩竖向承载力特征值 $R_a=540\text{kN}$，单桩水平承载力特征值 $R_{ha}=60\text{kN}$，桩和承台混凝土强度等级取 C30($f_t=1430\text{kPa}$)，配置 HRB400 级钢筋($f_y=360\text{kN/mm}^2$)，试设计该桩基础。

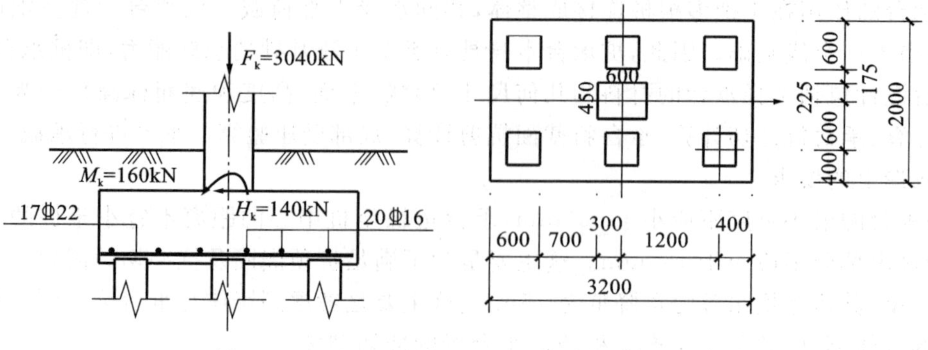

图 8.21 设计实例图

(a)立面图；(b)平面图

【解】 桩的类型和尺寸已选定，桩身结构设计从略。

(1)初步确定桩数

暂不考虑承台及回填土重，按照试算法计算偏心受压时所需桩数 n：

$$n=1.1\times\frac{F_k}{R_a}=\frac{3040}{540}=5.6\ \text{根，暂取 6 根。}$$

(2)桩位的布置及初选承台尺寸

查表 8.11 可知，桩距 $s=3.0\times b_c=3\times400=1200\text{mm}$。

根据承台的构造要求：边桩中心至承台边缘的距离不应小于桩的直径或边长，且桩的外边缘至承台边缘的距离不应小于 150mm。取边桩中心至承台边缘的距离为 400mm。布桩形式如图 8.21(b)所示。

$$\text{承台长边 } a=2\times(400+1200)=3200\text{mm}$$

$$\text{承台短边 } b=2\times(400+600)=2000\text{mm}$$

暂取承台埋深为 1.4m，承台高度 0.9m，桩顶伸入承台 50mm，钢筋保护层取 70mm，则承台有效高度 $h_0=900-70=830\text{mm}$。

(3)计算桩顶荷载

取承台及其上回填土的平均重度 $\gamma_G=20\text{kN/m}^3$，则有：

$$G_k=\gamma_G\cdot A\cdot d=20\times3.2\times2.0\times1.4=179.2\text{kN}$$

桩顶平均竖向力

$$N_k=\frac{F_k+G_k}{n}=\frac{3040+179.2}{6}=536.5\text{kN}<R_a=540\text{kN}$$

$$\begin{matrix}N_{kmax}\\N_{kmin}\end{matrix}=\frac{F_k+G_k}{n}\pm\frac{(M_{xk}+H_k\cdot h)x_{max}}{\sum x_i^2}=536.5\pm\frac{(160+140\times0.9)\times1.2}{4\times1.2^2}$$

$$N_{kmax} = 596.1\text{kN} < 1.2R_a = 618\text{kN}$$

$$N_{kmin} = 476.9\text{kN} > 0$$

所以，桩顶竖向承载力满足要求。

桩顶平均水平承载力

$$H_{ik} = \frac{H_k}{n} = \frac{140}{6} = 23.3\text{kN} < R_{ha} = 60\text{kN}$$

经验算，桩基承载力满足要求。

(4)桩基沉降问题

本工程为二级建筑桩基，持力层非软弱土层，故不必验算沉降。

(5)桩身结构设计

略。

(6)承台设计

初选承台尺寸如图 8.21 所示。

材料：桩混凝土与承台混凝土等级均用 C30，故不必进行局部承压验算。承台底板钢筋：采用 HRB400 级钢筋，抗冲切计算、抗剪切计算、抗弯计算(详略)。

(7)绘制施工详图

略。

8.6 其他深基础简介

深基础除桩基外，还有沉井、地下连续墙等形式。它们有些既可作为永久性建筑基础的一部分，又可用作施工期间的围护结构。

深基础与浅基础相比，具有下列特点：

(1)深基础施工方法较复杂，需专门的设备，采用特殊的结构形式；

(2)深基础的地基承载力高，而且其四周侧壁的摩阻力也具有一定的承载能力；

(3)深基础的造价较高，工期较长。

通常只有在天然地基浅基础无法满足建筑物的安全使用的情况下，才采用深基础。

8.6.1 沉井基础

沉井是一种竖直的筒形结构，常用钢筋混凝土或砖石、混凝土制成，一般分数节制作。施工时，在筒内挖土使沉井失去支承而下沉，随着下沉而逐节接长井筒。井筒下沉到设计标高后，浇筑混凝土封底。整个井筒在施工时可作支撑围护，施工完后便是永久性的深基础。沉井除作为基础外，还可作为地下结构使用，适用于重型设备基础、烟囱等平面较紧凑的建筑物和取水建筑物、污水泵房、矿山竖井、地下油库等。沉井适合于在黏性土及较粗的砂土中施工，但土中有障碍物时会给下沉造成一定的困难。

沉井的水平断面(图 8.22)可设计成单孔、单排或多排孔井，形状有圆形、方形、矩形、椭圆形等。沉井的竖直平面有柱形、阶梯形等。

沉井由刃脚、井筒、内隔墙、封底底板及顶盖等部分组成。

(1)刃脚　在井筒下端，形如刀刃。下沉时刃脚切入土中，其底面叫作踏面，不小于

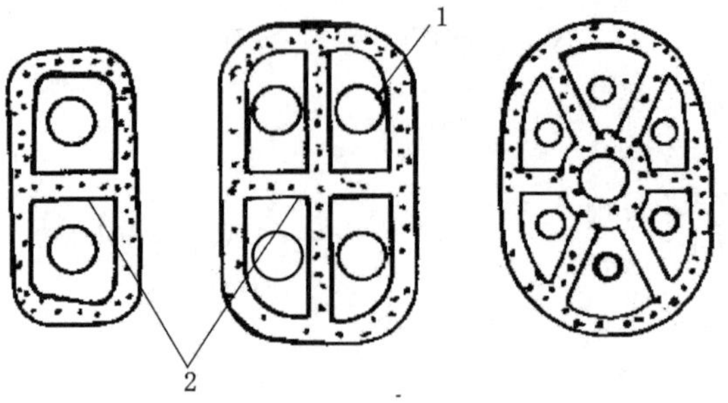

图 8.22 沉井水平断面

1—井孔；2—横隔墙

150mm。土质坚硬时，踏面用钢板或角钢保护。刃脚内侧的倾斜角为 40°～60°。

(2)井筒 竖直的井筒是沉井的主要部分，它须具有足够的强度以挡土，又须具有足够的质量克服外壁与土之间的摩阻力和刃脚土的阻力，使其在自重作用下节节下沉。为便于施工，沉井井孔净边长最小尺寸为 0.9m。

(3)内隔墙 内隔墙能增加沉井结构的刚度，方便施工，以控制下沉和纠偏。其底面标高应比刃脚踏面高 0.50m，以利沉井下沉。

(4)封底 沉井下沉到设计标高后，用混凝土封底。刃脚上方井筒内壁常设计有凹槽，使封底与井筒牢固连接。

(5)顶盖 沉井作地下构筑物时，顶部需浇筑钢筋混凝土顶盖。

沉井施工时，需先将场地平整夯实，在基坑上铺设一定厚度的砂层，在刃脚位置再铺设垫木，然后在垫木上制作刃脚和第一节沉井。当沉井混凝土强度达 70%时，才可拆除垫木，挖土下沉。

下沉方法分排水下沉及不排水下沉。前者适用于土层稳定且不会因抽水而产生大量流砂的情况。当土层不稳定时，在井内抽水易产生大量流砂，此时不能排水，可在水下进行挖土，必须使井内水位始终保持高于井外水位 1.00～2.00m。井内出土视土质情况，可用机械抓斗水下挖土，或者用高压水枪破土，再用吸泥机将泥浆排出。

当一节井筒下沉至地面以上只剩 1m 左右时，应停止下沉，接长井筒。当沉井下沉到达设计高程后，挖平筒底土层进行封底(图 8.23)。

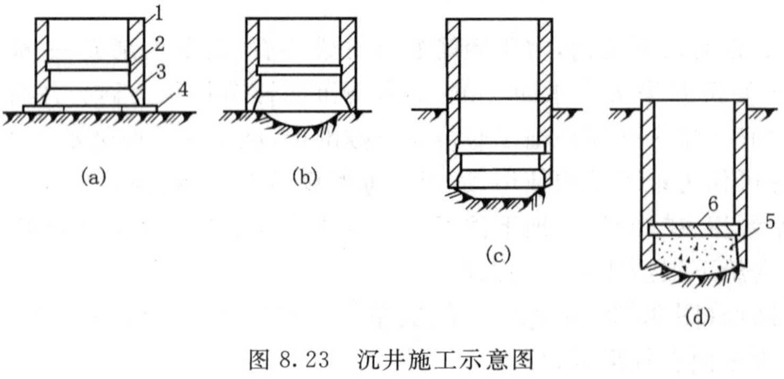

图 8.23 沉井施工示意图

(a)制作第一节井筒；(b)抽垫木，挖土下沉；(c)沉井接高下沉；(d)封底，并浇筑钢筋混凝土底板

1—井壁；2—凹槽；3—刃脚；4—垫木；5—素混凝土封底；6—钢筋混凝土底板

沉井下沉时，有时会发生偏斜，导致下沉速度过快或过慢，此时应仔细调查原因，调整挖土顺序和排除施工障碍，甚至借助卷扬机进行纠偏。

为保证沉井能顺利下沉，沉井的重力必须大于或等于沉井外侧四周总摩阻力的1.15～1.25倍。

沉井的高度由沉井顶面标高(一般埋入地面以下0.20m或在地下水位以上0.50m)及底面标高决定。其平面形状和尺寸根据上部建筑物平面形状和要求确定。井筒壁厚为0.3～1.0m，内隔墙一般为0.5m左右，应根据施工和使用阶段计算确定。

作为深基础，沉井应满足地基承载力要求，即作用在沉井顶面上的设计荷载加上沉井所受的重力应小于或等于沉井外侧四周的总摩擦阻力加上沉井底面地基的总承载力(沉井底面积乘以地基承载力设计值)。

沉井基础与大开挖相比，具有挖土量少、施工方便、占地少和对邻近建筑物影响较小等优点。

8.6.2 地下连续墙

地下连续墙的施工方法是利用专门成槽机械钻进或冲进，使用膨润土泥浆进行护壁，在土中开出窄长的深槽，在槽内吊入预先在地面上制作好的钢筋笼，以导管法浇筑混凝土，完成一个单元的墙段；各单元墙段之间以各种特定的接头方式相互连接，形成一道现浇壁式地下连续墙(图8.24)。

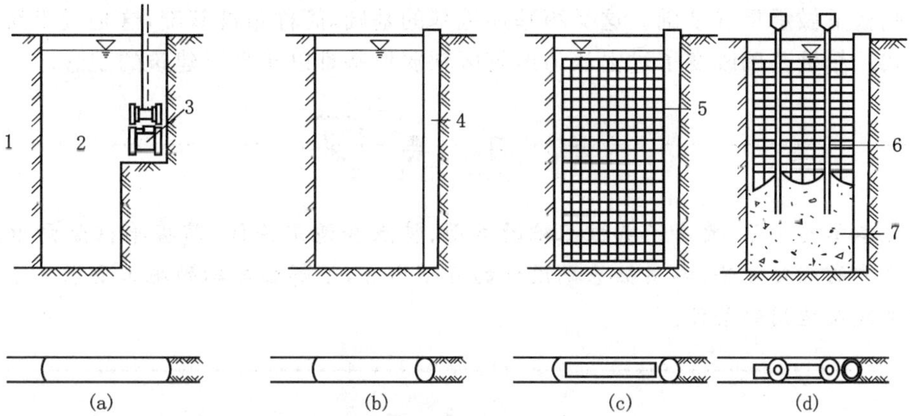

图8.24 地下连续墙施工程序示意图

(a)成槽；(b)放入接头管；(c)放入钢筋笼；(d)浇筑混凝土

1—已完成的墙段；2—护壁泥浆；3—成槽机；4—接头管；5—钢筋笼；6—导管；7—混凝土

地下连续墙的设计厚度一般为450～800mm。它具有挡土、防渗及兼作主体承重结构等多种功能，同时又可将上部结构的荷载传到地基持力层，作为地下建筑和基础的一部分。能在沉井作业、板桩支护等方法难以实施的环境中进行无噪声、无振动施工，能通过各种地层进入基岩，深度可达50m以上而不必采取降低地下水的措施，因此可在密集建筑群中施工。尤其是用于两层以上地下室的建筑物，配合“逆筑法”施工(从地面逐层向下修筑建筑物地下部分的一种施工技术)，使其显现出更独特的作用。这些明显的优点使地下连续墙成为一种多功能的新的地下结构形式和施工技术，开始取代某些传统的深基础结构和深基坑施工方法，因而日益受到广泛的重视。

8.6.3 箱桩基础

当高层建筑的地基土质较好时，通常采用箱形基础(图 8.25)，不仅满足地基承载力的要求，而且同时满足地震区对基础埋深、稳定性的要求。此外，箱形基础的埋深大，基坑开挖土方量大，箱形基础为空心结构，自重小于挖除的土重。因此，箱形基础为部分补偿性设计。箱形基础的空间，可以利用作为高层建筑的地下商业、文化、体育场所以及设备层。

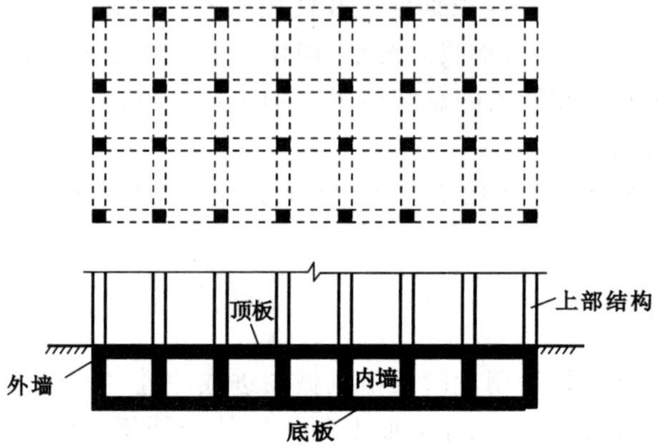

图 8.25 箱形基础

若高层建筑的地基土质软弱，仅采用上述箱形基础无法满足地基承载力的要求，则必须在箱形基础底板下做承重桩基础。这类箱基加桩基的基础，简称箱桩基础，这是近年新发展的一种基础型式。箱桩基础改变了过去认为地震区软弱地基难以建高层建筑的观念。

学 习 要 求

通过本章的学习，要求了解桩基础的类型、特点和适用条件，掌握单桩竖向承载力和群桩承载力的确定方法，熟悉桩基础设计的各项内容，了解桩基础的施工要求。了解其他深基础型式及适用的条件。

复习思考题

8.1 试简述桩基础的适用场合及设计原则。

8.2 试分别根据桩的承载性状和施工方法对桩进行分类。

8.3 简述单桩在竖向荷载下的工作性能及其破坏特征。

8.4 何谓群桩效应？如何验算桩基竖向承载力？

8.5 在工程实践中如何选择桩径、桩长及类型？

8.6 如何确定承台的平面尺寸及厚度？设计时应进行哪些验算？

习 题

8.1 某场区土层分布为：第一层为粉质黏土，厚度 $h=4\text{m}$，含水率 $w=30.6\%$，塑限 $w_p=18\%$，液限 $w_L=35\%$；第二层为粉土，厚度 $h=5\text{m}$，孔隙比 $e=0.9$；第三层为中砂，中密状态。拟采用边长为 350mm 的混凝土预制桩，桩长为 19m，桩顶与第一层土顶面平齐，试采用经验参数法估算单桩竖向极限承载力标准值（参数取中间值）。

8.2 某校教师住宅为 6 层砖混结构，横墙承重。作用在横墙墙脚底面荷载为 165.9kN/m。横墙长度为 10.5m，墙厚 370mm。地基土第一层为中密杂填土，层厚 $h_1=2.2$m，桩周土的摩擦力 $q_{s1}=11$kPa；第二层为流塑淤泥，层厚 $h_2=2.4$m，$q_{s2}=8$kPa；第三层为可塑粉土，层厚 $h_3=2.6$m，$q_{s3}=25$kPa；第四层为硬塑粉质黏土，层厚 $h_4=6.8$m，$q_{s4}=40$kPa，桩端土承载力标准值 $q_p=1800$kPa。试设计横墙桩基础。

（答案：采用预制桩，横截面 300mm×300mm，桩长 7.0m，进入第四层深度 $3d=0.9$m，用送桩器送入地面下 1.1m。承台宽 0.7m，高 1.2m，需桩 6 根。）

8.3 某场地土层分布情况如下：第一层为杂填土，厚 1.0m；第二层为淤泥，软塑状态，厚 6.5m；第三层为粉质黏土，$I_L=0.25$，厚度较大。现需设计一框架内柱的灌注桩基础。柱底在地面处的竖向荷载设计值 $F=1700$kN，$M=180$kN·m，水平荷载 $H=100$kN，初选该桩截面尺寸为 350mm×350mm，试设计该桩基础。

（答案：桩数 $n=4$，桩长 $l\geqslant 8.5$m。）

9 基坑工程

思政:武汉绿地中心超深超大基坑

本章提要

本章介绍了基坑工程的概念和特点,基坑开挖支护方法的分类,基坑工程的设计内容和选型,基坑地下水控制,基坑工程现场监测与信息化施工。

9.1 基坑工程的概念与主要特点

9.1.1 基坑工程的概念

基坑(Foundation Ditch)是建筑工程的一部分,它是指为进行各类建筑物(包括构筑物)基础与地下室施工所开挖的地面以下空间。基坑工程包括建筑场地的基坑开挖、施工降水和基坑支护等工程。基坑开挖可以采用不同的方法,基坑降水和支护是为保证基坑及地下结构的安全施工,并使周围环境不受损坏而采取的地下水控制和结构支护措施。

基坑工程是集岩土工程、结构工程、施工技术及测试技术等专业于一体的综合性工程,亦即将挖土挡土、防水降水、支护结构、施工监测作为一个系统工程,在工程中既要保证支护结构本身的安全,又要监测周围土体的变形,保证周围建筑和市政设施不因基坑的施工而受到明显影响,做到信息化施工。所采用的方法在技术上、经济上的合理性对整个基础和地下工程的造价和进度均具有重要的影响。特别是深基坑工程,其造价可占工程总造价的 10%以上。

深基坑工程指开挖深度超过 5m(含 5m)或地下室三层以上(含三层),或深度虽未超过 5m,但地质条件和周围环境及地下管线特别复杂的工程。近 20 多年来,我国经济迅速发展,大中城市地价不断上升,空间利用率也随之提高,高层及超高层建筑物大量涌现。随着建筑物高度增加,根据结构及使用要求,基础埋置深度也随之增加,深基坑工程越来越多,传统的放坡开挖技术已不能满足现代城镇建筑的需要,因此,深基坑开挖与支护引起了各方面的广泛重视。

图 9.1(a)所示为苏州中心广场基坑支护,由一、二标段组成,运行中的轨道交通 1 号线从一、二标段中间穿过,基坑边线离轨道交通 1 号线的最近距离约 9.5m,在建的东方之门位于一、二标段中间位置。围护工程二标段项目基坑面积约 6.57 万 m^2,地下 3~4 层,开挖深度为 15~22m(局部深坑达 24m),为超大型超深基坑工程;图 9.1(b)所示为武汉恒隆广场基坑,基

坑周长约 1291m，基坑开挖深度为 18.45～26.95m，基坑支护采用地下连续墙加内支撑的形式，四道内支撑，基坑开挖土方量 150 万 m^3。这两个基坑周围环境复杂，属于特大特深基坑。

(a) (b)

图 9.1　深基坑支护图形

(a)苏州中心广场基坑；(b) 武汉恒隆广场基坑

9.1.2　基坑工程的主要特点

工程案例：九种基坑坍塌案例分析

目前，我国基坑开挖与支护状况具有以下主要特点：

(1)基坑深度大　建筑趋向高层化，基础埋置深度加大，地下空间被充分利用，作为人防、车库、机房等各种设施。因此，基坑向深度方向发展，开挖深度由 1～2 层发展到 3～4 层。

(2)施工条件差　高层、超高层建筑物一般都集中在市区，市区的建筑物密度大，人口密集，交通拥挤，施工场地狭小，而且深基坑施工工期长、场地狭窄，降雨、重物堆放等对基坑稳定性不利。因此，深基坑施工条件很差。

(3)对周围环境的影响大　由于场地狭窄，邻近建筑物和地下设施多，基础施工时可能会危及它们的安全或影响其正常使用，故事先应全面加以考虑，并采取相应的预防措施。在相邻场地的施工中，打桩、降水、挖土及基础浇筑混凝土等工序会相互制约与影响，增加协调工作的难度。

(4)基坑支护方法多　目前常用的基坑支护方法有地下连续墙、悬臂桩、深层搅拌水泥土桩、桩锚、桩-撑支护法，还有各种混合支护方法等。深基坑工程既具有很强的地域性，又具有很强的个性，须根据具体地质条件采用合适的支护方法。

(5)事故发生具有突发性　深基坑工程包含挡土、支护、防水、降水和挖土等五个紧密相连的环节，其中某一环节失效将会导致整个工程的失败。深基坑工程从开挖至地面以下隐蔽工程的完成，这一施工周期较长，往往需经历多次降雨、周边堆载、振动及施工不当等众多不利条件，故其安全度的随机性较大，事故的发生往往具有突发性。

(6)信息化施工很重要　基坑支护因是临时措施，地下室主体施工完成时支护体系即完成任务。与永久性结构相比，临时结构的安全储备要求可小一些，因此具有较大的风险性。基坑工程施工过程中应进行监测，并应有应急措施，在施工过程中一旦出现险情，需要及时抢救。深基坑支护结构与一般挡土墙的受力机理不同，其土压力计算、强度计算及稳定验算等计算理论、方法还不完善、不成熟。因此，原位测试技术和信息化施工法即显得更为重要。

9.2 基坑开挖支护方法的分类

基坑开挖的形式大体可分为放坡开挖、挡土支护开挖和分部开挖三类。

9.2.1 放坡开挖

放坡开挖是指选择合理的坡比进行开挖，适用于地基土质较好、开挖深度不大以及施工现场有足够放坡场所的工程。放坡开挖施工简便、费用低，但开挖及回填土方量大。放坡开挖是基坑开挖常用的一种形式，适用于硬质、可塑性黏土和良好砂性土。黏性土地基开挖中，其斜坡的稳定性主要取决于滑动计算；均质的砂质地基开挖，其坡角主要取决于砂性土的内摩擦角，即坡角应小于内摩擦角。砂质地基开挖中，要将地下水位降到开挖基坑底面以下，否则可能出现管涌、流砂，甚至导致整体工程的失败。

基坑边坡的大小，应根据土质条件、开挖深度、地下水位、施工方法及开挖后边坡留置时间长短、坡顶有无荷载以及相邻建筑物情况等因素而定。放坡开挖深度通常限于3～6m，如果高于这个深度，则必须采用分段开挖，分段之间应设置平台，平台的宽度为2～3m。当挖土经过不同的土层时，坑壁边坡可按分层决定，其边坡可做成折线形或台阶形，以减少土方量，如图9.2(a)所示。对于较深基坑，可以采用自然边坡与下段土体加固或者与支护结构结合的办法处理。

9.2.2 挡土支护开挖

建筑基坑工程的土方开挖，当受到场地限制不允许按规定坡度放坡开挖，或深基坑放坡开挖所增加的工程量过大而采用坑壁竖直开挖时，必须设置基坑支护结构，以防止坑壁坍塌，确保基坑内施工作业安全，避免对邻近建筑物和市政设施等的正常使用造成危害。

基坑支护结构主要承受基坑土方开挖卸荷时所产生的土压力、水压力和附加荷载产生的侧压力，起到挡土止水作用，是稳定基坑的一种施工临时挡墙结构，如图9.2(b)所示。

对于有支护结构的基坑土方开挖，其开挖的顺序、方法等必须与设计工况相一致，遵循“开槽支撑、先撑后挖、分层开挖、严禁超挖”的原则。

(a) (b) (c)

图9.2 基坑开挖

(a)放坡开挖；(b)挡土支护开挖；(c)分部开挖

9.2.3 分部开挖

分部开挖法就是先在基坑的周围将支护桩（墙）打好，开挖时，先在中间部分开挖，支护桩（墙）四周一定范围内暂不开挖，使之形成对支护桩（墙）的被动土压力，以保持支护桩（墙）的稳定性。当中间的基础施工完成之后，用斜撑或水平支撑把支护桩（墙）支撑到已施工完毕的基础上，然后进行四周土的挖掘和结构施工，如图 9.2(c)所示。这种方法对土质较好的黏性土和密实的砂层较为适用，因为只要残留较少的土就可以满足形成被动土压力的要求。但对于软弱土层，如软黏土和淤泥，就需要残留大量的土，这样显然是不可行的。

在有些情况下，分部开挖的施工顺序与上述相反，即先开挖，并且基础施工完毕后将中部残留的土挖去，再进行全部地下结构物的施工。这种先两侧后中间的施工方法适用于不能大面积开挖的软弱地基。由于地下工程分两期施工，因此工期较长，而且支护桩（墙）的数量增加，造价也随之增加。但是为了防止基坑隆起，有时也必须采取这种方法。

9.3 基坑支护结构形式

基坑支护首先要保证支护结构的安全性，同时也要兼顾经济型和施工便利性。常用的支护结构形式有以下几种：

工程案例：基坑内支撑施工

(1)简易支护

放坡开挖时为了增加边坡稳定性和减少土方量，常采用简易支护（图 9.3）。

(2)悬臂式支护结构

从广义上来说，一切没有支撑和锚杆的支护结构均可归为悬臂式支护结构（图 9.4）。悬臂式支护结构依靠其入土深度和抗弯能力来维持坑壁稳定和结构的安全。由于悬臂式支护结构的水平位移对开挖深度很敏感，容易产生较大的变形，只适用于土质较好、开挖深度较浅的基坑工程。

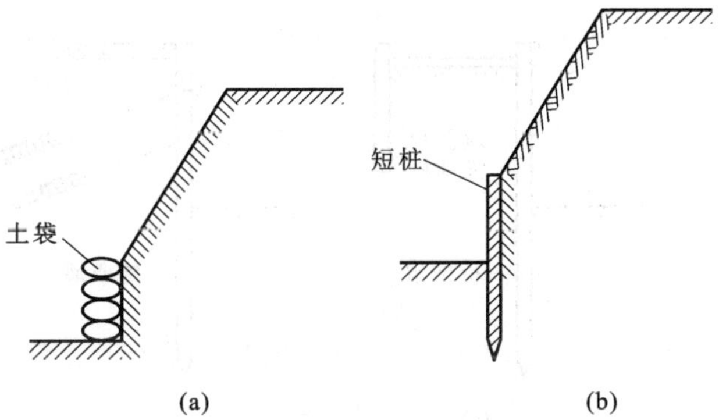

图 9.3 基坑简易支护

(a)土袋或块石堆砌支护；(b)短桩支护

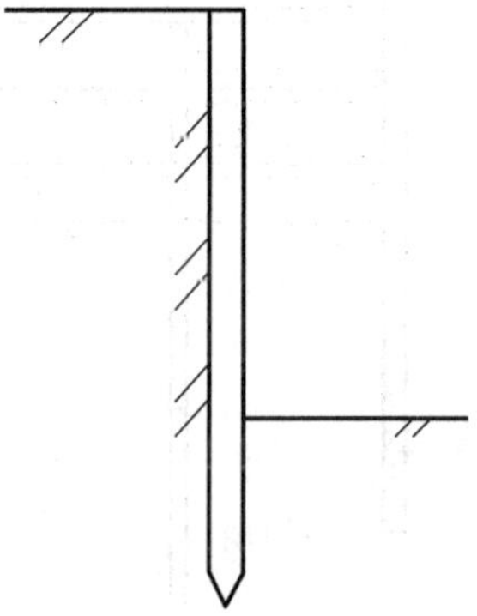

图 9.4 悬臂式支护结构

(3)水泥土桩墙支护结构

利用水泥作为固化剂，通过特制的深层搅拌机械在地基深部将水泥和土体强制拌和，便可形成具有一定强度、遇水稳定的水泥土桩。水泥土桩与桩或排与排之间可相互咬合、紧密排列，也可按网格式排列（图 9.5）。水泥土桩墙适合软土地区的基坑支护。

(4)内撑式支护结构

内撑式支护结构由支护桩或墙和内支撑组成，如图 9.6 所示。支护桩常采用钢筋混凝土桩或钢板桩，支护墙通常采用地下连续墙。内支撑常采用方木、钢筋混凝土或钢管（或型钢）做

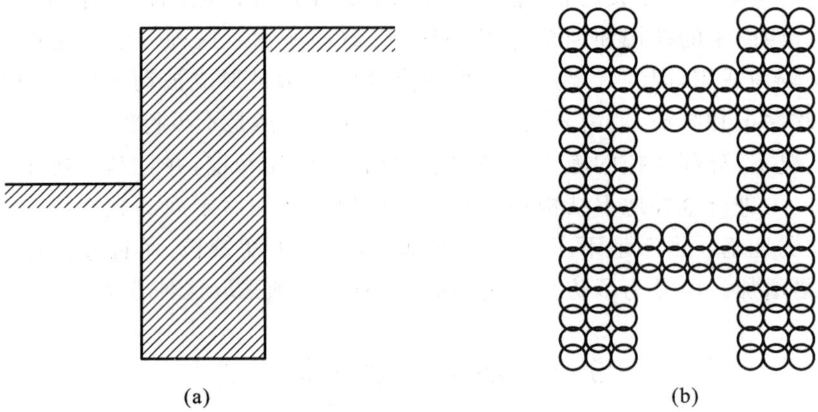

图 9.5　网格式水泥土桩墙支护结构

(a)水泥土桩墙剖面;(b)水泥土桩墙平面布置

成。内支撑的设置可以减小墙体的内力和变形,适合各种地基土层,但设置的内支撑会占用一定的施工空间,给土方开挖和结构施工带来诸多不便。

(5)拉锚式支护结构

拉锚式支护结构由支护桩或墙和锚杆组成。支护桩和墙同样采用钢筋混凝土桩和地下连续墙。锚杆通常有地面拉锚[图 9.7(a)]和土层锚杆[图 9.7(b)]两种。地面拉锚需要有足够的场地设置锚桩或其他锚固装置。土层锚杆因需要土层提供较大的锚固力,不宜用于软黏土地层中。

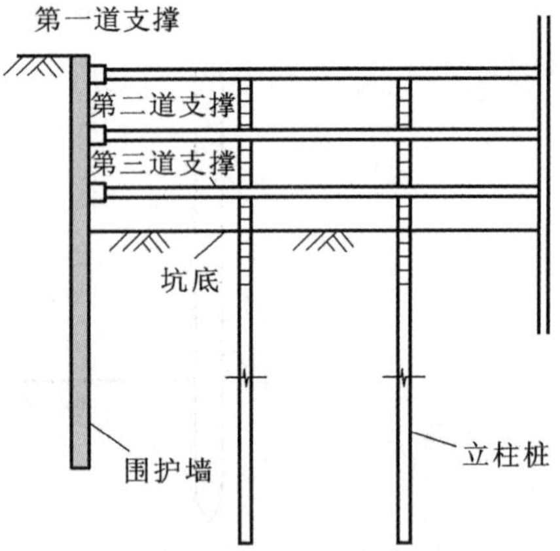

图 9.6　内撑式支护结构

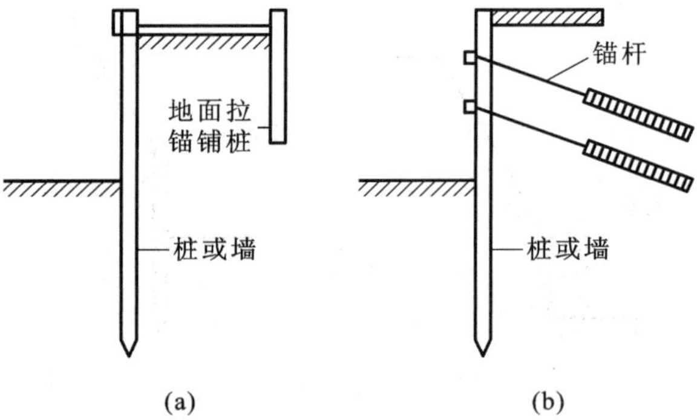

图 9.7　拉锚式支护结构

(a)地面拉锚式;(b)土层锚杆式

(6)土钉墙支护结构

土钉墙支护结构是由被加固的原位土体、布置较密的土钉和喷射于坡面上的混凝土面板组成(图 9.8)。土钉一般是通过钻孔、插筋、注浆来设置的,但也可通过直接打入较粗的钢筋或型钢形成。土钉墙支护结构适合地下水位以上的黏性土、砂土和碎石土等地层,不适用于淤泥或淤泥质土层,支护深度一般不超过 12 m。

(7)双排桩支护结构

双排桩支护结构是在悬臂式支护桩的基础上,通常由钢筋混凝土前排桩和后排桩以及顶连梁或板组成(图 9.9)。其刚度大、整体稳定性好、抗倾覆能力高,支护深度比单排悬臂式结构要大,且变形相对较小,无须设置锚杆或内支撑,大大缩短了工期。双排桩本质上是悬臂式支护结构。

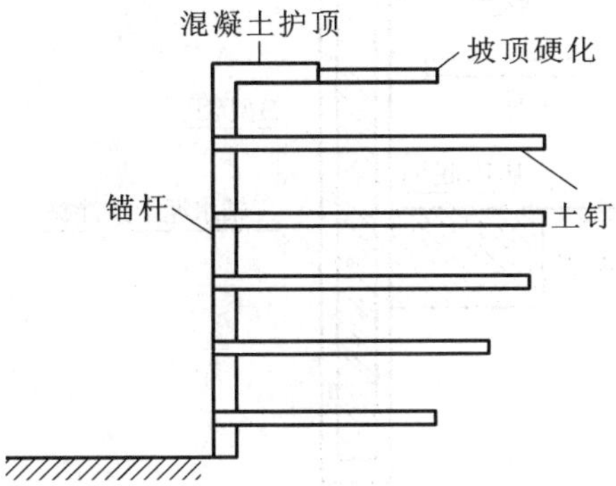

图 9.8 土钉墙支护结构

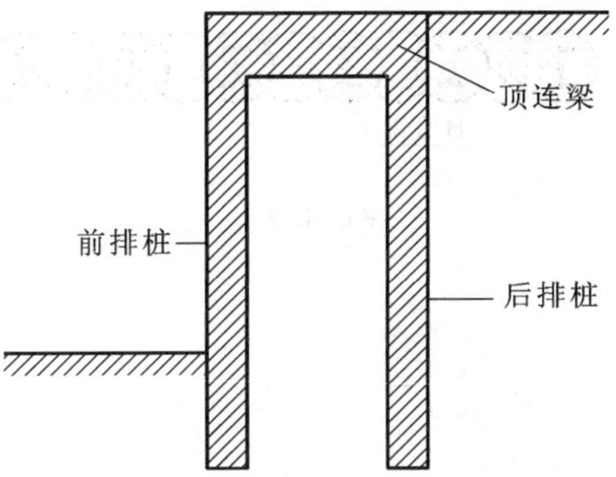

图 9.9 双排桩支护结构

(8)地下连续墙支护结构

地下连续墙是指分槽段用专用机械成槽、安放钢筋笼、浇筑混凝土形成的连续地下墙体,如图 9.10 所示。槽段有一字形、T 形、Π 形等(图 9.11)。每个单片钢筋混凝土墙之间应有可靠的连接,钢筋笼两头应有凸凹之分,以便锁定。

地下连续墙的特点有:①施工具有低噪声、低振动等优点,对环境影响小;②连续墙刚度大、整体性好,支护结构变形小;③墙体本身具有抗渗能力,一般情况下无须另设截水帷幕,施工占地空间较省;④可作为地下室结构的外墙,可配合逆作法施工,缩短工期、降低造价;⑤由于造价较高,通常在较深的基坑,或者对周围环境影响有要求时使用。

图 9.10 地下连续墙

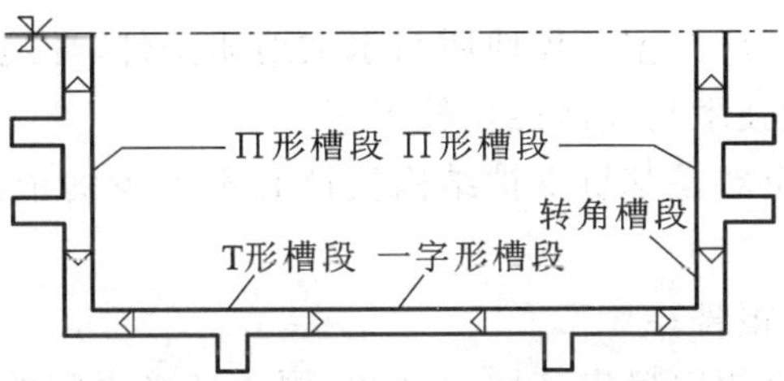

图 9.11 常规现浇地下连续墙平面示意图

(9)型钢水泥土搅拌墙(Soil Mixed Wall)

型钢水泥土搅拌墙是一种在连续套接的三轴水泥土搅拌桩内,插入型钢而成的既挡土又截水的一种复合挡土截水结构(图 9.12),型钢的插入方式有密插型、插二跳一型、插一跳一型,如图 9.13 所示。其特点为:

①适用于淤泥质土、黏性土、粉土和砂土,应用范围较广;②无须另设截水帷幕,与其他支护形式相比,有明显的空间优势;③内插 H 型钢在地下室施

图 9.12 施工结束的型钢水泥土搅拌墙

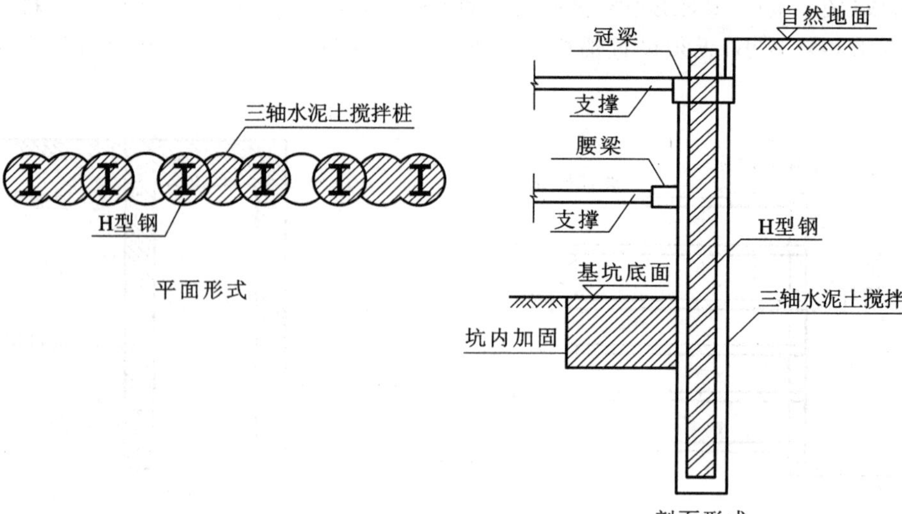

图 9.13　型钢水泥土搅拌桩支护

工完成并回填土后可以拔出，不仅可避免形成地下永久障碍物，而且拔出的型钢可以回收利用、节省资金；④对周围环境影响小；⑤截水防渗性能好。由于采用套接一孔法施工，比双轴搅拌机施工的截水帷幕具有更好的截水性，水泥土渗透系数小，一般可达 $10^{-8}\sim10^{-7}$cm/s。

9.4　基坑工程的设计内容和选型

9.4.1　基坑工程设计应具备的资料

基坑工程总体方案应根据工程地质与水文地质条件、环境条件、施工条件以及基坑使用要求与基坑规模等，通过技术与经济性比较确定。

主体结构的设计资料是基坑支护结构设计必不可少的依据。基坑工程总体方案设计时，应具备下列资料：

(1)岩土工程勘察报告；

(2)建筑总平面图(用以确定基坑与红线、周边环境之间的距离关系)；

(3)各层地下建筑、结构平面图；

(4)基础结构与桩基设计资料。

9.4.2　基坑工程设计的原则

(1)安全可靠　满足支护结构本身强度、稳定性以及变形的要求，确保周围环境的安全。

(2)经济合理　在支护结构安全可靠的前提下，要从工期、材料、设备、人工以及环境保护等方面综合确定具有明显技术经济效果的方案。

(3)技术可行　基坑支护结构设计不仅要符合基本的力学原理，而且要经济、便利地实施。如设计方案是否与施工机械相匹配，施工机械是否有足够的施工能力，费用是否经济，支撑是否可以租赁等。

9.4.3 基坑工程设计等级

基坑工程设计等级由《建筑基坑支护技术规程》(JGJ 120—2012)给出，见表 9.1。

表 9.1 基坑工程设计等级

设计等级	基坑工程
甲级	位于复杂地质条件及软土地区的二层及二层以上地下室的基坑工程； 开挖深度大于 15.0m 的基坑工程； 周边环境条件复杂、环境保护要求高的基坑工程
乙级	除甲级、丙级以外的基坑工程
丙级	非软土地区且场地地质条件简单、基坑周边环境条件简单、环境保护要求不高且开挖深度小于 5.0m 的基坑工程

9.4.4 基坑工程设计应包括的内容

(1)支护体系的方案比较和选型；
(2)支护结构的强度、稳定性和变形计算；
(3)基坑内外土体的稳定性验算；
(4)基坑降水或截水帷幕设计及围护墙的抗渗设计；
(5)基坑开挖及地下水变化引起的基坑内外土体变形及其对桩基础和周边环境的影响；
(6)基坑开挖施工的挖土方案；
(7)基坑施工过程的监测方案与环境保护要求。

基坑支护结构的计算有三种基本方法，即极限平衡法、土抗力法和平面有限元法。具体计算从略。

9.4.5 支护结构选型

9.4.5.1 *支护结构选型时应考虑的因素*

(1)基坑深度；
(2)土的性状及地下水条件；
(3)基坑周边环境对基坑变形的承受能力及支护结构一旦失效可能产生的后果；
(4)主体地下结构及其基础形式、基坑平面尺寸及形状；
(5)支护结构施工工艺的可行性；
(6)施工场地条件及施工季节；
(7)经济指标、环保性能和施工工期。

9.4.5.2 *支护结构常用类型选择*

支护结构常用类型选择见表 9.2。

表 9.2 各类支护结构的类型选择及适用条件

<table>
<tr><td colspan="2" rowspan="2">结构类型</td><td colspan="4">适用条件</td></tr>
<tr><td>安全等级</td><td colspan="3">基坑深度、环境条件、土类和地下水条件</td></tr>
<tr><td rowspan="5">支挡式结构</td><td>锚拉式结构</td><td rowspan="5">一级
二级
三级</td><td>适用于较深的基坑</td><td colspan="2" rowspan="5">(1)排桩适用于可采用降水或截水帷幕的基坑；
(2)地下连续墙宜同时用作主体地下结构外墙，可同时用于截水；
(3)锚杆不宜用在软土层和高水位的碎石土、砂土层中；
(4)当邻近基坑有建筑物地下室、地下构筑物等，锚杆的有效锚固长度不足时，不应采用锚杆；
(5)当锚杆施工会造成基坑周边建(构)筑物的损害或违反城市地下空间规划等规定时，不应采用锚杆</td></tr>
<tr><td>支撑式结构</td><td>适用于较深的基坑</td></tr>
<tr><td>悬臂式结构</td><td>适用于较浅的基坑</td></tr>
<tr><td>双排桩</td><td>当锚拉式、支撑式和悬臂式结构不适用时，可考虑采用双排桩</td></tr>
<tr><td>支护结构与主体结构结合的逆作法</td><td>适用于基坑周边环境条件很复杂的深基坑</td></tr>
<tr><td rowspan="4">土钉墙</td><td>单一土钉墙</td><td rowspan="4">二级
三级</td><td colspan="2">适用于地下水位以上或经降水的非软土基坑，且基坑深度不宜大于 12m</td><td rowspan="4">当基坑潜在滑动面内有建筑物、重要地下管线时，不宜采用土钉墙</td></tr>
<tr><td>预应力锚杆复合土钉墙</td><td colspan="2">适用于地下水位以上或经降水的非软土基坑，且基坑深度不宜大于 15m</td></tr>
<tr><td>水泥土桩垂直复合土钉墙</td><td colspan="2">用于非软土基坑时，基坑深度不宜大于 12m；用于淤泥质土基坑时，基坑深度不宜大于 6m；不宜用在高水位的碎石土、砂土、粉土层中</td></tr>
<tr><td>微型桩垂直复合土钉墙</td><td colspan="2">适用于地下水位以上或经降水的基坑，用于非软土基坑时，基坑深度不宜大于 12m；用于淤泥质土基坑时，基坑深度不宜大于 6m</td></tr>
<tr><td colspan="2">重力式水泥土墙</td><td>二级
三级</td><td colspan="3">适用于淤泥质土、淤泥基坑，且基坑深度不宜大于 7m</td></tr>
<tr><td colspan="2">放坡</td><td>三级</td><td colspan="3">(1)施工场地应满足放坡条件；
(2)可与上述支护结构形式结合</td></tr>
</table>

注：① 当基坑不同部位的周边环境条件、土层性状、基坑深度等不同时，可在不同部位分别采用不同的支护形式。
② 支护结构可采用上、下部以不同结构类型组合的形式。

9.5 基坑地下水控制

9.5.1 地下水控制方法及适用条件

在基坑工程施工过程中，常因流砂、坑壁坍塌而引起工程事故，造成周围地下管线和建(构)筑物不同程度的损坏。有时坑底下会遇到承压含水层，深基坑工程开挖过程中可能会导致基坑底部破坏，同时伴随着坑底隆胀和土的流失现象。采用降水或排水技术(亦称地下水控制)可以防范这类工程事故的发生。

深基坑工程中地下水控制设计首先应从基坑周边环境限制条件出发，然后研究场地水文地质条件、工程地质条件与基坑状况，充分利用基坑支挡结构为地下水控制创造有利条件，在此基础上经技术、经济对比，建立适合场地的地下水控制模型，确定有效可靠的地下水控制方案。

基坑工程中地下水控制方法包括降低地下水位与隔离地下水两类。此外，当降水引起地面沉降过大等情况时，地下水回灌还可作为一种补充措施与其他方法同时使用。

9.5.1.1 降低地下水位的方法

(1)集水明排

集水明排有基坑内排水和基坑外地面排水两种情况，适用于收集和排除地表雨水、生活废水，以及填土、黏性土、粉土、砂土等土体内水量有限的上层滞水、潜水，并且土层不会发生渗透破坏的情况，中小型工程水量不大，可以采用挖排水沟与集水井排水。排水沟和集水井排降水的构造如图 9.14 所示。

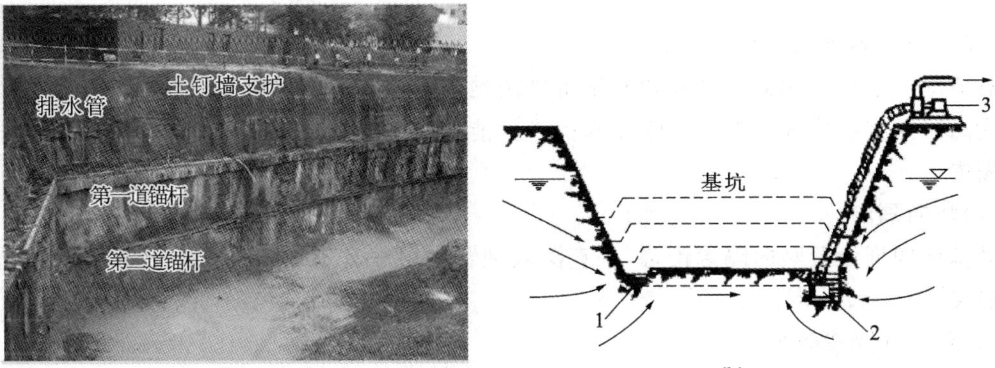

图 9.14 排水沟和集水井排降水

(a)排水沟降水；(b)集水井降水

1—排水沟；2—集水井；3—水泵

(2)井点降水

基坑井点降水是沿基坑每隔一定距离设置一个管井，每个管井用一台水泵不断抽取管井内的水，直至将地下水位下降至基坑底面以下(图 9.15)。井点降水按降水方法又分电渗降水、真空降水等，随基坑高度还可布置多级井点。

(3)深井抽水

深井抽水是当地下水位较深时，从深井中抽水以降低地下水位或控制挖方下面承压水层的水头压力。深井排水能力大，具有排水效果好、设备简单、易于维护等特点，其降水深度可达 50m，但其一次性投资大，成孔质量要求严格。

如图 7.8 所示，当工程施工需要，开挖基坑后的坑底隔水层的厚度小于安全厚度时，为防止基坑突涌，则必须对承压含水层进行预先排水，以降低承压水头压力(图 9.16)，基坑中心承压水位降深 S 必须满足下列等式：

$$\gamma_w (H - S) = \gamma M \tag{9.1}$$

则
$$S \geqslant H - \frac{\gamma}{\gamma_w}M \tag{9.2}$$

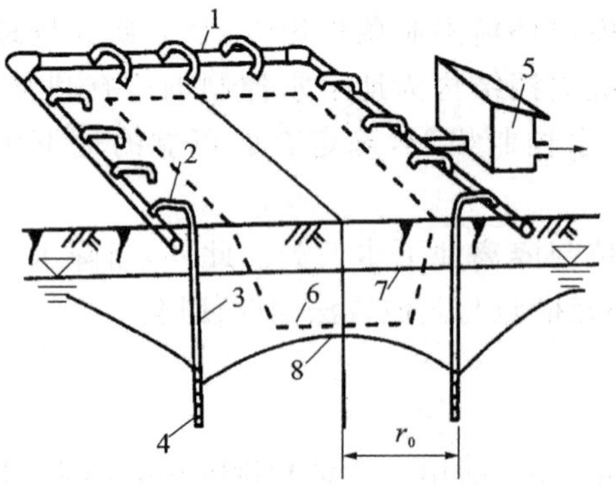

图 9.15　轻型井点布置图

1—总管；2—连接管；3—井点管；4—滤管；
5—水泵房；6—基坑；7—初始地下水位；
8—水位降落曲线；r_0—基坑中的线至井点管的距离

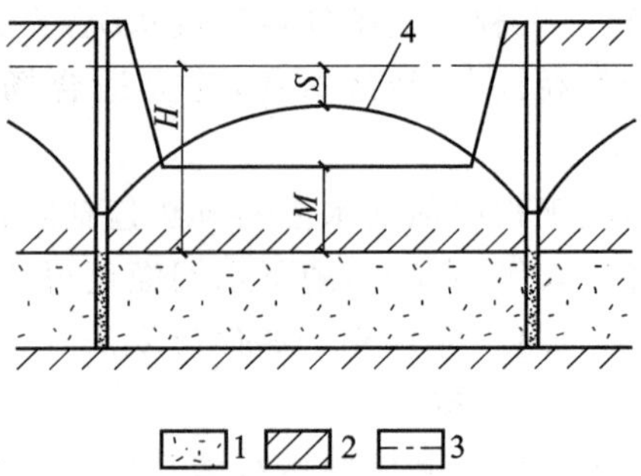

图 9.16　深井抽水

1—含水层；2—隔水层；3—承压水位；
4—水位降落曲线；H—原承压水头；
M—基坑开挖后黏土层厚度；S—承压水位降深

9.5.1.2　隔离地下水的方法

隔离地下水即利用截水帷幕切断基坑外的地下水流入基坑内部，方法是用高压旋喷、深层搅拌或高压灌浆法形成具有一定强度和抗渗性能的水泥土墙或底板，阻止地下水渗入基坑，称之为隔渗。

(1)竖向隔渗

沿基坑四周设置竖向隔渗帷幕，一直深入到含水层底且进入下卧不透水层者，称为落底式竖向隔渗[图 9.17(a)]。

(2)悬挂式隔渗帷幕

竖向隔渗帷幕未穿透含水层者称为悬挂式隔渗帷幕[图 9.17(b)]。

(3)水平封底隔渗

水平封底隔渗一般与悬挂式隔渗帷幕结合形成五面隔渗(或称周底隔渗结构)。

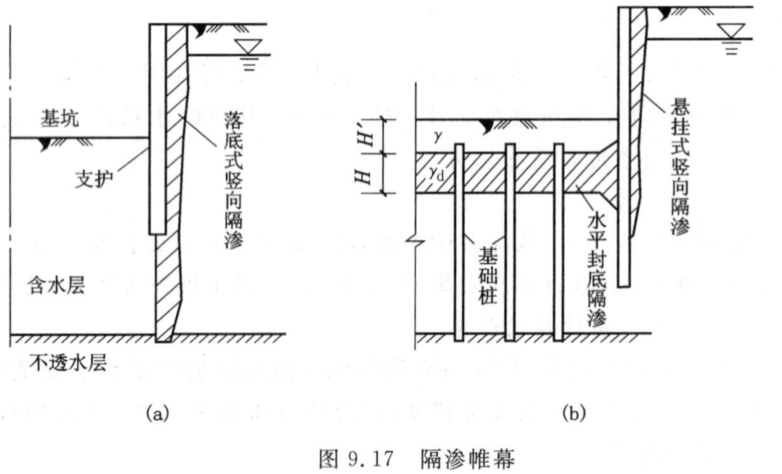

图 9.17　隔渗帷幕

(a)落底式竖向隔渗；(b)悬挂式竖向隔渗与水平封底隔渗

9.5.2 各种地下水控制措施的适用条件

地下水控制方法的适用条件大致如表 9.3 所示，选择时根据土层情况、降水深度、周围环境和支护结构种类等综合考虑后选用。在软土地区基坑开挖深度超过 3m，一般就要用井点降水。开挖深度浅时，亦可边开挖边用排水沟和集水井进行集水明排。当因降水而危及基坑及周边环境安全时，宜采用截水或回灌方法。实际工程中可采用单一地下水控制方法，也可采用多种地下水控制方法相结合的形式，如悬挂式隔渗帷幕＋坑内降水、基坑周边控制降深的降水＋隔渗帷幕、隔渗或降水＋回灌等。一般情况下，降水或隔渗都要结合集水明排。

基坑支护设计时应首先确定地下水控制方法，然后再根据选定的地下水控制方法选择支护结构形式。地下水控制应符合国家和地方法规对地下水资源、区域环境的保护要求，符合基坑周边建筑物、市政设施保护的要求。当降水不会对基坑周边环境造成损害且国家和地方法规允许时，可优先考虑采用降水，否则应采用基坑隔渗。采用隔渗措施时，对支护结构的要求更高，应采取防止土的流砂、管涌、渗透破坏的措施。当基坑底为隔水层且层底作用有承压水时，应进行坑底抗突涌验算，必要时可采取水平封底隔渗或钻孔减压措施，保证坑底土层稳定。

表 9.3 地下水控制方法适用条件

<table>
<tr><th colspan="2">方法名称</th><th>土类</th><th>渗透系数(m/d)</th><th>降水深度(m)</th><th>水文地质特征</th></tr>
<tr><td colspan="2">集水明排</td><td rowspan="3">填土、黏性土、粉土、砂土</td><td>7～20</td><td><5</td><td rowspan="3">上层滞水或水量不大的潜水</td></tr>
<tr><td rowspan="4">降水</td><td>真空井点</td><td rowspan="2">0.005～20</td><td rowspan="2">单级<6
多级<20</td></tr>
<tr><td>喷射井点</td></tr>
<tr><td rowspan="2">管井</td><td rowspan="2">粉土、砂土、碎石土、可溶岩、破碎带</td><td>0.005～20</td><td><20</td><td rowspan="2">含水丰富的潜水、承压水、裂隙水</td></tr>
<tr><td>1～200</td><td>>5</td></tr>
<tr><td colspan="2">截水</td><td>黏性土、粉土、砂土、碎石土、岩溶土</td><td>不限</td><td>—</td><td>—</td></tr>
<tr><td colspan="2">回灌</td><td>填土、粉土、砂土、碎石土</td><td>0.1～200</td><td>不限</td><td>—</td></tr>
</table>

9.6 基坑工程开挖监测与控制

9.6.1 监测的必要性

基坑工程是一门实践性很强的学科，存在诸如外力不确定性、变形不确定性、土性不确定性和一些偶然变化所引起的不确定因素，很难对基坑工程的设计与施工定出一套标准模式，或用一套严密的理论计算方法来把握施工过程中可能发生的各种变化，目前只能采用理论计算与地区经验相结合的半经验、半理论的方法进行设计。但由于岩土体性质的复杂多变性及各种计算模型的局限性，很多基坑工程的理论计算结果与实测数据往往有较大差异。一旦基坑变形和土体沉降超出了设计所规定的允许值，就会使基坑工程的正常施工受到威胁，严重的时候基坑开挖会导致基坑的坍塌，造成经济损失和人员伤亡。施工过程中如果出现异常，且这种变化又没有及时发现并任其发展，后果将不堪设想，因此基坑变形监测就显得十分重要。

9.6.2 监测对象和项目

基坑监测对象包括：

(1)支护结构。包括围护墙、支撑或锚杆、立柱、冠梁和腰梁等。

(2)相关的自然环境。

(3)施工工况。

(4)地下水状况。包括基坑内外原有水位、承压水状况、降水或回灌后的水位。

(5)基坑底部及周围土体。指的是基坑开挖影响范围内的坑内、坑外土体。

(6)周围建筑物。指的是基坑开挖影响范围之内的建筑物、构筑物。

(7)周围地下管线及地下设施。主要包括供水管道、排污管道、通信、电缆、煤气管道、人防、地铁、隧道等工程。

(8)周围重要的道路。指基坑开挖影响范围之内的高速公路、国道、城市主要干道和桥梁等。

(9)其他应监测的对象。根据工程的具体情况，可能会有一些其他应监测的对象，由设计和有关单位共同确定。

《建筑基坑工程监测技术标准》(GB 50497—2019)规定土质基坑工程仪器监测项目可按表 9.4 选择。

表 9.4 建筑基坑工程仪器监测项目

监测项目		基坑工程		
		一级	二级	三级
围护墙(边坡)顶部水平位移		应测	应测	应测
围护墙(边坡)顶部竖向位移		应测	应测	应测
深层水平位移		应测	应测	宜测
立柱竖向位移		应测	应测	宜测
围护墙内力		宜测	可测	可测
支撑轴力		应测	应测	宜测
立柱内力		可测	可测	可测
锚杆轴力		应测	宜测	可测
坑底隆起(回弹)		可测	可测	可测
围护墙侧向土压力		可测	可测	可测
孔隙水压力		可测	可测	可测
地下水位		应测	应测	应测
土体分层竖向位移		可测	可测	可测
周边地表竖向位移		应测	应测	宜测
周边建筑	竖向位移	应测	应测	应测
	倾斜	应测	宜测	可测
	水平位移	宜测	可测	可测

续表 9.4

监测项目		基坑工程		
		一级	二级	三级
周边建筑裂缝、地表裂缝		应测	应测	应测
周围管线	竖向位移	应测	应测	应测
	水平位移	可测	可测	可测
国内道路竖向位移		应测	宜测	可测

学习要求

了解基坑工程设计、施工特点及选型原则；了解常用支护结构的设计、计算方法；了解基坑降排水的方法；熟悉基坑工程的检测、监测方法；了解防止和减少基坑施工对环境影响的技术措施。

复习思考题

9.1 基坑工程有哪些主要特点？

9.2 试结合实际工程说明现在基坑工程的设计与施工中存在的问题。

9.3 常用的基坑支护形式有哪些？如何合理选用？

9.4 基坑施工中控制地下水的方法有哪些？各种方法适用的条件是什么？

9.5 为什么要对基坑施工进行监测？基坑工程监测的对象有哪些？基坑监测项目有哪些？

习　题

9.1 如图 9.18 所示，问：基坑开挖 1m 时，坑底有无隆起开裂的危险？若基础埋深 1.5m，施工中除将中砂层内地下水位降到基底外，将承压水位至少降低几米？（答案：有危险，需降 3.2m）

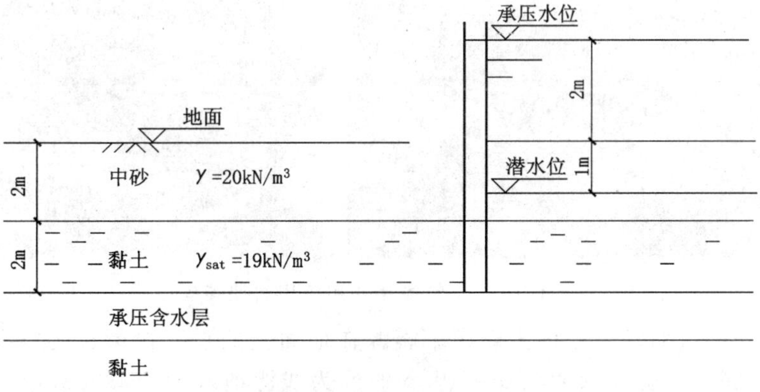

图 9.18　习题 9.1 图

9.2 某工程基槽开挖深度为 4.0m，地下水位深 5.0m。地基土的天然重度：水上 $\gamma=20kN/m^3$，水下 $\gamma_{sat}=21kN/m^3$。地面以下 6.0m 处存在承压水，水头为 3.2m。问：基槽是否安全？（答案：安全）

10　地震区的地基基础

思政：北川老县城地震遗址

本章提要

本章主要介绍地震的概念，各类建筑抗震设防的标准，建筑场地类别与震害，地基基础抗震设计原则与措施。

10.1　地震的概念

地震(Earthquake)是地壳表层因弹性波传导引起的振动作用和现象，是地壳运动的一种特殊形式。按其成因可分为三种：构造地震、火山地震和陷落地震。其中构造地震最为常见，约占地震总数的 90%。已经发生的灾难性地震也多为构造地震，给人类带来了巨大的灾害。

我国地处环太平洋地震带和欧亚地震带之间，地震区分布广泛且影响相当强烈。2008 年 5 月 12 日，我国发生了举世震惊的四川汶川大地震，如图 10.1 所示。2009 年 4 月 14 日，在青海玉树发生了 7.1 级地震。我国的邻国日本，2011 年 3 月 11 日发生了 9.1 级地震并引发海啸及核泄漏，这是日本自二战后遭遇的最严重震灾，很大程度上冲击了日本经济和社会。

图 10.1　2008 年四川汶川大地震

地震时，地壳中振动发生处称为震源。震源在地面上的垂直投影称为震中。震源到震中的距离称为震源深度。震源深度在 0～70km 的称为浅源地震，70～300km 的称为中源地震，大于 300km 的称为深源地震。其中分布最广、破坏性最强的是浅源地震。

地震的震级指一次地震释放的能量大小，一次地震只会有一个震级。烈度是指某一地点在该次地震时所受到的影响程度，一次地震在不同地点可表现出不同的烈度。

《建筑抗震设计规范》(GB 50011—2010,以下简称《抗震规范》)综合多方面因素提出了基本烈度和抗震设防烈度两个概念。

基本烈度(Basic Intensity)是指一个地区在未来50年内在一般场地条件下可能遭遇的超越概率为10%的地震烈度值。

抗震设防烈度(Seismic Precautionary Intensity)是指按国家规定的权限批准作为一个地区抗震设防依据的地震烈度。一般情况下取基本烈度,但还需根据建筑物所在城市的重要性程度,建筑物的类别、高度以及当地的抗震设防小区规划确定。

抗震设防烈度和设计基本地震加速度取值的对应关系见表10.1。

表10.1　抗震设防烈度和设计基本地震加速度取值的对应关系

抗震设防烈度	6	7	8	9
设计基本地震加速度值	0.05g	0.10(0.15)g	0.20(0.30)g	0.40g

注:g为重力加速度,括号内数值分别用于设计基本地震加速度为0.15g和0.30g的地区。

《抗震规范》将抗震设防烈度定为6~9度,并规定6度及以上地区的建筑,必须进行抗震设计。大于9度地区的建筑及行业有特殊要求的工业建筑,其抗震设计应按专门规定执行。

要求重点设防的6~9度的主要破坏标志见表10.2。

表10.2　6~9度地震烈度破坏标志

烈度	在地面上人的感觉	房屋震害程度		其他震害现象	水平向地面运动	
		震害现象	平均震害指数		峰值加速度(m/s^2)	峰值速度(m/s)
6	多数人站立不稳,少数人惊逃户外	损坏:墙体出现裂缝,檐瓦掉落;少数屋顶烟囱出现裂缝、掉落	0~0.10	河岸和松软土地出现裂缝,饱和砂层出现喷砂、冒水;有的独立砖烟囱出现轻度裂缝	0.63(0.45~0.89)	0.06(0.05~0.09)
7	大多数人惊逃户外,骑自行车的人有感觉,行驶中的汽车驾乘人员有感觉	轻度破坏:局部破坏、开裂,小修或不需要修理可继续使用	0.11~0.30	河岸出现塌方;饱和砂层常见喷砂、冒水,松软土地上出现的裂缝较多;大多数独立砖烟囱中等破坏	1.25(0.90~1.77)	0.13(0.10~0.18)
8	多数人摇晃颠簸,行走困难	中等破坏:结构破坏,需要修复才能使用	0.31~0.50	干硬土上出现裂缝;大多数独立砖烟囱被严重破坏;树梢折断;房屋破坏导致人畜伤亡	2.50(1.78~3.53)	0.25(0.19~0.35)
9	行走的人摔倒	严重破坏:结构严重破坏,局部倒塌,修复困难	0.51~0.70	十使土上出现裂缝;基岩可能出现裂缝、错动;滑坡塌方常见;独立砖烟囱倒塌	5.00(3.54~7.07)	0.50(0.36~0.71)

现行国家标准《建筑工程抗震设防分类标准》(GB 50223—2008)根据建筑使用功能的重要性,将建筑抗震设防类别分为以下四类:

特殊设防类(简称甲类)——指使用上有特殊设施,涉及国家公共安全的重大建筑工程和地震时可能发生严重次生灾害等特别重大灾害后果,需要进行特殊设防的建筑。

重点设防类(简称乙类)——指地震时使用功能不能中断或需尽快恢复的生命线相关建筑,以及地震时可能导致大量人员伤亡等重大灾害后果,需要提高设防标准的建筑。

标准设防类(简称丙类)——指大量的除甲、乙、丁类以外按标准要求进行设防的建筑。

适度设防类(简称丁类)——指使用上人员稀少且震损不致产生次生灾害,允许在一定条件下适度降低要求的建筑。

各类建筑抗震设防的标准,应符合下列要求:

(1)甲类建筑,应按高于本地区抗震设防烈度一度的要求加强其抗震措施;但抗震设防烈度为9度时,应按比9度更高的要求采取抗震措施。同时,应按批准的地震安全性评价的结果且高于本地区抗震设防烈度的要求确定其地震作用。

(2)乙类建筑,应按高于本地区抗震设防烈度一度的要求加强其抗震措施;但抗震设防烈度为9度时,应按比9度更高的要求采取抗震措施。地基基础的抗震措施,应符合有关规定。同时,应按本地区抗震设防烈度的要求确定其地震作用。

(3)丙类建筑,应按本地区抗震设防烈度的要求确定其抗震措施和地震作用,达到在遭遇高于当地抗震设防烈度的预估罕遇地震影响时不致倒塌或发生危及生命安全的严重破坏的抗震设防目标。

(4)丁类建筑,允许比本地区抗震设防烈度的要求适当降低其抗震措施,但抗震设防烈度为6度时不应降低。一般情况下,仍应按本地区抗震设防烈度确定其地震作用。

此外,对于划为重点设防类而规模很小的工业建筑,当改用抗震性能较好的材料且符合抗震设计规范对结构体系的要求时,允许按标准设防类设防。

抗震设防烈度为6度时,除《抗震规范》有具体规定外,对乙、丙、丁类建筑可不进行地震作用计算。

10.2 建筑场地类别与震害

10.2.1 建筑场地类别

建筑地基的震害大小与场地土的性质及类别有密切关系。在地震区常可发现同一小区内的同类建筑物,有的震害较重,有的震害则较轻,两者的地震烈度可相差1～2度。即重灾区里有轻灾的"安全岛",轻灾区中有重灾的"危险带"的烈度异常区,其主要是场地土的类型与场地类别不同造成的。

(1)场地地质条件

①地形

震害调查表明,地形对震害有明显的影响。如孤立凸出的小丘和山脊地区,山地的斜坡地区,陡岸、河流、湖泊以及沼泽洼地的边缘地带等,均会使震害加剧、烈度提高。

②断层

断层是地质构造上的薄弱环节,多数浅源地震均与断层活动有关。一些具有潜在地层活动的发震断层，地震时会出现很大错动，对工程建设的破坏性很大。一些与发震断层有一定联系的非发震断层，因受到发震断层的牵动和地震传播过程中产生的变异，也可能造成高烈度异常现象。

③场地土质条件

场地土是指在较大和较深范围内的土和岩石。场地土质对震害的影响是很明显的，主要是基岩上面覆盖土层的土质及其厚度，震害程度随覆盖土层的厚度增加而加重。

《抗震规范》根据场地的地形地貌、岩土性质、断裂以及地下水埋藏条件，划分为有利、一般、不利和危险地段(表 10.3)。

表 10.3 有利、一般、不利和危险地段的划分

地段类别	地质、地形、地貌
有利地段	稳定基岩，坚硬土，开阔、平坦、密实、均匀的中硬土等
一般地段	不属于有利、不利和危险的地段
不利地段	软弱土，液化土，条状凸出的山嘴，高耸孤立的山丘，陡坡、陡坎，河岸和边坡的边缘，平面分布上成因、岩性、状态明显不均匀的土层(含古河道、疏松的断层破碎带、暗埋的塘浜沟谷和半填半挖地基)，高含水率的可塑黄土，地表存在结构性裂缝等
危险地段	地震时可能发生滑坡、崩塌、地陷、地裂、泥石流等及发震断裂带上可能发生地表位错的部位

场地土的类型，可根据土层剪切波速划分(表 10.4)。

表 10.4 场地土的类型划分

土的类型	岩土名称和性状	土层剪切波速范围(m/s)
岩石	较坚硬、完整的稳定岩石	$v_s>800$
坚硬土或软质岩石	破碎和较破碎的岩石或软和较软的岩石，密实的碎石土	$800\geqslant v_s>500$
中硬土	中密、稍密的碎石土，密实、中密的砾、粗、中砂，$f_{ak}>150$ 的黏性土和粉土，坚硬黄土	$500\geqslant v_s>250$
中软土	稍密的砾、粗、中砂，除松散外的细、粉砂，$f_{ak}\leqslant 150$ 的黏性土和粉土，$f_{ak}>130$ 的填土，可塑黄土	$250\geqslant v_s>150$
软弱土	淤泥和淤泥质土，松散的砂，新近沉积的黏性土和粉土，$f_{ak}\leqslant 130$ 的填土，流塑黄土	$v_s\leqslant 150$

注：f_{ak} 为由载荷试验等方法得到的地基承载力特征值(kPa)；v_s 为岩土剪切波速。

(2)建筑场地类别

场地类别是根据土层等效剪切波速和场地覆盖层厚度进行划分的(表 10.5)。当有充分依据时，可适当调整。

表 10.5 各类建筑场地的覆盖层厚度(m)

岩石的剪切波速或土的等效剪切波速(m/s)	场地类别				
	I_0	I_1	Ⅱ	Ⅲ	Ⅳ
$v_s>800$	0				
$800\geqslant v_s>500$		0			
$500\geqslant v_s>250$		<5	$\geqslant 5$		
$250\geqslant v_s>150$		<3	3～50	>50	
$v_s\leqslant 150$		<3	3～15	15～50	>80

注：表中 v_s 是岩石的剪切波速。

工程案例：101大厦在巨震和强台风中屹立不倒的“法宝”

10.2.2 地震震害

(1)地基液化

地基土的液化主要发生在饱和的粉砂、细砂和粉土中，其宏观现象是：地表开裂、喷砂、冒水，从而引起地基失效，造成上部建筑物下陷、浮起、倾斜、开裂等震害。1976年唐山大地震，宁河县福庄在此次地震中整体下降2m，塌陷区边缘出现环形裂缝(图10.2)。1964年日本发生的新潟地震(图10.3)，导致大规模的砂土液化，造成码头被毁、楼房倾斜、大量交通线路被毁。

产生液化的原因是在地震的短暂时间内，孔隙水压力骤然上升并来不及消散，有效应力降低至零，土体呈现出近乎液体的状态，强度完全丧失，即所谓液化。

图10.2　环形裂缝

图10.3　日本新潟地震房屋倾斜

根据《抗震规范》，地基土的液化判别可分两步进行。

① 初步判别

a. 地质年代为第四纪晚更新世(Q_3)及其以前时，7度、8度烈度区时可判为不液化土；

b. 粉土的黏粒(粒径小于0.005mm的颗粒)含量百分率，在7度、8度和9度烈度区分别不小于10、13和16时，可判为不液化土；

c. 浅埋天然地基的建筑，当上覆非液化土层厚度和地下水位深度符合下列条件之一时，可不考虑液化影响：

$$d_u > d_0 + d_b - 2 \tag{10.1}$$

$$d_w > d_0 + d_b - 3 \tag{10.2}$$

$$d_u + d_w > 1.5d_0 + 2d_b - 4.5 \tag{10.3}$$

式中　d_w——地下水位深度(m)，宜按设计基准期内年平均最高水位采用，也可按近期内年最高水位采用；

d_u——上覆盖非液化土层厚度(m)，计算时宜将淤泥和淤泥质土层扣除；

d_b——基础埋置深度(m)，不超过2m时应采用2m；

d_0——液化土特征深度(m)，可按表10.6采用。

表10.6　液化土特征深度(m)

饱和土类别	抗震设防烈度		
	7度	8度	9度
粉土	6	7	8
砂土	7	8	9

注：当区域的地下水位处于变动状态时，应按不利的情况考虑。

②由标准贯入试验判别

凡经初步判别认为需进一步进行液化判别时，应采用标准贯入试验判别地面下 20m 范围内土的液化。但对可不进行天然地基及基础的抗震承载力验算的各类建筑，可只判别地面下 15m 范围内土的液化。当饱和砂土或饱和粉土标准贯入锤击数 $N_{63.5}$ 实测值(未经杆长修正)小于或等于下式确定的临界值时，应判为液化土：

$$N_{cr}=N_0\beta[\ln(0.6d_s+1.5)-0.1d_w]\sqrt{\frac{3}{\rho_c}} \tag{10.4}$$

式中 N_{cr}——液化判别标准贯入锤击临界值；

N_0——液化判别标准贯入锤击数基准值，按表 10.7 采用；

d_s——标准贯入试验点深度(m)；

d_w——地下水位深度(m)；

ρ_c——黏粒含量百分率，当小于 3 或为砂土时，均应采用 3；

β——调整系数，设计地震第一组取 0.80，第二组取 0.95，第三组取 1.05。

表 10.7 液化判别标准贯入锤击数基准值 N_0

设计基本地震加速度(g)	0.10	0.15	0.20	0.30	0.40
液化判别标准贯入锤击数基准值	7	10	12	16	19

地基液化等级用液性指数 I_L 度量。可将地基划分为轻微、中等、严重三个等级，结合建筑物类别选择抗液化措施。消除地基液化沉陷的措施(表 10.8)有：采用底端伸入液化深度以下稳定土层的桩基或深基础，以振冲、振动加密、砂桩挤密、强夯等加密法加固(处理至液化深度下界)，以及挖除全部液化土层等。

表 10.8 抗液化措施

建筑抗震设防类别	地基的液化等级		
	轻微	中等	严重
乙类	部分消除液化沉陷，或对基础和上部结构处理	全部消除液化沉陷，或部分消除液化沉陷，且对基础和上部结构处理	全部消除液化沉陷
丙类	基础和上部结构处理，也可不采取措施	基础和上部结构处理，或更高要求的措施	全部消除液化沉陷，或部分消除液化沉陷，且对基础和上部结构处理
丁类	可不采取措施	可不采取措施	对基础和上部结构处理，或其他经济的措施

注：甲类建筑的地基抗液化措施应进行专门研究，但不宜低于乙类的相应要求。

【例题 10.1】 一新建小区(位于设计地震第一组)，小区大部分为两层别墅，基础埋置深度 $d=1.5$m，其中有一幢 14 层综合大楼，基础埋置深度 $d=4.8$m。岩土工程勘察钻孔深度为 15m，了解地层为第四纪全新世冲积层及新近沉积层，自上至下为五层：第一层为粉细砂，稍湿至饱和，松散，层厚 $h_1=3.50$m；第二层为细砂，饱和、松散，层厚 $h_2=3.70$m；第三层为中粗砂，稍密至中密，层厚 $h_3=3.10$m；第四层为粉质黏土，可塑至硬塑状态，层厚 $h_4=3.20$m；第五层为粉土，硬塑状态。地下水位埋深 2.80m。当地抗震设防烈度为 8 度。在现场进行标准贯入试验，数值如表10.9所示。

表10.9 标准贯入试验值

编号	1	2	3	4	5	6	7
深度(m)	2.15～2.45	3.15～3.45	4.15～4.45	5.65～5.95	6.65～6.95	7.65～7.95	8.65～8.95
实测 N	6	2	2	4	8	13	18

根据此勘察结果，要求：(1)判别此地基砂土是否会液化？(2)若为液化土，判别液化等级；(3)应采取何种抗震措施？

【解】 (1)液化判别

①初步判别

从地质年代判别：当地为第四纪全新世冲积层及新近沉积层，在第四纪晚更新世之后。因此，不能判别为不液化土，必须进一步判别。

②标准贯入试验判别法

试验1点：深度2.15～2.45m，位于地下水位以上，因此不会液化(图10.4)。

试验2点：深度3.15～3.45m，位于地下水位以下，需要判别。按下式计算标准贯入锤击数临界值N_{cr}：

$$N_{cr}=N_0\beta[\ln(0.6d_s+1.5)-0.1d_w]\sqrt{\frac{3}{\rho_c}}$$

$$=12\times0.8[\ln(0.6\times3.30+1.5)-0.1\times2.80]\times\sqrt{\frac{3}{3}}$$

$$=9.28$$

标准贯入锤击数实测值$N=2<N_{cr}=9.28$，为液化土。

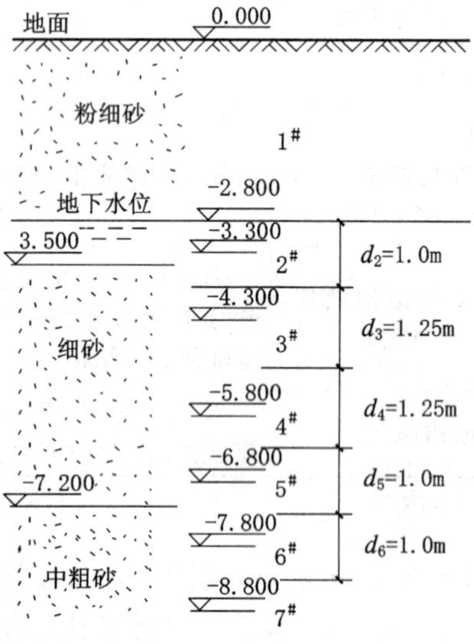

图10.4 各土层厚度 d_i

同理，可得其余各试验点的数据：

试验3点：$N_{cr}=10.8>N=2$，为液化土。

试验4点：$N_{cr}=12.7>N=4$，为液化土。

试验5点：$N_{cr}=13.8>N=8$，为液化土。

试验6点：$N_{cr}=14.8>N=13$，为液化土。

试验7点：$N_{cr}=15.7<N=18$，为不液化土。

(2)液化等级

经判断，为严重液化等级。

(3)应采取的抗震措施

①抗液化措施要求

该别墅小区建筑类别为丙类，地基严重液化，抗液化措施要求：全部消除液化沉陷，或部分消除液化沉陷，且对基础和上部结构进行处理。

根据岩土工程勘察结果：场地第一层粉细砂与第二层细砂，均为松散状态。标准贯入锤击数实测值$N=2,2,4,8$，远小于标准贯入锤击数临界值$N_{cr}=9.28,10.8,12.7,13.8$，故部分消除液化不安全；第三层中粗砂在深度8.65m处，已为不液化土，因此，应全部消除液化沉陷。

②各种工程措施分析

a. 采用桩基：桩长 9m，进入第三层不液化中粗砂层，技术上可靠。但对两层别墅打 9m 长的桩，费用太高。

b. 挖除全部液化土层，需挖除 8.65m 深土层，不仅工程量浩大，而且地下水位深 2.80m，需水下开挖 5～6m 深，会产生流砂；若人工降水，则投资大，不经济。

c. 考虑其他深基础，如沉井、地下连续墙等适合平面上紧凑的高层建筑物，但对两层小别墅同样也不适用。

d. 振冲法：处理 9m 深，当地不产碎石，需外运，也不经济。

e. 砂桩挤密法：处理 9m 深，当地地表只有粉细砂；砂桩需用的中粗砂也需外运，投资大。

f. 化学加固法，大面积化学药品，更贵。

g. 强夯法，当地为河流一级阶地，邻近无建筑，无振动危害；强夯法无需砂石、水泥等任何建筑材料；加固 9m 深度容易达到技术要求，最经济。因此，决定采用强夯法加固整片场地。经强夯加固后，地基承载力可达 180～200kPa，且全部消除液化，可以采用浅基础，这对上部结构的设计与建造都很有利。具体方法参见 11.4 节的强夯法。

(2)软土震陷

当软土地基遭遇地震时，地面产生巨大的附加下沉，称为震陷。此种现象往往发生在松砂或饱和软黏土和淤泥质土层中。

产生震陷的原因有：①松砂的震密；②排水不良的饱和粉砂、细砂和粉土，因振动液化而产生喷砂、冒水，从而引起地面下陷；③淤泥质软黏土在振动荷载作用下，土中应力增加，同时土的结构受到扰动，强度下降，使已有的塑性区进一步开展，土体向两侧挤出而引起震陷。

土的震陷不仅使建筑物产生过大的沉降，而且产生较大的差异沉降和倾斜，影响建筑物的安全与使用。

(3)地震滑坡和地裂

地震导致滑坡的原因，可以这样简单地认识：一方面是地震时边坡受到了附加惯性力，加大了下滑力；另一方面是土体受震趋密使孔隙水压力升高，有效应力降低，减小了阻滑力。地质调查表明，凡发生过滑坡的地区，地层中几乎都夹有砂层。在均质黏土中，尚未有关于地震滑坡的实例。

地震时往往出现地裂。地裂有两种，一种是构造性地裂。这种地裂虽与发震构造有密切关系，但它并不是深部基岩构造断裂直接延伸至地表形成的，而是较厚覆盖土层内部的错动。另一种是重力式地裂，它是斜坡滑坡或上覆土层沿倾斜下卧层层面滑动而引起的地面张裂。这种地裂在河岸、古河道旁以及半挖半填场地最容易出现。

10.3 地基基础抗震设计原则

10.3.1 建筑物场地的选择

选择建筑场地时，应结合勘测和调查工作，根据地震活动情况和工程地质条件（地形、地质构造和场地土质条件），对场地作出综合评价。应尽量选择对建筑抗震有利地段；避开不利地段，若无法避开时，应采取适当的抗震措施。

为保证建筑物的安全，还应考虑建筑物的基本周期，避开地层的卓越周期，以防止共振危害。

10.3.2 地基和基础抗震措施

当建筑物地基的主要受力层范围存在：①承载力特征值 f_a 分别小于 80kPa、100kPa 和 120kPa（7 度、8 度和 9 度抗震烈度区）的软弱黏性土；②可液化层；③不均匀地基。应结合具体情况，采取适当的抗震措施，主要包括：

①增加上部结构的整体刚度和对称性。

②加强基础的整体性和刚性。

③适当加大基础埋深。

④地基处理。

⑤采用桩基础、箱形基础、筏形基础等。

10.3.3 天然地基抗震强度验算

地震区的建筑物，除应按静力设计计算外，必要时尚应进行地基的抗震强度验算，要求如下：

$$p \leqslant f_{aE} \tag{10.5}$$

$$p_{max} \leqslant 1.2 f_{aE} \tag{10.6}$$

式中 p——地震作用效应标准组合的基底平均压力；

p_{max}——地震作用效应标准组合的基础底面边缘最大压力；

f_{aE}——调整后的地基土抗震承载力。

高宽比大于 4 的高层建筑，在地震作用下基础底面不宜出现脱离区（零应力区）；其他建筑，基础底面与地基土之间脱离区（零应力区）面积不应超过基础底面积的 15%。

天然地基的抗震承载力 f_{aE} 可参照相应规范按下式予以提高：

$$f_{aE} = \zeta_a f_a \tag{10.7}$$

式中 f_a——深宽修正后的地基承载力特征值，应按《建筑地基基础设计规范》（GB 50007—2011）采用；

ζ_a——地基抗震承载力调整系数，取值详见表 10.10。

表 10.10 地基抗震承载力调整系数

岩土名称和性状	ζ_a
岩石，密实的碎石土，密实的砾、粗、中砂，$f_{ak} \geqslant 300$kPa 的黏性土和粉土	1.5
中密、稍密的碎石土，中密和稍密的砾、粗、中砂，密实和中密的细、粉砂，150kPa$\leqslant f_{ak} <$300kPa 的黏性土和粉土，坚硬黄土	1.3
稍密的细、粉砂，100kPa$\leqslant f_{ak} <$150kPa 的黏性土和粉土，可塑黄土	1.1
淤泥，淤泥质土，松散的砂，杂填土，新近堆积黄土及流塑黄土	1.0

《抗震规范》规定，符合下列条件的建筑物，可不进行天然地基和基础的抗震强度验算：

①抗震设计规定可不进行上部结构抗震验算的建筑。

②地基主要受力层范围内不存在软弱黏性土层的下列建筑：

A. 一般的单层厂房和单层空旷房屋；

B. 砌体房屋；

C. 不超过8层且高度在24m以下的一般民用框架和框架-抗震墙房屋；

D. 基础荷载与C项相当的多层框架厂房和多层混凝土抗震墙房屋。

注：软弱黏性土指7度、8度、9度时，地基承载力特征值分别小于80kPa、100kPa和120kPa的土层。

10.3.4 桩基础抗震强度验算

10.3.4.1 抗震强度验算范围

承受竖向荷载为主的低承台桩基，当地面下无液化土层，且桩承台周围无淤泥、淤泥质土和地基承载力特征值不大于100kPa的填土时，下列建筑可不进行桩基抗震承载力验算：

(1)7度和8度时的下列建筑：

①一般的单层厂房和单层空旷房屋；

②不超过8层且高度在24m以下的一般民用框架房屋；

③基础荷载与②项相当的多层框架厂房和多层混凝土抗震墙房屋。

(2)《抗震规范》规定的可不进行上部结构抗震验算的建筑及砌体房屋。

10.3.4.2 验算原则

地震作用效应下桩基竖向承载力验算，参照"8 桩基础与深基础"的式(8.21)和式(8.22)。

验算地震作用桩基的水平承载力时，桩的水平抗震承载力可为水平承载力特征值乘以调整系数1.25，即

$$H_{ik} \leqslant 1.25R_{ha} \tag{10.8}$$

式中 H_{ik}——在地震荷载效应标准组合下，作用于基桩 i 桩顶处的水平力(kN)；

R_{ha}——单桩基础或群桩中基桩的水平承载力特征值(kN)。

学 习 要 求

了解地震的概念，了解各类建筑抗震设防的标准，了解建筑场地类别与震害判别，了解地基基础抗震设计原则与措施。

复习思考题

10.1 建筑场地分为哪几类？建筑场地的类别与场地土的类别有何内在联系？建筑场地的类别与震害轻重有何关系？

10.2 何谓地基液化？产生地基液化的条件有哪些？哪种土最容易产生液化？哪种土不会液化？试举例说明地震液化的危害性。

10.3 地基液化如何判别？初步判别用什么方法？其依据是什么？进一步判别用什么方法？标准贯入

锤击数的实测值、临界值与基准值三者的含义是什么？如何确定这三者的数值？

10.4　何谓地基震陷？震陷的原因是什么？如何防止严重的震陷？

10.5　抗震设计的基本原则是什么？对建筑场地应如何选择？

10.6　何谓天然地基土抗震承载力？应如何计算？地基土抗震承载力特征值与地基土静承载力特征值两者谁的数值大？为什么？

10.7　基础工程抗震设计中，采用哪几种基础形式对抗震有利？为什么？

习　题

10.1　某住宅楼地基土经勘察分5层：第1层为粉土，中密，$N=16$，层厚 $h_1=1.60$m；第2层为细砂，$\gamma=15.8kN/m^3$，$N=4.5$，层厚 $h_2=1.60$m；第3层为淤泥质粉细砂，$N=1.6$，层厚 $h_3=2.6$m；第4层为卵石，密实，层厚 $h_4=2.10$m；第5层为基岩。地下水位深度2.0m，试判别该建筑场地类别。若当地抗震设防烈度按7度考虑，地基是否液化？若液化，应如何处理？

（答案：Ⅱ类，液化，强夯）

第 5 篇　地基处理

11　软弱土地基处理

本章提要

软弱土的主要特征是抗剪强度低、压缩性高和渗透性小。地基处理的目的是采取各种地基处理方法来改善地基土的工程性质，使其满足工程建设的需要。本章介绍了几种有代表性的地基处理方法、作用原理、设计要点及施工质量要求。

思政：万丈高楼平地起，一砖一瓦皆根基

11.1　概　　述

11.1.1　地基处理的意义、概念及目的

(1)地基处理的意义

在中国，地基处理工作早就开始应用。秦代在修筑驰道时，就已采用“隐以金椎”的路基压实方法；至今还采用的灰土垫层、石灰桩等，都是我国自古已有的传统地基处理方法。随着具有中国特色社会主义现代化建设的发展，规模宏大的工业及民用建筑、水利工程、环境工程、港口工程、高速铁路、机场跑道、大型油罐群等不可避免地在不良地基上建造，而且对地基要求越来越高，不但要求承受较大且复杂的荷载，而且对沉降和变形要求也越来越严格，几乎每一项工程都要考虑地基处理问题。我国地域辽阔、幅员广大、土类繁多、特点各异，这又增加了地基处理的复杂性和多样性。

工程实践证明，地基处理是关系到工程设计方案的合理性、工程技术困难程度、工程造价、工程进度，并影响到工程成败的一项关键性工作，其重要性越来越被人们重视。地基处理已成为设计与施工及研究的一个必须重视的问题，也是工程技术人员必须掌握的一门工程基础理论知识。

(2)地基处理的概念及对象

地基处理(Ground Treatment)是指对不能满足承载力和变形要求的软弱土地基进行人工处理。

地基处理的对象主要是软弱土地基和不良土地基。

软弱土地基是指主要由淤泥、淤泥质土、冲填土、杂填土及饱和松散粉细砂与粉土构成的地基。这类土压缩性高、强度低，通常很难满足地基承载力和变形的要求。因此，不能作为永久性大中型建筑物的天然地基。

①淤泥类土

淤泥类土又称软土，一般是指静水或缓慢流水环境中有微生物参与作用的条件下沉积形成的，分布在滨海、湖泊、沼泽、河湾、废河道等地区。当天然含水率大于液限，天然孔隙比 $e \geqslant 1.5$ 的称为淤泥，$1.0 \leqslant e < 1.5$ 的称为淤泥质土。当土中的有机质含量大于 60%时，称为泥炭；有机质含量大于 10%且小于 60%时，称为泥炭质土。泥炭是在潮湿和缺氧环境中，未经充分分解的植物遗体堆积而成的一种有机土，呈深褐色至黑色，其含水率极高，压缩性也很高，且往往以夹层分布于一般黏性土层中，对工程十分不利。

淤泥类土具有下列特性：a. 天然含水率高，$w > w_L$，呈流塑状态；b. 孔隙比大；c. 压缩性高，压缩系数 a_{1-2} 一般为 $0.7 \sim 1.5\text{MPa}^{-1}$；d. 透水性极弱，渗透系数一般为 $10^{-8} \sim 10^{-6}\text{cm/s}$；e. 抗剪强度很低，且与加荷速度和排水固结条件有关；f. 具有显著的结构性(触变性)，施工时结构扰动则会引起强度降低，甚至呈流动状态，扰动后随着静置时间的增加，其强度又会部分恢复；g. 具有显著的蠕变性，在长期不变的剪应力作用下，将产生缓慢的剪切变形，并可能导致抗剪强度的衰减。

②冲填土

冲填土是疏浚江河时，用挖泥船的泥浆泵将河底的泥砂用水力冲填至岸上形成的土。含黏土颗粒多的冲填土往往是强度低、压缩性高的欠固结土。以粉土或粉细砂为主的冲填土容易产生液化。

③杂填土

杂填土是城市地表覆盖的、由人类活动堆填的建筑垃圾、生活垃圾和工业废料，结构松散、分布无规律，极不均匀。

④粉细砂与粉土和粉质土

相对而言，它比淤泥质土强度要大、压缩性要小，可承受一定的静荷载。但是在机器振动、波浪和地震等动荷载作用下可能产生液化、震陷，随着振动速度的增大，使地基失去承载力。所以，这类土的地基处理问题主要是抗震动液化和隔震等。

⑤砂土、砂砾石

这类土的强度和变形随密度大小变化而变化，一般来说，强度较高，压缩性不大，但透水性较大。这类土的地基处理问题主要是抗渗和防渗，防止流砂和管涌。

⑥不良地基包括湿陷性黄土地基、膨胀土地基、冻土地基、岩溶与土洞地基、山区地基等，详见第 12 章。

(3)地基处理的目的

地基处理的目的就是通过各种地基处理技术，改善地基土的下述工程性质：

①提高地基土的抗剪强度。地基承载力、土压力及人工和自然边坡的稳定性，均主要取决于土的抗剪强度。因此，为了防止土体剪切破坏，就需要采取一定措施，提高和增加地基土的抗剪强度。

②降低地基土的压缩性。建筑物超过允许值的倾斜、差异沉降将影响建筑物的正常使用，甚至危及建筑物的安全性。通过地基处理，可改善地基土的压缩模量等压缩性指标，减少建筑物沉降和不均匀沉降。另外，也可防止土体侧向流动(塑性流动)产生的剪切变形，也是地基处理的目的之一。

③改善地基土的渗透特性。地下水在地基土中运动时，将引起堤坝等地基的渗漏现象；基

坑开挖过程中，因土层夹有薄层粉砂或粉土而产生流砂和管涌。这些都会造成地基承载力下降、沉降加大和边坡失稳。而渗漏、流砂和管涌等现象均与土的渗透特性密切相关，为此，必须采用某种(些)地基处理措施，以减小地基中的渗透压力或使其变成不透水土。

④改善地基土的动力特性。在地震作用、交通荷载以及打桩机器振动等动力荷载作用下，将会使饱和松散的砂土和粉土产生液化，或使邻近地基产生振动下沉，造成地基土承载力丧失，或影响邻近建筑物的正常使用甚至破坏。因此，工程中有时需采取一定的措施，防止地基土液化，并改善其动力特性，提高地基的抗震(振)性能。

⑤改善特殊土的不良地基特性。主要指消除或减少黄土的湿陷性和膨胀土的胀缩性等地基处理的措施。

11.1.2 地基处理方法的分类和适用条件

地基处理技术、方法有着悠久的历史。一些传统的地基处理方法目前仍在工程实践中继续使用。近二三十年来，随着现代工业的发展，国内外地基处理的新技术不断涌现，工程实践不断增多，理论研究逐步深入，使得各种地基处理的新理论、新技术和新方法日臻完善。地基处理已成为基础工程领域中一个较有生命力的分支。

根据《建筑地基处理技术规范》(JGJ 79—2012)，地基处理方法分类见表 11.1。

表 11.1 地基处理方法分类表

分类	处理方法	原理及作用	适用条件
换土垫层	砂(石)垫层、粉质黏土垫层、灰土垫层、粉煤灰矿渣及其他工业废渣垫层、土工合成材料加筋垫层	挖除浅层软弱土或不良土，回填砂石、粉质黏土、灰土、粉煤灰矿渣及其他工业废渣、土工合成材料等强度高的材料，并分层碾压或夯实，提高承载力和减小变形，属浅层处理	换土垫层适用于淤泥类土、湿陷性黄土、膨胀土、杂填土地基及暗沟、暗塘等的浅层处理
预压地基	砂井或塑料排水板堆载预压、真空预压或真空和堆载联合预压	通过在地基中设置竖向排水通道并对地基施加预压荷载，加速地基土的排水固结和强度增加，提高地基稳定性，提前完成基础沉降	预压地基适用于处理深厚饱和软土和冲填土地基，对于渗透性极低的泥炭土应慎用
压实、夯实、挤密地基	机械碾压、振动压实、重锤夯实、强夯(置换)、沉管、冲击、夯扩、振冲、振动沉管等方法在土中挤压、振动成孔，使桩孔周围土体得到挤密、振密，并向桩孔内分层填料	压实法包括碾压、振动压实、重锤夯实，利用压实原理，把浅部地基土压实、振实或夯实。属浅层处理。 夯实法包括强夯(置换)，利用强大的夯击功能，在地基中产生强烈的冲击波和动应力，迫使土体动力固结密实(在强夯过程中，同时可填入碎石，置换地基土)。 挤密地基是指利用沉管、冲击、夯扩、振冲、振动沉管等方法在土中挤压、振动成孔，并向桩孔内分层填入素土、灰土、水泥土、砂石、碎石等，形成相应的土桩、灰土桩、水泥土桩、砂桩、碎石桩等，并与地基土组成复合地基，从而提高强度，减小变形	碾压法适用于地下水位以上填土的压实；振动压实法适用于振实非黏性土或黏粒含量少、透水性较好的松散填土地基。 (重锤)夯实法主要适用于稍湿的杂填土、黏性土、砂性土、湿陷性黄土和碎石土、砂土、粗粒土与低饱和度细粒土的分层填土等地基。 强夯法适用于处理碎石土、砂土、低饱和度的粉土与黏性土、湿陷性黄土、素填土和杂填土等地基。 强夯置换法适用于高饱和度的粉土与软塑～流塑的黏性土等地基上对变形控制要求不严的工程。 挤密法适用于处理湿陷性黄土、砂土、粉土、素填土和杂填土等地基

续表 11.1

分类	处理方法	原理及作用	适用条件
复合地基	砂石桩复合地基，水泥土搅拌桩复合地基，水泥粉煤灰碎石桩复合地基，旋喷桩、土桩、灰土桩、夯实水泥土桩、柱锤冲扩桩、多桩型复合地基	部分土体被增强或被置换形成增强体，由增强体和周围地基土共同承担荷载的地基； 多桩型复合地基是指由两种及两种以上不同材料增强体或由同一材料增强体而桩长不同时形成的复合地基	砂石桩适用于处理松散砂土、粉土、挤密效果好的素填土、杂填土等地基； 水泥土搅拌桩适用于处理淤泥、淤泥质土、素填土、软塑～可塑黏性土、松散～中密粉细砂、稍密～中密粉土、松散～稍密中粗砂和砾砂、黄土等土层； 旋喷桩适用于在淤泥、淤泥质土、一般黏性土、粉土、砂土、黄土、素填土等地基中采用高压旋喷注浆形成增强体的地基处理； 土桩、灰土桩复合地基适用于处理地下水位以上的粉土、黏性土、素填土和杂填土等地基； 夯实水泥土桩复合地基适用于处理地下水位以上的粉土、黏性土、素填土和杂填土等地基； 水泥粉煤灰碎石桩复合地基适用于处理黏性土、粉土、砂土和自重固结完成的素填土地基处理； 柱锤冲扩桩复合地基适用于处理地下水位以上的杂填土、粉土、黏性土、素填土和黄土等地基
注浆加固	水泥搅拌注浆、高压旋喷注浆	采用专门技术，在地基中注入水泥浆液或化学浆液，使土粒胶结，或与地基土组成复合地基，提高地基承载力，减小变形量，防止渗漏等	注浆加固适用于砂土、粉土、黏性土、人工填土等地基加固
微型桩加固	树根桩、预制桩、注浆钢管桩	采用小直径的微型桩加固地基，当桩与承台整体连接时，可按桩基础设计；不整体连接时应按复合地基设计。适用于新建建筑物的地基处理，也可用于既有建筑地基加固； 注浆钢管桩是在已施工的钢管桩周进行注浆处理	树根桩适用于淤泥类土、黏性土、粉土、砂土、碎石土及人工填土； 预制桩适用于淤泥类土、黏性土、粉土和人工填土； 注浆钢管桩适用于桩周软土层较厚、桩侧阻力较小的地基加固处理工程

11.1.3 地基处理方案的选择

(1)地基处理方案的选择

地基处理方法众多,每种处理方法都有其各自的适用条件、局限性和优缺点。每种处理方法的作用通常又具有多重性。加之地基土成因复杂、性质多变,具体工程对地基的要求又不尽相同;施工机械、技术力量、施工条件和环境等千差万别,这使得在选择地基处理方案时,应从实际出发,对具体的地基条件、处理要求(包括处理前后地基应达到的各项指标,处理范围、工程进度等)、工程费用以及施工机械、技术力量和材料等因素进行综合分析比较,优化、比选处理方案。

选择地基处理方案前,应完成下列工作:

①搜集详细的岩土工程勘察资料、上部结构及基础设计资料等。

②根据工程的要求和采用天然地基存在的主要问题,确定地基处理的目的、处理范围和处理后要求达到的各项技术经济指标等。

③ 结合工程情况,了解当地地基处理经验和施工条件,对于有特殊要求的工程,应了解其他地区相似场地上同类工程的地基处理经验和使用情况等。

④调查邻近建筑、地下工程和有关管线等情况。

⑤了解建筑场地的环境情况。

在选择地基处理方案时,应考虑上部结构、基础和地基的共同作用,并经过技术经济比较,选用处理地基或加强上部结构和处理地基相结合的方案。

地基处理方法的确定宜按下列步骤进行:

①根据结构类型、荷载大小及使用要求,结合地形地貌、地层结构、土质条件、地下水特征、环境情况和对邻近建筑的影响等因素进行综合分析,初步选出几种可供考虑的地基处理方案,包括选择两种或多种地基处理措施组成的综合处理方案。

②对初步选出的各种地基处理方案,分别从加固原理、适用范围、预期处理效果、耗用材料、施工机械、工期要求和对环境的影响等方面进行技术经济分析和对比,选择最佳的地基处理方法。

③对已选定的地基处理方法,宜按建筑物地基基础设计等级和场地复杂程度,在有代表性的场地上进行相应的现场试验或试验性施工,并进行必要的测试,以检验设计参数和处理效果。当达不到设计要求时,应查明原因,修改设计参数或调整地基处理方法。

(2)设计原则

在地基处理的设计和施工中贯彻执行国家的技术经济政策,做到安全适用、技术先进、经济合理、确保质量、保护环境。地基处理除应满足工程设计要求外,尚应做到因地制宜、就地取材、保护环境和节约资源等。

处理后的地基应满足建筑物地基承载力、变形和稳定性要求,地基处理的设计尚应符合下列规定:

①经处理后的地基,当在受力层范围内仍存在软弱下卧层时,应验算下卧层的地基承载力。

②按地基变形设计或应作变形验算且需进行地基处理的建筑物或构筑物,应对处理后的地基进行变形验算。

③受较大水平荷载或位于斜坡上的建筑物及构筑物，当建造在处理后的地基上时，应进行地基稳定性验算。

经处理后的地基，当按地基承载力确定基础底面积及埋深而需要对地基承载力特征值进行修正时，应符合下列规定：

①基础宽度的地基承载力修正系数应取0。

②基础埋深的地基承载力修正系数应取1.0。

11.2 换土垫层法

换土垫层法(Replacement Method)是将基础下一定深度范围内的软弱土层全部或部分挖除，然后分层回填砂、碎石、素土、灰土、粉煤灰、高炉干渣等强度较大、性能稳定和无侵蚀性的材料，并夯实至要求的密度。不同的回填材料形成不同的垫层，如砂垫层、碎石垫层、素土或灰土垫层、粉煤灰垫层及煤渣垫层、土工合成材料加筋垫层。

当软弱地基的承载力和变形不能满足建筑物要求，且软弱土层的厚度又不是很大时，换土垫层法是一种较为经济、简单的软土地基浅层处理方法。

换土深度较大时，经常出现开挖过程中因地下水位高而不得不采用降水措施，放坡占地面积大或需要基坑支护，施工土方量大、弃土多等问题，从而使得处理费用高、工期长。因此，换土垫层法的处理深度常控制在3m以内范围。当然，若换土垫层太薄，则其作用不甚明显，因此处理深度也不应小于0.5m。

利用换土垫层法处理软土地基，其作用主要体现在以下几个方面：

①提高浅层地基承载力；②减小地基沉降量；③加速软弱土层的排水固结，即垫层起排水作用；④防止土的冻胀，即粗粒垫层材料起隔水作用；⑤减少或消除土的胀缩性。换土垫层法在处理一般软弱地基时，其可起的主要作用为前三种，在某些工程中可能几种作用同时发挥(如既起提高地基承载力、减小沉降量的作用，也起排水作用)。

限于篇幅，本节仅介绍砂(石)垫层的设计与施工。

(1)砂(石)垫层设计

砂、石垫层(Sand-gravel Cushion)的设计内容主要包括垫层厚度和宽度两方面，既要求有足够的厚度以置换可能被剪切破坏的软弱土层，又要有足够的宽度防止砂垫层向两侧挤出。主要起排水作用的砂(石)垫层，一般要求厚度为30cm，并需在基底下形成一排水面，以保证地基土排水路径的畅通，促进软弱土层的固结，从而提高地基强度。

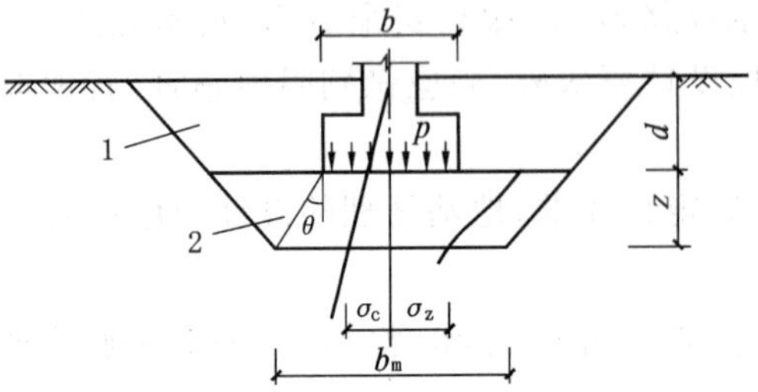

图11.1 砂垫层剖面示意图

1—回填土；2—砂垫层

①垫层厚度的确定

如图11.1所示，垫层厚度应根据砂垫层下面软弱下卧层土的承载力和建筑物对地基的变形要求来确定。

仅以软弱下卧层承载力为控制指标，则应满足下式要求：

$$\sigma_c + \sigma_z \leqslant f_{az} \tag{11.1}$$

式中 σ_z——相应于作用的标准组合时垫层底面处的附加压力值(Pa)；

σ_c——软弱下卧层顶面处土的自重压力值(Pa)；

f_{az}——垫层底面处经深度修正后软弱下卧层的地基承载力特征值(Pa)。

垫层底面处的附加压力 σ_z，可按如下简化方法计算：

条形基础

$$\sigma_z = \frac{b(p_k - \gamma_0 d)}{b + 2z\tan\theta} \tag{11.2}$$

矩形基础

$$\sigma_z = \frac{l \cdot b(p_k - \gamma_0 d)}{(b + 2z\tan\theta)(l + 2z\tan\theta)} \tag{11.3}$$

式中 p_k——相应于作用的标准组合时基础底面处的平均压力值(kPa)；

$\gamma_0 d$——基础底面处土的自重压力值(kPa)；

b——矩形基础或条形基础底边的宽度(m)；

l——矩形基础底边的长度(m)；

z——垫层厚度(m)；

θ——垫层的压力扩散角(°)，可按表 11.2 选用。

表 11.2 垫层压力扩散角 θ

z/b	换填材料				
	中砂、粗砂、砾砂、圆砾、角砾、石屑、卵石、碎石、矿渣	粉质黏土、粉煤灰	灰土	一层加筋	二层及二层以上加筋
0.25	20°	6°	28°	25°～30°	28°～38°
≥0.5	30°	23°			

注：① 当 $z/b<0.25$ 时，除灰土取 $\theta=28°$、一层加筋取 $\theta=25°$、二层及二层以上加筋取 $\theta=28°$外，其他材料均取 $\theta=0°$，必要时宜由试验确定。

② 当 $0.25<z/b<0.5$ 时，θ 值可内插求得。

设计时，先假设一个厚度，然后按式(11.1)进行验算，若不符合要求，重新假设厚度后再验算，直至满足要求为止。

②垫层宽度的确定

垫层宽度 b_m 应满足基础底面压力扩散的要求，可按下式计算或根据当地经验确定：

$$b_m = b + 2z\tan\theta \tag{11.4}$$

整片垫层的宽度可根据施工的要求适当加宽；垫层顶面每边宜超出基础底边不小于300mm，或从垫层底面两侧向上按当地开挖基坑经验的要求放坡确定，应防止垫层向两侧挤压而破坏侧面土体。如果垫层宽度不足，四周侧面土体又较软弱，垫层就有可能部分挤入侧面软弱土中，造成基础沉降增大。

各种垫层的压实标准见表 11.3。

矿渣垫层的压实指标可按最后两遍压实的压陷差小于 2mm 控制。

换填垫层地基的承载力应通过现场静载荷试验确定。对于比较重要的建筑物，还应计算地基的变形量。地基变形量由垫层和下卧土层的两部分变形所组成。

表 11.3 各种垫层的压实标准

施工方法	换填材料类别	压实系数 λ_c
碾压、振密或夯实	碎石、卵石	≥0.97
	砂夹石(其中碎石、卵石占全重的 30%～50%)	
	土夹石(其中碎石、卵石占全重的 30%～50%)	
	中砂、粗砂、砾砂、角砾、圆砾、石屑	
	粉质黏土	≥0.97
	灰土	≥0.95
	粉煤灰	≥0.95

注:① 压实系数 λ_c 为土的控制干密度 ρ_d 与最大干密度 $\rho_{d\max}$ 的比值;土的最大干密度宜采用击实试验确定,碎石或卵石的最大干密度可取 $2.1\times10^3 \sim 2.2\times10^3 kg/m^3$。

② 表中压实系数 λ_c 是使用轻型击实试验测定土的最大干密度 $\rho_{d\max}$ 时给出的压实控制标准,采用重型击实试验时,对粉质黏土、灰土、粉煤灰及其他材料,压实控制标准为压实系数 $\lambda_c \geqslant 0.94$。

土工合成材料加筋垫层所用的土工合成材料应进行材料强度验算,并符合下列规定:

$$T_p \leqslant T_a \tag{11.5}$$

式中 T_p——相应于作用的标准组合时,单位宽度的土工合成材料最大拉力(kN);

T_a——土工合成材料筋材在允许延伸率下的抗拉强度(kN)。

加筋垫层的加筋体应设置在垫层的合适部位。对土工筋带加筋,一层加筋时,可设置在垫层的中部;多层加筋时,首层筋材距垫层顶面的距离宜取垫层厚度的 3/10,筋材层间距宜取垫层厚度的 3/10～3/5,且不应小于 200mm;加筋线密度宜为 0.33～0.50,垫层的边缘应有足够的锚固长度或锚固措施。

【例题 11.1】 某混合结构办公楼,承重墙下为条形基础,宽 1.2m,埋深 1.0m,承重墙传至基础荷载 $F_k=180kN/m$,地表为 1.5m 厚杂填土,$\gamma=17kN/m^3$,下面为淤泥质土,其承载力特征值 $f_{ak}=72kPa$,试设计基础垫层。

【解】 ①垫层材料选粗砂,$\gamma=20kN/m^3$,并设垫层厚度为 1.5m,$z/b=1.5/1.2>0.5$,则垫层压力扩散角 $\theta=30°$。

②垫层厚度的验算

基础底面处的平均压力值为

$$p_k=\frac{F_k+G_k}{b}=\frac{180+1.2\times1\times20}{1.2}=170kPa$$

基础底面处的土自重应力为

$$\gamma_0 d=17\times1=17kPa$$

垫层底面处的附加应力值为

$$\sigma_z=\frac{(p_k-\gamma_0 d)b}{b+2z\tan\theta}=\frac{(170-17\times1)\times1.2}{1.2+2\times1.5\times\tan30°}=62.4kPa$$

垫层底面处的自重应力值为

$$\sigma_c=17\times1+20\times1.5=47kPa$$

查表 7.4 得 $\eta_d=1.0$,则经深度修正后的淤泥质土承载力特征值为

$$f_{az}=f_{ak}+\eta_d\gamma_{mz}(d-0.5)=72+1.0\times(2.5-0.5)\times47/2.5=109.6\text{kPa}$$

$$\sigma_z+\sigma_c=62.4+47=109.4\text{kPa}<f_{az}=109.6\text{kPa}$$

说明满足强度要求，垫层厚度选为 1.5m 合适。

③确定垫层宽度 b_m

$$b_m=b+2z\tan\theta=1.2+2\times1.5\times\tan30^\circ=2.93\text{m}$$

则 b_m 取 3m，按 1∶1.5 边坡开挖。

(2)垫层施工及其质量检验要点

垫层施工应严格控制垫层材料的颗粒成分和质量。砂石料宜选用颗粒级配良好、质地坚硬的中砂、粗砂、砾砂、圆砾、卵石和碎石等，料中不得含有植物残体、垃圾等杂物。用粉细砂作垫层料时，应掺入不少于总重 30％的碎石或卵石，最大粒径不宜大于 50mm。用于排水固结垫层的砂石料，含泥量不宜超过 3％。垫层材料应保证达到设计要求的密实度，填料应分层铺筑，每层需铺厚度为 200～300mm，逐层碾压、夯实，碾压时需控制一定的含水率。常用的密实方法有振动法和碾压法等。开挖基坑铺设垫层时，还需注意避免扰动软弱土层的结构。基坑开挖后应及时回填，不应暴露过久或浸水，并防止践踏坑底。当采用碎石垫层时，应在坑底先行铺设一层砂垫底，以免碎石挤入土中。

砂(碎石)垫层的质量检验应随施工分层进行。检验方法主要有环刀法和贯入测定法。通过环刀取样法，测定的垫层干密度应大于或等于设计干密度。通过贯入测定法，测定的垫层贯入深度应小于或等于根据垫层干密度确定的贯入深度。

另外，尚需对砂(碎石)垫层填筑工程竣工质量进行验收。常用的验收方法有：①静载荷试验；②标准贯入($N_{63.5}$)试验；③轻便触探(N_{10})试验；④动测法；⑤静力触探试验。

11.3 预压固结法

预压固结法(Preloading Method)是在建筑物建造以前，有条件地在建筑场地上进行预压，使地基的固结沉降基本完成以提高地基土强度的处理方法。预压固结法适用于处理淤泥质土、淤泥和冲填土等饱和黏性土地基。

预压固结法是由压力系统和排水系统两部分组成的。按其加压方法的不同可分为堆载预压法、真空预压法及真空-堆载联合预压法。每类方法按其排水方式的不同再分成一些具体方法，如堆载预压法又可分为砂井堆载预压法、袋装砂井预压法和塑料板排水堆载预压法。下面主要介绍国内常用的砂井堆载预压法和真空预压法。

11.3.1 砂井堆载预压法

砂井堆载预压法的加压系统是用堆载法提供起固结作用的预压荷载，而排水系统通常由地表排水垫层(沟)与竖向排水体构成，竖向排水体分为普通砂井、袋装砂井。

(1)预压荷载的大小与加载速率

堆载预压法的预压荷载通常是堆置砂石等建筑材料，堆载量一般按设计要求。为了加速固结过程从而缩短施工期，堆载可以超过设计荷载(超载预压)，但不得大于设计荷载的 1.2 倍。堆载的分布应与建筑物荷载的分布大致相同。堆载的面积一般应大于建筑物的底面积，以保证建筑地基得到均匀加固。若只为了增加地基强度以加强其稳定性，可利用建筑物自重作为预压荷载；对于油罐、水池等，也可用充水作为预压荷载。

在施加预压荷载的过程中，任意时刻作用于地基上的荷载不得超过地基的极限承载力，以免地基发生剪切破坏。为此，应制订严格的加载计划，待地基在前一级荷载作用下达到一定固结度后，再施加下一级荷载。实施过程中除了根据计算拟定的加载计划外，还应根据现场观测资料控制加载速率。根据以往施工现场积累的经验，提出软土地基安全施工的控制标准为水平向位移的速率应控制为 3～5mm/d，地基竖向变形速率不宜超过 10mm/d。

(2)设计要点

砂井的设计主要是确定砂井的直径、间距、排列方式和长度。这些参数可按固结理论根据固结度要求来选择。砂井的直径与间距以保证井内顺利排水和井周渗径最短为宜，主要取决于土的固结特性和施工期的要求，还与固结压力、土的灵敏度和施工方法等因素有关。根据理论和工程实践可知，缩小井距比增大井径对加速固结的效果更好，因此宜采用“细而密”的原则选择砂井的直径和间距。但也不是越细越密固结效果就越好，因为太细不能保证灌砂的密实和连续，太密则对周围土扰动较大，从而降低土的强度，反而影响加固效果。所以，砂井的直径一般为 30～40cm，井距则按一定范围的井径比 n(等效直径 d_e 与井径 d_w 之比)选取，工程上常用 $n=6\sim8$。

软土地区一般缺少砂料，可采用袋装砂井和塑料排水板。袋装砂井的砂袋必须选用透水性大和抗拉强度高的聚丙烯编织布等制成。袋装砂井的直径一般为 7～12cm，间距为 1.5～2.0m，相当于井径比 $n=15\sim30$。塑料排水板的宽度和厚度约为 100mm×4mm 或 100mm×4.5mm，等效直径为 6.5～6.8cm，具有轻便、费用省、施工效率高和管理简便等优点，特别适用于大面积处理地基的机械化施工，可缩短地基加固周期。

砂井通常采用等边三角形和正方形两种排列方式布置(图 11.2)。当砂井为等边三角形布置时，其有效范围为正六边形；而为正方形布置时，则有效范围为正方形。为简化计算，把砂井影响范围的多边形化为等效直径 d_e，它们与砂井间距 L 的关系如下：

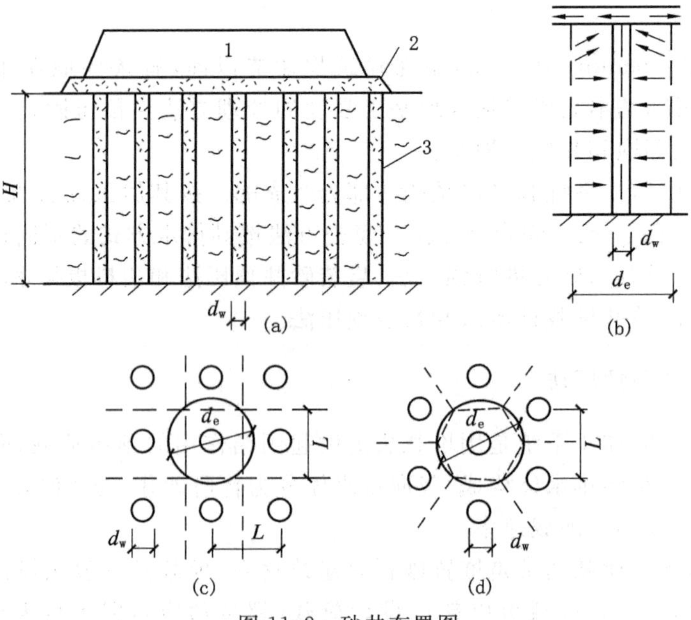

图 11.2　砂井布置图

(a)剖面图；(b)砂井排水途径；(c)正方形布置；(d)等边三角形布置

1—堆载；2—砂垫层；3—砂井

等边三角形布置时

$$d_e=\sqrt{\frac{2\sqrt{3}}{\pi}}L=1.050L \tag{11.6}$$

正方形布置时

$$d_e=\sqrt{\frac{4}{\pi}}L=1.128L \tag{11.7}$$

显然，等边三角形排列比正方形排列紧凑，故实际工程中常用等边三角形排列布置。

砂井布置范围，一般应比建筑物基础范围稍大一些，向外增大 2～4m。这样可以防止地基产生过大的侧向变形或防止基础周边附近地基的剪切破坏。

砂井的长度一般按下列原则确定：如果软土层较薄时，砂井应贯穿该土层；若软土层较厚，则应根据建筑物对地基稳定及沉降的要求确定砂井的长度。从稳定方面考虑，砂井的长度应穿越地基的可能滑动面；从沉降方面考虑，砂井的长度应穿越压缩层。为保证砂井排水畅通，还应在砂井顶部设置厚度为 0.5m 的砂垫层，以便引出从土层排入砂井的渗透水。砂料宜用中粗砂，含泥量应小于 3%。

11.3.2 真空预压法

真空预压法是在 1952 年由瑞典皇家地质学院提出的，施工时先在地面上铺设一层透水的砂及砾石，再在其上覆盖一层不透水的材料，如橡皮布、塑料膜等，然后用真空泵在膜下抽气使透水材料中保持较高的真空度，在土的毛细孔隙中产生负的孔隙水压力，孔隙水逐渐被吸出，从而达到预压效果。为加速孔隙水排出，可采用排水砂井、袋装砂井或塑料排水板。施工时必须采取措施防止覆盖膜漏气，才能保证必要的真空度（图 11.3）。

知识链接：真空预压法施工工艺

真空预压法的加固机理主要是抽气形成薄膜内外的压力差作为预压荷载，在土体中产生负孔隙水压力，迫使土体中孔隙水向砂井渗流。孔隙水压力不断降低，有效应力不断增加，从而促使土体固结；另外，抽水降低地下水位，土体有效应力增加，也起到使土体压密固结的作用；抽气时使封闭于土中的气体排出，土的渗透性增大，加速了土体的固结。

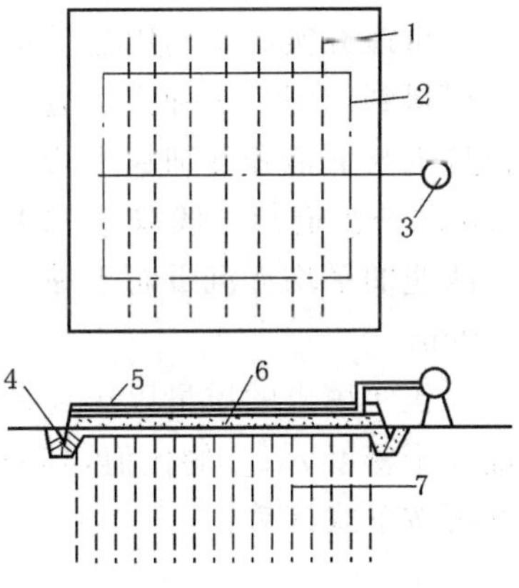

图 11.3　真空预压加固地基示意图

1—排水支管；2—排水总管；3—抽真空设备；4—黏土密封；5—塑料膜；6—砂垫层；7—袋装砂井

真空预压法与堆载预压法相比具有如下优点：①以抽真空措施取代堆载，荷载一次加足，且孔隙渗流水所引起的附加力指向土体，不会发生剪切破坏，因而节省了总造价并缩短了预压时间；②场地清洁，噪声小；③不需要分期加荷，施工工期短；④可在很软的地基上采用。

真空预压法适用于超软黏土地基、边坡、码头等加固工程，还适用于无法堆载的倾斜地面和施工场地狭窄的地基处理。

11.4 压实、夯实、挤密地基

11.4.1 压实地基

压实地基是指大面积填土经处理后形成的地基，压实填土包括分层压实和分层夯实的填土。一般机械压实法包括机械碾压法、振动压实法、重锤夯实法等。

机械碾压法是一种采用机械压实松软土的方法，常用的机械有平碾、羊足碾、压路机等。这种方法常用于地下水位以上填土的压实。对于杂填土地基，应把影响深度以上部分挖出，然后分层回填碾压(最好掺加碎石、粗砂)。黏性土的碾压，一般用8～15t的平碾或12t的羊足碾，每层虚铺土厚度200～300mm，碾压8～12遍。黏性土的碾压效果除了与压实机械的压实功能有关外，主要与被压实土的含水率有关。为了得到较好的压实效果，一般控制含水率在最优含水率 $w_{op}\pm 2\%$ 范围内。在实际工程中，应根据碾压机械的压实能量，通过现场碾压试验来控制含水率并选择适合的分层碾压厚度和遍数。

振动压实是一种在地基表面施加振动，把浅层松散土振密的方法。主要用于振实非黏性土或黏粒含量少、透水性较好的松散填土地基。主要的机具是振动压实机，自重为2t，由电动机带动两个偏心块产生的竖向振动力为50～100kN，频率为1160～1180r/min，振幅为3.5mm。振动压实的效果主要取决于被压实土的成分和振动的时间。振动的时间越长，效果越好，但超过一定时间后，振动的效果将趋于稳定。所以，在施工之前宜先进行试振，确定振动所需的时间和产生的下沉量。例如，对于主要由炉渣、碎砖瓦组成的建筑垃圾，其振动时间应在1min以上；含炉灰等细粒填土，振动的时间为3～5min，有效的振密深度为1.2～1.5m。振实范围应从基础边缘放出0.6m左右，先振基槽两边，后振中间。如地下水位太高，则影响振实的效果。另外，应注意振动对周围建筑物的影响，振源与建筑的距离应大于3m。

重锤夯实法是利用起重机械将重锤提到一定高度后，让其自由下落，不断重复夯击使地基浅层得到加固。这种方法适用于稍湿的杂填土、黏性土、砂性土、湿陷性黄土和碎石土、砂土、粗粒土与低饱和度细粒土的分层填土等地基。重锤夯实法常用锤重1.5～3.2t，落距2.5～4.5m，夯打遍数一般取6～10遍。宜通过试夯确定施工方案，试夯的层数不宜小于两层。最后两遍的平均夯沉量对于黏性土一般不大于1.0～2.0cm，对于砂性土等一般不大于0.5～1.0cm。

压实填土的质量以压实系数 λ_c 控制。压实系数 λ_c 定义为压实填土的控制干密度 ρ_d 与最大干密度 $\rho_{d\max}$ 的比值，其中最大干密度宜通过击实试验确定。当无试验资料时，最大干密度可按下式计算：

$$\rho_{d\max}=\eta\frac{\rho_w d_s}{1+0.01w_{op}d_s} \tag{11.8}$$

式中 η——经验系数，粉质黏土取0.96，粉土取0.97；

ρ_w——水的密度；

d_s——土粒相对密度(比重)；

w_{op}——填料的最优含水率。

当填料为碎石或卵石时，其最大干密度可取 $2.1\times10^3\sim2.2\times10^3\text{kg/m}^3$。

《建筑地基处理技术规范》(JGJ 79—2012)规定,压实系数 λ_c 应根据结构类型和压实填土所在部位按表 11.4 确定。

表 11.4　压实填土的质量控制

结构类型	填土部位	压实系数 λ_c	控制含水率(%)
砌体承重结构和框架结构	在地基主要受力层范围内	≥0.97	$w_{op}\pm2$
	在地基主要受力层范围以下	≥0.95	
排架结构	在地基主要受力层范围内	≥0.96	
	在地基主要受力层范围以下	≥0.94	

注:地坪垫层以下及基础底面标高以上的压实填土,压实系数不应小于 0.94。

11.4.2　夯实地基

夯实地基是指采用强夯法或强夯置换法处理的地基。

强夯法(Dynamic Consolidation)是法国 L. 梅纳(Menard,1969)首创的一种地基加固方法。该法采用质量为 10～40t 的重锤,以 10～40m 的落距,使重锤自由落下,对土进行强力夯击,如图 11.4 所示。这种方法具有施工简单、费用低廉和效果显著等优点,但噪声和振动较大,不宜在城市内密集建筑物处使用。

强夯法适用于处理碎石土、砂土、低饱和度的粉土与黏性土、湿陷性黄土、杂填土和素填土等地基。对高饱和度的粉土与黏性土等地基上对变形控制要求不严的工程,可在夯坑内回填块石、碎石或其他粗颗粒材料进行强夯置换(图 11.5)。强夯法的作用机理可分为动力夯实、动力固结和动力置换三种情况。经强夯后的地基承载力可提高 2～5 倍,影响深度在 10m 以内。

图 11.4　强夯法

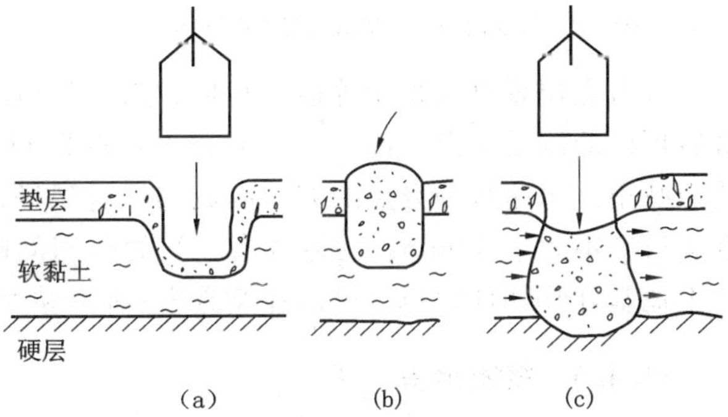

图 11.5　强夯置换

(a)成坑;(b)回填;(c)夯实

为了使强夯加固达到预期的效果,首先根据建筑物对地基加固深度的要求,确定所需的夯击能量,然后根据被加固地基的土类,按其强夯的机理选择锤重、落高、夯击点间距、排列、夯击遍数、每遍夯击点的击数和两遍夯击之间的时间间隔等。

夯击能是指锤重与落距之积。夯击的能量 E 与加固深度 h 的关系,可查表 11.5 或按下述经验公式估算:

$$h = k\sqrt{E} = k\sqrt{\frac{WH}{10}} \tag{11.9}$$

式中 W——锤重(kN)；

H——落高(m)；

k——经验系数，其值为0.4～0.8，碎石土、砂土等为0.45～0.5，粉土、湿陷性黄土等为0.4～0.45。

强夯法的有效加固深度应根据现场试夯或当地经验确定。在缺少试验资料或经验时可按表11.5预估。

表11.5 强夯法的有效加固深度(m)

单击夯击能(kN·m)	碎石土、砂土等粗颗粒土	粉土、黏性土、湿陷性黄土等细颗粒土
1000	4.0～5.0	3.0～4.0
2000	5.0～6.0	4.0～5.0
3000	6.0～7.0	5.0～6.0
4000	7.0～8.0	6.0～7.0
5000	8.0～8.5	7.0～7.5
6000	8.5～9.0	7.5～8.0
8000	9.0～9.5	8.0～9.0
10000	10.0～11.0	9.5～0.5
12000	11.5～12.5	11.0～2.0
14000	12.5～13.5	12.0～3.0
15000	13.5～14.0	13.0～3.5
16000	14.0～14.5	13.5～4.0
18000	14.5～15.5	—

注：强夯法的有效加固深度应从最初起夯面算起。

夯击点位置可以采用等边三角形、等腰三角形或正方形布置。夯击遍数一般为2～3遍，最后再以低能量满夯一遍。第一遍夯击点间距可取5～9m，以后各遍可与第一遍相同，也可适当减小。每遍每一夯点的夯击次数应通过现场试夯确定，一般为4～8击，最后两击的平均夯沉量应不大于50mm。两遍夯击之间的时间间隔取决于土中孔隙水压力的消散时间，对于砂土地基，间隔时间很短，可以连续夯击；对于黏性土，一般间隔为15～30d。

11.4.3 挤密地基

挤密地基是指利用沉管、冲击、夯扩、振冲、振动沉管等方法在土中挤压、振动成孔，使桩孔周围土体得到挤密、振密，并向桩孔内分层填料形成的地基，适用于处理湿陷性黄土、砂土、粉土、素填土和杂填土等地基。

当以消除地基土的湿陷性为主要目的时，宜选用土桩挤密法。当以提高地基土的承载力或增强其水稳性为主要目的时，宜选用灰土桩(或其他具有一定胶凝强度的桩，如二灰桩、水泥土桩等)挤密法。当以消除地基土液化为主要目的时，宜选用振冲或振动挤密法。

11.5 复合地基

11.5.1 复合地基的概念与分类

复合地基是指部分土体被增强或被置换形成增强体，由增强体和周围地基土共同承担荷载的地基，如图 11.6 所示。其中，加固区是由增强体和其周围地基土两部分组成，是非均质和各向异性的，因此复合地基不同于均质地基。

根据增强体的方向可将复合地基分为竖向增强体复合地基和水平向增强体复合地基(图 11.7)。

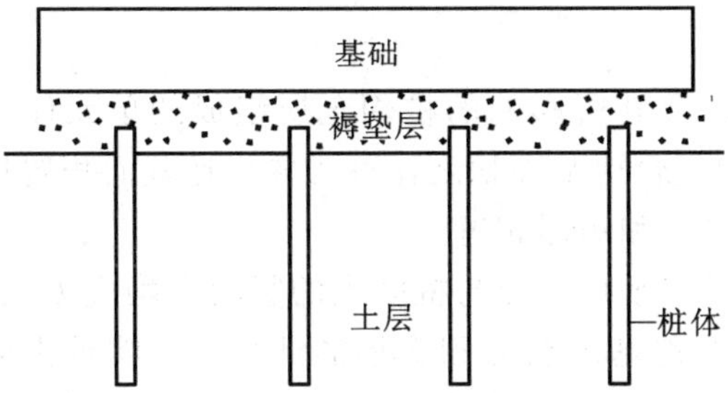

图 11.6 复合地基示意图

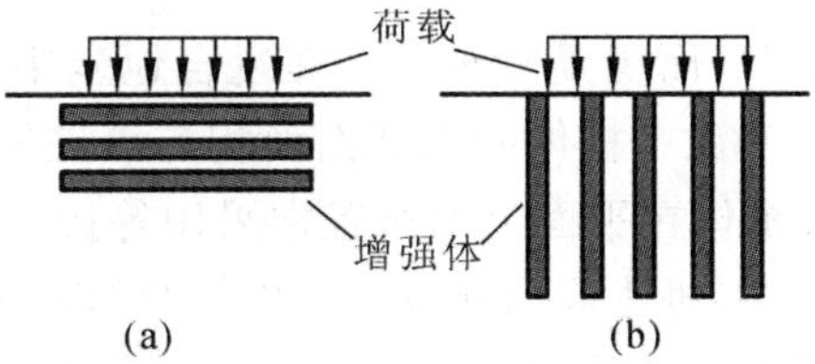

图 11.7 复合地基示意图
(a)水平向增强体；(b)竖向增强体

竖向增强体习惯上称为桩，因此竖向增强体复合地基通常称为桩体复合地基，但是由于竖向增强体是和周围地基土共同承担荷载并协调变形的，所以这里的“桩”明显有别于桩基础的“桩”。目前工程中常用的竖向增强体有碎石桩、砂桩、水泥土桩、石灰桩、灰土桩、CFG 桩等。根据竖向增强体的性质，桩体复合地基又可分为二类：散体材料桩复合地基、柔性材料桩复合地基和刚性桩复合地基。其中，散体材料桩复合地基的增强体材料是颗粒之间无黏结的散体材料，如碎石、砂等，散体材料桩只有依靠周围土体的围箍作用才能形成桩体，桩体材料本身单独不能形成桩体。其他可称为黏结材料桩，视桩体刚度的不同又可分为柔性桩和刚性桩(也有人称为半刚性桩和刚性桩)。柔性材料桩复合地基，如水泥土桩复合地基、灰土桩复合地基等，其桩体刚度较小。刚性桩复合地基的桩体通常以水泥为主要胶结材料，有时以混凝土或由混凝土与其他掺合料构成，桩身强度较高，刚度很大。为保证桩土共同作用，常常在桩顶设置一定厚度的褥垫层(图 11.6)。

知识链接：
CFG **桩施工工艺**

水平向增强体复合地基主要指加筋土地基。加筋材料主要是土工织物和土工格栅等。

由于当前建筑工程中常用由竖向增强体构成的复合地基，因此本节不考虑水平向增强体复合地基，以下所称的复合地基仅指竖向增强体复合地基。

11.5.2 复合地基的作用

复合地基通过设置增强体，将地基分为加固区和非加固区两部分。增强体的设置对加固区土体有加筋作用，有的还有挤密作用、排水固结作用和其他物理化学作用。

(1)挤密作用　如振冲挤密桩、振动挤密砂石桩等采用振动成桩工艺设置桩体的，对桩间土都有挤密作用。另外，石灰桩、粉体喷射深层搅拌桩中的生石灰、水泥粉具有吸水、发热、膨胀作用，除对桩周土具有一定的挤密作用外，还与土体产生一系列物理化学作用。

（2）加速固结作用　砂石桩、砂桩具有良好的透水性，是地基中的排水通道，加速了桩间土的排水固结。另外，水泥土类桩和混凝土类桩在某种程度上也可加速地基固结。

（3）提高地基承载力和减小地基沉降　复合地基加固区往往是持力层的主要部分，由于增强体的设置使其中复合土体具有较高的抗剪强度，可有效提高地基稳定性和整体强度。另外，加固区也是地基压缩层的主要部分，复合土体具有较高的模量，可有效减小土层的压缩量。

（4）桩体作用　复合地基中的桩体可将荷载传递到较深土层，使上层地基土（加固区）中附加应力减小，从而使深层地基土（加固区下卧层）中附加应力相对增大。另外，由于桩体的刚度比桩周土体的大，地基中应力将重新分布，桩体产生应力集中而桩周土应力降低。

11.5.3　复合地基的几个设计参数

（1）面积置换率 m　在复合地基中，取一根桩及其所影响的桩周土所组成的单元体作为研究对象。桩体的横截面面积与该桩体所承担的复合地基面积之比称为复合地基面积置换率 m。桩体在平面上的布置常采用等边三角形、正方形和矩形布置。

（2）桩土应力比 n　是指复合地基中桩体的竖向平均应力与桩间土的竖向平均应力之比。它是复合地基的一个重要的设计参数，关系到复合地基承载力和变形的计算。影响桩土应力比的因素有荷载水平、桩土模量比、复合地基面积置换率、原地基土强度、桩长、固结时间和垫层情况等。

（3）复合土层压缩模量 E_{sp}　在复合地基计算中，为了简化，将加固区视作一均质的复合土体，那么与原非均质复合土层等价的均质复合土层的压缩模量称为复合土层压缩模量 E_{sp}。复合地基的类型不同，其复合土层压缩模量的计算方法也不同。

11.5.4　复合地基的承载力

复合地基承载力一般应通过现场复合地基荷载试验确定，试验方法参见《建筑地基处理技术规范》(JGJ 79—2012)的附录A。初步设计时，也可按复合求和法估算，即先分别确定桩体和桩间土的承载力，再根据一定的原则将这两部分叠加得到复合地基的承载力。复合求和法的计算公式根据桩的类型不同而有所不同。

对散体材料增强体复合地基，按下式估算地基承载力：

$$f_{spk}=[1+m(n-1)]f_{ak} \tag{11.10}$$

式中　f_{spk}——复合地基承载力特征值(kPa)；

m——面积置换率，$m=d^2/d_e^2$，其中 d 为桩身平均直径(m)，d_e 为一根桩分担的处理地基面积的等效圆直径(m)；等边三角形布桩 $d_e=1.05s$，正方形布桩 $d_e=1.13s$，矩形布桩 $d_e=1.13\sqrt{s_1 s_2}$，其中 s、s_1、s_2 分别为桩间距、纵向桩间距和横向桩间距；

n——复合地基桩土应力比，在无实测资料时，可取1.5～2.5，原土强度低取大值，原土强度高取小值；

f_{ak}——处理后桩间土承载力特征值(kPa)。

对有黏结强度增强体复合地基，按下式估算地基承载力：

$$f_{spk}=\lambda m\frac{R_a}{A_p}+\beta(1-m)f_{sk} \tag{11.11}$$

式中 λ——单桩承载力发挥系数，宜按当地经验取值，无经验时可取 0.7～0.9；

A_p——桩的截面面积(m^2)；

R_a——单桩竖向承载力特征值(kN)；

β——桩间土承载力发挥系数，宜按当地经验取值，无经验时可取 0.9～1.0。

单桩竖向承载力特征值应通过现场载荷试验确定，初步设计时也可按下式估算：

$$R_a=u_p\sum_{i=1}^{n}q_{si}l_{pi}+\alpha_p q_p A_p \tag{11.12}$$

式中 u_p——桩的周长(m)；

n——桩长范围内所划分的土层数；

q_{si}——桩周第 i 层土的侧阻力特征值(kPa)，应按地区经验确定；

l_{pi}——桩长范围内第 i 层土的厚度(m)；

q_p——桩端端阻力特征值(kPa)，可按现行国家标准《建筑地基基础设计规范》(GB 50007—2011)的有关规定确定；

α_p——桩端端阻力发挥系数，应按地区地验确定。

有黏结强度增强体的复合地基桩身强度应满足下列规定：

$$f_{cu}\geqslant 4\frac{\lambda R_a}{A_p} \tag{11.13}$$

式中 f_{cu}——桩体试块(边长 150mm 立方体)标准养护 28d 的立方体抗压强度平均值(kPa)。

当承载力验算考虑基础埋深的深度修正时，增强体桩身强度还应满足下式规定：

$$f_{cu}\geqslant 4\frac{\lambda R_a}{A_p}\left[1+\frac{\gamma_m(d-0.5)}{f_{spa}}\right] \tag{11.14}$$

式中 γ_m——基础底面以上土的加权平均重度(kN/m^3)，地下水以下取浮重度；

d——基础埋置深度(m)；

f_{spa}——深度修正后的复合地基承载力特征值(kPa)。

11.5.5 复合地基的变形验算

复合地基的竖向压缩变形分为加固区变形和下卧层变形两部分，其计算一般是按《建筑地基基础设计规范》(GB 50007—2011)推荐的分层总和法计算。其中，在计算加固区的变形时，一般取相应的复合土层压缩模量，复合土层压缩模量可按下式计算：

$$E_{sp}=\zeta\cdot E_s \tag{11.15}$$

$$\zeta=\frac{f_{spk}}{f_{ak}} \tag{11.16}$$

式中 E_{sp}——复合土层压缩模量(MPa)；

E_s——天然地基土层压缩模量(MPa)；

f_{ak}——基础底面下天然地基承载力特征值(kPa)。

复合地基的沉降计算经验系数 ψ_s 可根据当地沉降观测资料及经验确定，无经验资料时可采用表 11.6 数值。

表 11.6　复合地基沉降计算经验系数

$\bar{E}$(MPa)	4.0	7.0	15.0	30.0	45.0
复合地基 ψ_s	1.0	0.7	0.4	0.25	0.15

11.5.6　褥垫层的设置

为保证桩土共同承担荷载，减少基础底面的应力集中，基础底面与桩体顶部之间应设置褥垫层。褥垫层厚度一般在 100～300mm，可采用中砂、粗砂、砾砂、碎石、卵石等散体材料，碎石、卵石宜掺入 20%～30%的砂。另外，也可通过改变褥垫层的厚度，调整桩土荷载的分担，通常褥垫层越薄，桩承担的荷载占总荷载的百分比越高；反之亦然。

11.5.7　几种国内外常用的复合地基处理方法的原理和适用范围

(1)砂石桩复合地基

碎石桩、砂桩和砂石桩总称为砂石桩，是指采用振动、冲击或水冲等方式在软弱地基中成孔后，再将碎石或砂挤压入已形成的孔中形成大直径的砂石所构成的密实桩体。砂石桩和桩周土组成复合地基的地基处理方法称为碎石桩法。该法适用于挤密松散砂土、粉土、黏性土、素填土、杂填土等地基，也可用于处理可液化地基。另外，对饱和黏性土地基上对变形控制要求不严的工程也可采用砂石桩置换处理。

(2)水泥土搅拌桩复合地基

水泥土搅拌桩是利用水泥、石灰等材料作为固化剂，通过特制的搅拌机械，就地将软土和固化剂(浆液或粉体)强制搅拌，使软土硬结成具有整体性、水稳性和一定强度的加固体，从而提高地基土强度和增大变形模量。根据固化剂掺入状态的不同，它可分为深层搅拌(湿法)和粉体喷搅(干法)两种。前者是用浆液和地基土搅拌，后者是用粉体和地基土搅拌，如图 11.8 所示。

水泥土搅拌法加固软土技术除了可有效提高地基强度和减小地基沉降量以外，还具有下列独特优点：最大限度地利用了原土；搅拌时无振动、无噪声和无污染，可在密集建筑群中进行施工，对周围原有建筑物基地下沟管影响很小；根据上部结构的特点，可灵活地采用柱状、壁状、格栅状或块状等加固形式；与钢筋混凝土桩基相比，可节约钢材并降低造价。

石灰固化剂一般适用于黏粒含量大于 20%，粉粒及黏粒含量之和大于 35%，塑性指数大于 10，液性指数大于 0.7，土的 pH 值为 4～8，有机质含量小于 11%，土的天然含水率大于 30%的偏酸性的土质加固。水泥固化剂适用于处理正常固结的淤泥与淤泥质土、粉土、饱和黄土、素填土(包括冲填土)、黏性土，以及无流动地下水的饱和松散砂土等地基。

在黏粒含量不足的情况下，可以添加粉煤灰。当地基土的天然含水率小于 30%(黄土含水率小于 25%)、大于 70%或地下水的 pH 值小于 4 时不宜采用干法。冬季施工时，应注意负温对处理效果的影响。此外，水泥土搅拌法用于处理泥炭土、有机质土、塑性指数 $I_p>25$ 的黏土、地下水具有腐蚀性以及无工程经验的地区时，必须通过试验确定其适用性。

水泥土搅拌法形成的水泥土加固体，不仅可作为竖向承载的复合地基，而且可用作基坑工程围护挡墙、被动区加固、防渗帷幕或大体积水泥稳定土等。

(3)高压喷射注浆法

高压喷射注浆法是利用钻机把带有喷嘴的注浆管钻至土层的预定位置后，以高压设备使浆液或水以 20MPa 左右的高压流从喷嘴中喷射出来，冲击破坏土体。同时，钻杆以一定速度逐渐向上提升，将浆液与土粒强制搅拌混合，浆液凝固后，在土中形成固结体，如图 11.9 所示。固结体的形态与喷射流移动方向有关，一般分为旋转喷射、定向喷射、摆动喷射。高压喷射注浆法的工艺类型有单管法、二重管法、三重管法和多重管法。

高压喷射注浆法主要适用于处理淤泥、淤泥质土、黏性土、粉土、黄土、砂填土和碎石土等地基。

加固机理：①高压喷射流对土体的破坏作用；②水(浆)、气同轴喷射流对土的破坏作用；③水泥与土的固结作用。

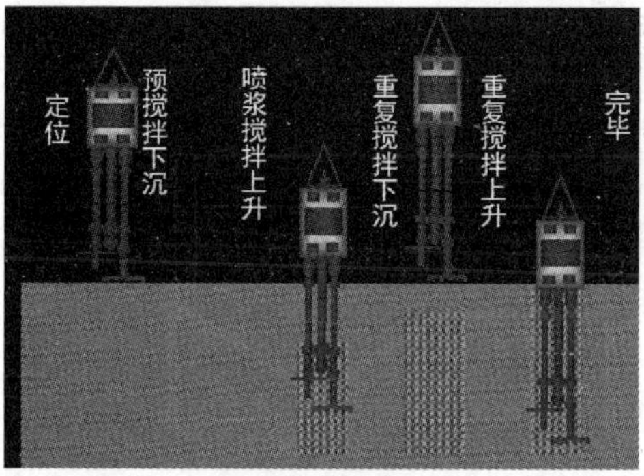

图 11.8　深层搅拌桩施工工艺流程

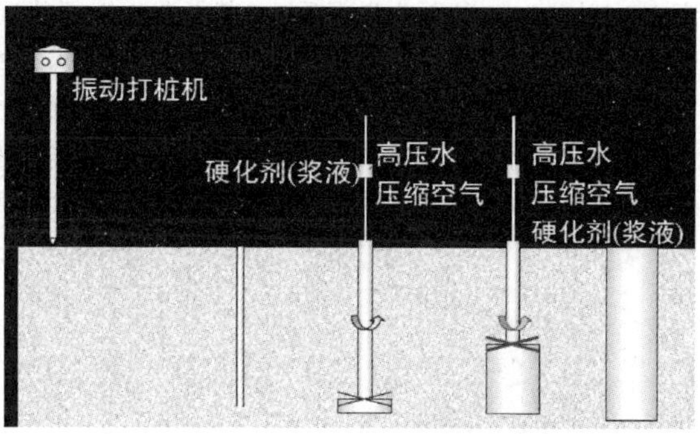

图 11.9　高压喷射注浆法施工顺序

(4)水泥粉煤灰碎石桩复合地基

水泥粉煤灰碎石桩(CFG 桩)是由水泥、粉煤灰、碎石、石屑或砂加水拌和形成的高黏结强度桩。由于其桩体刚度很大，为保证桩、土共同承担荷载形成复合地基，需在基础和桩顶之间设置一层一定厚度的褥垫层。

CFG 桩复合地基具有承载力提高幅度大、地基变形小等特点，并具有较大的适用范围。就基础形式而言，它既可适用于条形基础、独立基础，也可适用于箱形基础、筏形基础。就土性而言，它适用于处理黏土、粉土、砂土和正常固结的素填土等地基，但对于淤泥质土，应通过现场试验确定其适用性。对承载力较高但变形不能满足要求的地基，也可用 CFG 桩以减少地基变形。

除以上几种复合地基外，还有旋喷桩、土桩、灰土桩、夯实水泥土桩、柱锤冲扩桩、多桩型等复合地基。

学　习　要　求

通过本章学习，要求熟悉常用的地基处理方法、作用原理、设计要点及施工质量要求。

复习思考题

11.1 何谓软弱地基？试简述软土的工程特性。

11.2 换填垫层法的原理是什么？如何确定垫层的厚度和宽度？

11.3 预压法处理软土的原理是什么？真空预压法比堆载预压法好在何处？

11.4 何谓强夯法？试简述其加固机理。

11.5 何谓复合地基？其承载力如何计算？

11.6 试述水泥土搅拌法的加固机理。

习　题

11.1 某单独基础底面边长为1.8m，埋深0.5m，所受轴心荷载标准值 $F_k=500kN$。基底以上为填土，重度 $\gamma=19kN/m^3$；其下为淤泥质土，其承载力特征值 $f_{ak}=80kPa$。若在基础下用 $\gamma=20kN/m^3$ 的粗砂作厚度为1m的砂垫层，试验算砂垫层厚度是否满足要求，并确定其底面尺寸。

11.2 某8层综合楼，采用十字交叉基础。场地原为低洼的塘、沟、水稻田填平，地基为黏性素填土、淤泥质粉质黏土和淤泥，总厚4.5～6.0m，地基承载力特征值 $f_{ak}=50\sim60kPa$。下卧好土为黏土质粗砂，$f_{ak}=160kPa$，要求加固后 $f_{ak}=200kPa$。试设计软弱地基加固方案。

12 特殊土地基和山区地基

本章提要

本章主要介绍湿陷性黄土地基、膨胀土地基、岩溶、土洞和红黏土地基。

思政:南水北调

工程膨胀土处理

12.1 概 述

我国地域辽阔,从沿海到内陆,由山区到平原,分布着多种多样的土类。由于土的原始沉积条件、地理环境、沉积历史、物质成分及其组成的不同,某些区域所形成的土具有明显的特殊性质:例如云南、广西的部分区域有膨胀土、红黏土;西北和华北的部分区域有湿陷性黄土;东北和青藏高原的部分区域有多年冻土等。我们把具有特殊工程性质的土称为特殊土。充分认识特殊土地基的特性及其变化规律,能使我们正确地设计和处理好地基基础问题。经过多年的工程实践和总结,我国制定和颁布了一些相应的工程勘察及工程设计规范,使勘察设计做到有章可循。

我国山区(包括丘陵地带)广大,山区地基的主要特点是:①地表高差悬殊,平整场地后,建筑物基础常有一部分位于挖方区,另一部分却在填方区;②基岩埋藏较浅,且层面起伏变化大,有时会出露地表,覆盖土层薄厚不均;③常会遇到大块孤石、局部石芽或软土地基;④不良地质现象较多,如滑坡、崩塌、泥石流以及岩溶和土洞等,常会给建筑物造成直接或潜在的威胁。由此看出,山区地基最突出的问题是地基的不均匀性和场地的稳定性,这就要求相关工程人员认真进行工程地质勘察,详细查明地层的分布、岩土性质及地下水和地表水,查明不良地质现象的规模和发展趋势,必要时可加密勘探点或进行补勘,最终提供完整、准确、可靠的地质资料。

12.2 湿陷性黄土地基

12.2.1 黄土的特征和分布

黄土(Loess)是一种产生于第四纪地质历史时期干旱条件下的沉积物。以风力搬运堆积,又未经次生扰动,不具层理的称为原生黄土,而由风成因以外的其他成因堆积而成,具有层理或砾石夹层的,则称为次生黄土或黄土状土。外观颜色杂乱,主要呈黄色或褐黄色。颗粒以粉粒(粒径为 0.005～0.075mm)为主,同时含有砂粒和黏粒。黄土还含有大量可溶盐类,往往具有肉眼可见的大孔隙,孔隙比变化多为 1.0～1.1,垂直节理发育,能保持直立的天然边坡。

黄土在一定压力下受水浸湿后，结构迅速破坏而发生显著沉陷的性质，称为黄土的湿陷性(Collapsibility)。湿陷性黄土又分为自重湿陷性和非自重湿陷性两种。在上覆土的自重应力下，受水浸湿发生湿陷的黄土为自重湿陷性黄土；在大于上覆土的自重应力下，受水浸湿发生湿陷的黄土为非自重湿陷性黄土。

黄土在全世界分布面积达 1300 万 km^2，约占陆地总面积的 9.3%，主要分布于中纬度干旱和半干旱地区。我国黄土分布很广泛，面积约 64 万 km^2，其中湿陷性黄土约占 3/4，以黄河中游地区最为发育，多分布于甘肃、陕西、山西地区，如图 12.1 所示。

12.2.2 黄土湿陷发生原因及影响因素

黄土的湿陷性是由黄土特有的物质组成与结构特征所决定的，黄土的结构是形成环境造成的，在干旱和半干旱的气候条件下，季节性的短期降雨把松散的粉粒黏聚起来，而长期的干旱气候又使土中的水分不断蒸发，水中所含的碳酸钙、硫酸钙等盐类逐渐在土粒表面析出，缓慢沉淀而形成胶结物，随着含水率的减少，土粒彼此靠近，颗粒间的分子引力以及结合水和毛细水的联结力也逐渐加大，这些因素都增强了土粒之间抵抗滑移的能力，阻止了土体的自重压密，形成了以粗粉粒为主体骨架的多孔隙结构，如图 12.2 所示。当黄土受水浸湿时，结合水膜增厚并揳入颗粒之间，于是结合水的联结作用消失，盐类溶于水中，土骨架的强度随之降低，土体在上覆土层的自重压力或在自重压力与附加压力的共同作用下，其结构迅速破坏，土粒向大孔滑移，粒间孔隙减少，导致大量的附加沉陷迅速产生，这就是黄土湿陷现象产生的根本原因。黄土的结构特征及物质成分是产生湿陷性的内因，黄土受水浸湿和荷载作用是产生湿陷性的外因。

图 12.1 湿陷性黄土地貌

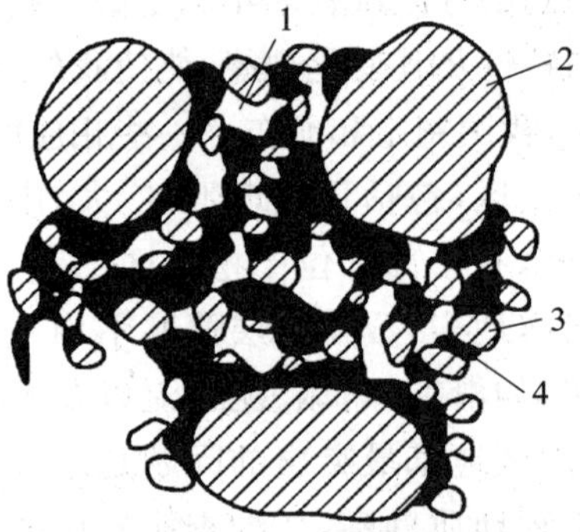

图 12.2 黄土结构示意图

1—大孔隙；2—砂粒；3—粗粉粒；4—胶结物

影响黄土湿陷性的因素主要有颗粒组成和胶结物成分。一般黏粒含量越高，湿陷性越小；盐类如以较难溶解的碳酸钙为主，则湿陷性减弱，而硫酸盐等易溶盐含量越多，则湿陷性越强。

黄土的湿陷性与孔隙比和含水率大小有关，孔隙比越大，或天然含水率越小，则湿陷性越强；还与附加压力有关，外加压力越大，湿陷量也显著增加。但当压力超过某一数值，再增加压力，湿陷量反而减小。

12.2.3 黄土地基的湿陷性评价及勘察要求

(1)湿陷性评价

正确评价黄土地基的湿陷性具有重要的工程意义，主要包括三方面的内容：首先，查明黄土在一定压力下浸水后是否具有湿陷性；其次，判别场地的湿陷类型；最后，判定湿陷性黄土的湿陷等级。以我国《湿陷性黄土地区建筑标准》(GB 50025—2018)为例介绍湿陷性黄土的评价标准。

①湿陷系数、湿陷起始压力及黄土湿陷性判别

黄土的湿陷量与所受压力大小有关，黄土的湿陷性按室内压缩试验在一定压力下测定的湿陷系数 δ_s 来判定，计算式为

$$\delta_s = \frac{h_p - h'_p}{h_0} \tag{12.1}$$

式中 h_p——保持天然的湿度和结构土样，加压至一定压力时，下沉稳定后的高度(cm)；

h'_p——上述加压稳定后的土样，在浸水作用下，下沉稳定后的高度(cm)；

h_0——土样的原始高度(cm)。

工程中主要利用 δ_s 来判别黄土的湿陷性，当 $\delta_s<0.015$ 时，为非湿陷性黄土；当 $\delta_s\geqslant 0.015$ 时，为湿陷性黄土。

用上述方法只能测出在某一规定压力下的湿陷系数，在 p-δ_s 曲线上宜取 $\delta_s=0.015$ 所对应的压力作为湿陷起始压力。

②湿陷类型的划分

工程实践证明，自重湿陷性黄土在没有外荷载作用时，浸水后会发生剧烈湿陷，产生的湿陷事故比非自重湿陷性黄土多。对两种湿陷性黄土地基，所采取的设计和施工措施有所区别。

计算自重湿陷量按下式进行：

$$\Delta_{zs} = \beta_0 \sum_{i=1}^{n} \delta_{zsi} h_i \tag{12.2}$$

式中 δ_{zsi}——第 i 层土在上覆土的饱和自重应力作用下的湿陷系数，其测定和计算方法同 δ_s，即 $\delta_{zs}=\dfrac{h_z-h'_z}{h_0}$，其中 h_z 是加压至土的饱和自重应力时下沉稳定后的高度，h'_z 是上述加压稳定后，在浸水作用下下沉稳定后的高度；

h_i——第 i 层土的厚度(cm)；

β_0——因地区土质而异的修正系数，对陇西地区可取 1.5，对陇东、陕北地区可取 1.2，对关中地区可取 0.9，其他地区可取 0.5。

当实测自重湿陷量 Δ'_{zs} 或计算自重湿陷量 $\Delta_{zs}\leqslant 7$cm 时，应定为非自重湿陷性黄土地区；$\Delta_{zs}>7$cm 时，定为自重湿陷性黄土地区。

③黄土地基的湿陷等级

应根据基底下各土层累计的总湿陷量和计算自重湿陷量的大小按表 12.1 确定。

表 12.1 湿陷性黄土地基湿陷等级

Δ_s(mm)	湿陷类型		
	非自重湿陷性场地	自重湿陷性场地	
		Δ_{zs}(mm)	
	$\Delta_{zs}\leqslant 70$	$70<\Delta_{zs}\leqslant 350$	$\Delta_{zs}>350$
$50<\Delta_s\leqslant 100$	Ⅰ(轻微)	Ⅰ(轻微)	Ⅱ(中等)
$100<\Delta_s\leqslant 300$		Ⅱ(中等)	
$\Delta_s>700$	Ⅱ(中等)	Ⅲ(严重)	Ⅳ(很严重)

注：当湿陷量的计算值 $\Delta_s>600$mm、自重湿陷量的计算值 $\Delta_{zs}>300$mm 时，可判为Ⅲ级，其他情况可判为Ⅱ级。

总湿陷量可按下式计算：

$$\Delta_s = \sum_{i=1}^{n} \beta \delta_{si} h_i \tag{12.3}$$

式中 δ_{si}——第 i 层土的湿陷系数；

h_i——第 i 层土的厚度(cm)；

β——考虑地基土的侧向挤出和浸水概率等因素的修正系数，基底下 5m 深度内可取 1.5；5m 以下，在非自重湿陷性黄土场地，可不计算；在自重湿陷性黄土场地可按式(12.2)的 β_0 取值。

【例题 12.1】 陕北地区某建筑场地，工程地质勘察中某探坑每隔 1m 取土样，测得各土样 δ_{zsi} 和 δ_{si} 见表 12.2。试确定该场地的湿陷类型和地基的湿陷等级。

表 12.2 例题 12.1 表

取土深度(m)	1	2	3	4	5	6	7	8	9	10
δ_{zsi}	0.002	0.014	0.020	0.013	0.026	0.056	0.045	0.014	0.001	0.020
δ_{si}	0.070	0.060	0.073	0.025	0.088	0.084	0.071	0.037	0.002	0.039

注：$\delta_{zs}<0.015$ 或 $\delta_s<0.015$，属非湿陷性土层。

【解】 ①场地湿陷类型判别

首先计算自重湿陷量 Δ_{zs}，自天然地面算起至其下全部湿陷性黄土层面为止，根据《湿陷性黄土地区建筑标准》(GB 50025—2018)，在陕北地区 β_0 可取 1.2，按式(12.2)有：

$$\Delta_{zs} = \beta_0 \sum_{i=1}^{n} \delta_{zsi} h_i = 1.2\times(0.020+0.026+0.056+0.020+0.045)\times 100$$
$$= 20.04\text{cm} > 7\text{cm}$$

故该场地应判为自重湿陷性黄土场地。

②黄土地基湿陷等级判别

根据式(12.3)计算黄土地基的总湿陷量：

$$\Delta_s = \sum_{i=1}^{n} \beta \delta_{si} h_i$$
$$= 1.2\times(0.070+0.060+0.073+0.025+0.088+0.084+0.071+0.037+0.039)\times 100$$
$$= 65.64\text{cm}$$

根据表 12.1，该湿陷性黄土地基的湿陷等级可判为Ⅱ级(中等)。

(2)黄土地基的勘察要求

黄土地基的勘察应依照《湿陷性黄土地区建筑标准》(GB 50025—2018)和《岩土工程勘察规范》(GB 50021—2001)进行。

①黄土地基的勘察工作应着重查明地层时代、成因、湿陷性土层厚度，湿陷系数随深度的变化，湿陷类型和等级的平面分布、地下水位变化幅度和其他工程地质条件。

②划分不同的地貌单元，查明湿陷凹地、黄土溶洞、滑坡、崩塌、泥石流等不良地质现象的分布地段、规模、发展趋势及其对建设的影响。

③了解场地内有无地下坑穴，如墓、井、地道、砂井和砂巷等。

④了解原状土样，必须保持其天然湿度和结构，探井中取样，竖向间距一般为 1m，土样直

径不小于10cm。钻孔中取样，必须注意钻进工艺，取土勘探点中应有一定数量的探井。在Ⅲ级、Ⅳ级自重湿陷性黄土场地上，探井数量不得少于勘探点的1/3。场地内应有一定数量的取土勘探点穿透湿陷性黄土层。

⑤湿陷性黄土场地的地基承载力按《湿陷性黄土地区建筑标准》(GB 50025—2018)确定。

12.2.4 湿陷性黄土地基的工程措施

在湿陷性黄土地区进行建设时，地基应满足承载力、湿陷变形、压缩变形和稳定性要求。针对黄土地基湿陷性的特点，采取以地基处理为主的工程措施，保证建筑物的安全和正常使用，这些措施有：

(1)地基处理措施

其目的在于破坏湿陷性黄土的大孔结构，以便全部或部分消除地基的湿陷性。常用的地基处理方法有土(灰土)垫层、重锤夯实、强夯、预浸水、化学加固(主要是硅化和碱液加固)、土(灰土)桩挤密等，也可采用桩端进入非湿陷性土层的桩基。

(2)防水措施

其目的是消除黄土发生湿陷变形的外在条件。基本防水措施：要求在建筑布置、场地排水、散水等方面，防止雨水或生产、生活用水渗入浸湿地基。严格防水措施：要求对重要建筑物场地和高级别湿陷地基，在基本防水措施基础上，对防水地面、排水沟、检漏管沟和井等设施提高设计标准。

(3)结构措施

结构措施是前两项措施的补充手段，它包括建筑平面力求简单、加强上部结构整体刚度、预留沉降净空等来减小不均匀沉降或使结构物能适应地基的湿陷变形。

12.3 膨胀土地基

膨胀土地基(Expand Groundsill)是指黏粒成分主要由强亲水性矿物组成，同时具有显著的吸水膨胀和失水收缩两种变形特征的黏性土；其黏粒成分以蒙脱石或伊利石为主。膨胀土在北美、北非、南亚、澳洲、中国黄河流域及其以南地区均有不同程度的分布。

膨胀土一般强度较高、压缩性低，容易被误认为是良好的天然地基。实际上由于它具有较强烈的膨胀和收缩变形性质，往往威胁建筑物和构筑物的安全，尤其对低层轻型房屋、路基、边坡的破坏作用更大。膨胀土地基上的建筑物如果开裂，则不易修复。

12.3.1 膨胀土的一般特征

(1)分布特征

膨胀土多分布于二级或二级以上的河谷阶地、山前和盆地边缘及丘陵地带，一般地形坡度平缓，无明显的天然陡坎。如分布在盆地边缘与丘陵地带的膨胀土地区有云南蒙自、广西宁明、河北邯郸、河南平顶山、湖北襄阳等地，而且所含矿物成分以蒙脱石为主，胀缩性较大；分布在河谷阶地或平原地带的膨胀土地区有安徽合肥、山东临沂、四川成都、江苏、广东等地，且多含有伊利石矿物。在丘陵、盆地边缘地带，膨胀土常分布于地表，而在平原地带的膨胀土常被第四纪冲积层所覆盖。

(2)物理性质特征

膨胀土的黏粒含量很高，粒径小于 0.002mm 的胶体颗粒含量往往超过 20%，塑性指数 $I_p>17$，且多为 25～30；天然含水率与塑限接近，液性指数 I_L 常小于零，呈坚硬或硬塑状态；膨胀土的颜色有灰白、黄、黄褐、红褐等色，并在土中常含有钙质或铁锰质结核。

(3)裂隙特征

膨胀土中的裂隙发育，有竖向、斜交和水平裂隙 3 种，常呈现光滑和带有擦痕的裂隙面。裂隙宽度为上宽下窄，且旱季开裂，雨季闭合，呈季节性变化。

在膨胀土地基上建筑物常见的裂缝(图 12.3)有：山墙对称或不对称的倒八字形裂缝，这是因为山墙两侧下沉量较中部大；外纵墙外倾并出现水平裂缝；胀缩交替变形引起的交叉裂缝等。

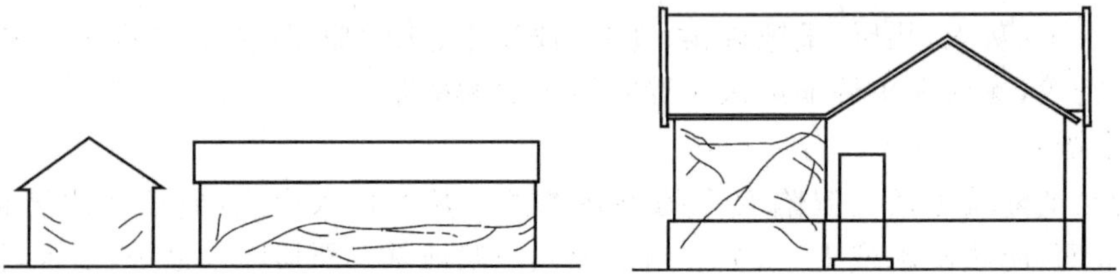

(a)　　　　(b)　　　　(c)

图 12.3　膨胀土地基上低矮房屋墙的裂缝

(a)山墙对称裂缝；(b)外纵墙水平裂缝；(c)墙面交叉裂缝

12.3.2　膨胀土地基的勘察与评价

(1)地基勘察要求

膨胀土地基勘察，除应满足一般工程勘察要求外，还需着重揭示下列内容：

①查明膨胀土的地质时代、成因和胀缩性能，对于重要的和有特殊要求的建筑场地，必要时应进行现场浸水载荷试验，进一步确定地基土的性能及其承载力。

②查明场地内有无浅层滑坡、地裂、冲沟和隐状岩溶等不良地质现象。

③调查地表水排泄、积聚情况，植被影响、地下水类型和埋藏条件，多年水位和变化幅度。

④调查当地多年的气象资料，包括降水量和蒸发量、雨季和干旱持续时间、气温和地温等情况，并了解其变化特点。

⑤注意了解当地建设经验，分析建筑物(群)损坏的原因，考察成功的工程措施。

(2)膨胀土的工程特性指标——自由膨胀率

自由膨胀率(Liberty Expand Ratio)：将人工制备的烘干样浸泡于水中，经充分吸水膨胀稳定后所增加的体积与原体积之比，按下式计算：

$$\delta_{ef}=\frac{V_w-V_0}{V_0} \tag{12.4}$$

式中　V_w——土样在水中膨胀稳定后的体积(mL)；

V_0——土样原有的体积(mL)。

(3)膨胀土地基的评价

①膨胀土的判别。当具有如前所述膨胀土的一般特征，且自由膨胀率 $\delta_{ef}\geqslant 40\%$ 的土，应

判断为膨胀土。

②膨胀潜势(表 12.3)。由于自由膨胀率能综合反映亲水性矿物成分、颗粒组成、膨胀特征及其危害程度,因此可用自由膨胀率评价膨胀土膨胀性能的强弱。

③膨胀土的膨胀等级。根据地基的膨胀、收缩变形对低层砖混房屋的影响程度,可评价地基的胀缩等级,见表 12.4。

表 12.3 膨胀潜势

膨胀潜势	自由膨胀率(%)
弱	$40 \leqslant \delta_{ef} < 65$
中	$65 \leqslant \delta_{ef} < 90$
强	$\delta_{ef} \geqslant 90$

表 12.4 胀缩等级

胀缩等级	分级胀缩变形量 S_i(%)
Ⅰ	$15 < S_i < 35$
Ⅱ	$35 \leqslant S_i < 70$
Ⅲ	$S_i \geqslant 70$

12.3.3 膨胀土地基计算

(1)一般规定

建筑场地按地形地貌条件分为两类:

①平坦场地:地形坡度小于 5°,或地形坡度大于 5°而小于 14°的坡脚地带和距坡肩水平距离大于 10m 的坡顶地带。

②坡地场地:地形坡度大于 5°,或地形坡度小于 5°但同一建筑物范围内局部地形高差达 1m 左右。

膨胀土地基设计,一般规定如下:

①位于平坦场地的建筑物地基应按变形控制设计。

②位于坡地场地的建筑物地基除按变形控制设计外,还应验算坡地建筑物稳定性。

(2)地基承载力

膨胀土地基承载力的确定,应考虑土的膨胀特性、基础大小和埋深、含水率变化等膨胀因素。目前,确定承载力的途径一般有以下两种:

①由现场浸水载荷试验确定。即在现场按承压板面积开挖试坑,试坑面积不小于 $0.5m^2$,坑深不小于 1m,并在试坑两侧附近设置浸水井或浸水槽。试验时先分级施加荷载至设计荷载并稳定,然后浸水使其充分饱和,并观测其变形,待变形稳定后,再加荷直到破坏。通过该试验可得到压力与变形的 P-S 曲线,可取破坏荷载的一半作为地基承载力特征值。在对变形要求严格的一些特殊情况下,可由地基变形控制值取对应的荷载作为承载力特征值。

②由三轴饱和排水剪切强度指标确定。由于膨胀土裂隙比较发育,剪切试验结果往往难以反映土的实际抗剪能力,宜结合其他方法确定承载力特征值。

膨胀地区的基础设计,应充分利用土的承载力,尽量使基底压力不小于土的膨胀力。另外,对防水排水情况好或埋深较大的基础工程,地基土的含水率不受季节变化的影响,土的膨胀特性就难以表现出来,此时可选用较高的承载力值。

(3)地基变形量

膨胀土地基变形量,可按下列变形特征分别计算:

①场地天然地表下 1m 处土的含水率等于或接近最小值或地面有覆盖且无蒸发可能,以

及建筑物在使用期间经常有水浸湿的地基，可按膨胀变形量计算。

地基土的膨胀变形量应按下式计算：

$$S_e = \psi_e \sum_{i=1}^{n} \delta_{epi} h_i \tag{12.5}$$

式中 S_e——地基土的膨胀变形量(mm)；

ψ_e——计算膨胀变形量的经验系数，宜根据当地经验确定，无可依据经验时，三层及三层以下建筑物可取0.6；

δ_{epi}——基础底面下第 i 层土在平均自重压力与对应于荷载效应准永久组合时的平均附加压力之和作用下的膨胀率(用小数计)，由室内试验确定；

h_i——第 i 层土的计算厚度(mm)；

n——基础底面至计算深度内所划分的土层数，膨胀变形计算深度 Z_{en} 应根据大气影响深度确定，有浸水可能时可按浸水影响深度确定。

②场地天然地表下1m处土的含水率大于1.2倍塑限含水率或直接受高温作用的地基，可按收缩变形量计算。

地基土的收缩变形量应按下式计算：

$$S_s = \psi_s \sum_{i=1}^{n} \lambda_{si} \Delta\omega_i h_i \tag{12.6}$$

式中 S_s——地基土的收缩变形量(mm)；

ψ_s——计算收缩变形量的经验系数，宜根据当地经验确定，无可依据经验时，三层及三层以下建筑物可采用0.8；

λ_{si}——基础底面下第 i 层土的收缩系数，由室内试验确定；

$\Delta\omega_i$——地基土收缩过程中，第 i 层土可能发生的含水量变化平均值(以小数表示)，按《膨胀土地区建筑技术规范》(GB 50112—2013)相关公式计算；

n——基础底面至计算深度内所划分的土层数，收缩变形计算深度 Z_{sn} 应根据大气影响深度确定；当有热源影响时，可按热源影响深度确定；在计算深度内有稳定地下水位时，可计算至水位以上3m。

③其他情况下可按胀缩变形量计算。

地基土的胀缩变形量应按下式计算：

$$S_{es} = \psi_{es} \sum_{i=1}^{n} (\delta_{epi} + \lambda_{si} \Delta\omega_i) h_i \tag{12.7}$$

式中 S_{es}——地基土的胀缩变形量(mm)；

ψ_{es}——计算胀缩变形量的经验系数，宜根据当地经验确定，无可依据经验时，三层及三层以下可取0.7。

12.3.4 膨胀土地基的工程措施

(1)建筑设计措施

①场址选择。应选择地面排水畅通或易于排水处理、地形条件比较简单、土质均匀的地段，尽量避开地裂、溶沟发育、地下水位变化大以及存在浅层滑坡可能的地段。

②总平面布置。竖向设计宜保持自然地形，避免大开大挖，造成含水率变化大的情况出

现，做好排水、防水工作。对排水沟、截水沟应确保沟壁的稳定，并对沟进行必要的防水处理。根据气候条件、膨胀土等级和当地经验，合理进行绿化设计，宜种植吸水量和蒸发量小的树木和花草。

③单体建筑设计。建筑物体形应力求简单，并控制房屋长高比，必要时可采用沉降缝分隔措施隔开。屋面排水宜采用外排水，雨水管不应布置在沉降缝处，在雨水量较大的地区，应采用明沟或管道进行排水。做好室外散水和室内地面的设计，根据胀缩等级和对室内地面的使用要求，必要时可增设石灰、焦渣隔热层，碎石缓冲层。对Ⅱ级膨胀土地基和使用要求特别严格的地面，可采取混凝土配筋地面或架空地面。此外，对现浇混凝土散水或室内地面，分格缝不宜超过 3m，散水或地面与墙体之间设变形缝，并以柔性防水材料嵌缝。

(2)结构设计措施

①上部结构方面。应选用整体性好、对地基不均匀变形适应性较强的结构，而不宜采用砖拱结构、无砂大孔混凝土砌块或无筋中型砌块等对变形敏感的结构；对混合结构的房屋，可适当设置圈梁和构造柱，并注意加强较宽的门窗洞口部位和底层窗台砌体的刚度，提高其抗变形能力；对外廊式房屋宜采用悬挑外廊的结构形式。

②基础设计方面。同一工程房屋应采用同类型的基础型式。对排架结构可采用独立柱基，将围护墙、山墙及内隔墙砌在基础梁上，基础梁下应预留 100～150mm 的空隙并进行防水处理；对桩基础，其桩端应伸入非膨胀土层或大气影响急剧层下一定长度，选择合适的基础埋深，往往是减小或消除地基胀缩变形的有效途径。一般情况下埋深不小于 1m，可根据地基胀缩等级和大气影响强烈程度等因素按变形确定。对坡地场地，还需考虑基础的稳定性。

(3)地基处理

应根据土的胀缩等级、材料供给和施工工艺等情况确定处理方法。一般可采用灰土、砂石等非膨胀土进行换土处理。对平坦场地上Ⅰ级、Ⅱ级膨胀土地基，常采用砂、碎石垫层处理方法，垫层厚度不小于 300mm，宽度应大于基底宽度，并宜采用与垫层材料相同的土进行回填，同时做好防水处理。

(4)施工措施

膨胀土地区的施工，应根据设计要求、场地条件和施工季节，认真制定施工方案、采取措施，防止因施工造成地基土含水率发生大的变化，以便减小土的胀缩变形，做好施工总平面设计。设置必要的挡土墙、护坡、防洪沟及排水沟等，确保场区排水畅通，边坡稳定。施工储水池、洗料场、淋灰池及搅拌站应布置在离建筑物 10m 以外的地方，防止施工用水流入基坑。基坑开挖过程中，应注意坑壁稳定，可采取支护、喷浆、锚固等措施，以防坑壁坍塌。

基坑开挖接近基底设计标高时，宜在其上部预留厚 150～300mm 土层，待下一工序开始前再挖除。当基坑验槽后，应及时做混凝土垫层或用 1∶3 水泥砂浆喷、抹坑底。基础施工完毕后，应及时分层回填夯实，并做好散水。要求选用非膨胀土、弱膨胀土或掺有石灰等材料的土作为回填土料，其含水率宜控制在塑限含水率的 1.1～1.2 倍范围内，填土干重度不应小于 15.5kN/m^3。

12.4 岩溶、土洞和红黏土地基

岩溶(或称喀斯特，Karst)是指可溶性岩石(如石灰岩、泥灰岩、大理岩、石膏、盐岩)经水的长期作用所形成的溶洞、溶沟、暗河、落水洞等各种奇特地质形态的总称(图 12.4)。

土洞一般指岩溶地区土层中，由于地表水或地下水的作用形成的洞穴(图 12.5)。

岩溶地区有溶洞、暗河及土洞等的存在，可能造成地面变形和地基陷落，发生水的渗漏和涌水现象，使场地工程地质条件大为恶化。实践表明：土洞对建筑物的影响远大于溶洞，其主要原因是土洞埋藏浅、分布密、发育快，顶板强度低，因而危害也大。有时在建筑施工阶段还未出现土洞，由于建筑物建成后改变了地表水和地下水的条件而产生新的土洞和地表塌陷。

在岩溶地区，红黏土层常覆盖在基岩表面，其中可能有土洞发育。实际上，红黏土、岩溶与土洞三者之间有着不可分割的联系。红黏土由于其物理力学性质的特点以及厚度多变而具有特殊的工程性质。

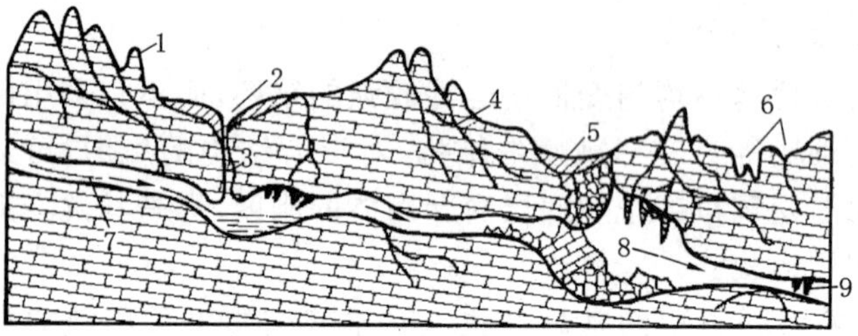

图 12.4　岩溶岩层剖面图

1—石芽、石林；2—漏斗；3—落水洞；4—溶蚀裂隙；
5—塌陷洼地；6—溶沟、溶槽；7—暗河；8—溶洞；9—钟乳石

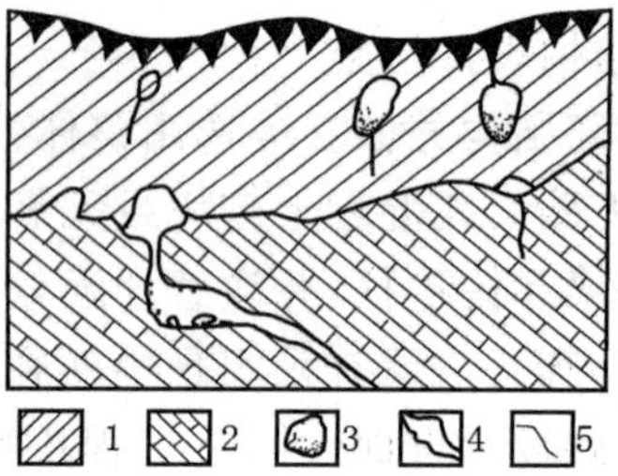

图 12.5　土洞剖面示意图

1—黏土；2—石灰岩；3—土洞；
4—溶洞；5—裂隙

我国岩溶地区分布很广，其中以黔、桂、川、滇等省最为发育，其余如湘、粤、浙、苏、鲁、晋等省均有规模不同的岩溶。此外，我国西部和西北部，在夹有石膏、岩盐的地层中也发现有局部的岩溶。

12.4.1　岩溶地基

(1)岩溶发育的条件

岩溶的发育与可溶性岩层、地下水活动、气候条件、地质构造及地形等因素有关，前两项是形成岩溶的必要条件。若可溶性岩层具有裂隙，能透水，且位于地下水的侵蚀基准面以上，而地下水又具有化学溶蚀能力时，就可以出现岩溶现象。岩溶的形成必须有地下水的活动，因为当富含 CO_2 的大气降水和地表水渗入地下后，不断更新水质，就能保持地下水对可溶性岩层的化学溶解能力，从而加速岩溶的发展。在大气降水丰富及气候潮湿的地区，地下水经常得到地表水的补给，由于来源充沛，因而岩溶发展也快。从地质构造来看，具有裂隙的背斜顶部和向斜轴部、断层破碎带、岩层接触面和构造断裂带等处，地下水流动快，因而也是岩溶发育的有利条件。地形的起伏直接影响着地下水的流速和流向，凡地势高差大的地区，地表水和地下水流速大，水对可溶性岩层的溶解和冲蚀作用就进行得强烈，从而加速岩溶的发育。

在各种可溶性岩层中，由于岩石的性质和形成条件不同，故岩溶的发育速度也不同。在一般情况下，在石灰岩、泥灰岩、白云岩及大理岩中发育较慢，在岩盐、石膏及石膏质岩层中发育得很快，经常存在漏斗、洞穴并发生塌陷现象。岩溶的发育和分布规律主要受岩性、裂隙、断层以及可溶性不同的岩层接触面的控制，其分布常具有带状和成层性。当不同岩性的倾斜岩层相互成层时，岩溶在平面上呈带状分布，相应于地壳升降的次数，就会形成几级水平溶洞。两

层水平溶洞之间一般都有垂直管状或脉状溶洞连通。

(2)岩溶地基稳定性评价和处理措施

在岩溶地区首先要了解岩溶的发育规律、分布情况和稳定程度，查明溶洞、暗河、陷穴的界限以及场地内有无出现涌水、淹没的可能性，以便在评价和选择建筑场地、布置总平面图时参考。岩溶场地可根据岩溶发育程度划分为三个等级，设计时应根据具体情况按表12.5选用。

表12.5 岩溶发育程度

等级	岩溶场地条件
岩溶强发育	地表有较多岩溶塌陷、漏斗、洼地、泉眼； 溶沟、溶槽、石芽密布，相邻钻孔间存在临空面，且基岩面高差大于5m； 地下有暗河、伏流； 钻孔见洞隙率大于30%或线岩溶率大于20%； 溶槽或串珠状竖向溶洞发育深度达20m以上
岩溶中等发育	介于强发育和微发育
岩溶微发育	地表无岩溶塌陷、漏斗； 溶沟、溶槽较发育； 相邻钻孔间存在临空面，且基岩面相对高差小于2m； 钻孔见洞隙率小于10%或线岩溶率小于5%

地基基础设计等级为甲级、乙级的建筑物主体宜避开岩溶强发育地段。

存在下列情况之一且未经处理的场地，不应作为建筑物地基：

①浅层溶洞成群分布，洞径大，且不稳定的地段。

②漏斗、溶槽等埋藏浅，其中充填物为软弱土体。

③土洞或塌陷等岩溶强发育的地段。

④岩溶水排泄不畅，有可能造成场地暂时淹没的地段。

对于完整、较完整的坚硬岩、较硬岩地基，且符合下列条件之一时，可不考虑岩溶对地基稳定性的影响：

①洞体较小，基础底面尺寸大于洞的平面尺寸，并有足够的支承长度。

②顶板岩石厚度大于或等于洞的跨度。

地基基础设计等级为丙级且荷载较小的建筑物，当符合下列条件之一时，可不考虑岩溶对地基稳定性的影响：

①基础底面以下的土层厚度大于独立基础宽度的3倍或条形基础宽度的6倍，且不具备形成土洞的条件时。

②基础底面与洞体顶板间土层厚度小于独立基础宽度的3倍或条形基础宽度的6倍，洞隙或岩溶漏斗被沉积物填满，其承载力特征值超过150kPa，且没有被水冲蚀的可能性时。

③基础底面存在面积小于基础底面积25%的垂直洞隙，但基底岩石面积满足上部荷载要求时。

不符合以上条件时，应进行洞体稳定性分析；基础附近有临空面时，应验算向临空面倾覆和沿岩体结构面滑移稳定性。

如果在不稳定的岩溶地区进行建筑，应结合岩溶的发育情况、工程要求、施工条件、经济与安全的原则，考虑采取如下处理措施：

①对个体溶洞与溶蚀裂隙，可采用调整柱距或采用钢筋混凝土梁板或桁架跨越的办法。当采用梁板和桁架跨越时，应查明支承端岩体的结构强度及其稳定性。

②对浅层洞体，若顶板不稳定，可进行清、爆、挖、填处理，即清除覆土，爆开顶板，挖去软土，用块石、碎石、黏土或毛石混凝土等分层填实。若溶洞的顶板已被破坏，又有沉积物充填，当沉积物为软土时，除了采用前述挖、填处理外，还可根据溶洞和软土的具体条件采用石砌柱、灌注桩、换土或沉井等办法处理。

③溶洞大，顶板具有一定厚度，但稳定条件较差，如施工人员能进入洞内，为了增加顶板岩体的稳定性，可用石砌柱、拱或钢筋混凝土柱支撑。若采用此方法，应着重查明洞底的稳定性。

④地基岩体内的裂隙，可采用灌注水泥浆、沥青或黏土浆等方法处理。

⑤地下水宜疏不宜堵，在建筑物地基内宜用管道疏导。对建筑物附近排泄地表水的漏斗、落水洞以及建筑范围内的岩溶泉(包括季节性泉)应注意清理和疏导，防止水流通路堵塞，避免场地或地基被水淹没。

12.4.2 土洞地基

土洞是岩面以上的土体在水的潜蚀作用下，遭到迁移流失而形成的。根据地表水和地下水的作用可将土洞分为：①地表水形成的土洞，由于地表水下渗，土体内部被冲蚀而逐渐形成土洞或导致地表塌陷；②地下水形成的土洞，当地下水位随季节升降频繁或人工降低地下水位时，水对结构性差的松软土产生潜蚀作用而形成的土洞。由于土洞具有埋藏浅、分布密、发育快，顶部土层强度低的特征，因而对建筑物场地或地基的危害程度往往大于溶洞。

在土洞发育和地下水强烈活动于岩土交界面的岩溶地区，工程勘察应着重查明土洞和塌陷的形状、大小、深度及其稳定性，并预估地下水位在建筑物使用期间变化的可能性以及土洞发育规律。施工时，应认真做好勘探工作，仔细查明基础下土洞的分布位置及范围，再采取处理措施。

土洞对地基的影响，应按下列规定综合分析与处理：

(1)在地下水强烈活动于岩土交界面的地区，应考虑由地下水作用所形成的土洞对地基的影响，预测地下水位在建筑物使用期间的变化趋势。总图布置前，应获得场地土洞发育程度分区资料。施工时，除已查明的土洞外，尚应沿基槽进一步查明土洞的特征和分布情况。

(2)在地下水位高于基岩表面的岩溶地区，应注意人工降水引起土洞进一步发育或地表塌陷的可能性。塌陷区的范围及方向可根据水文地质条件和抽水试验的观测结果综合分析确定。在塌陷范围内不应采用天然地基，并应注意降水对周围环境和建(构)筑物的影响。

(3)由地表水形成的土洞或塌陷，应采取地表截流、防渗或堵塞等措施进行处理。应根据土洞埋深分别选用挖填、灌砂等方法进行处理。由地下水形成的塌陷及浅埋土洞，应清除软土，抛填块石作反滤层，面层用黏土夯填；深埋土洞宜用砂、砾石或细石混凝土灌填。在进行上述处理的同时，尚应采用梁、板或拱跨越。对重要的建筑物，可采用桩基处理。

对地基稳定性有影响的岩溶洞隙，应根据其位置、大小、埋深、围岩稳定性和水文地质条件综合分析，因地制宜，采取下列处理措施：

①对较小的岩溶洞隙，可采用镶补、嵌塞与跨越等方法处理。

②对较大的岩溶洞隙，可采用梁、板和拱等结构跨越，也可采用浆砌块石等堵塞措施以及

洞底支撑或调整柱距等方法处理。跨越结构应有可靠的支承面。梁式结构在稳定岩石上的支承长度应大于1.5倍梁高。

③基底有不超过25%基底面积的溶洞(隙)且充填物难以挖除时,宜在洞隙部位设置钢筋混凝土底板,底板宽度应大于洞隙,并采取措施保证底板不向洞隙方向滑移。也可在洞隙部位设置钻孔桩进行穿越处理。

④对于荷载不大的低层和多层建筑,围岩稳定,如溶洞位于条形基础末端,跨越工程量大,可按悬臂梁设计基础;若溶洞位于单独基础重心一侧,可按偏心荷载设计基础。

12.5 红黏土地基

红黏土是指石灰岩、白云岩等碳酸盐类岩石,在湿热气候条件下经长期风化作用形成的一种以红色为主的黏性土,其液限一般大于50%,如图12.6所示。我国红黏土多属于第四纪残积物,也有少数原地红黏土经间隙水流搬运再次沉积于低洼地区。当搬运沉积后仍能保持红黏土基本特征,且液限大于45%者称为次生红黏土。

红黏土是一种物理力学性质独特的高塑性黏土。其化学成分以SiO_2、Fe_2O_3、Al_2O_3为主,矿物成分以高岭石或伊利石为主,主要分布于云南、贵州、广西、湖南、湖北、安徽部分地区。

12.5.1 红黏土地基的工程性质和特征

(1)主要物理力学性质　含有较多黏粒($I_p=20\sim50$);孔隙比较大($e=1.1\sim1.7$);常处于饱和状态($S_r\geqslant0.85$);天然含水率(30%~60%)与塑限接近,液性指数小(0.1~0.4),说明红黏土以含结合水为主。因此,尽管红黏土的含水率高,却常处于坚硬或硬塑状态,具有较高的强度和较低的压缩性,如图12.7所示。

图12.6　红黏土

图12.7　红黏土地基

(2)红黏土的胀缩性　有些地区的红黏土受水浸湿后体积膨胀,干燥失水后体积收缩。

(3)红黏土的分布特征　红黏土的厚度与下卧基岩面关系密切,常因岩石表面石芽、溶沟的存在,导致红黏土的厚度变化很大。因此,对红黏土地基的不均匀性应给予足够重视。

(4)含水率变化特征　含水率有沿土层深度增大的规律,上部土层常呈坚硬或硬塑状态,接近基岩表面附近常呈可塑状态,而基岩凹部溶槽内红黏土呈软塑或流塑状态。

(5)岩溶、土洞较发育　这是因地表水和地下水运动引起的冲蚀和潜蚀作用造成的结果。

在工程勘察中，需认真探测隐藏的岩溶、土洞，以便对场地的稳定性作出评价。

12.5.2 红黏土地基评价

红黏土地基的建筑物应避免跨越地裂密集带或深长地裂地段；轻型建筑物的基础埋深应大于大气影响急剧层的深度；炉窑等高温设备的基础应考虑地基土的不均匀收缩变形；在开挖明渠时应考虑土体干湿循环的影响；在石芽出露地段，应考虑地表水下渗形成的地面变形；当红黏土的网状裂隙及土层的胀缩性对边坡和地基有不利影响时，评价应决定是否按膨胀土地基考虑；当下卧基岩岩溶现象发育，覆盖于其上的红黏土有土洞存在时，土洞对建筑物地基的稳定性极为不利。

12.5.3 红黏土地基设计要点

(1)确定合适的持力层，尽量利用浅层坚硬、硬塑状态的红黏土作为地基的持力层。

(2)控制地基的不均匀沉降。当土层厚度变化大，或土层中存在软弱下卧层、石芽、土洞时，应采取必要的措施，如换土、填洞、加强基础和上部结构刚度等，使不均匀沉降控制在允许值范围内。

(3)控制红黏土地基的胀缩变形。当红黏土具有明显的胀缩特性时，可参照膨胀土地基采取相应的设计、施工措施，以保证建筑物的正常使用。

12.5.4 红黏土地基工程措施

(1)基础浅埋　在选择适宜的持力层和基础型式的前提下，充分利用红黏土上硬下软分布的特征，基础宜浅埋，利用浅部硬壳层，并进行下卧层承载力的验算。

(2)地基处理措施　红黏土的厚度随下卧基岩面起伏而变化，常引起不均匀沉降。对不均匀地基，应优先考虑以地基处理为主的措施。

学　习　要　求

通过本章学习了解区域性地基的特征与分布，熟悉其特殊的工程性质及其产生的原因和对工程的影响及危害，熟悉此类地基土各自的工程评价方法和处理措施。

复习思考题

12.1　如何根据湿陷系数判定黄土的湿陷性？怎样区分自重和非自重湿陷性黄土？如何划分地基的湿陷等级？

12.2　膨胀土对建筑物有哪些危害？什么叫自由膨胀率？膨胀土地基胀缩等级分为多少级？

12.3　岩溶、土洞和红黏土地基各有什么特点？工程处理措施有哪些？

习　　题

12.1　山东地区某电厂灰坝工地，强夯施工前，钻孔每隔1m取土样，测得各土样 δ_{si} 和 δ_{zsi} 见表12.6，试确定该场地的湿陷类型和地基的湿陷等级。

表 12.6 习题 12.1 表

取土深度(m)	1	2	3	4	5	6	7	8	9	10
δ_{zs}	0.017	0.022	0.022	0.022	0.026	0.039	0.043	0.029	0.014	0.012
δ_s	0.086	0.074	0.077	0.078	0.087	0.094	0.076	0.049	0.012	0.002

注：$\delta_{zs}<0.015$ 或 $\delta_s<0.015$，属非湿陷性土层。

12.2 某地区建筑场地的地形坡度为 8°，表层为褐红色耕地土，地表下 1.0～3.0m 为灰黄色黏土层，已判定为膨胀土，并由试验测得其自由膨胀率 $\delta_{ef}=82\%$，无地下水。试确定该膨胀土的膨胀潜势强弱和建筑场地类型。

（答案：膨胀潜势中等，斜坡场地。）

第 6 篇　岩土工程概预算与招投标

13　岩土工程概预算与招投标

思政：工匠精神
筑起“红色奇迹”

本章提要

本章介绍了岩土工程概预算、岩土工程招投标、岩土工程监理、岩土工程合同。在市场经济中，工程预决算工作质量直接关系到工程投资的控制及企业的经济效益，它是进行工程招投标、确定工程造价、经济核算、施工管理及技术经济分析的依据，为此越来越受到建设行政管理部门、建设单位和施工企业的重视。

13.1　岩土工程概预算

岩土工程是土木工程的重要组成部分，包括岩土工程勘察、岩土工程设计、岩土工程施工、岩土工程检测和岩土工程监理五个方面。岩土工程产品的价值大小和建设工程一样由生产该产品所消耗的社会必要劳动量所决定，而价格就是岩土工程产品价格的货币表现。由于岩土工程产品多是为特定的用途和在指定的地点以及特定岩土工程条件下产生的，而每次产品的内容和规模均不同，因此，劳动消耗量和价值量也不同，价格亦不一样，但总体来看，岩土工程概预算基本原则与其他土建工程类似。

13.1.1　岩土工程设计概算

(1)概念

岩土工程设计概算(Geotechnical Engineering Design Estimate)是建设工程总概算中的一部分，是由岩土工程设计单位按照设计要求概略地计算拟建岩土工程从立项开始到施工结束所发生的建设费用的文件，是岩土工程设计文件的重要组成部分。

(2)作用

①是制订工程计划和确定工程造价的依据。

②是签订岩土工程合同和贷款合同的依据。

③是衡量设计方案技术经济合理性和选择最佳岩土工程设计方案的依据。

④是实行岩土工程和建设工程投资包干的依据。

⑤是考核建设工程成本，确定标底和投标报价的依据。

(3)编制依据

①经批准的工程建设计划任务书。

②岩土工程勘察资料。

③设计图纸及其说明书。

④概算定额、概算指标或综合预算定额。

⑤各地区的设备及材料预算价格。

⑥地区工资标准、有关取费标准和费用定额。

⑦类似工程概算及技术经济指标。

(4)编制步骤

①做好编制设计概算前的各项准备工作:深入现场调查研究,掌握现场实际情况;根据有关图表资料,对工程进行概括性的了解;制定岩土工程设计概算编制提纲;合理选用编制的各项依据、定额、取费标准等。

②熟悉初步设计图纸及设计说明书,了解工程设计内容和意图,掌握施工条件和施工方法。

③学习并掌握有关定额及取费标准。

④按有关定额及文件规定计算工作量。

⑤汇总工作量。

⑥填写概算单价并计算直接费。

⑦计算各项费用并汇总工程造价。

⑧编写岩土工程设计概算编制说明。

(5)编制方法

①概算定额法。又叫扩大单价法,此法适用于岩土工程设计达到一定深度的情况。计算步骤是依据概算定额和工程量计算直接费,再以直接费为基数取间接费率来计算间接费,同理以直接费和间接费之和为基数取利润率来计算利润,最后将直接费、间接费和利润汇总后得到岩土工程设计概算,其原理与用预算定额编制建筑工程预算相同。

②概算指标法。概算指标是以工程单位造价为计量单位,来综合衡量工程造价和主要材料用量的技术经济指标。它的数据均来自于各种已建工程的预算或决算资料,因此概算指标比概算定额更进一步扩大、更综合,用其编制设计概算比按概算定额编制更加简单,当然它的精度也比概算定额差。当初步设计深度不够时常用这种方法,但要注意设计是采用技术比较成熟而又有类似工程概算指标时才可用,并且若设计工程的内容与概算指标所规定的内容有差异时需加以调整。

③类似工程预算法。此法是利用拟建工程的技术条件与类似的已完工程或在建工程的工程造价资料,通过修正系数进行修正而编制设计概算的。

13.1.2 岩土工程施工图预算

(1)概念

岩土工程施工图预算(Geotechnical Engineering Budget of Working Drawing)是根据批准的岩土工程施工图设计、预算定额和单位计价表、施工组织设计文件以及各种费用定额等有关资料进行计算和编制的岩土工程预算造价文件,是岩土工程设计概算的具体化文件。

(2)作用

①是确定工程造价的依据。

②是银行向施工单位拨款或贷款的依据。

③是施工企业编制预算成本，进行企业内部经济核算的依据。

④是编制施工进度计划和进行工程统计的依据。

⑤是施工单位和建设单位进行工程结算的依据。

⑥是施工企业完善施工图预算和施工预算“两算”对比，进行经济活动分析和工程财务成本核算的基本依据。

(3)编制依据

①审批后的施工图纸及设计说明书。

②由主管部门颁发的适用于本地区的现行预算定额、单位估价或单位估价汇总表。

③审批后的施工组织设计或施工方案。

④各项费用取费定额。包括施工定额、材料消耗定额和机械台班使用定额。

⑤现行地区材料预算价格表。

⑥国家或主管部门颁发的有关文件。

⑦工程合同或施工准备协议。

⑧预算手册及其他有关手册。

(4)编制方法

岩土工程的施工图预算若按资源价格套用的内容不同可以分为单价法和实物法两种。

①单价法

单价法是用编制好的地区统一的分项工程单位估价表来编制施工图预算的方法。按施工图计算的各分项工程的工程量乘以相应的工料单价，汇总相加，得到包括人工费、材料费和机械使用费在内的直接工程费，再计算出相应的措施费，以直接费(直接工程费和措施费之和)为基数乘以相应费率计取间接费以及利润和税金，最后汇总得到单位工程的施工图预算造价。

单价法是目前我国编制施工图预算的主要方法。其优点是计算简单、工作量小和编制速度快，便于工程造价管理部门集中统一管理。缺点是其价格水平只能反映定额编制年份的价格水平，在市场经济价格波动较大的情况下，计算结果会偏离实际价格水平。

单价法编制施工图预算的直接费计算公式为

$$单位工程施工图预算直接费=\sum(分项工程的工程量\times 工料单价) \tag{13.1}$$

用单价法编制施工图预算的步骤如图 13.1 所示。

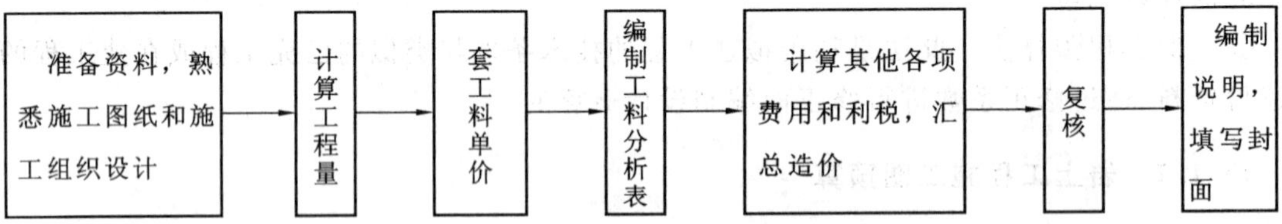

图 13.1　单价法编制施工图预算步骤

②实物法

实物法是先根据施工图纸分别计算出各分项工程的实物工程量，然后套用相应预算定额，按类相加求出单位工程所需的各种人工、材料、施工机械台班的消耗量，再分别乘以当时当地各种人工、材料、机械台班的实际单价，求出单位工程的人工费、材料费和施工机械使用费，并汇总求和，进而求得直接费，最后按规定计取其他各项费用(其中间接费、利润应根据当时当地市场价格来计取)，汇总就可得到单位工程施工图预算造价。

实物法的优点在于能较好地反映实际价格水平，工程造价的准确性高，但计算过程较繁琐。

实物法中单位工程预算直接费的计算公式为

$$
\begin{aligned}
\text{单位工程预算直接费} = & \sum(\text{工程量} \times \text{材料预算定额用量} \times \text{当时当地材料预算价格}) \\
& + \sum(\text{工程量} \times \text{人工预算定额用量} \times \text{当时当地人工工资单价}) \\
& + \sum(\text{工程量} \times \text{施工机械预算定额台班用量} \times \text{当时当地机械台班单价})
\end{aligned}
\tag{13.2}
$$

实物法编制施工图预算的程序与单价法基本相似，但在具体计算人工费、材料费和机械使用费及汇总三种费用之和方面有一定区别。其计算步骤如图 13.2 所示。

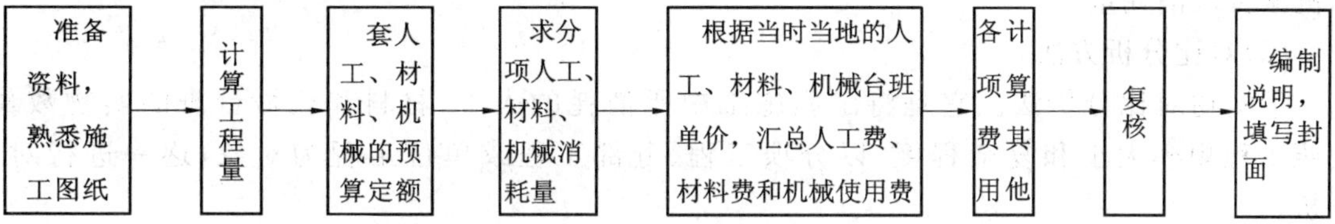

图 13.2　实物法编制施工图预算步骤

必须强调指出：概算与预算是两个不同的概念。概算是由设计单位编制的，而且在设计的各个阶段，应编制不同深度的概算。预算是由承建的施工单位编制的。施工图预算是在施工图出齐后，由承建任务的施工单位，根据批准的初步设计概算和设计施工图、预算定额和费用标准编制的，其内容比概算详细，数据比概算精确，但预算金额一般必须控制在概算金额范围之内。预算经批准后，就作为建设单位投资和工程拨款的依据。施工单位编制施工组织设计时，还应编制施工预算，以供备料和制订生产计划之用。工程竣工后，根据工程施工过程中实际发生的变更情况，还得编制竣工决算，以作为施工单位与建设单位结清工程费用的依据。

设计概算、施工图预算、竣工决算通称为工程建设的“三算”，编制好“三算”，是搞好工程建设投资，决定建设产品价格的重要环节。

13.1.3　岩土工程施工预算与施工图预算的差异和对比分析

13.1.3.1　*岩土工程施工预算和施工图预算的区别*

岩土工程施工预算和施工图预算的区别如表 13.1 所示。

表 13.1　岩土工程施工预算和施工图预算的区别

区别	施工预算	施工图预算
目的	施工企业内部为了挖掘潜力、降低成本、考核施工承包效果以及项目经理的管理水平	是确定工程造价、编制标底，以及制定承发包合同价的依据
作用	主要用于施工企业内部管理，是施工企业编制人工、材料及机械台班使用计划，签发施工任务单及限额领料单，进行企业内部承包考核和计算工人劳动报酬的依据	是确定工程造价及银行拨（贷）款、施工企业与建设单位签订工程承包合同及进行工程结算的依据
定额	施工定额（施工定额一般低于预算定额）	预算定额
内容	以实物形式反映工程施工中人工、材料及机械台班的消耗量	以货币形式反映工程的定额直接费和间接费等费用

续表 13.1

区别	施工预算	施工图预算
计算方法与规则	多采用实物法，即通过计算各分项工程的工程量，套用施工定额得出各分项工程的人工、材料、机械台班消耗量，汇总得出各分部工程或单位工程的汇总量	多采用单价法

13.1.3.2　施工预算与施工图预算的对比分析

(1)概念

施工预算与施工图预算对比分析是指在施工前将影响成本的因素进行对比分析，预先找出节约或超支的原因，提出解决措施，是防止企业出现亏损的一种手段。

施工预算与施工图预算的对比分析，以施工预算内容为准，主要对比工程量、用工数、材料和机械台班消耗量。

(2)对比分析方法

①实物对比分析法。它是将工程施工中所消耗的人工、材料和机械台班的实物数量，按照工程规模大小和复杂程度，以分项工程、分部工程或单位工程为对象，逐一进行对比分析。

②金额对比分析法。它是将施工预算中的人工、材料及机械台班消耗量，乘以施工定额中对应的单价得到施工预算的人工费、材料费、机械使用费及定额直接费，然后与该项目施工图预算的人工费、材料费、机械使用费及定额直接费进行对比分析。

13.1.4　岩土工程勘察、设计、监测、检测、监理的收费计算原则与方法

13.1.4.1　收费计算原则

勘察人或设计人应在《工程勘察合同》或《工程设计合同》中约定有关服务项目、服务内容、服务质量、收费依据以及收费标准(勘察费的金额及支付方式)等。其勘察文件或设计文件应符合国家规定的工程技术质量标准，满足合同约定的内容和质量要求。若达不到要求则应当返工，其返工损失费自付，而造成发包人经济损失的应按合同约定赔偿；若由发包人原因造成的工程勘察(设计)费的增加额，勘察(设计)人可向发包人提出支付要求以获得补偿。

岩土工程勘察、岩土工程设计与检测、监测的收费原则为：收费采取实物工作量定额计费方法计算，包括实物工作收费和技术工作收费两部分；总投资估算额在500万元及其以上的建设工程勘察和设计费实行政府指导价，其余实行市场调节价。

13.1.4.2　岩土工程勘察收费计算方法

岩土工程勘察收费按《工程勘察设计收费标准》的通用工程勘察收费标准计算。

(1)工程勘察收费

$$工程勘察收费 = 工程勘察收费基准价 \times (1 \pm 浮动幅度值) \quad (13.3)$$

式(13.3)中，浮动幅度值的确定应从两方面考虑：由政府指导的工程勘察收费，其浮动幅度值一般在20%以内，当采用新技术、新工艺、新设备、新材料时，其浮动幅度值可以在25%以内；而由市场调节的，一般通过发包人和勘察人协商确定工程勘察收费。

(2)工程勘察收费基准价

工程勘察收费基准价是指按照《工程勘察设计收费标准》计算出的工程勘察基准收费额。其计算公式如下：

工程勘察收费基准价 = 工程勘察实物工作收费 + 工程勘察技术工作收费　(13.4)

工程勘察收费基准价不包括以下收费：办理工程勘察相关许可，以及购买有关资料费；拆除障碍物，开挖以及修复地下管线费；修通至作业现场道路，接通电源、水源以及平整场地费；勘察材料以及加工费；水上作业用船、排、平台以及水监费；勘察作业大型机具搬运费；青苗、树木以及水域养殖物赔偿费等。此外，当工程勘察人为两个及两个以上时，其整体负责的勘察人应加收5%的主体勘察协调费。

工程勘察的组·日、台班收费基价可参考以下数据：

①工程测量、岩土工程验槽、检测监测、工程物探——1000元/(组·日)。

②岩土工程勘察——1360元/台班。

③水文地质勘察——1680元/台班。

(3)工程勘察实物工作收费

工程勘察实物工作收费 = 工程勘察实物工作收费基价 × 实物工作量 × 附加调整系数　(13.5)

式(13.5)中，工程勘察实物工作收费基价是指完成每单位工程勘察实物工作内容的基本价格，可从《实物工作收费基价表》中查找确定。

实物工作量是指由勘察人按照工程勘察规范、规程的规定和勘察作业实际情况在勘察纲要中提出，经发包人同意后，在工程勘察合同中约定的工作量。它包括：

①勘探点、测试点、物探点(线)放样测量工作量。

②工程地质测绘工作量。

③钻探(钻孔、探井、探槽、平硐)工作量。

④取土(水)、石试样工作量。

⑤现场原位测试工作量。

⑥室内土工试验工作量。

附加调整系数是对工程勘察的自然条件、作业内容和复杂程度差异进行调整的系数，可从《工程勘察设计收费标准》的总则和各章节中查找确定。若附加调整系数为两个或者两个以上时，其附加调整系数不能连乘，应将各系数相加，再减去系数的个数，加上定值1，作为附加调整系数值。当气温高于35℃或低于零下10℃时，气温附加调整系数为1.21；当海拔高程为2000m及2000m以上时，高程附加调整系数为1.1～1.3，而超过4000m则由发包人和勘察人协商确定。

(4)工程勘察技术工作收费

工程勘察技术工作收费 = 工程勘察实物工作收费 × 技术工作收费比例　(13.6)

①当工程规模不超过10000元时

技术工作费用 = 实物工作费用 × 25%

②当工程规模超过10000元时

技术工作费用 = 10000×25% +(实物工作费用－10000)× 20%

(5)岩土工程勘察报告增加费

其费用为工程勘察实物工作费用的10%～25%。

(6)岩土工程特定项目的收费标准

①岩土工程设计收费基准价——岩土工程设计分为地基及处理、基坑支护和施工降水，并根据设计的复杂程度计算其收费基准价。

②工程检测监测收费基准价——其检测监测技术工作费的收费比例为22%，实物工作收费从《工程勘察设计收费标准》中查找。

③岩土工程监理收费——可按两种方法计取费用。按岩土工程总造价的百分比计取，用插入法计算；或者按参与监理工作的年度平均人数计费(3.5万～5万元每年每人次)。

勘察设计收费详细内容见《工程勘察设计收费标准》。

【例题13.1】 某高层建筑岩土工程补充勘察，其任务是：

(1)完成1个100m深的钻孔。其地层类型是：0～16m、30～50m、60～70m，为Ⅰ类土；16～30m、50～58m、70～75m、85～90m，为Ⅲ类土；58～60m、75～80m、90～95m，为Ⅳ类土；80～85m、95～100m，为Ⅱ类土。泥浆护壁钻进。

(2)从地表下2m起，每2m进行一次单孔法波速测试至100m。

(3)对地面和地表下22m深、地面和地表下100m深分别同时测试场地微振动(频域与幅值域)。

按《工程勘察设计收费标准》计算，其收费额应是多少？

【解】 分项计算：

(1)钻孔实物工作收费(按孔深顺序计算)：

10×46+6×58+4×147+10×176+10×82+10×98+8×277+2×489+10×121+5×307+5×542+5×204+5×335+5×592+5×204=20280元

20280×1.5(附加调整系数)=30420元

(2)测波速实物工作收费：

7×135+8×162+10×216+10×216×1.3+10×216×1.69+5×216×2.197=13232元

(3)测场地微振动实物工作收费：

(7200+9900)×1.3+(7200+14400)×1.3=50310元

(4)工程勘察收费：钻探本身是劳务，只为工程物探提供条件，不是工程物探工作的组成部分，所以在工程物探技术工作收费中不考虑这一部分，即

(1)+[(2)+(3)]×(1+22%)=30420+(13232+50310)×(1+22%)=107941元

13.2 岩土工程招投标

凡新建、改建、扩建和技术改造工程项目勘察、设计和施工，单项合同估算价在50万元人民币以上的，或项目总投资在3000万元人民币以上，除某些按规定不宜招标的特殊工程外，均应实行招标。

13.2.1 现行岩土工程招标投标的主要方法

为了规范招标投标活动，保护国家利益和社会公众利益，以及招投标活动当事人的合法权益，《中华人民共和国招标投标法》规定招标方式为公开招标和邀请招标两大类，招标投标活动应当遵循公开、公平、公正和诚实信用的原则。

(1)公开招标(Outward Tender)

招标人通过新闻媒体发布招标公告，凡具备相应资质符合招标条件的法人或组织不受地域和行业限制均可申请投标。

公开招标的优点是招标人可以在较广的范围内选择中标人，投标竞争激烈，有利于将工程项目的建设交予可靠的中标人实施并取得有竞争性的报价。缺点是由于申请投标人较多，一般要设置资格预审程序，而且评标的工作量也较大，所需招标时间长、费用高。

(2)邀请招标(Invitation Tender)

招标人向预先选择的若干家具备相应资质、符合招标条件的法人或组织发出邀请函，将招标工程的概况、工作范围和实施条件等作出简要说明，请他们参加投标竞争。邀请对象的数目以5～7家为宜，但不应少于3家。被邀请人同意参加投标后，从招标人处获取招标文件，按规定要求进行投标报价。

邀请招标的优点是不需要发布招标公告和设置资格预审程序，节约招标费用，节省时间；由于对投标人以往的业绩和履约能力比较了解，降低了合同履行过程中承包方违约的风险。为了体现公平竞争和便于招标人选择综合能力最强的投标人中标，仍要求在投标书内报送表明投标人资质能力的有关证明材料，作为评标时的评审内容之一(通常称为资格后审)。缺点是由于邀请范围较小、选择面窄，可能排斥了某些在技术或报价上有竞争实力的潜在投标人，因此投标竞争的激烈程度相对较差。

13.2.2 招标投标程序

招标是招标人选择中标人并与其签订合同的过程，而投标则是投标人力争获得实施合同的竞争过程。

(1)招标程序

①选择招标方式；

②办理招标备案；

③编制和颁发招标有关文件；

④资格预审；

⑤组织投标人现场考察，答疑；

⑥开标，评标，决标与授标。

(2)投标程序

①获取招标信息，投标决策；

②申报资格预审，提供有关文件资料；

③取得招标文件；

④组织投标班子，委托投标代理人，研究招标文件；

⑤参加现场踏勘和投标预备会；

⑥编制标书，封送投标书、保函；

⑦参加开标会议，接受评标组织就投标文件不清楚的问题进行的询问，澄清会谈；

⑧接受中标通知书，签订合同，提供履约担保，分送合同副本。

13.2.3 投标报价的依据和基本原则

(1)投标报价的依据

①招标文件(包括对技术、质量和工期的要求)；

②施工图纸、设计文件及说明、工程量清单等；
③现行建设预算定额或概算定额、单位估价表及取费标准；
④材料预算价格和材料预算价差；
⑤施工组织设计或施工方案；
⑥现场施工条件；
⑦本企业施工组织管理水平及施工技术力量、设备装备能力等；
⑧本企业过去同类工程施工成本数据；
⑨因招标文件及施工图纸等不明确，经咨询后由招标单位书面答复的有关资料；
⑩不可预见费用。
(2)投标报价的基本原则
①根据承包方式做到“内细算外粗报”；
②研究招标文件中双方经济责任；
③充分利用现场勘察资料；
④选择经济合理的施工方案；
⑤选择的报价计算方法要简明，数据资料要有依据。

13.2.4 编制标书的方法步骤及注意事项

(1)编制标书的方法步骤
①研究招标文件；
②现场考察；
③复核工程量；
④编制施工规划、方案；
⑤计算人工、材料、机械单价；
⑥计算岩土工程基本价格；
⑦计算间接费及其他费；
⑧决定投标报价；
⑨确定投标策略(不平衡报价法、多方案报价法、突然袭击法、低投标价夺标法等)；
⑩编制标书。
(2)编制标书的注意事项
①投标文件中的每一要求填写的空格都必须填写，不得空着不填，否则即被视为放弃意见；重要数字不填写，可能被作为废标处理；
②填报文件应反复校对，保证分项和汇总计算均无错误；
③投标报价一定要符合企业实际情况；
④注意标书内容的保密工作；
⑤防止出现废标，标书出现以下情况应视为废标：
A. 标书未密封；
B. 未加盖本单位和负责人的印鉴；
C. 标书送达日期已超过规定的开标日期；
D. 标书有涂改或字迹辨认不清。

13.3　岩土工程监理

13.3.1　岩土工程监理的基本概念及其业务范围

13.3.1.1　*岩土工程监理的基本概念*

岩土工程监理(Geotechnical Engineering Surveillant)是工程建设监理的重要组成部分，同时也是岩土工程的一个不可缺少的重要组成部分。

所谓建设工程监理，是指具有相应资质的工程监理企业接受建设单位的委托，承担其项目管理工作，并代表建设单位对承建单位的建设行为进行监控的专业化服务活动。

岩土工程监理是指岩土工程监理单位受业主的委托，依据有关的法律、法规和技术标准，综合运用法律、经济和技术手段，承担岩土工程项目管理工作，为解决和处理某具体工程建设项目中涉及土和岩石的调查、研究、利用整治或改造的各个环节参与者的行为和他们的责权利，代表业主进行必要监控的专业化服务，目的是规范建设参与各方的建设行为，保证岩土工程各环节有条不紊地快速进行，以取得优质、低耗和高效的综合效益。

13.3.1.2　*岩土工程监理的业务范围*

(1)工程建设监理的范围

①国家重点建设工程。

②大中型公用事业工程。

③成片开发建设的住宅小区工程。

④利用外国政府或者国际组织贷款、援助资金的工程。

⑤国家规定必须实行监理的其他工程。

(2)岩土工程监理的业务范围

属于工程建设监理范围的或对岩土工程监理有特殊需要的都应该是岩土工程监理的业务范围，具体业务范围如表13.2所示。

表13.2　岩土工程监理的具体业务范围表

划分依据	分类	工作内容或工作对象
按工作内容划分	岩土工程勘察监理	主要是协助业主选择岩土工程勘察单位或勘察招标，商谈勘察合同，并监督勘察合同的实施，质量预控制，现场勘察工作质量和安全控制，勘察成果质量控制，工程进度控制，审核勘察费用结算，提交监理报告等
	岩土工程设计监理	主要是提高岩土工程设计工作的可靠性、经济性，具体内容包括协助业主选择岩土工程设计单位或设计招标；商签岩土工程设计合同并监督设计合同的实施；复核设计方案和设计图纸的质量控制；设计进度控制；工程投资控制；审核工程费用预算和设计费用结算；提交监理报告等
	岩土工程监测监理	主要是协助业主提出并编制任务书，选择监测单位，商签监测合同并监督合同的实施；监测进度控制，现场(或室内)监测工作质量和安全控制，审核确认监测成果报告和监测费用，提交监理报告等
	岩土工程施工监理	主要是协助业主选择岩土承建商(施工单位)或施工招标，商签施工合同并监督合同的实施；协助业主与承建商编写开工报告；审查并确认承建商的分包商资质条件，质量和安全预控制措施；施工准备控制；工程材料控制；施工过程控制；工程进度与投资控制；检查施工质量，验收、认签分部分项工程和各项隐蔽工程；签署每月工程进度支付报表；参与处理工程事故，监督事故处理技术方案的实施，检查其质量验收与认签；监督整理合同文件、施工技术档案资料，协助组织施工验收；审查确认工程施工费用结算，提交监理报告等

续表 13.2

划分依据	分类	工作内容或工作对象
按工程对象划分	房屋建筑岩土工程监理	一般工业与民用建筑，包括低层、多层，特别是高层、超高层及重大的工业厂房岩土工程的勘察、设计、监测和施工的监理。从岩土工程施工角度看，主要包括桩基工程、基坑工程、基础工程和地基处理
	铁路岩土工程监理	主要包括一般路基工程、路堤工程、路堑工程、改河工程、大型改沟工程、河岸防护工程等的岩土工程各环节（方面）的监理
	地铁岩土工程监理	包括地下铁道的土木建筑、各种管线等的岩土工程各环节（方面）的监理
	公路岩土工程监理	主要包括一般路基工程、路堤工程、路堑工程、改河工程、大型改沟工程、河岸防护工程等的岩土工程各环节（方面）的监理
	机场岩土工程监理	主要是指场道工程（包括升降带、净空道、停机坪、滑行道等）以及有关工程的岩土工程各环节（方面）的监理
	矿山建井岩土工程监理	主要包括竖井、溜井、斜井和平硐等的岩土工程各环节（方面）的监理
	油气管道岩土工程监理	主要包括输油（气）管道线路工程（含跨越工程）、站场工程、配套工程等的岩土工程各环节（方面）的监理
	核电岩土工程监理	包括核反应堆、反应堆大厅、安全壳、总控制室、核燃料装卸库、核辅助厂房、安全进水结构、安全泵房、应急柴油发电机房、汽轮发电机房等的岩土工程各环节（方面）的监理
	电力岩土工程监理	包括主要生产建筑物（主要有主厂房、吸尘机房、除尘机房、除尘构筑物、烟囱、屋内卸煤装置、碎煤机室及转运站、封闭式运煤栈桥、运煤隧道、各种控制楼和室内配电装置楼等）、辅助厂房、构筑物和附属建筑物以及高压、超高压输电线路的岩土工程各环节（方面）的监理
	水利水电岩土工程监理	包括拦河坝、水工隧洞、渠道、船闸、溢洪道、厂房、升压开关站以及其他附属建筑物等的岩土工程各环节（方面）的监理
	港口岩土工程监理	主要包括码头、船坞、驳岸、导堤、防波堤、引桥围堰、航道、港池等港口岩土工程各环节（方面）的监理
	船厂岩土工程监理	主要包括船台、滑道、船坞、升船机等水工建筑物的岩土工程各环节（方面）的监理
	填海岩土工程监理	为各种目的（围海造田、造陆，用于发展农业、工业和修建机场等）而填海的岩土工程各环节（方面）的监理
	地下工程监理	包括铁路隧道、公路隧道、水电站的输水或泄水隧洞、地下厂房、人民防空工程、水下通道等的岩土工程各环节（方面）的监理
	边坡与滑坡岩土工程监理	包括边坡或滑坡治理的岩土工程各环节（方面）的监理
	桥涵岩土工程监理	主要包括铁路、公路和市政道路的桥涵岩土工程各环节（方面）的监理

续表 13.2

划分依据	分类	工作内容或工作对象
按岩土工程施工方法划分	换(填)土处理施工监理	包括砂(砾砂、碎石)垫层、土(素土、灰土、二灰土)垫层、粉煤灰垫层、高炉干渣垫层等的施工监理
	土桩与灰土桩施工监理	包括土桩与灰土桩施工监理
	石灰桩施工监理	采用人工或机械成孔的石灰桩施工监理
	砂桩施工监理	采用振动或冲击成孔的砂桩施工监理
	干法碎石桩施工监理	包括干振管外投料法、干振带混凝土头管填料和干振法管内投料挤密法的干法碎石桩施工监理
	振动水冲桩施工监理	采用振动水冲成孔的振冲碎石桩的施工监理
	深层搅拌桩施工监理	采用深层搅拌法(干法或湿法)加固软土地基的施工监理
	高压喷射注浆施工监理	包括旋喷注浆、定喷注浆和摆喷注浆 3 种方法的高压喷射注浆的施工监理
	灌浆施工监理	包括用气压、液压或电化学方法灌浆以加固地基、坝体及边坡、截水、堵漏、房屋纠偏、岩溶处理等的施工监理
	预压排水固结法施工监理	采用预压排水固结法加固软土地基的施工监理
	强夯施工监理	采用强夯法加固碎石、砂土、低饱和度的粉土与黏土、湿陷性黄土、杂填土和素土等地基的施工监理
	钻(冲)孔灌注桩施工监理	采用钻或冲成孔的灌注桩施工监理
	挖孔灌注桩施工监理	采用挖孔方法成孔的灌注桩施工监理
	沉管灌注桩施工监理	采用静压、锤击或振动等方法沉管的灌注桩,用于加固一般黏性土与粉土、松砂、软土及填土等地基的施工监理
	废渣混凝土桩施工监理	采用振动沉管、钻探或人工等方法成孔的废渣混凝土桩的施工监理
	打入桩、静压桩施工监理	采用打入或静压的方法使钢筋混凝土或钢桩进入地基中预定深度的施工监理
	沉井、沉箱施工监理	包括在工业与民用建筑工程和公路桥涵工程中采用的沉井、沉箱施工监理
	地下连续墙施工监理	采用抓斗式、冲击式、回填式或钻进式的成墙工艺的地下连续墙施工监理
	板桩墙施工监理	采用木桩、钢板桩或钢筋混凝土桩等板桩墙施工监理
	锚固施工监理	采用胶结型或机械型锚杆的锚固施工监理
	土钉施工监理	采用钻孔注浆型、打入或射入型土钉的施工监理
	降水工程施工监理	采用井点降水或集水坑降水工程施工监理

13.3.2 岩土工程监理的基本特点

岩土工程监理主要有以下五个特点：

(1)隐蔽性　由于岩土工程监理的工程对象主要是地下隐蔽工程，因此，岩土工程监理更要严密细致、方法得当。

(2)复杂性　由于岩土体是非均质各向异性的，特殊性岩土需要专门的工程勘察、设计和施工方法，因此，工程类型繁多，遇到的岩土工程问题多种多样。

(3)风险性　由于岩土体是非均质性的，特别是在复杂条件下场地条件的多变性，有时会严重影响岩土工程评价和监控的精度，给岩土工程监理带来风险。

(4)时效性　由于岩土工程的隐蔽性，在其各环节参与者行为进行的过程中，如不及时监控检测，过后一般就难以补救，因此，岩土工程监理有特别强的时效性。

(5)综合性　岩土工程监理是服务并指导工程建设的全过程，涉及的专业多种多样，如岩土工程、工程结构、工程施工、工程技术经济、工程物探、原位测试、工程测量、水文地质及环境工程地质等。因此，在组建岩土工程监理机构时，须根据任务的规模和复杂程度配备具有所需专业特长的监理工程师和其他监理人员。

13.3.3 岩土工程监理的对象和依据

(1)岩土工程监理的对象

岩土工程监理的对象是指具体工程项目(或某个方面)的岩土工程实施者(即第三方)，根据监理合同的规定，可以是一个或几个岩土工程勘察单位、岩土工程设计单位、岩土工程监测单位和岩土工程施工单位等。

(2)岩土工程监理的依据

①法律　包括《中华人民共和国建筑法》(2019 修正版)、《中华人民共和国民法典》(第三编 合同)、《中华人民共和国招标投标法》和《中华人民共和国环境保护法》等。

②行政法规及部门和行业规章　包括国家级、部级、省级颁布的各种法规和规章，如《建设工程质量管理条例》《建设工程勘察设计管理条例》等。

③工程技术标准　包括岩土工程勘察、设计、施工及验收等方面的规范、规程、标准，如《岩土工程勘察规范》(GB 50021—2001)、《工程岩体试验方法标准》(GB/T 50266—2013)、《建筑工程地质勘探与取样技术规程》(JGJ/T 87—2012)等。

④勘察设计文件　按照规定程序审定批准的岩土工程勘察设计文件和说明。

⑤依法签订的岩土工程监理委托合同及与岩土工程有关的其他承发包合同。

⑥各有关部委、地区主管部门颁发的现行的有关岩土工程勘察、设计、施工、监测和监理工作定额与收费标准。

⑦各有关部委、地区的主管部门颁发的关于工程概算(预算)定额与编制办法、工程投资估算指标、项目经济评价方法、项目建设工期定额、工程招标、投标管理办法。

⑧业主有关质量管理的规定和书面指令。

13.3.4 岩土工程监理的主要工作内容和基本原则

(1)岩土工程监理的主要工作内容

岩土工程监理与工程建设监理的主要工作内容基本相同，即“三控两管一协调”：

①投资控制；
②进度控制；
③质量控制；
④进行岩土工程合同管理和信息管理；
⑤协调有关单位间的工作关系。
(2)岩土工程监理的基本原则
与建设工程监理一样，岩土工程监理的基本准则是守法、诚信、公正、科学。

13.3.5 岩土工程监理的工作方法和程序

(1)岩土工程监理的工作方法
岩土工程监理的工作方法的核心为规划、控制和协调，其"三控制"主要是：
①投资控制方面　工作内容包括岩土工程计量、工程款支付和竣工结算，常采用技术与经济相结合的方法，进行审查、分析、对比和处理索赔费用。
②工程质量控制方面　应按照工程监理规范的要求，以事前控制(预防)为主、事中和事后为辅的原则，采用旁站、巡视和平行检验等方式进行质量和安全的控制。
③工程进度控制方面　在制定进度控制方案的基础上确定防范对策，检查进度计划的实施，及时分析、控制、调整工程进度计划，并处理进度索赔事宜。
(2)岩土工程监理的工作程序
岩土工程监理的一般工作程序与工程建设监理的工作程序基本相同，即
①编制岩土工程监理规划；
②按岩土工程某环节(或方面)进度，分专业编制岩土工程监理细则；
③按照岩土工程监理细则进行岩土工程监理；
④参与成果或工程竣工预验收，签署岩土工程监理意见；
⑤岩土工程监理业务完成后，向业主(项目法人)提交岩土工程监理档案资料。

13.4 岩土工程合同

13.4.1 概念及相关法规

(1)概念
①建设工程合同的含义(《中华人民共和国民法典》第788条)
建设工程合同是承包人进行工程建设，发包人支付价款的合同。包括工程勘察、设计、施工合同。
②勘察、设计合同的内容(《中华人民共和国民法典》第794条)
勘察、设计合同的内容一般包括提交有关基础资料和概(预)算文件等的期限、质量要求、费用以及其他协作条件等条款。
③施工合同的内容(《中华人民共和国民法典》第795条)
施工合同的内容一般包括工程范围、建设工期、中间交工工程的开工和竣工时间、工程质量、工程造价、技术资料交付时间、材料和设备供应责任、拨款和结算、竣工验收、质量保修范围

和质量保证期、相互协作等条款。

(2)岩土工程勘察、设计合同所依据的相关法律法规

①《中华人民共和国建筑法》(2019 修正版)。

②《中华人民共和国民法典》。

③《建设工程质量管理条例》(2019 修订版)。

④《建设工程勘察设计管理条例》(2017 版)。

⑤《工程建设项目招标范围和规模标准规定》。

⑥《工程勘察设计收费标准》。

⑦《建设工程勘察合同(示范合同)》(2016 年)。

⑧《实施工程建设强制性标准监督规定》。

⑨《勘察设计职工职业道德准则》等。

13.4.2 与岩土工程有关的合同种类及其主要内容

13.4.2.1 与岩土工程有关的合同种类

①建设(岩土)工程勘察合同。

②岩土工程设计合同。

③岩土工程治理(施工)合同。

④岩土工程监测合同。

⑤岩土工程监理合同。

13.4.2.2 岩土工程勘察合同的主要内容

岩土工程勘察合同分为两类勘察任务,一类是勘察、测量和物探,另一类是设计、治理(施工)和监测,其合同约定的相关内容有所区别。

(1)岩土工程勘察、地质水文勘察(含凿井)工程测量、物探合同的主要内容

①工程概况。包括建设工程名称、建设地点、规模特征、工程勘察的任务和技术要求、承接方式和预计勘察工作量。

②发包人提供资料的内容、技术要求及期限。

③勘察人的成果资料的质量要求,提供勘察成果文件份数。

④开工及提交成果资料的时间和取费标准及付费方法。

⑤发包人、勘察人责任。

⑥违约责任。

⑦其他约定。

(2)岩土工程设计、治理(施工)、监测合同的主要内容

①工程概况。包括工程名称、建设地点、工程规模、特征、承接方式和预计的岩土工程工作量。

②发包人向承包人提供资料的内容、技术要求。

③承包人应提交的报告、成果、文件内容和要求。

④开工日期、竣工日期。

⑤收费标准及支付方式。

⑥变更及工程费的调整。

⑦发包人、承包人的责任。

⑧违约责任。

⑨材料设备供应。

⑩报告、成果、文件检查验收。

⑪其他约定等。

(3)岩土工程委托监理合同的主要内容

《建设工程委托监理合同(示范文本)》由"工程建设委托监理合同""建设工程委托监理合同标准条件"和"建设工程委托监理合同专用条件"三部分组成。

①工程建设委托监理合同

工程建设委托监理合同是一个总的协议,是纲领性的法律文件。其中明确了当事人双方确定的委托监理工程的概况(工程名称、地点、工程规模、总投资),委托人向监理人支付报酬的期限和方式,合同签订、生效、完成时间,双方的签证盖章。

②建设工程委托监理合同标准条件

标准条件是委托监理合同的通用文件,适用于各类建设工程监理。其内容涵盖了合同中所用词语定义,适用范围和法规,签约双方的义务、权利和责任,合同生效、变更与终止,监理报酬,争议的解决,以及其他一些情况。

③建设工程委托监理合同专用条件

专用条件是结合地域特点、专业特点和委托监理项目的工程特点,对标准条件中的某些条款进行补充、修正,如委托人的常驻代表、赔偿金、奖励金及附加协议等。

岩土工程监理委托合同可参照相关内容。

13.4.3 履行合同的原则

(1)实际履行的原则,就是按照合同规定的"标底"履行。基本要求是不论以实际物为"标底"的合同,还是以工程项目和工作为"标底"的合同,合同中规定什么就必须交付什么,不能用其他的东西代替,也不允许用支付违约金或赔偿金的办法来代替合同的履行。在具体贯彻这项原则时,还必须灵活掌握,要从实际出发。遇有特殊情况,在客观上已经不可能时,或者由于某种情况发生,实际履行会给对方或国家利益造成更大损失的情况下,应允许支付违约金或赔偿金的办法来代替实际履行,作为实际履行的补充,这叫作代替履行。

(2)全面履行的原则,双方当事人根据经济合同规定的"标底"的数量、质量、地点、价款、时间、履行方式全面完成自己承担的义务,就叫全面履行。

13.4.4 违约责任

13.4.4.1 经济合同违约责任

(1)因当事人某一方的过错,造成经济合同不能履行或者不能完全履行,由有过错的一方承担违约责任;如属双方的过错,根据实际情况,由双方分别承担各自应负的违约责任。对因失职、渎职或其他违法行为造成的重大事故或严重损失的直接责任者,应追究经济、行政责任,甚至刑事责任。

(2)因上级领导机关或业务主管机关的过错,造成经济合同不能履行或者不能完全履行的,则上级领导机关或业务主管机关应承担违约责任,应先由违约方按规定向对方偿付违约金和赔偿金，再由应负责的上级领导机关或业务主管机关处理。

(3)当事人某一方由于不可抗拒的原因不能履行合同时，应及时向对方通报不能履行或需要延期履行、部分履行经济合同的理由，在取得有关主管机关的证明以后，允许延期履行、部分履行或者不履行，并根据情况部分或全部免予承担违约责任。

(4)当事人一方违反经济合同时，应向对方支付违约金。如果因违约已经给对方造成的损失超过违约金的，还应进行赔偿，补偿违约金不足的部分。对方要求继续履行合同的，应继续履行。

(5)违约金、赔偿金应从企业基金、利润留成或盈亏包干分成中开支，不得计入成本；行政、事业单位从预算包干的节余经费中开支。

(6)违约金、赔偿金应在明确责任后10天内偿付，否则按逾期付款处理。任何一方不得自行用扣发货物或扣款来充抵。

13.4.4.2　承包方违反建筑安装工程承包合同的责任

(1)工程质量不符合合同规定标准，发包方有权要求限期无偿修理或者返工、改建，经过修理或者返工、改建后，造成逾期交付的，承包方偿付逾期的违约金。

(2)工程交付时间不符合规定，按合同中违约责任条款的规定偿付逾期违约金。

13.4.4.3　发包方或委托方违反建筑安装工程承包合同的责任

(1)未按合同规定的时间和要求提供原材料、设备、场地、资金、技术资料等，除工程日期应顺延外，还应偿付承包方因此造成停工、窝工的实际费用。

(2)因变更计划，提供的资料不准确，或未按期提供必要的勘察、设计工作条件而造成勘察、设计的返工、停工或修改设计，按承包方实际消耗的工作量增付费用，因委托方责任而造成重大返工或重做设计的，应另行增加费用。

(3)工程未验收。发包方即提前使用，若发现质量问题，发包方自己承担责任。

(4)超过合同规定日期验收，发包方按合同的违约责任条款的规定偿付逾期违约金，不按合同规定拨付工程款，按银行有关逾期付款办法或“工程价款结算方法”的有关规定处理。

13.4.5　经济合同的管理和监督

经济合同的管理是指各级业务主管部门和工商行政管理机关，通过经济的、行政的和法律的办法，对经济合同的全过程进行监督检查，这是一种具有法律性质的行政活动。

经济合同的监督有以下三种形式：

(1)行政监督　是指由各级业务主管部门和工商行政管理部门对合同的签订和履行情况进行监督检查，便于发现问题，及时采取措施予以排除，保证合同按期履行。

(2)银行监督　又称业务监督，是指由与工程款项有业务关系的银行，通过信贷管理和结算管理的形式，对经济合同的订立和履行情况进行监督。

(3)企业内部监督　是指企业内部职工有权对本单位所签订的经济合同履行情况进行监督，以维护自身的权利。企业内部职工发现有碍经济合同履行的情况，除向有关部门反映之外，还可以提出解决问题的办法，使其经济合同按期全面履行。

学习要求

通过本章的学习，了解岩土工程设计概算的作用，编制依据、步骤和方法，岩土工程施工预算和施工图预算的差异和对比分析，掌握岩土工程勘察、设计、监测、检测、监理的收费计算原则；了解现行岩土工程招投标的主要方法，招投标程序，掌握投标报价的依据和基本原则，编制标书的方法、步骤及注意事项；了解岩土工程监理的基本概念及业务范围、基本特点和依据，了解岩土工程监理的对象、主要工作目标、工作方法和基本原则；了解与岩土工程有关的合同种类。了解岩土工程勘察、工程物探、岩土工程设计、治理、监测(检测)、监理合同的主要内容。

复习思考题

13.1　岩土工程设计概算的编制步骤是怎样的？主要编制方法有哪几种？

13.2　岩土工程施工预算与施工图预算有何差异？

13.3　岩土工程勘察、设计、监测、检测和监理的收费计算原则和方法是怎样的？

13.4　现行岩土工程的招标投标方式有哪些？招投标程序是什么？

13.5　岩土工程监理的业务范围及特点是什么？

13.6　岩土工程合同的种类有哪些？

13.7　岩土工程委托监理合同由哪几部分组成？各包含哪些内容？

13.8　承包人和发包人违约后应承担哪些责任？

习　题

13.1　某住宅小区两栋高层建筑基坑支护，施工图预算为 131 万元，如岩土工程设计概算的精度为 5%，则其设计概算应为多少？

13.2　某钻孔深 20m，河水深 12m，土层分布：0～3m 为砂土；3～5m 为硬塑黏土；5～7m 为粒径小于或等于 50mm、体积含量大于 50%的卵石；7～10m 为软岩；10～20m 为较硬岩；0～10m 跟管钻进。在相关收费标准中查阅可知：砂土 117 元/米，硬塑黏土 71 元/米，此种卵石 207 元/米，软岩 117 元/米，较硬岩 377 元/米。0～10m 的附加调整系数为 1.5，10m 以上的附加调整系数为 2.5，工程勘察技术收费为实物收费的 100%。此外，0～3m 砂土标准贯入试验 2 个，其收费为 114 元/个，工程监测技术收费为实物收费的 22%。试计算收费。

(答案：9776 元。)

13.3　某建设单位三年前已完成 100 万元的实物勘察工作，没有对原始资料进行技术评价。现在，若委托另一家甲级勘察单位编写岩土工程勘察报告，则收费总额为多少？

(答案：20 万元。)

13.4　某工厂要扩建三栋厂房，于是委托某勘察单位进行勘察。三栋厂房的勘察费分别为：1 号 200 万元；2 号 50 万元；3 号 100 万元。由于某种原因，工程停建，发包人要求解除合同，但当时 1 号厂房勘察人还未进行勘察工作；2 号厂房完成了勘察工作量的 30%；3 号厂房完成了勘察工作量的 70%以上。已付定金为合同价的 20%。

问：(1) 1 号厂房发包人可要求勘察人退还定金多少万元？(答案：0。)

(2) 2 号厂房发包人应再支付勘察人工程费多少万元？(答案：15 万元。)

(3)3 号厂房发包人应再支付勘察人工程费多少万元？(答案:80 万元。)

13.5　某工程为 40 层高级写字楼，国有资金投资工程，委托某监理咨询公司办理招标事宜，监理公司根据工程情况采用邀请招标，某工程勘察单位资质为专业类乙级资质，通过与监理公司熟人关系进行投标，结果中标。勘察单位与建设单位签订工程合同 50 万元人民币，这里建设单位以给勘察单位提供方便为由，向勘察单位索要 5 万元人民币。在监理过程中，由于监理公司给勘察单位提供方便，监理单位接受勘察单位给予的生活补助费 2 万元人民币。

(1)请指出监理单位的错误。

(2)请指出勘察单位的错误。

(3)请指出建设单位的错误。

参 考 文 献

1. 中华人民共和国住房和城乡建设部. 建筑地基基础设计规范:GB 50007—2011[S]. 北京:中国建筑工业出版社,2012.

2. 中华人民共和国住房和城乡建设部. 建筑地基处理技术规范:JGJ 79—2012[S]. 北京:中国建筑工业出版社,2012.

3. 中华人民共和国住房和城乡建设部. 建筑基坑支护技术规程:JGJ 120—2012[S]. 北京:中国建筑工业出版社,2012.

4. 中华人民共和国住房和城乡建设部. 建筑抗震设计规范:GB 50011—2010[S]. 北京:中国建筑工业出版社,2016.

5. 中华人民共和国建设部. 建筑桩基技术规范:JGJ 94—2008[S]. 北京:中国建筑工业出版社,2008.

6. 中华人民共和国住房和城乡建设部. 岩土工程勘察规范:GB 50021—2001[S]. 北京:中国建筑工业出版社,2009.

7. 中华人民共和国住房和城乡建设部. 建筑边坡工程技术规范:GB 50330—2013[S]. 北京:中国建筑工业出版社,2014.

8. 中华人民共和国住房和城乡建设部. 湿陷性黄土地区建筑规范:GB 50025—2018[S]. 北京:中国建筑工业出版社,2008.

9. 中华人民共和国住房和城乡建设部. 膨胀土地区建筑技术规范:GB 50112—2013[S]. 北京:中国建筑工业出版社,2013.

10. 中华人民共和国住房和城乡建设部. 混凝土结构设计规范:GB 50010—2010[S]. 北京:中国建筑工业出版社,2015.

11. 中华人民共和国住房和城乡建设部. 岩土工程勘察术语标准:JGJ/T 84—2015[S]. 北京:中国建筑工业出版社,2015.

12. 中华人民共和国住房和城乡建设部. 岩溶地区建筑地基基础技术标准:GB/T 51238—2018[S]. 北京:中国计划出版社,2018.

13. 国家发展计划委员会,中华人民共和国住房和城乡建设部. 工程勘察设计收费标准[M]. 北京:中国市场出版社,2021.

14. 石振明,孔宪立. 工程地质学[M]. 3 版. 北京:中国建筑工业出版社,2017.

15. 陈洪江. 土木工程地质[M]. 2 版. 北京:中国建材工业出版社,2010.

16. 胡厚田,白志勇. 土木工程地质[M]. 3 版. 北京:高等教育出版社,2009.

17. 项伟,唐辉明. 岩土工程勘察[M]. 北京:化学工业出版社,2012.

18. 宰金珉. 岩土工程测试与监测技术[M]. 北京:中国建筑工业出版社,2008.

19. 王奎华. 岩土工程勘察[M]. 北京:中国建筑工业出版社,2005.

20. 张克恭,刘玉松. 土力学[M]. 3 版. 北京:中国建筑工业出版社,2010.

21. 李镜培,梁发云,赵春风. 土力学[M]. 2 版. 北京:高等教育出版社,2008.

22. 陈希哲,叶菁. 土力学地基基础[M]. 5 版. 北京:清华大学出版社,2013.

23. 陈书申,陈晓平. 土力学与地基基础[M]. 5 版. 武汉:武汉理工大学出版社,2015.

24. 赵明华. 基础工程[M]. 2 版. 北京:高等教育出版社,2011.

25. 莫海鸿,杨小平. 基础工程[M]. 3 版. 北京:中国建筑工业出版社,2014.

26. 龚晓南. 地基处理手册[M]. 3 版. 北京:中国建筑工业出版社,2005.

27. 郑俊杰. 地基处理技术[M]. 2 版. 武汉:华中科技大学出版社,2009.

28. 隆威，黄树华，任慧莉. 岩土工程预决算与招投标[M]. 长沙：中南大学出版社，2004.
29. 赵莹华. 土建工程招投标与预决算[M]. 北京：化学工业出版社，2010.
30. 中国土木工程学会. 注册岩土工程师考试复习教程[M]. 北京：中国建筑工业出版社，2012.